Kosmos Himmels—Jahr 2022

SONNE, MOND UND STERNE
IM JAHRESLAUF

Herausgegeben von Hans-Ulrich Keller
unter Mitarbeit von Erich Karkoschka

KOSMOS

Inhalt

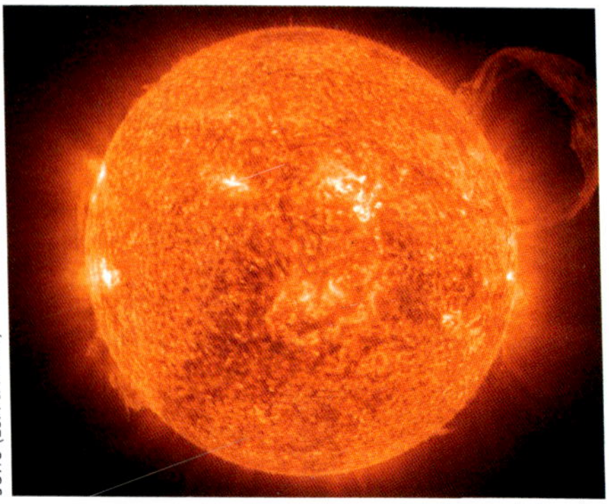

SOHO (ESA & NASA)

Die Monatsthemen Januar – Juni

Abbildungen zu den Planeten

Inhalt

NASA/JPL-Caltech/MSSS

Die Monatsthemen Juli – Dezember

Wichtige Abbildungen und Tabellen

Das Kosmos Himmelsjahr – ein Wegweiser durch die Sternenwelt im Jahreslauf

Quid est ergo tempus? Si nemo ex me quaerat, scio; si quaerenti explicare velim, nescio!

Was also ist Zeit? Wenn mich niemand fragt, weiß ich es; will ich es einem Fragenden erklären, weiß ich es nicht!

Augustinus von Hippo

In unserer täglichen Geschäftigkeit denken wir kaum über das Phänomen ZEIT nach. Tag folgt auf Tag, Woche auf Woche, Monat auf Monat und im Nu ist wiederum ein Jahr vorbei. Der Lauf der Zeit lässt sich nicht aufhalten. Unerbittlich schreitet die Zeit voran. Dem Fluss der Zeit kann niemand entrinnen. Viele gescheite Leute haben versucht, die rätselhafte Erscheinung der Zeit zu erklären. Letztendlich aber gelang es bisher niemandem, eine vollkommen befriedigende Erklärung zu finden, was Zeit eigentlich ist. Der große Kirchenlehrer Augustinus hat das Problem klar ausgesprochen. Jeder hat ein Gefühl dafür, was Zeit ist. Man erlebt sie einfach. Aber genau zu sagen, was Zeit ist, gelingt uns nicht.

In der Astronomie tauchen große Zeiträume auf, die unser Verstand kaum zu erfassen vermag. Wie lange existiert das Universum schon – viele Milliarden Jahre oder sogar seit ewigen Zeiten? Gab es schon immer Sterne? Seit wann scheint die Sonne? Für wie viele Jahre wird sie uns als schier unerschöpflicher Energiespender zur Verfügung stehen? Wann erlischt der Sonnenofen?

V.1 Der Helikopter „Ingenuity" der Mission Perseverance erforscht die Marsoberfläche (NASA/JPL-Caltech/MSSS).

Diese und andere spannende Themen der Himmelskunde werden in zwölf Kapiteln jeweils am Ende jeder monatlichen Übersicht zum Sternenlauf in diesem Jahrbuch behandelt. In erster Linie aber dient das *Kosmos Himmelsjahr* als Wegweiser zu den astronomischen Ereignissen, die im laufenden Jahr am Sternenhimmel zu beobachten sind: Wann und wo sind welche Planeten zu sehen, welche Sonnen- und Mondfinsternisse finden statt oder zu welchen Zeiten sind zahlreiche Sternschnuppen zu erwarten?

Für Einsteiger und Amateurastronomen

Damit man die Ereignisse am Sternenzelt ohne große Mühe verfolgen kann, dazu dient das *Himmelsjahr* als Leitfaden durch die Welt der Gestirne während des Jahres. Auch der **112. Jahrgang** des vorliegenden Jahrbuches soll sowohl dem Einsteiger in die Himmelskunde als auch der kundigen Amateurastronomin die erforderlichen Hinweise und Daten für eigene astronomische Beobachtungen liefern.

Der erfahrene Himmelsbeobachter findet auf der inneren Umschlagklappe Kurzhinweise zum Gebrauch dieses Jahrbuches. Ausführliche Erläuterungen zu den wichtigsten Grundtatsachen der Astronomie findet der Einsteiger in die Himmelskunde ab Seite 9.

Eine kalendarische Übersicht enthält das Kapitel „Das Jahr 2022" auf Seite 7. Dem Hauptteil vorangestellt ist die Beschreibung der Sonnen- und Mondfinsternisse, die sich im Jahr 2022 ereignen (siehe Seite 24).

Der Anhang enthält ein Verzeichnis von Planetarien und Sternwarten sowie eine Liste von amateurastronomischen Einrichtungen, die den Kontakt zu Gleichgesinnten erleichtern soll.

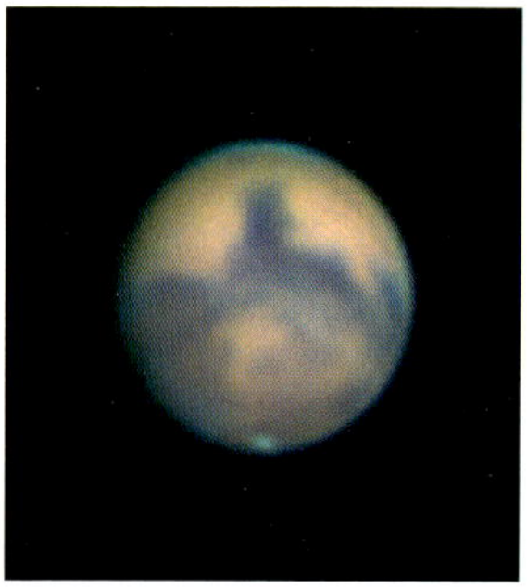

Sven Melchert

V.3 Planet Mars, aufgenommen am 31. Oktober 2020.

CHRONOLOGIE 2022

Sonnenzirkel: 15
Goldene Zahl (Mondzirkel): IX
Sonntagsbuchstabe: B
Indiktion (Römerzinszahl): 15
Epakte: 27
Jahresregent: Jupiter

FINSTERNISSE 2022

Im Jahr 2022 finden vier Finsternisse statt, zwei partielle Sonnenfinsternisse und zwei totale Mondfinsternisse. Während die partielle Sonnenfinsternis vom 30. April von Mitteleuropa aus unbeobachtbar bleibt, kann die partielle Sonnenfinsternis vom 25. Oktober hierzulande in den Vormittags- und Mittagsstunden verfolgt werden.

Die totale Mondfinsternis vom 16. Mai kann in den frühen Morgenstunden von Mitteleuropa in ihrer ersten Hälfte beobachtet werden. Noch vor Mitte der Finsternis geht der Mond jedoch unter.

Die totale Mondfinsternis vom 8. November bleibt in unseren Gegenden unsichtbar.

Ausführliche Erläuterungen zu den Finsternissen findet man im Kapitel „Sonnen- und Mondfinsternisse 2022" auf Seite 24.

PLANETEN UND PLUTO 2022

MERKUR zeigt sich Anfang Januar, Ende April und Ende Dezember am Abendhimmel. Anfang Oktober bietet der sonnennahe Planet eine Morgensichtbarkeit.

VENUS kommt am **9. Januar** in **untere Konjunktion** mit der Sonne. Von Mitte Januar bis Anfang Oktober ist sie am Morgenhimmel vertreten. Am **12. Februar** strahlt sie mit **maximaler Helligkeit am Morgenhimmel**. Am **20. März** erreicht sie ihre **größte westliche Elongation** (47°) von der Sonne. In **oberer Konjunktion** mit der Sonne steht sie am **22. Oktober**. Von Dezember bis Juli 2023 spielt sie ihre Rolle als Abendstern. Ihre größte östliche Elongation erreicht Venus am 4. Juni 2023.

MARS ist im Frühjahr am Morgenhimmel vertreten. Bis zum Spätherbst wird er zum Planeten der gesamten Nacht, wobei seine Helligkeit deutlich zunimmt. Am **8. Dezember** kommt der rote Planet **im Sternbild Stier in Opposition** zur Sonne. Mit 82 Millionen Kilometer Entfernung von der Erde ist dies eine mittelgünstige Opposition. Bis über das Jahresende kann Mars am Abendhimmel gesehen werden.

JUPITER kommt am **26. September** im Sternbild Fische in **Opposition** zur Sonne. Bis Mitte März 2023 kann der Riesenplanet am Abendhimmel gesehen werden. Am 5. März 2022 steht er in Konjunktion mit der Sonne. Gegen Ende März taucht Jupiter am Morgenhimmel auf.

SATURN steht am **14. August** im Sternbild Steinbock in **Opposition** zur Sonne. Bis Jahresende ist der Ringplanet am Abendhimmel vertreten. Am 4. Februar wird er von der Sonne eingeholt und steht in Konjunktion mit ihr. Im März erscheint der Ringplanet wieder am Morgenhimmel.

URANUS kommt am **9. November** im Sternbild Widder in **Opposition** zur Sonne. In Konjunktion mit der Sonne steht Uranus am 5. Mai.

NEPTUN erreicht seine Opposition am **16. September** im Sternbild Wassermann. In Konjunktion mit der Sonne steht Neptun am 13. März.

PLUTO, der prominenteste Zwergplanet unseres Sonnensystems, steht am **20. Juli** im Sternbild Schütze in **Opposition** zur Sonne. Seine Konjunktion mit der Sonne erreicht Pluto schon am 16. Januar 2022.

Ausführliche Angaben über die Sichtbarkeiten entnehme man der Rubrik „Planetenlauf" in den Monatsübersichten.

Erläuterungen zum Gebrauch

Wer zum ersten Mal dieses Jahrbuch in Händen hält, dem bieten nachstehende Erläuterungen eine erste Einführung in seine Benutzung. Wer jedoch schon mit den Grundlagen der Himmelskunde vertraut ist, kann sofort die „Kurzhinweise zum Gebrauch" dieses Jahrbuches auf der vorderen Umschlagklappe aufschlagen.

Im *Kosmos Himmelsjahr* ist das Bild des abendlichen Fixsternhimmels für jeden Monat beschrieben. Eine Sternkarte erleichtert die Übersicht. Außerdem ist die Stellung des Großen Wagens und des Himmels-Ws um 22^h MEZ für jeden Monat aus einer Grafik ersichtlich. Der Große Wagen und das Himmels-W sind in jeder klaren Nacht zu beobachten, da sie bei uns zirkumpolar sind, also niemals untergehen.

Während die Fixsterne ihre Stellungen zueinander nicht ändern, sondern nur gemeinsam infolge der Erdrotation über das Firmament ziehen, gibt es Gestirne, die ihre Position im Laufe von Wochen und Monaten ändern. Man nennt sie Wandelsterne oder Planeten. Sie sind die Geschwister unserer Erde, die ebenfalls ein Planet ist. Mit freiem Auge sind fünf Planeten zu sehen: Merkur, Venus, Mars, Jupiter und Saturn.

Von der Erde aus gesehen wandert somit die Sonne in einem Jahr durch die bekannten Sternbilder des Tierkreises. Der Wanderweg der Sonne heißt Ekliptik. Mond und Planeten bewegen sich ebenfalls in der Nähe der Ekliptik. Sie sind daher stets in den Tierkreissternbildern zu finden.

STERNE, STERNBILDER UND STERNKARTEN

Je nach Fantasie und Kultur haben die einzelnen Völker Sterne und Sternbilder unterschiedlich benannt. Die Internationale Astronomische Union (IAU) hat für die gesamte Himmelskugel 88 Sternbilder festgelegt, die für alle Astronomen und Sternfreunde verbindlich sind. Diese 88 Sternbilder haben lateinische Namen und jeweils eine Abkürzung von drei Buchstaben; Beispiel: der Krebs, lat.: Cancer, Abkürzung: Cnc.

Speziell für die Benutzer des Himmelsjahres empfehlen sich zur ersten Orientierung die Sternkarten im *Atlas für Himmelsbeobachter* von Erich Karkoschka. Neben den klassischen Sternatlanten gibt es heute auch gute Computerprogramme, die einen gewünschten Himmelsausschnitt am Monitor erscheinen lassen.

Nur die hellsten oder auffällige Sterne, die beispielsweise periodisch ihre Helligkeit ändern, haben Eigennamen erhalten. So heißen die beiden hellsten Sterne im Wintersternbild Orion Beteigeuze und Rigel, der berühmte veränderliche Stern im Perseus Algol.

Etwas systematischer hat Johannes Bayer im Jahre 1603 die Sterne bezeichnet, nämlich mit griechischen Buchstaben und dem Genitiv des lateinischen Sternbildnamens. So bekam der hellste Stern in der Leier die Be-

Martin Gertz / Sternwarte Welzheim

E.1 Der Orion ist das Leitsternbild des Winterhimmels.

zeichnung α Lyrae (oder kurz α Lyr), der zweithellste β Lyrae, der dritthellste γ Lyrae usw. Die Helligkeitsfolge ist aber nicht immer streng eingehalten, manchmal hat die Mythologie Vorrang; von den beiden hellen Zwillingssternen trägt der hellere Pollux die Bezeichnung β Geminorum, der etwas schwächere Kastor α Geminorum. Bei Doppelsternen wird gelegentlich noch ein Index an den griechischen Buchstaben angehängt. Beispiel: ε_1 und ε_2 Lyrae, der berühmte Vierfachstern in der Leier (jede Komponente ist ihrerseits ebenfalls ein Doppelstern). Die 24 griechischen Buchstaben (siehe Seite 21) pro Sternbild reichen natürlich nicht aus, um alle Sterne zu benennen.

Den ersten umfangreichen Sternkatalog nach Erfindung des Fernrohrs hat John Flamsteed (1646–1719) im Jahre 1712 herausgegeben. Flamsteed hat die Sterne in einem Sternbild durchnummeriert. So hat ω Aurigae beispielsweise bei Flamsteed die Bezeichnung 4 Aurigae. Viele Sterne, die keine Bayer-Bezeichnung haben, sind jedoch mit Flamsteed-Nummern gekennzeichnet.

Bei schwächeren Sternen gibt man die Katalognummer an, unter der sie verzeichnet sind, oder einfach die genauen Koordinaten. Beispiele für Katalognummern: BD +52°1312 bedeutet Stern Nummer 1312 in der Deklinationszone von +52° bis +53° der sogenannten *Bonner Durchmusterung*. HD 128974, Stern aus dem *Henry-Draper-Katalog*, SAO 146912, Stern aus dem *Smithsonian Astrophysical Observatory Star Catalogue*, FK5: 1051, Stern aus dem *5. Fundamental-Katalog*.

Sterne, deren Helligkeit variiert, werden häufig mit großen lateinischen Buchstaben und ihren Sternbildnamen versehen: RR Lyrae, T Coronae Borealis. Man kann somit aus der Bezeichnung auf die Eigenart dieser Sterne schließen.

STERNHAUFEN UND NEBEL

Man unterscheidet offene und kugelförmige Sternhaufen. Offene Sternhaufen enthalten Dutzende bis einige hundert Sterne, die alle einzeln als Lichtpunkte erkennbar sind. Kugelhaufen haben Hunderttausende bis Millionen Mitgliedssterne und sind als verwaschene, kreisrunde Lichtfleckchen zu sehen. Nur die Randpartien sind in Einzelsterne auflösbar, im Zentrum stehen die Sterne zu dicht, um als einzelne Lichtpunkte erkannt zu werden.

Zwischen den punktförmigen Sternen zeigen sich auch nebelhafte Gebilde. Bei den „Nebeln" gilt es zwei Kategorien zu unterscheiden: Einmal beobachtet man tatsächlich Staub- und Gasmassen zwischen den Sternen unserer Milchstraße, wie zum Beispiel im Sternbild Orion den berühmten Orionnebel. Andere nebelhafte Lichtfleckchen lassen sich jedoch mit sehr großen Teleskopen in einzelne Sterne auflösen. Hier sieht man fremde, ferne Milchstraßensysteme. Das Licht von Milliarden Sternen wird von uns nur als schwa-

E.2 Das Sternbild Schütze wird vom Band der Milchstraße mit zahlreichen Nebeln durchzogen.

ches Nebelfleckchen registriert, wie beispielsweise beim Andromedanebel. Wegen ihrer häufig spiraligen Gestalt spricht man auch von Spiralnebeln oder Galaxien.

Der französische Astronom Charles Messier (1730–1817) hat einen Katalog mit über hundert Sternhaufen und Nebeln zusammengestellt. Der Orionnebel wird z. B. mit M 42, der Andromedanebel mit M 31, der Kugelhaufen im Herkules mit M 13 bezeichnet. Wesentlich umfangreicher ist der Katalog von John L. E. Dreyer mit dem Namen *New General Catalogue of Nebulae and Clusters of Stars*, abgekürzt NGC. Später erschienen noch zwei Ergänzungen (*Index-Catalogue I and II*, kurz IC I und IC II) und schließlich der überarbeitete *Revised New General Catalogue* (RNGC). Daher trägt der Andromedanebel M 31 auch die Bezeichnung NGC 224.

DIE HELLIGKEIT DER STERNE

Man teilt die Sterne in Größenklassen ein. Diese Größenklassen geben nicht den Durchmesser oder die wahre Leuchtkraft der Sterne an, sondern ihre scheinbare Helligkeit am Himmel. Sterne erster Größe sind dabei heller als solche zweiter Größe. Ein schwaches Sternpünktchen sechster Größe ist eben noch mit bloßen Augen zu erkennen. Ein Stern erster Größe ist dabei hundertmal heller als ein Stern sechster Größe. Daraus folgt, dass ein Stern zweiter Größe 2,512-mal lichtschwächer ist als ein Stern erster Größe. Ein Stern dritter Größe wiederum ist 2,512-mal lichtschwächer als ein Stern zweiter Größe, denn $2{,}512^5 = 100$. Die Größenklassenskala ist somit ein logarithmisches Maß.

Als Abkürzung verwendet man ein kleines hochgestelltes ^{m} für magnitudo (lat.) = Größe. Sterne, die heller als 1^m sind, bezeichnet man mit 0^m, -1^m, -2^m usw. Die Venus kann -4^m hell sein. Das bedeutet, dass sie dann hundertmal heller strahlt als ein Stern erster Größe, also mit 1^m! In manchen Schriften findet man gelegentlich die Abkürzung „mag" für Größenklasse. In der Fachastronomie ist sie jedoch nicht in Gebrauch. Mit Teleskopen lassen sich auch Sterne beobachten, die schwächer sind als 6^m. In einem guten Fernglas sind Sterne bis 10^m erkennbar. In großen Teleskopen werden Ster-

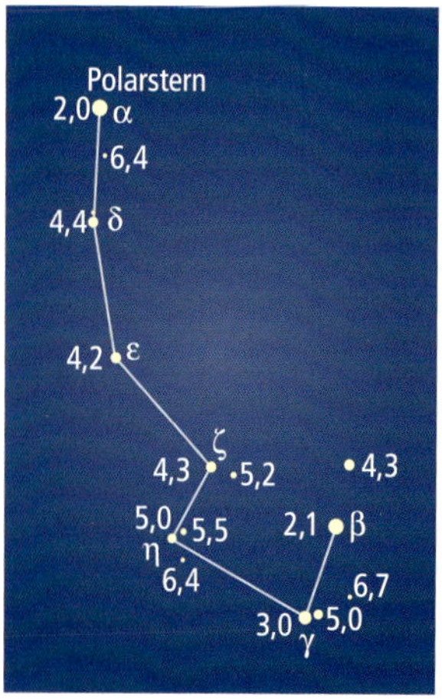

E.3 Sternbild Kleiner Wagen mit Helligkeitsangaben in Größenklassen für die einzelnen Sterne.

ne bis 26^{m} beobachtet, also Objekte, die hundert Millionen Mal lichtschwächer sind als die schwächsten, dem menschlichen Auge zugänglichen Sterne mit 6^{m}. Die Helligkeiten der Sterne zu schätzen, sollte man üben. Abb. E.3 zeigt den Kleinen Wagen, wobei die Helligkeiten der einzelnen Sterne vermerkt sind. Da das Sternbild Kleiner Wagen zirkumpolar ist, kann es in jeder klaren Nacht zu jeder Uhrzeit gesehen werden.

Stünden alle Sterne gleich weit entfernt, sozusagen in einer Normentfernung, dann entspräche die beobachtete scheinbare Helligkeit auch ihrer wirklichen Leuchtkraft. Eine solche Normentfernung wurde mit 10 Parsec (knapp 33 Lichtjahre) festgelegt. Man rechnet nun die Helligkeit aus, die ein Stern in 10 Parsec Entfernung hätte, und bezeichnet diese Größe als „absolute Helligkeit" oder „wahre Leuchtkraft" eines Sterns.

Um die absolute nicht mit der scheinbaren Helligkeit zu verwechseln, wird sie mit einem großen M (Magnitudo) abgekürzt. Beispiel: Unsere Sonne hat die enorme scheinbare Helligkeit von -27^{m} am Firmament und eine absolute Helligkeit von $+4{,}8^{M}$. Das heißt, in 33 Lichtjahren Entfernung erschiene uns die Sonne nur noch als Sternchen 5. Größe. Anmerkung: Da ^{m} auch für Minute steht, ist aus dem Textzusammenhang zu entnehmen, ob Helligkeiten oder Zeiten beziehungsweise Koordinaten gemeint sind.

ENTFERNUNGSANGABEN

In der Astronomie verwendet man, um große Zahlenungetüme zu vermeiden, für die Distanzen im Sonnensystem als Längenmaß die Astronomische Einheit (AE). Eine Astronomische Einheit entspricht der mittleren Entfernung der Erde von der Sonne, das sind rund 150 Millionen Kilometer.

Es gilt: **1 AE = 149 597 870 km**

Diese Strecke legt das Licht in $8^{m}20^{s}$ zurück. Man spricht von der Lichtlaufzeit der Astronomischen Einheit. Jupiter ist beispielsweise 5,2 AE von der Sonne und Neptun rund 30 AE von ihr entfernt. Die Lichtlaufzeiten der Planetendistanzen betragen Minuten bis wenige Stunden. Die Sterne sind jedoch so weit entfernt, dass ihr Licht Jahre, Jahrhunderte und Jahrmillionen zur Erde unterwegs ist. Man gibt daher ihre Distanzen in Lichtlaufzeiten an, wobei man ein Lichtjahr (LJ) als Einheit nimmt. In einem Jahr legt ein Lichtstrahl im Vakuum rund zehn Billionen Kilometer zurück.

Es gilt: **1 LJ = 9,46 × 10^{12} km**
= 63 240 AE

Ein Lichtjahr ist somit keine Zeit-, sondern eine Entfernungsangabe. In der Stellarastronomie wird ferner das Parsec (Parallaxensekunde) verwendet. Ein Parsec entspricht 3,26 Lichtjahren. Die Definition des Parsec findet man im Begleitbuch zum *Himmelsjahr*, dem *Kompendium der Astronomie* im Abschnitt „Entfernungseinheiten in der Astronomie".

Im *Himmelsjahr* werden die Entfernungen im Sonnensystem in AE und die Fixsterndistanzen in Lichtjahren angegeben. Parsec werden nicht verwendet.

ZEITANGABEN

Alle Uhrzeiten im *Himmelsjahr* sind grundsätzlich in **Mitteleuropäischer Zeit (MEZ)** angegeben. Die Mitteleuropäische Zeit ist die mittlere Sonnenzeit des Meridians 15° östlich von Greenwich (Nullmeridian der Erde). Sie geht gegenüber der Weltzeit (UT = Universal Time) um eine Stunde vor. Es gilt: Weltzeit plus eine Stunde = MEZ.

Wenn es in Greenwich Mitternacht (0^{h}) ist, dann haben wir schon 1^{h} (MEZ) morgens. Für **ortsabhängige Angaben** (z. B. Auf- und Untergänge) gelten alle Zeiten genau **für den Ort 10° östlich von Greenwich und**

50° nördlicher Breite. Dieser Punkt liegt für Mitteleuropa ziemlich zentral.

DIE SOMMERZEIT ist eine willkürliche Verschiebung der Zonenzeit um eine Stunde, um die Tageshelligkeit besser auszunutzen und (angeblich) Energie einzusparen. Sie beruht nicht auf astronomischen Grundlagen und ist außerdem von Staat zu Staat verschieden. Um die Benutzer des Himmelsjahres nicht zu verwirren und die Daten konsistent zu halten, sind alle Angaben das ganze Jahr durchgehend in MEZ vermerkt. Es gilt: MEZ plus eine Stunde = MESZ (Mitteleuropäische Sommerzeit). Gilt in einem Land die Sommerzeit, so ist zu den Zeitangaben im *Himmelsjahr* einfach eine Stunde zu addieren.

Achtung: Fällt ein Ereignis in die letzte Stunde vor Mitternacht, so ändert sich auch das Datum um einen Tag. Während der Dauer der Sommerzeit sind alle Zeitangaben in den Tabellen in einem dunkleren Farbton unterlegt.

AUF- UND UNTERGANGSZEITEN: Alle Auf- und Untergangszeiten (MEZ) gelten exakt für 10° östlicher Länge und 50° nördlicher Breite. Während der Gültigkeit der Sommerzeit ist eine Stunde zu addieren.

Für andere Orte in Mitteleuropa können diese Zeiten erheblich differieren (bis etwa eine halbe Stunde). Die Tabelle zur Auf- und Untergangskorrektur auf Seite 293 erlaubt eine Umrechnung auf den jeweiligen Beobachtungsort. Man suche die seinem Wohnort nächstliegende Stadt und lese einfach die Korrekturzeit in Minuten ab, wobei für Mond, Planeten oder Sterne noch vorher die Deklination zu ermitteln ist. Bei der Sonne beachte man das Datum.

DIE STERNZEIT: Um mit einem Fernrohr ein bestimmtes Gestirn zu finden, muss man die Stellung des Beobachters auf der Erde zu einer bestimmten Uhrzeit des Tages relativ zur Fixsternwelt kennen. Man braucht dazu einen Referenzpunkt unter den Sternen. Dies ist der Frühlingspunkt. Er ist der Schnittpunkt der aufsteigenden Sonnenbahn mit dem Himmelsäquator. Im Frühlingspunkt steht die Sonne zu Frühlingsbeginn. Er ist auch der Nullpunkt der äquatorialen Himmelskoordinaten. Nimmt man statt der

SOMMERZEIT (MESZ) IN DER BUNDESREPUBLIK DEUTSCHLAND

	Beginn Sonntag	Ende Sonntag		Beginn Sonntag	Ende Sonntag
1980	06. April	28. September	2002	31. März	27. Oktober
1981	29. März	27. September	2003	30. März	26. Oktober
1982	28. März	26. September	2004	28. März	31. Oktober
1983	27. März	25. September			
1984	25. März	30. September	2005	27. März	30. Oktober
			2006	26. März	29. Oktober
1985	31. März	29. September	2007	25. März	28. Oktober
1986	30. März	28. September	2008	30. März	26. Oktober
1987	29. März	27. September	2009	29. März	25. Oktober
1988	27. März	25. September			
1989	26. März	24. September	2010	28. März	31. Oktober
			2011	27. März	30. Oktober
1990	25. März	30. September	2012	25. März	28. Oktober
1991	31. März	29. September	2013	31. März	27. Oktober
1992	29. März	27. September	2014	30. März	26. Oktober
1993	28. März	26. September			
1994	27. März	25. September	2015	29. März	25. Oktober
			2016	27. März	30. Oktober
1995	26. März	24. September	2017	26. März	29. Oktober
1996	31. März	27. Oktober	2018	25. März	28. Oktober
1997	30. März	26. Oktober	2019	31. März	27. Oktober
1998	29. März	25. Oktober			
1999	28. März	31. Oktober	2020	29. März	25. Oktober
			2021	28. März	31. Oktober
2000	26. März	29. Oktober	2022	27. März	30. Oktober
2001	25. März	28. Oktober			

E.4 Der zunehmende Mond am Abend des 24. März 2021 (Aufnahme: Gertz/Schneider).

Sonne den unter den Fixsternen (fast) feststehenden Frühlingspunkt, erhält man statt der Sonnenzeit die Sternzeit.

Steht der Frühlingspunkt im Süden (Meridian), spricht man von 0^h Sternzeit, eine Stunde später von 1^h Sternzeit, usw. Es gilt: **Sternzeit = Stundenwinkel des Frühlingspunktes**.

Im *Himmelsjahr* ist die Sternzeit jeweils für 1^h MEZ (= 0^h Weltzeit) von zehn zu zehn Tagen für den Meridian von Greenwich (Nullmeridian) angegeben (siehe Tabelle auf Seite 288).

Die Tabelle auf Seite 281 erlaubt eine schnelle Bestimmung der Sternzeit zur abendlichen Beobachtungsstunde. Die Tabelle „Sternzeit" gibt die Sternzeit um 20^h MEZ (= 21^h MESZ) am Ortsmeridian 10° östlicher Länge für jeden Tag des Jahres an.

Um den Stundenwinkel eines Gestirns zu ermitteln, bilde man die Differenz: Sternzeit minus Rektaszension des Gestirns, dann hat man den Stundenwinkel zum Beobachtungszeitpunkt und kann das Teleskop entsprechend einstellen.

Für die Bestimmung des Stundenwinkels eines Planeten kann man auch seine Kulminationszeit (Zeit des Meridiandurchganges) benutzen, wenn man keine Sternzeituhr zur Verfügung hat und sich die Berechnung der Sternzeit zum Beobachtungszeitpunkt ersparen will. Die Kulminationszeiten der Planeten und Kleinplaneten sind auf den Seiten 282 bis 286 angegeben. Die Kulminationszeit gilt für 10° östlicher Länge. Zunächst ist die Korrektur für die Längendifferenz des Beobachtungsortes anzubringen (siehe Seite 292, Spalte Zeitkorrektur gegen 10° östlicher Länge). Um diese so erhaltene Zeit geht der Planet durch den Meridian des Beobachters und hat somit den Stundenwinkel Null. Man bilde nun die Zeitdifferenz zwischen der Beobachtungszeit und der Zeit des Meridiandurchganges. Sie entspricht direkt dem Stundenwinkel (im Zeitmaß).

DIE DYNAMISCHE ZEIT: In der Astronomie wird seit 1984 eine Dynamische Zeit verwendet, die die vorher verwendete Ephemeridenzeit abgelöst hat. Nähere Erläuterungen zu den Dynamischen Zeitskalen finden sich in dem Buch *Kompendium der Astronomie*. Die genaue Differenz der Dynamischen Zeit (TT = Terrestrial Time) zur Weltzeit (UT = Universal Time) kann erst im Nachhinein aus Beobachtungen der Gestirnspositionen bestimmt werden. Der extrapolierte Wert für das Jahr 2022 lautet: $\Delta T = +70$ Sekunden, wobei $\Delta T = TT - UTC$ gilt. Die koordinierte Weltzeit (UTC) hinkt somit der Dynamischen Zeit (TT) um mehr als eine Minute nach.

Der beobachtende Sternfreund kann die TT unberücksichtigt lassen, wenn er nicht hohe Genauigkeitsansprüche hat. Wer jedoch die Angaben im *Himmelsjahr* mit anderen Jahrbüchern vergleicht, muss beachten, dass alle Zeitangaben hier in MEZ = UTC + 1^h und nicht in TT vermerkt sind.

Seit dem 1. Januar 2017 beträgt die Differenz der UTC zur Internationalen Atomzeitskala (TAI) $\Delta AT = +37{,}00$ Sekunden ($\Delta AT =$

E.5 Der Kopf des Sternbildes Stier mit dem offenen Sternhaufen der Hyaden.

Martin Gertz / Sternwarte Welzheim

TAI – UTC) bis zum Einschub einer weiteren Schaltsekunde, die relativ kurzfristig vom International Earth Rotation and Reference Systems Service (IERS) in Paris bekannt gegeben wird.

BEGINN DES ASTRONOMISCHEN JAHRES: Nach Definition von Friedrich Wilhelm Bessel beginnt das astronomische Sonnenjahr, wenn die mittlere Sonne zum mittleren Äquinoktium die Länge von 280° ($\alpha = 18^h40^m$) unter Berücksichtigung der Aberration ($-20\overset{''}{.}5$) erreicht (auch Besselscher Jahresbeginn genannt).

Die Länge des **Besselschen Jahres** (auch Annus Fictus) entspricht der Länge des tropischen Jahres 1900 (365,242198781 mittlere Sonnentage = $365^d05^h48^m45\overset{s}{,}975$). Die Länge des tropischen Jahres nimmt infolge der säkularen Akzeleration der Rektaszension der mittleren Sonne um 0,148 × T Sekunden ab (T in Julianischen Jahrhunderten zu 36525 mittlere Sonnentage), während die Länge das Annus Fictus konstant bleibt.

Der Beginn des Annus Fictus wird mit „B+Jahreszahl Punkt Null" bezeichnet (z. B. B2000.0) im Gegensatz zum Gregorianischen bzw. Julianischen Jahresbeginn (J) jeweils am 1. Januar um 0^hUTC. Die Differenz beider Äquinoktien (z. B.: k = J2000.0–B2000.0) wird Dies Reductus (reduzierter Tag) genannt und ist kleiner als 24 Stunden.

KALENDERZYKLEN

SONNENZIRKEL: Ordnungszahl (1 bis 28) im Zeitintervall von 28 Jahren, nach dem die Wochentage wieder auf dieselben Daten (dieselben Monatstage) fallen. Da es sieben Wochentage gibt, aber jedes vierte Jahr ein Schaltjahr ist, so fallen nach 7 × 4 = 28 Jahren die Wochentage wieder auf dieselben Monatstage. Der Sonnenzirkel gibt an, welcher Sonntagsbuchstabe im betreffenden Jahr gilt.

SONNTAGSBUCHSTABE: Gibt im ewigen Kalender den Tag des ersten Sonntags im Jahr an. In Schaltjahren gelten zwei Sonntagsbuchstaben (der zweite ist ab dem 1. März zu benutzen).

1. Januar A	2. Januar B
3. Januar C	4. Januar D
5. Januar E	6. Januar F
7. Januar G	

EPAKTE: Gibt das Mondalter vermindert um 1 zu Beginn des Kalenderjahres an, also die Zahl der Tage, die am 31. Dezember des Vorjahres seit dem letzten Neumondtermin verflossen sind (1–29). Für Neumond am 31. Dezember steht meist ein * statt 0. Die Epakte spielt eine Rolle bei der Festlegung des Ostertermins.

GOLDENE ZAHL: Lateinisch Numerus Aureus oder auch Mondzirkel genannt, ist die Ordnungszahl (I bis XIX) der Jahre im Metonschen Mondzyklus. Da 235 Lunationen (synodische Monate) ziemlich genau 19 Jahren entsprechen, fallen nach 19 Jahren die Mondphasen (nahezu) auf dieselben Tage im Sonnenjahr. Die Goldene Zahl diente im Julianischen Kalender zur Bestimmung des Ostertermins. Im Gregorianischen Kalender ist sie durch die Epakte ersetzt. Die Goldene Zahl wird in römischen Ziffern geschrieben, um eine Verwechslung mit dem Sonnenzirkel auszuschließen.

INDIKTION (Römerzinszahl): Zyklus von 15 Jahren im Besteu-

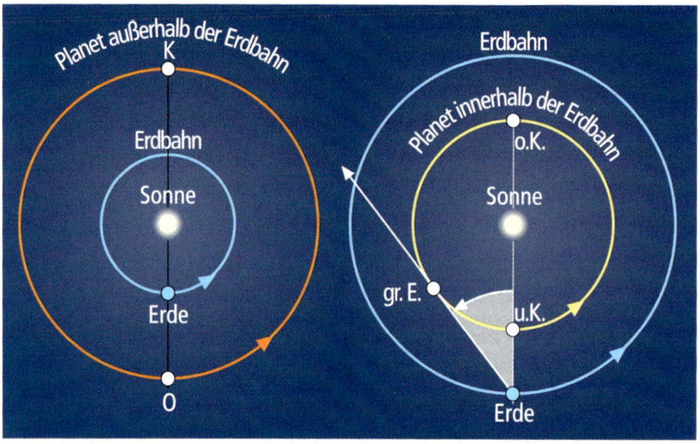

E.6 Die linke Zeichnung zeigt die Erdbahn und die Bahn eines Planeten außerhalb der Erdbahn. Bei O steht der Planet in Opposition, bei K in Konjunktion. Auf der rechten Seite der Abbildung sind die Erdbahn und die Bahn eines Planeten innerhalb der Erdbahn dargestellt. Bei u. K. steht der Planet in unterer, bei o. K. in oberer Konjunktion mit der Sonne. Bei gr. E. steht er in größter Elongation von der Sonne (Winkel grau gerastert).

Sonne auf und unter, bleibt somit nachts unter dem Horizont verborgen. Diese Konstellation heißt Konjunktion.

Steht der Planet von der Erde aus gesehen der Sonne gegenüber, also in der Reihenfolge Sonne – Erde – Planet (Abb. E.6), so spricht man von Opposition oder Gegenschein. Der Planet ist die ganze Nacht über zu sehen, da er mit Sonnenuntergang aufgeht und morgens mit Sonnenaufgang unter dem Westhorizont verschwindet. Bilden Sonne – Erde – Planet ein rechtwinkliges Dreieck, so spricht man von einer Quadratur.

Die inneren Planeten Merkur und Venus können niemals in Oppositionsstellung kommen. Dafür unterscheidet man bei ihnen zwischen oberer und unterer Konjunktion (Abb. E.6). In diesen beiden Stellungen bleibt der Planet unsichtbar. Nur wenn der Planet westlich oder östlich der Sonne „in Elongation“ steht, kann er gesehen werden. Steht Venus in östlicher Elongation, so geht sie erst nach Sonnenuntergang unter, sie ist dann Abendstern. Steht sie in westlicher Elongation, so geht sie vor der Sonne auf und ist am Morgenhimmel zu sehen.

Ähnliches gilt für Merkur. Die größte Elongation (Winkelabstand von der Sonne) kann für die Venus 48° betragen, für den sonnennäheren Merkur aber nur 28°. Merkur ist daher schwierig zu beobachten – entweder abends kurz nach Sonnenuntergang tief im Westen oder kurz vor Sonnenaufgang tief am Osthimmel. Die Sichtbarkeiten der Planeten hängen nicht nur von den geometrischen Verhältnissen (Stellung des Planeten und der Sonne), sondern auch von meteorologischen Gegebenheiten ab. Eine starke Dunstglocke, hohe Luftfeuchtigkeit (Nebel) oder irdisches Streulicht (Neonreklame, Fahrzeugscheinwerfer, Lichtdom eines Stadions) beeinträchtigen die Beobachtung.

Eine Grafik vor der Rubrik „Planetenlauf“ ermöglicht einen schnellen Überblick, welche Planeten am Abend, die ganze Nacht über, am Morgen oder gar nicht zu sehen sind. Eine grafische Jahresübersicht der Stellung, Größe, Helligkeit und Sichtbarkeit der Planeten findet sich auf den Seiten 276–277.

DIE GROSSEN PLANETEN

MERKUR: Sonnennächster Planet, zwischen $+3^m$ und $-1\overset{m}{,}5$ hell; schwer zu beobachten, da nur kurze Sichtbarkeitsperioden und stets horizontnahe Stellung; chromgelbes Licht.

VENUS: Nach Sonne und Mond hellstes Gestirn, oft als Abend- bzw. Morgenstern bezeichnet. Helligkeiten von $-3\overset{m}{,}9$ bis $-4\overset{m}{,}9$; strahlend weißes Licht; entweder abends am Westhimmel oder morgens in der östlichen Himmelshemisphäre zu sehen.

MARS: Äußerer Nachbarplanet der Erde, auffallend seine rötliche Farbe (der „rote Planet“); sehr unterschiedliche Helligkeiten von $+1\overset{m}{,}8$ bis $-2\overset{m}{,}9$.

JUPITER: Der größte aller Planeten, ein auffallend heller Planet, daher kaum zu übersehen; Helligkeit von $-1\overset{m}{,}7$ bis $-2\overset{m}{,}9$, weißlichgelbes Licht.

E.7 Die Bahnen der inneren Planeten um die Sonne (1 AE = 1 Astronomische Einheit = 149,6 Millionen Kilometer). Der Pfeil deutet die Richtung zum Frühlingspunkt an (Symbol: ♈).

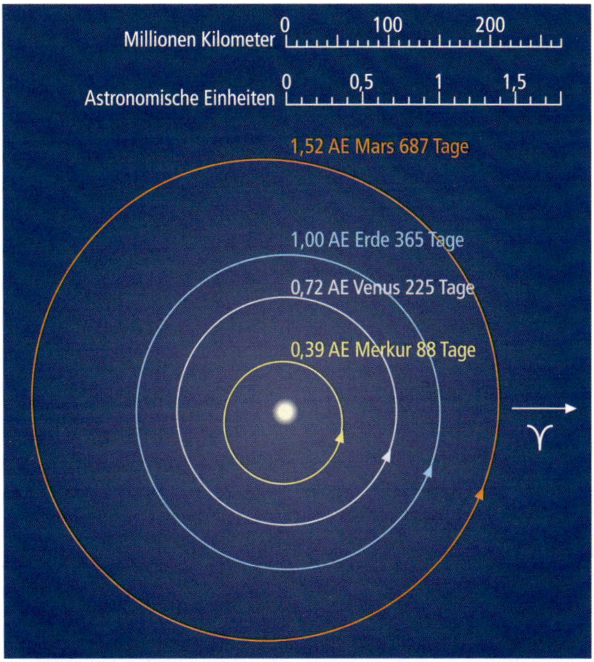

SATURN: Der sonnenfernste mit freiem Auge noch sichtbare Planet strahlt in einem fahlen Licht zwischen $+1\overset{\mathrm{m}}{,}3$ und 0^{m}, in Ausnahmefällen bis $-0\overset{\mathrm{m}}{,}5$. Den berühmten Ring kann man mit einem Fernrohr ab etwa 30-facher Vergrößerung erkennen.
URANUS: Ist theoretisch mit bloßem Auge gerade noch erkennbar (Oppositionshelligkeit $5\overset{\mathrm{m}}{,}5$). Wohlgemerkt „theoretisch", es empfiehlt sich auf alle Fälle ein gutes Fernglas, um Uranus zu finden! Farbe: grünlich. Die im März 1977 entdeckten Ringe sind jedoch selbst in großen Fernrohren für Hobbyastronomen nicht zu sehen.
NEPTUN: sonnenfernster Planet, Helligkeit um $7\overset{\mathrm{m}}{,}9$; zeigt im Fernrohr ein winziges, grünblaues Scheibchen.

Die Angaben der scheinbaren Helligkeiten sind – wie international üblich – V-Helligkeiten (nach dem UBV-System von Johnson). Die früher gebräuchli-

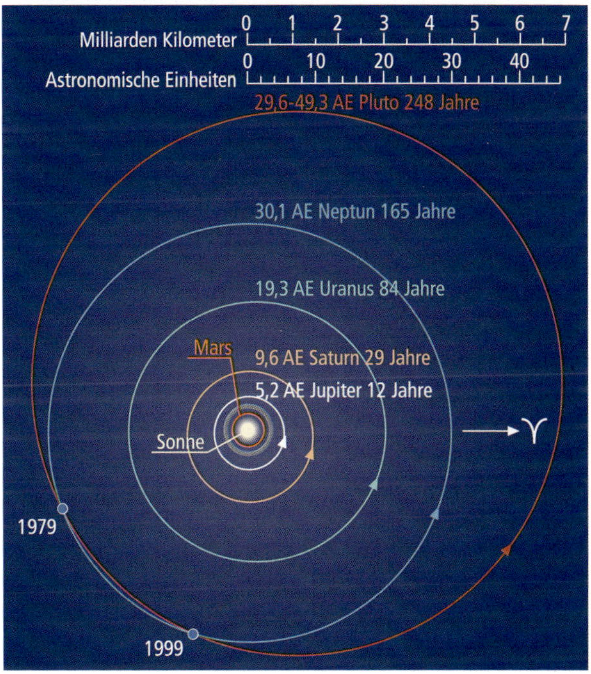

E.8 Die Bahnen der äußeren Planeten. Zwischen der Marsbahn und der Jupiterbahn laufen Abertausende Kleinplaneten (Planetoiden) um die Sonne. Wegen seiner stark exzentrischen Bahn war Pluto von 1979 bis Anfang Februar 1999 der Sonne näher als Neptun.

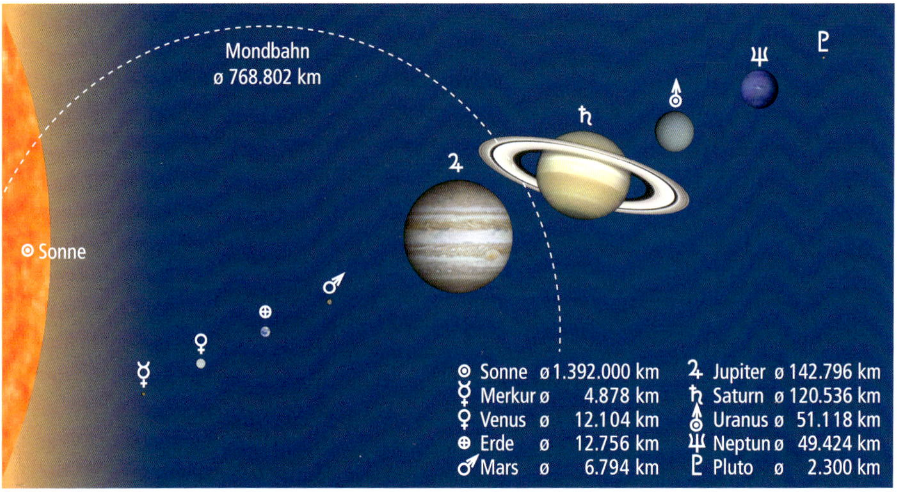

E.9 Größenverhältnisse der Planeten und der Mondbahn im Vergleich zur Sonne. Darüber sind die astronomischen Symbole der Planeten vermerkt, die auch in den monatlichen Sternkarten des Himmelsjahres die Orte der betreffenden Planeten markieren.

chen „visuellen" (m_{vis}) Helligkeiten sind um ca. $0\overset{\mathrm{m}}{,}2$ geringer, werden aber in manchen anderen Quellen noch verwendet.

KLEINPLANETEN UND ZWERGPLANETEN

Außer den acht großen Planeten schwirren noch Tausende kleiner und kleinster Planeten (Planetoiden oder Asteroiden) um die Sonne. Der erste wurde in der Neujahrsnacht des Jahres 1801 von Giuseppe Piazzi in Palermo entdeckt und auf den Namen Ceres getauft. Heute sind einige hunderttausend Planetoiden katalogisiert. Die meisten bewegen sich zwischen Mars und Jupiter um die Sonne. Einige haben jedoch sehr langgestreckte Bahnen, die die Bahnen anderer Planeten kreuzen. Sie können auch der Erde recht nahe kommen.

Einige Planetoiden, die in diesem Jahr heller als 9^{m} werden, sind in der Rubrik „Planetenlauf" verzeichnet.

PLUTO: Seit IAU-Beschluss vom August 2006 als Zwergplanet eingestuft, ist sehr lichtschwach, Oppositionshelligkeit $14\overset{\mathrm{m}}{,}3$. Nur gut ausgerüstete Amateurastronomen können ihn (fotografisch) beobachten.

DIE MONDE DER PLANETEN

Die beiden winzigen Marsmonde, die zahlreichen Uranusmonde, die Neptunmonde und die Plutomonde sind so lichtschwach, dass sie nicht mit den bescheidenen optischen Hilfsmitteln der Sternfreunde zu beobachten sind. Deshalb sind sie hier nicht aufgeführt.

JUPITER: Die vier hellsten Monde des Riesenplaneten sind schon in kleinen Teleskopen leicht zu sehen: I Io, II Europa, III Ganymed und IV Kallisto.

In den Monaten, in denen Jupiter zu beobachten ist, findet man jeweils eine Grafik, aus der die Positionen der Jupitermonde im umkehrenden Fernrohr ersichtlich sind. Sie lassen die gegenseitigen Stellungen und die Bewegungsabläufe der Jupitermonde erkennen.

Die waagerechten Linien in der Grafik beziehen sich auf 1^{h} MEZ des jeweiligen Datums, das links angegeben ist. Die Schnittpunkte der waagerechten Linien mit den Kurven der Jupitermonde geben somit deren Positionen jeweils um 1^{h} MEZ an.

Am unteren Rand jeder Grafik findet man eine Darstellung der Jupitermondbahnen relativ zum Beobachter.

ERSCHEINUNGEN DER JUPITERMONDE: Für den Fernrohrbesitzer ist es reizvoll, Bedeckungen, Verfinsterungen, Durchgänge und Schattenwürfe der Monde des Riesenplaneten auf Jupiter selbst zu beobachten.

Sofern diese Ereignisse von Mitteleuropa aus beobachtbar sind, findet man sie in der Rubrik „Jupitermonderscheinungen" verzeichnet. Es gelten folgende Abkürzungen:

B = Bedeckung, Mond verschwindet hinter der Jupiterscheibe

D = Durchgang, Mond geht vor der Planetenscheibe vorbei

S = Schattendurchgang, Mond wirft seinen Schatten auf Jupiter

V = Verfinsterung, Mond wird vom Jupiterschatten getroffen

A = Anfang der Erscheinung

E = Ende der Erscheinung

I: Io, II: Europa, III: Ganymed, IV: Kallisto.

Beispiel: September: 7. 2 46 II SA

bedeutet: Am 7. September um 2^h46^m MEZ beginnt der Schatten von Mond II (Europa) über die Jupiterkugel zu wandern.

SATURNMONDE: Schon mit einem guten Fernglas ist der Riesenmond Titan zu erkennen. Im Fernrohr sind auch die Monde Rhea, Dione und Tethys sowie Japetus in westlicher Elongation (er ist dann rund 2^m heller) zugänglich. Für die Monate, in denen Saturn zu beobachten ist, findet man jeweils eine Grafik, aus der die Stellungen und die Bewegungsabläufe der Saturnmonde Tethys, Dione, Rhea, Titan und Japetus zu entnehmen sind. Die Bahnlagen der Saturnmonde relativ zum Beobachter sind jeweils darunter abgebildet.

STERNSCHNUPPEN

In jeder Nacht des Jahres sind Meteore zu beobachten, doch variiert ihre Anzahl erheblich. Neben sporadisch auftauchenden Sternschnuppen gibt es periodisch wiederkehrende Ströme. Die dazu gehörenden Meteore scheinen dann von einem Punkt am Himmel in alle Richtungen auszustrahlen, dem Radianten oder Fluchtpunkt. Nach Lage des Radianten in einem bestimmten Sternbild wird der Meteorstrom benannt.

Sternschnuppen, die in Strömen periodisch auftreten, sind in den Monatsübersichten angegeben. Bei den verzeichneten Daten, vor allem, was die Häufigkeit betrifft, ist mit erheblichen Abweichungen zu rechnen. Die in vorliegendem Jahrbuch verwendeten Daten stammen von der International Meteor Organization (IMO) und werden jährlich aktualisiert.

Die angegebene Meteorrate bezieht sich auf die unter besten Sichtbedingungen (ohne Störung durch irdische Lichtquellen oder Mondlicht) mit bloßen Augen pro Stunde sichtbare Zahl der Sternschnuppen für den Idealfall, dass der Radiant im Zenit steht. Vor allem bei horizontnahen Radianten ist die pro Stunde zu beobachtende Sternschnuppenzahl erheblich geringer. Am Morgenhimmel tauchen stets mehr Sternschnuppen auf als abends, da man mit dem „Gesicht nach vorne" durch das Weltall fliegt (der Erdapex kulminiert um 6 Uhr morgens Ortszeit). Auch laufen etliche Meteorströme auf rückläufigen Bahnen, weshalb ebenfalls die Morgenstunden eine erhöhte Meteorrate aufweisen.

Der Begriff **Antihelion** bezieht sich auf den Oppositionspunkt zur Sonne in der Ekliptik. Er ist somit der Punkt, der eine ekliptikale Längendifferenz von 180° zur Sonne hat.

DAS GRIECHISCHE ALPHABET

Α	α	Alpha	a	Η	η	Eta	e	Ν	ν	Ny	n	Τ	τ	Tau	t
Β	β	Beta	b	Θ	ϑ	Theta	th	Ξ	ξ	Xi	x	Υ	υ	Ypsilon	y
Γ	γ	Gamma	g	Ι	ι	Jota	i, j	Ο	ο	Omikron	o	Φ	φ	Phi	ph
Δ	δ	Delta	d	Κ	κ	Kappa	k	Π	π	Pi	p	Χ	χ	Chi	ch
Ε	ε	Epsilon	e	Λ	λ	Lambda	l	Ρ	ϱ	Rho	r	Ψ	ψ	Psi	ps
Ζ	ζ	Zeta	z	Μ	μ	My	m	Σ	σ ς	Sigma	s	Ω	ω	Omega	o

KONSTELLATIONEN UND EREIGNISSE

Diese Übersicht weist auf Konjunktionen (Begegnungen) zwischen den großen Planeten, mit Sonne und Mond sowie auf alle Oppositionen zur Sonne und die größten Elongationen der inneren Planeten hin. Auch Perihel- (Sonnennähe) und Aphelstellungen (Sonnenferne) der Planeten sind angegeben.

Sind Begegnungen des Mondes mit Planeten prinzipiell beobachtbar, so sind die Winkeldistanzen topozentrisch (für +50° Breite) angegeben und durch **Fettdruck** hervorgehoben.

Für die übrigen Konjunktionen sind die Abstandsangaben geozentrische Werte (Normaldruck). Denn durch die relative Erdnähe des Mondes ergibt sich eine große Parallaxe, das heißt, der Winkelabstand des Mondes von einem Planeten kann bis etwa 1° differieren zwischen einem (fiktiven) Beobachter im Erdmittelpunkt (geozentrisch) und einem Beobachter auf der Erdoberfläche (topozentrisch). Ferner sind wichtige Ereignisse durch **Fettdruck** hervorgehoben.

FIXSTERNHIMMEL

Da die Sonne täglich um rund 1° unter den Sternen nach Osten vorrückt, ändert sich der Anblick des Himmels im Laufe eines Jahres. Genauer: Täglich durchschreiten die Fixsterne den Meridian vier Minuten früher als am Vortag. In 30 Tagen, also einem Monat, macht das schon zwei Stunden!

Mitte Dezember steht das Sternbild Orion gegen Mitternacht im Süden. Mitte Januar schon um 22 Uhr, und Mitte Februar geht Orion um 20 Uhr durch den Meridian. Dadurch ändert sich zur gleichen Beobachtungsstunde die Himmelsszene mit dem Datum. Nach einem Monat ist der Anblick noch nicht allzu verschieden vom Vormonat, aber nach einem Vierteljahr (sechs Stunden!) hat sich die Szenerie völlig umgestellt.

Man spricht daher von einem typischen Frühlings-, Sommer-, Herbst- und Wintersternhimmel. Gemeint ist der Anblick des Fixsternhimmels in den Abendstunden der jeweiligen Jahreszeit.

Die Monatssternkarte dient der schnellen Orientierung. Sie zeigt den beobachtbaren Himmelsausschnitt für 50° nördlicher Breite zur Standardbeobachtungszeit (am Monatsersten um 23^h MEZ, am 15. um 22^h MEZ).

Ebenfalls in die Monatssternkarten eingetragen sind die fünf hellen Planeten (Merkur bis Saturn), sofern sie zur Monatsmitte um 22^h MEZ über dem Horizont stehen.

Zum Rand hin erscheint die Sternkarte aufgehellt. Es werden damit die Extinktion und die durch künstliche Lichtquellen fast immer aufgehellten Horizonte nachempfunden.

Die monatlichen Sternkarten können auch zur Beobachtung am Morgenhimmel herangezogen werden. Unter jeder Sternkarte finden sich die entsprechenden Datums- und Uhrzeitangaben.

Man beachte noch, dass für andere Monate der Planetenstand nicht aktuell ist. Man entnehme ihn der Grafik „Planetenlauf" im aktuellen Monat.

MONATSTHEMEN

Hier wird monatlich ein Kapitel aus der Himmelskunde kurz und bündig dargestellt, zum leichteren und allmählichen Eindringen in die Wissenschaft von den Sternen. Auch über neue Forschungsergebnisse aus der Astronomie wird berichtet.

Wer ältere Jahrgänge des Himmelsjahres besitzt, möchte gelegentlich in einem Monatsthema der letzten Jahre nachsehen. Im *Kosmos Himmelsjahr* 2020 auf Seite 274 findet man dazu ein Verzeichnis der Monatsthemen von 2011–2020. Im *Kosmos Himmelsjahr 2010* findet man auf Seite 273 ein Verzeichnis der Monatsthemen von 2001–2010. Ferner ist im *Kosmos Himmelsjahr 2001* auf Seite 249 ein Verzeichnis der Monatsthemen 1990–2000 und im *Himmelsjahr 1989* auf Seite 193 ein Verzeichnis der Monatsthemen 1982–1989 abgedruckt.

TABELLEN UND EPHEMERIDEN

Für den fortgeschrittenen Amateurastronomen sind im Anhang wichtige Beobachtungsgrundlagen vermerkt. Der Anfänger kann diese Angaben unberücksichtigt lassen. Ab Seite 278 findet man die **ekliptikalen Koordinaten** des Mondes, der Sonne und der großen Planeten von Merkur bis Neptun. Die **äquatorialen Koordinaten** der Planeten und Kleinplaneten sind für das Äquinoktium J2000.0 angegeben, damit man sie leichter in vorhandene Sternkarten einzeichnen kann. Die Aufsuchkärtchen gelten ebenfalls für J2000.0. Ferner sind Kulminationszeiten sowie die Auf- bzw. Untergangszeiten, Scheibchendurchmesser in Bogensekunden und beleuchteter Teil der Planetenscheibchen vermerkt. Bei Saturn ist noch die Ringöffnung zur Erde und zur Sonne sowie die scheinbare Ausdehnung der großen und der kleinen Ringachse angegeben.

Für Sonne, Mars und Jupiter (System I und II) sind die **Zentralmeridiane** (Meridiane durch den Scheibenmittelpunkt) jeweils für 1^h MEZ vermerkt. Ferner gibt die Sonnenephemeride die Entfernung der Sonne von der Erde in AE sowie ihren scheinbaren Durchmesser, die Achsenlage und die Sternzeit an.

Sternbedeckungen durch den Mond sind für Berlin, Dresden, Hamburg, Hannover, Düsseldorf, Frankfurt (Main), Leipzig, München, Nürnberg, Stuttgart, Wien und Zürich angegeben. Aus Platzersparnisgründen ist jeweils nur ein Positionswinkel angegeben, der dem leichteren Aufsuchen des zu bedeckenden Sternes dienen soll. In den Monatsübersichten wird unter der Rubrik „Mondlauf" in der Spalte „Sterne und Sternbilder" durch ein Sternchen (*) auf eine Sternbedeckung hingewiesen.

Veränderliche Sterne sind in den Fixsternmonatsübersichten aufgeführt. Für Algol (β Perseï) und β Lyrae findet der Sternfreund jeweils die Minima-Zeiten, für δ Cepheï die Lichtmaxima und für den langperiodischen Veränderlichen Mira (ο Ceti) den jeweiligen Helligkeitszustand.

Die Aufsuchkärtchen findet man auf der hinteren Umschlagklappe. Bei den Minima-Angaben für Algol ist die Lichtzeitkorrektur (heliozentrisch auf geozentrisch) berücksichtigt.

Eine **Sternzeittafel** (S. 281) soll die rasche Bestimmung der Sternzeit zur abendlichen Beobachtungsstunde ermöglichen. Die Sternzeit für 1^h MEZ, bezogen auf den Meridian von Greenwich (Nullmeridian), findet man in der Tabelle „Ephemeride der Sonnenscheibe" (S. 288).

Das **Julianische Datum** ist jeweils für den Monatsersten in der Rubrik „Sonnenlauf" angegeben. Das Julianische Datum stellt eine fortlaufende Tageszählung dar, die mit dem 1. Januar des Jahres –4712 (= 4713 v. Chr.) beginnt.

Im Anhang finden sich **zwei Verzeichnisse astronomischer Institutionen**. Im Verzeichnis „Astronomische Institute, Planetarien und Sternwarten" findet man die professionellen Einrichtungen im deutschen Sprachraum. Das Verzeichnis „Amateurastronomische Vereinigungen, Beobachtungsstationen und Privatsternwarten" enthält astronomische Vereine, Schulsternwarten sowie ehrenamtlich betriebene Sternwarten mit Publikumsverkehr.

Dieses Verzeichnis soll dem Leser den Kontakt zu Gleichgesinnten erleichtern und die eigene Beobachtungstätigkeit fördern. Das Verzeichnis erhebt keinen Anspruch auf Vollständigkeit.

Weitere Adressen nimmt der Herausgeber gerne auf (Anschrift: Planetarium Stuttgart, Willy-Brandt-Straße 25, 70173 Stuttgart).

LITERATURHINWEISE

Erklärung astronomischer Fachbegriffe:
H.-U. Keller,
Wörterbuch der Astronomie
H.-U. Keller,
Kompendium der Astronomie (6. Auflage 2019)

Sternkarten für eigene Beobachtungen:
H.-M. Hahn, G. Weiland,
Drehbare Kosmos-Sternkarte
E. Karkoschka,
Atlas für Himmelsbeobachter
E. Karkoschka,
Drehbare Welt-Sternkarte
E. Karkoschka,
Sterne finden am Südhimmel

Software:
United Soft Media
Redshift für PC, MacOS und als App für iOS und Android

Astronomie im Internet:
www.kosmos-himmelsjahr.de
www.astronomie.de
www.astrotreff.de
www.sternfreunde.de
www.sternwarte.de

Sonnen- und Mondfinsternisse 2022

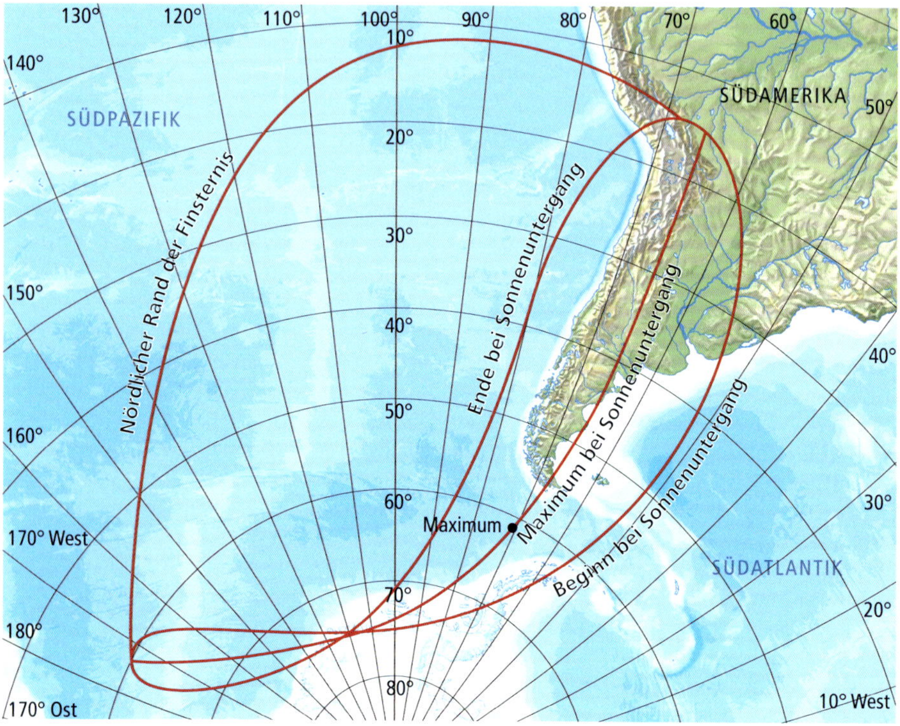

F.1 Sichtbarkeitsgebiet der partiellen Sonnenfinsternis vom 30. April 2022

Im Jahr 2022 ereignen sich vier Finsternisse. Am 30. April findet eine partielle Sonnenfinsternis statt, am 16. Mai eine totale Mondfinsternis, am 25. Oktober eine partielle Sonnenfinsternis und am 8. November eine totale Mondfinsternis.

Die totale Mondfinsternis vom 16. Mai kann in den frühen Morgenstunden von Mitteleuropa in ihrer ersten Hälfte beobachtet werden. Noch vor Mitte der Finsternis geht der Mond jedoch unter. Die partielle Sonnenfinsternis vom 25. Oktober kann in geringen partiellen Phasen von Mitteleuropa aus verfolgt werden.

PARTIELLE SONNENFINSTERNIS AM 30. APRIL

Diese Finsternis ereignet sich in den Abendstunden am Samstag, 30. April und bleibt von der gesamten Nordhalbkugel der Erde aus unbeobachtbar. Sie ist lediglich sichtbar in Küstenbereichen der Antarktis, den südwestlichen Küstenstrichen Südamerikas und von südöstlichen Bereichen des Pazifik aus.

Die Sonnenfinsternis beginnt um 19^h45^m MEZ am Ort 150°36′ westlicher Länge und 68°02′ südlicher Breite. Dieser Punkt befindet sich vor der Küste der Antarktis im Südpazifik. Die maximale Phase wird um 21^h41^m MEZ am Ort 71°34′ westlicher Länge und 62°14′ südlicher Breite zwischen Kap Hoorn und der Antarktis erreicht.

F.2 **Verlauf der totalen Mondfinsternis vom 16. Mai 2022**

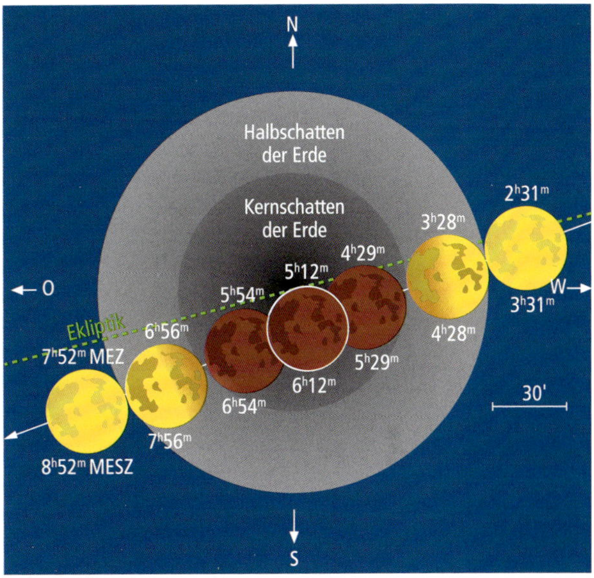

In der maximalen Phase werden 64,0 % des scheinbaren Sonnendurchmessers vom Neumond bedeckt.

Die Finsternis endet um $23^{h}38^{m}$ MEZ am Ort 77°25′ westlicher Länge und 25°05′ südlicher Breite. Dieser Ort befindet sich im Pazifischen Ozean vor der Küste Chiles (siehe Abb. F.1).

Diese Finsternis trägt die Nummer 66 im Saros-Zyklus Nr. 119, der 71 Sonnenfinsternisse umfasst.

TOTALE MONDFINSTERNIS AM 16. MAI

Diese Finsternis findet in den frühen Morgenstunden am Montag, 16. Mai statt. Der Vollmond geht in Mitteleuropa kurz vor bzw. nach Beginn (je nach Standort) der totalen Phase unter. Die Mondfinsternis nimmt folgenden Verlauf:

	MEZ	MESZ
Eintritt des Mondes in den Halbschatten	$2^{h}31^{m}$	$3^{h}31^{m}$
Eintritt des Mondes in den Kernschatten	$3^{h}28^{m}$	$4^{h}28^{m}$
Beginn der Totalität	$4^{h}29^{m}$	$5^{h}29^{m}$

F.3 Sichtbarkeitsgebiet der totalen Mondfinsternis vom 16. Mai 2022. 1, 2: Eintritt in den Halbschatten und in den Kernschatten; 3: Beginn der Totalität; 4: Ende der Totalität, 5: Austritt aus dem Kernschatten; 6: Austritt aus dem Halbschatten.

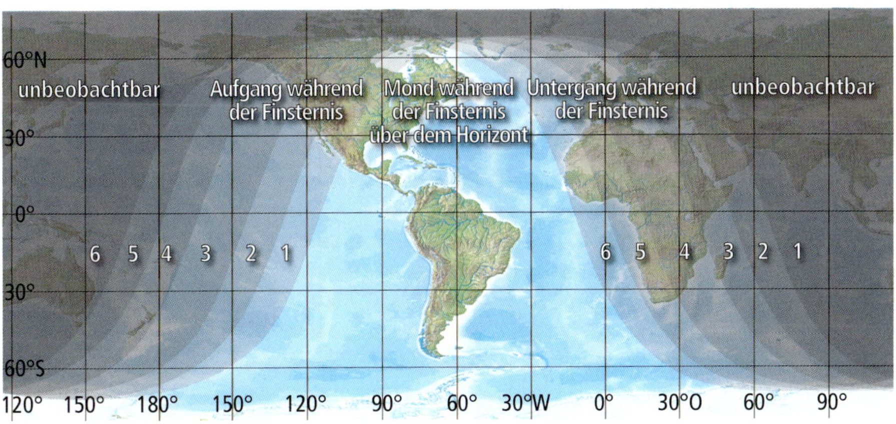

	MEZ	MESZ
Mitte der Finsternis	5^h12^m	6^h12^m
Ende der Totalität	5^h54^m	6^h54^m
Austritt des Mondes aus dem Kernschatten	6^h56^m	7^h56^m
Austritt des Mondes aus dem Halbschatten	7^h52^m	8^h52^m

Der Verlauf der Finsternis ist in Abb. F.2 dargestellt. Der Untergang des Vollmondes erfolgt am 16. Mai in 50° Nord und 10° Ost um 4^h35^m (= 5^h35^m MESZ), also noch vor Mitte der Finsternis.

Das Sichtbarkeitsgebiet umfasst fast Nord- und Südamerika, den Atlantischen Ozean, Europa und Afrika (siehe Abb. F.3).

Die Größe der Finsternis beträgt das 1,419-Fache des scheinbaren Monddurchmessers.

Diese Finsternis gehört zum Saros-Zyklus Nr. 131. Sie ist die 34. von insgesamt 72 Mondfinsternissen in diesem Zyklus.

PARTIELLE SONNENFINSTERNIS AM 25. OKTOBER

In den Vormittags- und Mittagsstunden am Dienstag, 25. Oktober findet eine partielle Sonnenfinsternis statt, die von Mitteleuropa aus teilweise in geringen partiellen Phasen sichtbar ist. Nur wenige Prozent der Sonnenscheibe werden in Mitteleuropa vom Neumond bedeckt (siehe Abb. F.6). Ihre partiellen Phasen sind in Teilen Grönlands, in Island, im Nordatlantik, in weiten Gebieten Europas, dem westlichen Asien, der arabischen Halbinsel, Nordostafrika und Indien sichtbar.

Das Maximum der Finsternis wird um 12^h00^m MEZ am Ort 77°17′ östlicher Länge und 61°47′ nördlicher Breite erreicht. Dieser Punkt liegt im nordwestlichen Asien. Die Sonne steht dort in 0° Höhe über dem Westhorizont, denn sie geht gerade unter.

Global betrachtet beginnt die Finsternis (1. Kontakt) um

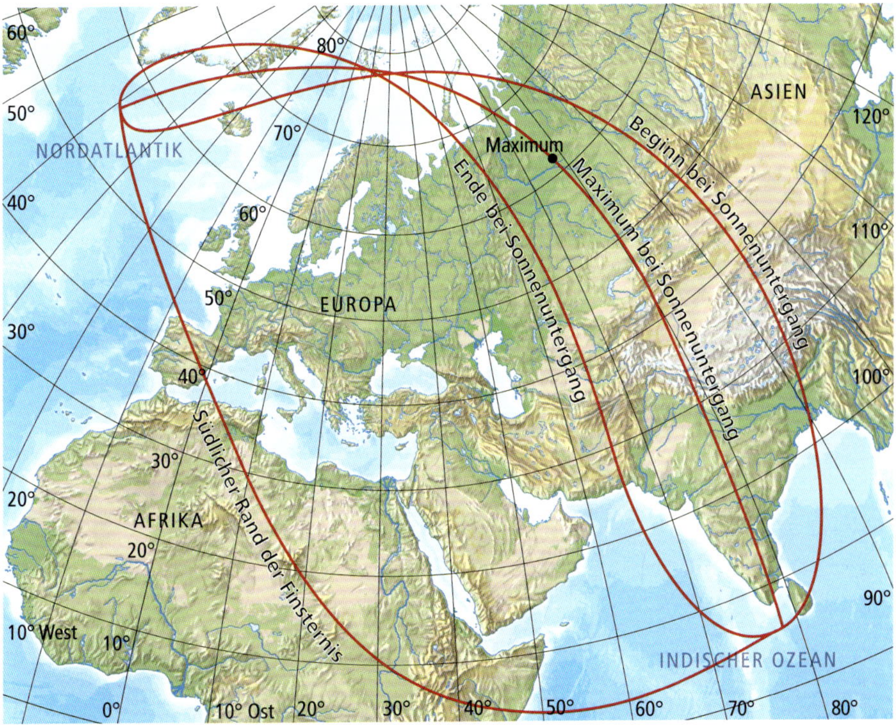

F.4 Sichtbarkeitsgebiet der partiellen Sonnenfinsternis vom 25. Oktober 2022

9^h58^m MEZ am Ort 18°57′ westlicher Länge und 66°28′ nördlicher Breite. Dieser Ort liegt im Nordwesten Islands. Sie endet (letzter Kontakt) um 14^h02^m MEZ am Ort 66°31′ östlicher Länge und 17°35′ nördlicher Breite. Dieser Ort liegt im Arabischen Meer zwischen der arabischen Halbinsel und der Westküste Indiens.

Für die meisten Orte in Mitteleuropa beginnt die partielle Finsternis gegen 11^h10^m MESZ und endet zwischen 13^h03^m und 13^h22^m MESZ (Sommerzeit). Die genauen Zeiten enthält die Tabelle auf Seite 31.

In den Vormittagsstunden am Dienstag, 25. Oktober 2022 kann man von Mitteleuropa aus verfolgen, wie der dunkle Neumond die Sonne teilweise verdeckt. Allerdings handelt es sich für uns Mitteleuropäer um eine eher bescheidene Sonnenfinsternis, was den Bedeckungsgrad der Finsternis betrifft. Lediglich ein paar Prozent der Sonnenscheibe werden vom Mond bedeckt.

Der Bedeckungsgrad nimmt von Nordosten nach Südwesten ab. In Kiel werden knapp 31 %, in Berlin 32 % der Sonnenscheibenfläche vom Neumond verfinstert, in Stuttgart hingegen nur 21 % und in Mailand nicht einmal 17 % (siehe Abb. F.6 auf Seite 29).

Oft wird statt der verfinsterten Fläche die Größe einer Finsternis angegeben. Unter Größe oder Phase einer Sonnenfinsternis versteht man die Eindringtiefe der Neumondscheibe in die Sonnenscheibe, angegeben in Einheiten des Sonnendurchmessers. Der *Bedeckungsgrad* hingegen gibt den prozentualen Anteil der Sonnenscheiben*fläche* an, die vom Neumond verfinstert wird. Bedeckt der Neumond die Hälfte des Sonnendurchmessers (der Mond-

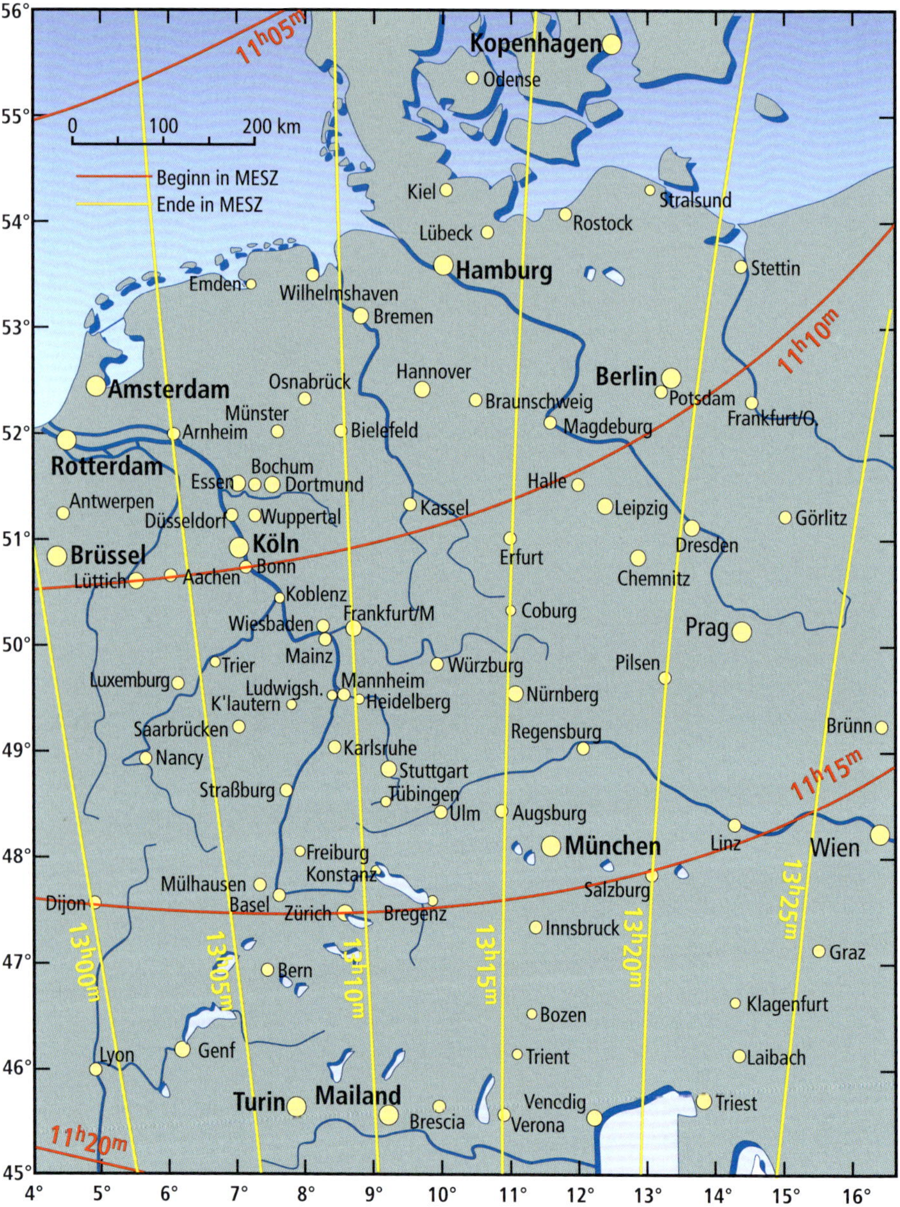

F.5 Beginn und Ende der partiellen Phasen der Sonnenfinsternis vom 25. Oktober 2022 in Mitteleuropa. Zeitangaben in MESZ.

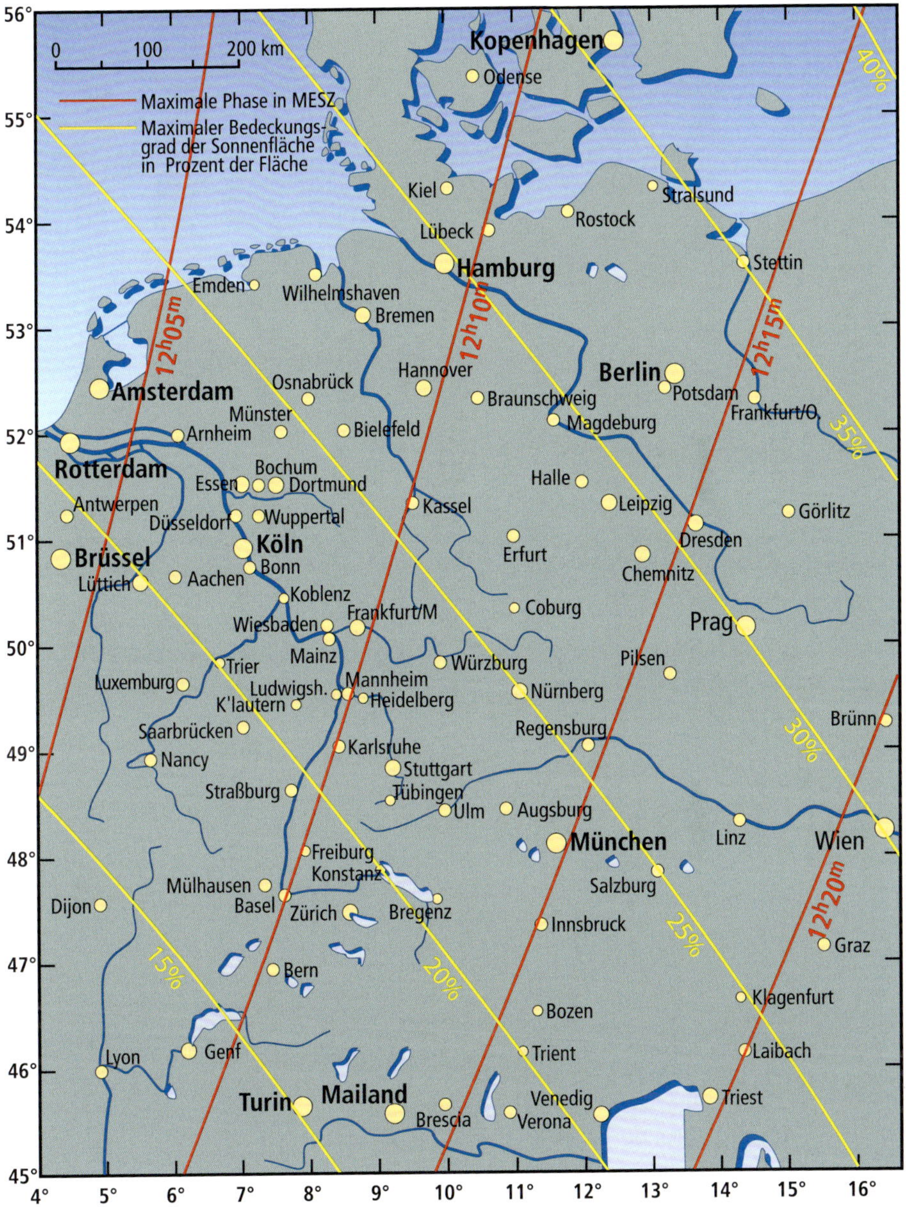

F.6 Bedeckungsgrad zur Maximumszeit (in MESZ) der partiellen Sonnenfinsternis vom 25. Oktober 2022 für Orte in Mitteleuropa.

F.7 Die partiellen Phasen der Sonnenfinsternis vom 25. Oktober 2022 für einige europäische Städte.

rand geht dann durch den Sonnenscheibenmittelpunkt), so hat diese Finsternisphase die Größe 0,5. Dabei werden 39% der Sonnenscheibenfläche vom Mond bedeckt (vorausgesetzt, beide haben den gleichen scheinbaren Durchmesser, was in erster Näherung stets zutrifft).

Bei der diesjährigen Sonnenfinsternis beträgt die Größe in Hamburg 0,411, wobei 29,7% der Sonnenscheibenfläche vom Neumond verfinstert werden. In Stuttgart erreicht die Größe 0,329, der Bedeckungsgrad liegt bei 21,5%. In Zürich hat die Größe den Wert 0,298, dies ergibt 18,6% Bedeckung, und in Mailand lauten die Zahlen: Größe 0,275 und Bedeckung 16,7%. In der Tabelle „Verlauf der partiellen Sonnenfinsternis am 25. Oktober 2022 in Mitteleuropa" auf Seite 31 ist der jeweilige Bedeckungsgrad für zahlreiche Orte vermerkt.

Die partielle Sonnenfinsternis vom 25. Oktober ist die Nr. 55 im Saros-Zyklus 124. Schon die chaldäischen Astronomen im alten Babylon erkannten im 8. vorchristlichen Jahrhundert, dass sich Finsternisse nach 18 Jahren, 11 Tagen und 8 Stunden wiederholen. Diese Zeitspanne wird Saros-Periode genannt. Nach 223 Lunationen wiederholt sich eine Finsternis, denn 223 synodische Monate (= 6585,322 mittlere Sonnentage) entsprechen ziemlich genau 242 drakonitischen Monaten (= 6585,357 mittlere Sonnentage).

Nach dieser Zeitspanne wiederholen sich die relativen Positionen der Syzygien (Neu- und Vollmondphasen) zu den Mondbahnknoten. Nicht berücksichtigt ist dabei die Erdrotation. Die einer Finsternis nach einer Saros-Periode folgende findet somit in einem anderen geografischen Gebiet statt. Außerdem ist die Koinzidenz von 223 synodischen mit 242 drakonitischen Monaten nicht exakt, weshalb sich die Saros-Perioden nicht beliebig oft wiederholen. Nach 12 bis 16 Jahrhunderten reißt eine Folge von Saros-Perioden ab. Die aufeinanderfolgenden Saros-Perioden werden zu einem Saros-Zyklus zusammengefasst.

VERLAUF DER PARTIELLEN SONNENFINSTERNIS AM 25. OKTOBER 2022 FÜR EINIGE ORTE IN MITTELEUROPA

Ort	Beginn MESZ	Maximale MESZ	Phase Bed.	Ende MESZ
	h m	h m	%	h m
Aachen	11 10	12 06	20,9	13 05
Amsterdam	11 08	12 04	21,9	13 03
Antwerpen	11 09	12 04	19,5	13 01
Augsburg	11 14	12 14	23,1	13 15
Baden-Baden	11 13	12 10	20,3	13 09
Basel	11 15	12 10	17,9	13 07
Berlin	11 10	12 14	32,2	13 19
Bern	11 16	12 10	16,5	13 06
Bielefeld	11 09	12 09	25,5	13 10
Bochum	11 09	12 07	23,2	13 07
Böblingen	11 13	12 11	21,2	13 11
Bonn	11 10	12 08	21,9	13 07
Bozen	11 17	12 16	20,8	13 16
Braunschweig	11 09	12 11	28,4	13 14
Bregenz	11 15	12 13	20,3	13 12
Bremen	11 08	12 08	27,5	13 11
Brünn	11 15	12 20	31,8	13 27
Brüssel	11 10	12 04	18,9	13 01
Chemnitz	11 11	12 14	29,2	13 19
Coburg	11 11	12 12	26,1	13 15
Darmstadt	11 11	12 10	22,5	13 10
Dortmund	11 09	12 08	23,6	13 08
Dresden	11 11	12 15	30,6	13 20
Düsseldorf	11 09	12 07	22,3	13 06
Duisburg	11 09	12 07	22,6	13 06
Eisenach	11 10	12 11	26,2	13 14
Emden	11 07	12 06	26,1	13 08
Erfurt	11 10	12 12	27,1	13 15
Essen	11 09	12 07	23,0	13 07
Frankfurt/Main	11 11	12 10	22,9	13 10
Frankfurt/Oder	11 10	12 15	33,5	13 22
Freiburg	11 14	12 10	18,7	13 08
Genf	11 17	12 09	14,0	13 03
Görlitz	11 12	12 17	32,4	13 23
Graz	11 17	12 21	27,2	13 26
Halle	11 10	12 13	29,1	13 17
Hamburg	11 08	12 09	29,7	13 13
Hannover	11 09	12 10	27,6	13 12
Heidelberg	11 12	12 10	21,9	13 10
Heilbronn	11 12	12 11	22,1	13 11
Innsbruck	11 15	12 15	22,1	13 16
Kaiserslautern	11 12	12 09	20,8	13 08
Karlsruhe	11 12	12 10	21,0	13 09

Ort	Beginn MESZ	Maximale MESZ	Phase Bed.	Ende MESZ
	h m	h m	%	h m
Kassel	11 10	12 10	25,7	13 12
Klagenfurt	11 17	12 20	25,0	13 23
Koblenz	11 10	12 08	21,9	13 08
Köln	11 10	12 07	22,1	13 07
Konstanz	11 15	12 12	19,8	13 11
Krefeld	11 09	12 07	22,2	13 06
Leipzig	11 11	12 13	29,3	13 18
Linz	11 15	12 18	27,4	13 23
Ludwigshafen	11 12	12 10	21,6	13 09
Lübeck	11 08	12 10	30,9	13 14
Lüttich	11 10	12 06	19,9	13 03
Luxemburg	11 11	12 07	19,1	13 04
Magdeburg	11 09	12 12	29,4	13 16
Mailand	11 18	12 14	16,7	13 11
Mainz	11 11	12 09	22,3	13 09
Mannheim	11 12	12 10	21,7	13 10
Mönchengladbach	11 09	12 06	21,8	13 05
München	11 14	12 15	23,6	13 17
Münster	11 09	12 07	24,5	13 08
Nürnberg	11 12	12 13	24,9	13 15
Osnabrück	11 08	12 08	25,4	13 09
Potsdam	11 10	12 14	31,7	13 19
Prag	11 13	12 17	30,1	13 22
Regensburg	11 13	12 15	25,6	13 18
Reutlingen	11 13	12 11	21,1	13 11
Rostock	11 08	12 12	32,9	13 17
Rotterdam	11 08	12 04	20,7	13 02
Saarbrücken	11 12	12 08	19,5	13 06
Salzburg	11 15	12 17	25,1	13 20
Schwerin	11 08	12 11	31,4	13 15
Stralsund	11 08	12 13	34,4	13 18
Straßburg	11 13	12 10	19,5	13 08
Stuttgart	11 13	12 11	21,5	13 11
Trier	11 11	12 08	19,9	13 05
Tübingen	11 13	12 11	21,0	13 11
Ulm	11 14	12 13	22,0	13 13
Wien	11 16	12 21	30,1	13 27
Wiesbaden	11 11	12 09	22,3	13 09
Wilhelmshaven	11 07	12 07	27,3	13 09
Worms	11 12	12 10	21,8	13 09
Würzburg	11 12	12 11	24,0	13 13
Wuppertal	11 09	12 07	22,8	13 07
Zürich	11 15	12 11	18,6	13 09

Bed. ist der Bedeckungsgrad der Sonnenscheibe, MEZ-Uhrzeiten sind um eine Stunde geringer.

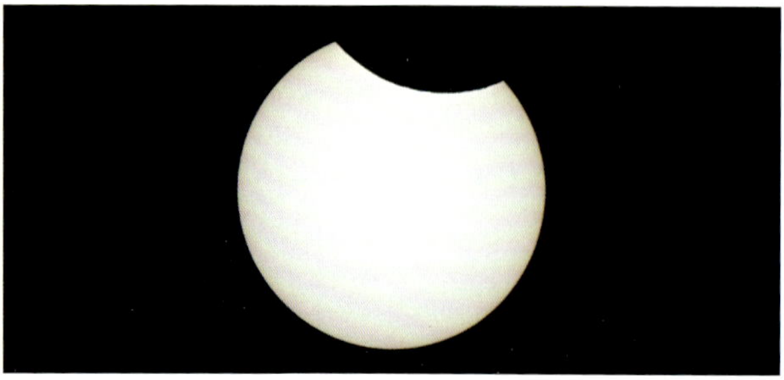

Martin Gertz / Sternwarte Welzheim

F.8 Die partielle Sonnenfinsternis vom 10. Juni 2021.

Der Saros-Zyklus 124 beinhaltet 73 Sonnenfinsternisse, darunter 29 partielle und 43 totale, keine ringförmige, aber eine hybride (ringförmig-totale) Sonnenfinsternis. Alle Sonnenfinsternisse des Saros 124 finden statt, wenn der Mond seinen absteigenden Knoten passiert. Während des Zyklus wandert der Mondschatten immer mehr nordwärts, die Gamma-Werte nehmen permanent ab. Die Gamma-Werte geben den geringsten Abstand der Kernschattenachse des Mondes vom Erdmittelpunkt in Einheiten des Erdäquatorradius an. Negative Werte bedeuten: Die Kernschattenachse geht südlich am Erdmittelpunkt vorbei, positive Werte geben an, sie geht nördlich vorbei. Für die Finsternis vom 25. Oktober 2022 lautet das Gamma: $\gamma = 1{,}0701$. Die Größe dieser Finsternis beträgt 0,8619.

Der Saros-Zyklus 124 begann mit der winzigen partiellen Sonnenfinsternis tief im Süden am 6. März 1049 (Größe: 0,0137) und wird mit der partiellen Sonnenfinsternis hoch im Norden am 11. Mai 2347 enden. Die Größe dieser Finsternis beträgt lediglich 0,0391, das heißt, nur knapp vier Prozent des scheinbaren Sonnendurchmessers werden vom Neumond bedeckt. Die Finsternis vom 12. Juni 1211 war die erste totale im Saros 124. Die letzte totale Finsternis in diesem Zyklus fand am 22. September 1968 statt. Der Saros-Zyklus 124 umfasst somit eine Zeitspanne von 1298 Jahren. Die mit fünf Minuten und 46 Sekunden längste totale Phase trat bei der Sonnenfinsternis im Saros-Zyklus 124 am 3. Mai 1734 ein. Am 22. September 1968 fand die kürzeste totale Sonnenfinsternis in diesem Zyklus statt. Im Maximum dauerte die totale Phase nur 41 Sekunden.

Wer die Sonnenfinsternis am 25. Oktober 2022 beobachten will, sollte immer bedenken: Vorsicht bei jeder Sonnenbeobachtung! **Niemals direkt und ungeschützt in die Sonne sehen! Schwere Augenschäden bis zur vollkommenen Erblindung drohen!** Schon gar nicht ein Fernglas oder Teleskop auf die Sonne richten, wenn es nicht über spezielle Filter oder entsprechende Sonnenbeobachtungseinrichtungen verfügt. Einigermaßen sicher ist noch die Projektionsmethode, bei der man nicht durch das Fernrohr blickt, sondern das Sonnenbild auf einen weißen Schirm (z. B. heller Karton) projiziert. Dabei ist zu beachten, dass man nicht in der Nähe des Okulars in den Strahlengang gerät oder unvorsichtige Zeitgenossen oder Kinder dennoch versuchen, durch das Okular zu blicken. Sonnenbrillen, berußte Gläser, geschwärzte Filme, CDs, Solarienbrillen, Verpackungsfolien, Neutral- oder Polarisationsfilter bieten keinen ausreichenden Schutz. Im Fachhandel gibt es spezielle *Sonnensichtbrillen* (auch „Sofi-Brillen" genannt), die wenige Euro kosten. Am besten ist es jedoch, eine öffentliche Sternwarte zu besuchen, die spezielle Führungen zur Beobachtung der Sonnenfinsternis anbietet. Die Observatorien verfügen dabei über ein geeignetes Instrumentarium für sichere Sonnenbeobachtungen.

TOTALE MONDFINSTERNIS AM 8. NOVEMBER

Diese Finsternis findet in den Vormittagsstunden am Dienstag, 8. November statt. Da der Mond um diese Zeit bei uns schon untergegangen ist, bleibt sie von Mitteleuropa aus unbeobachtbar.

Die Finsternis nimmt folgenden Verlauf:

F.9 Verlauf der totalen Mondfinsternis vom 8. November 2022.

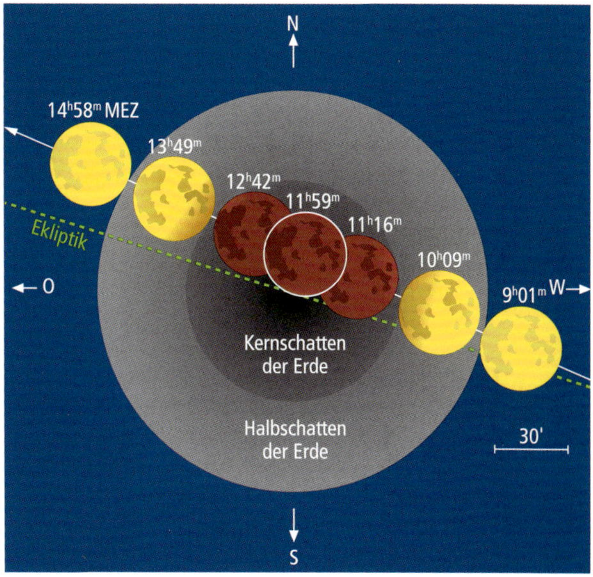

	MEZ
Eintritt des Mondes in den Halbschatten	9^h01^m
Eintritt des Mondes in den Kernschatten	10^h09^m
Beginn der Totalität	11^h16^m
Mitte der Finsternis	11^h59^m
Ende der Totalität	12^h42^m
Austritt des Mondes aus dem Kernschatten	13^h49^m
Austritt des Mondes aus dem Halbschatten	14^h58^m

Der Verlauf der Finsternis ist aus Abb. F.9 zu ersehen. Die Größe der Finsternis beträgt das 1,360-Fache des scheinbaren Monddurchmessers. Der Beginn der Finsternis ist in Nord- und Südamerika beobachtbar. In voller Länge kann sie im Nordwesten der USA, im Westen Kanadas, in Alaska, im Pazifik, in Japan und in Nordostasien verfolgt werden. Das Ende ist beobachtbar in Südostasien, Ozeanien und Australien.

Diese Finsternis ist die Nummer 20 im Saros-Zyklus 136, der insgesamt 72 Mondfinsternisse umfasst.

F.10 Sichtbarkeitsgebiet der totalen Mondfinsternis vom 8. November 2022. 1, 2: Eintritt in den Halbschatten und in den Kernschatten; 3: Beginn der Totalität; 4: Ende der Totalität, 5: Austritt aus dem Kernschatten; 6: Austritt aus dem Halbschatten.

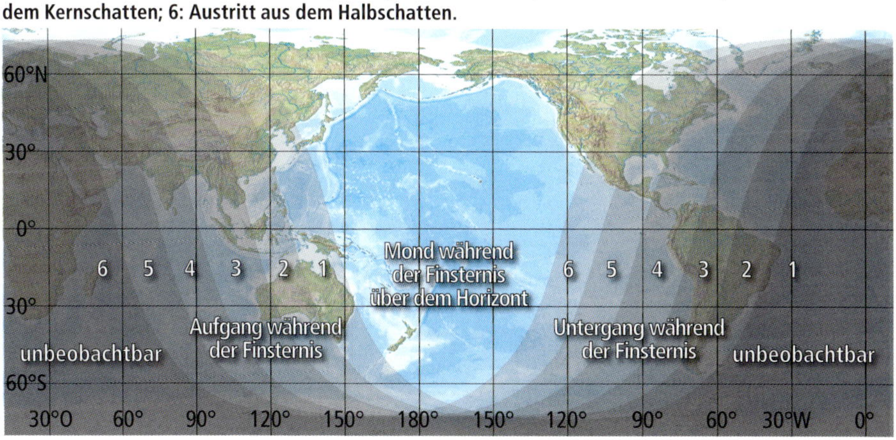

Januar 2022

- Die Erde passiert am 4. ihren sonnennächsten Bahnpunkt. Abstand Erde – Sonne: 147 Millionen Kilometer.
- Merkur bietet zu Jahresbeginn eine Abendsichtbarkeit.
- Venus steht am 9. in unterer Konjunktion mit der Sonne.
- Mars taucht allmählich am Morgenhimmel auf.
- Jupiter ist noch am Abendhimmel vertreten.
- Saturn zieht sich vom Abendhimmel zurück.

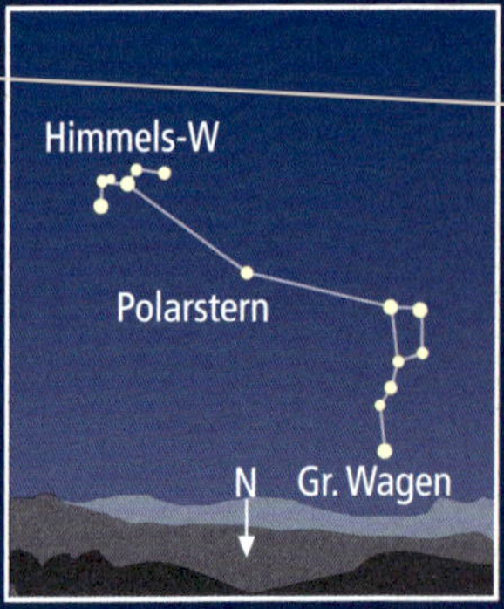

Großer Wagen und Himmels-W Anfang Januar um 22 Uhr MEZ

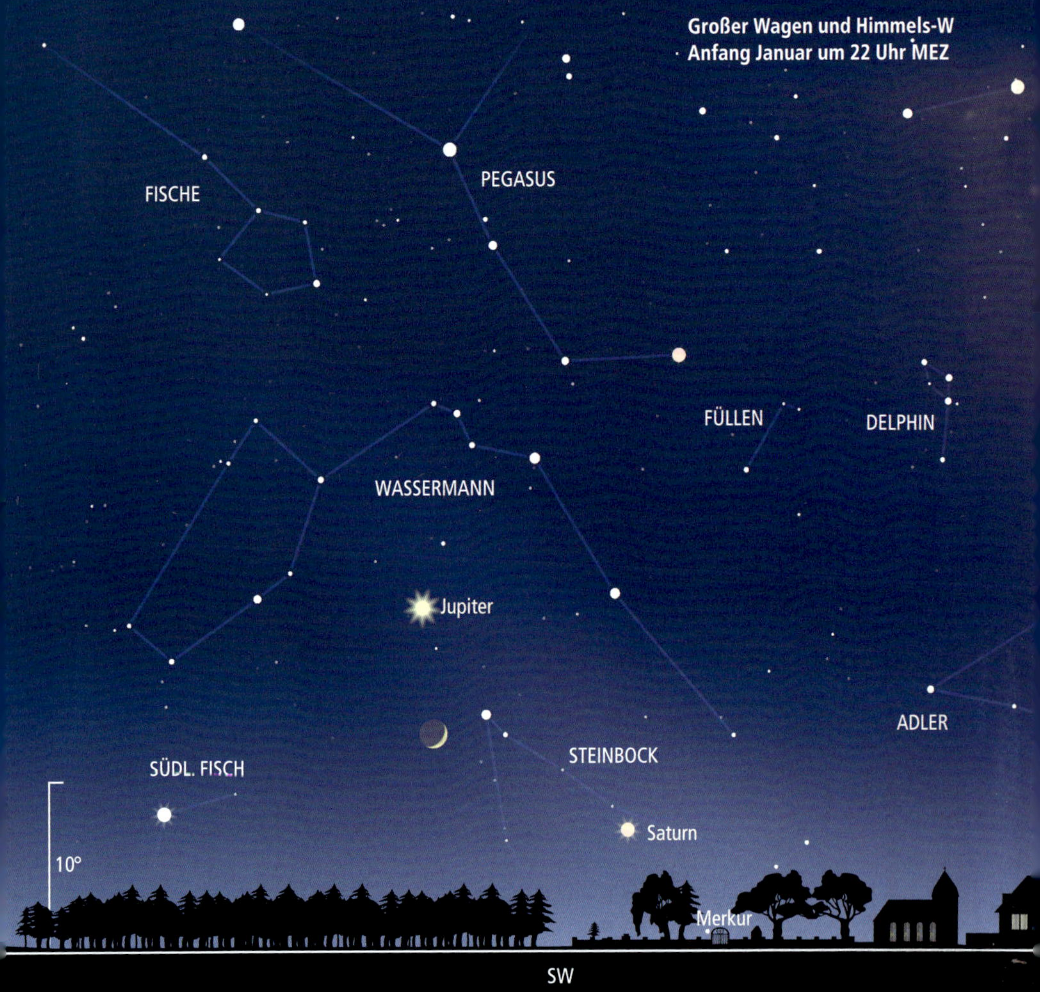

1.1 Himmelsanblick am 5. Januar gegen 18^h MEZ. Über dem Südwesthorizont sieht man die Planetenparade Merkur, Saturn und Jupiter. Zu ihnen gesellt sich die zunehmende Mondsichel

Himmelskalender 1

1	Sa	Neujahr
2	So	**Neumond**
3	Mo	
4	Di	Erde in Sonnenähe Mond bei Saturn – abends
5	Mi	
6	Do	Heilige drei Könige
7	Fr	
8	Sa	Merkur zweitbeste Abendsichtbarkeit
9	So	Erstes Viertel
10	Mo	
11	Di	
12	Mi	
13	Do	
14	Fr	
15	Sa	
16	So	
17	Mo	
18	Di	**Vollmond**
19	Mi	
20	Do	
21	Fr	
22	Sa	
23	So	
24	Mo	
25	Di	Letztes Viertel
26	Mi	
27	Do	
28	Fr	
29	Sa	Mond bei Mars – morgens
30	So	
31	Mo	

SONNE – STERNBILDER

20. 1. 3^{h}:
Sonne tritt in das Sternbild Steinbock

20. 1. 4^{h}:
Sonne tritt in das Tierkreiszeichen Wassermann

Julianisches Datum am
1. Januar, 1^{h} MEZ: 2 459 580,5

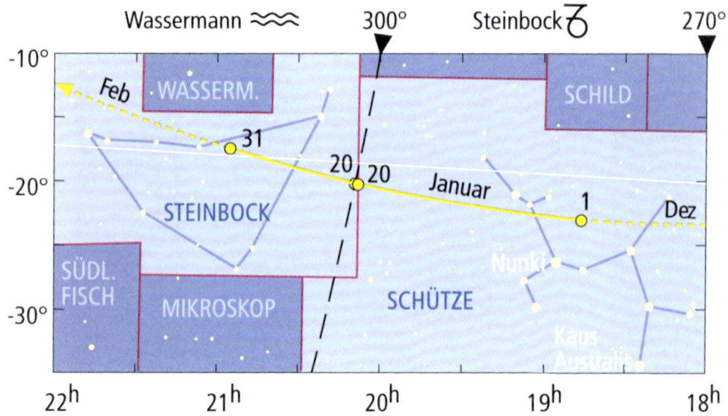

SONNENLAUF

Tag	Dämmerg. Anfang	Aufgang MEZ	Kulmination	Untergang MEZ	Dämmerg. Ende	Mittagshöhe	Zeitgleichg.	Rektaszension	Deklination
	h m	h m	h m	h m	h m	o	m	h m	o
1.	6 59	8 19	12 24	16 29	17 48	17,0	– 4	18 45	–23,0
5.	6 59	8 18	12 25	16 33	17 52	17,4	– 5	19 02	–22,7
10.	6 58	8 16	12 28	16 39	17 58	18,1	– 8	19 24	–22,0
15.	6 55	8 13	12 29	16 46	18 04	18,9	– 9	19 46	–21,2
20.	6 52	8 08	12 31	16 54	18 10	19,9	–11	20 07	–20,2
25.	6 48	8 03	12 32	17 02	18 17	21,1	–12	20 28	–19,1
31.	6 41	7 55	12 33	17 12	18 26	22,7	–13	20 53	–17,5

TAGES- UND NACHTSTUNDEN

5. Januar

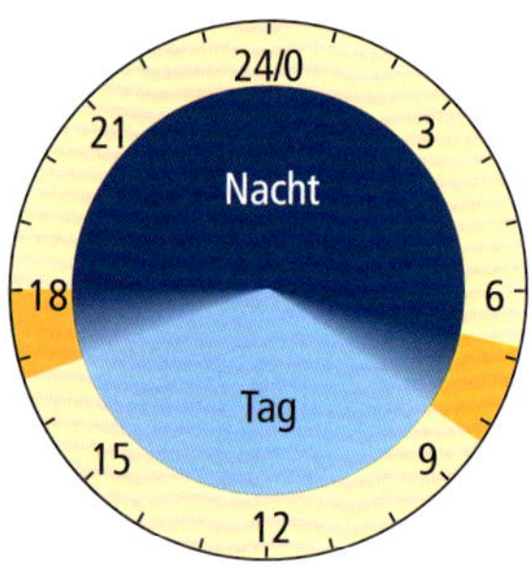

15. Januar

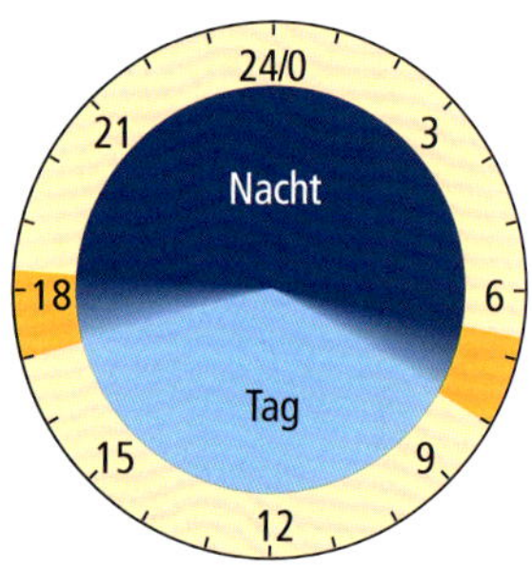

25. Januar

MONDLAUF

Datum		Aufg. MEZ	Kulmination	Unterg. MEZ	Rektaszension	Deklination		Sterne und Sternbilder	Phase	MEZ
		h m	h m	h m	h m	°				
Sa	1.	7 03	10 59	14 51	16 55	–23,9		Antares	Erdnähe 358/33,′4	24^h
So	2.	8 21	12 06	15 50	18 01	–26,0		Schütze	**Neumond Nr. 1225**	**$19^h 33^m$**
Mo	3.	9 23	13 12	17 04	19 09	–26,2		Schütze, Nunki		
Di	4.	10 09	14 14	18 28	20 15	–24,4		Steinbock		
Mi	5.	10 41	15 12	19 53	21 17	–21,0		Steinbock		
Do	6.	11 05	16 04	21 15	22 14	–16,5	*	Wassermann	Größte Südbreite	
Fr	7.	11 24	16 51	22 32	23 07	–11,2		Wassermann	Libration West	
Sa	8.	11 40	17 36	23 46	23 55	– 5,5		Wassermann		
So	9.	11 55	18 18	–	0 42	+ 0,1		Walfisch	**Erstes Viertel**	**$19^h 11^m$**
Mo	10.	12 10	19 00	0 57	1 27	+ 5,7		Fische		
Di	11.	12 26	19 43	2 06	2 11	+10,8		Widder		
Mi	12.	12 44	20 27	3 16	2 57	+15,5		Widder		
Do	13.	13 07	21 13	4 25	3 44	+19,6	*	Stier, Plejaden	Aufsteigender Knoten	
Fr	14.	13 36	22 01	5 32	4 33	+22,8		Stier, Hyaden	Erdferne 406/29,′4	10^h
Sa	15.	14 13	22 51	6 36	5 23	+25,1		Stier, Alnath		
So	16.	15 01	23 42	7 33	6 16	+26,2		Zwillinge		
Mo	17.	15 59	–	8 20	7 09	+26,1		Zwillinge		
Di	18.	17 05	0 33	8 58	8 03	+24,8		Pollux	**Vollmond**	**$0^h 48^m$**
Mi	19.	18 16	1 23	9 28	8 55	+22,4		Krebs, Krippe		
Do	20.	19 29	2 12	9 52	9 46	+18,8		Löwe, Regulus	Größte Nordbreite	
Fr	21.	20 42	2 58	10 11	10 35	+14,4		Löwe, Regulus		
Sa	22.	21 56	3 43	10 28	11 23	+ 9,3		Löwe		
So	23.	23 11	4 28	10 44	12 10	+ 3,7		Jungfrau	Libration Ost	
Mo	24.	–	5 13	11 00	12 57	– 2,2		Jungfrau		
Di	25.	0 29	5 59	11 17	13 46	– 8,1		Spica	**Letztes Viertel**	**$14^h 41^m$**
Mi	26.	1 49	6 49	11 37	14 37	–13,7	*	Waage		
Do	27.	3 12	7 43	12 04	15 32	–18,8		Waage	Absteigender Knoten	
Fr	28.	4 37	8 42	12 40	16 31	–22,8		Antares		
Sa	29.	5 57	9 45	13 29	17 34	–25,5		Schlangenträger		
So	30.	7 06	10 49	14 35	18 39	–26,4		Schütze, Nunki	Erdnähe 362/33,′0	8^h
Mo	31.	7 58	11 53	15 55	19 45	–25,4		Schütze		

DER MOND LÄUFT AN ALDEBARAN VORBEI

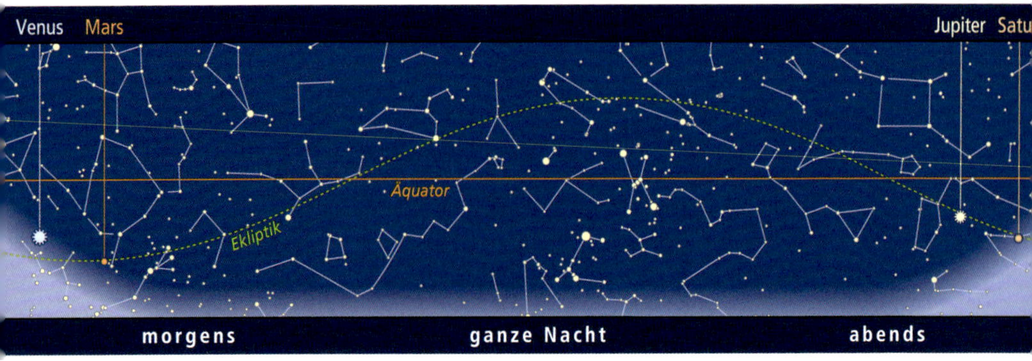

MERKUR, der schwierig zu beobachtende Planet, bietet gleich zu Jahresbeginn eine Abendsichtbarkeitschance. Am 7. erreicht der flinke Planet seine größte östliche Elongation von der Sonne. Sie fällt mit 19°13′ Winkelabstand relativ bescheiden aus, da Merkur am 15. durch sein Perihel (sonnennächster Bahnpunkt) läuft. An diesem Tag trennen ihn 46 Millionen Kilometer (= 0,307 AE) vom Tagesgestirn.

Am 1. erfolgt der Untergang des $-0^{m}{,}7$ hellen Merkurs um $17^{h}51^{m}$. Kurz nach 17^{h} ist die Dämmerung soweit fortgeschritten, dass man Merkur knapp über dem Südwesthorizont erkennen kann (siehe auch Abb. 1.1 auf Seite 34 sowie

1.2 Heliozentrischer Anblick des Planetensystems im ersten Jahresviertel 2022. Eingetragen sind im linken Teil die Positionen der inneren Planeten für den 1. Januar (1), 1. Februar (2) sowie 1. März (3) und 1. April (4). Der rechte Teil zeigt das äußere Planetensystem samt einigen Planetoiden zu Anfang und Ende des ersten Jahresviertels. Die Pfeile deuten die Richtungen zu den ferneren Planeten sowie zum Frühlingspunkt an.

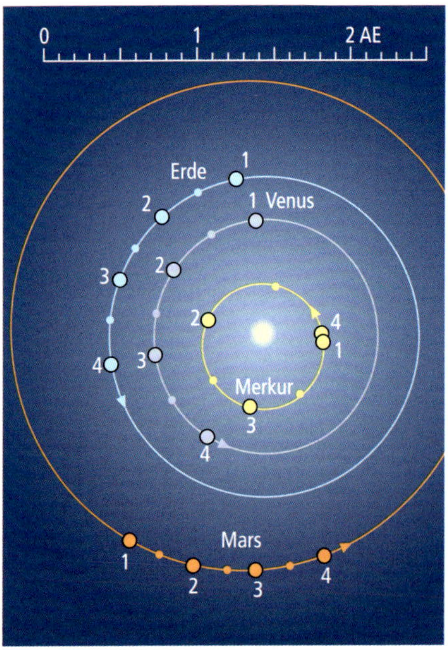

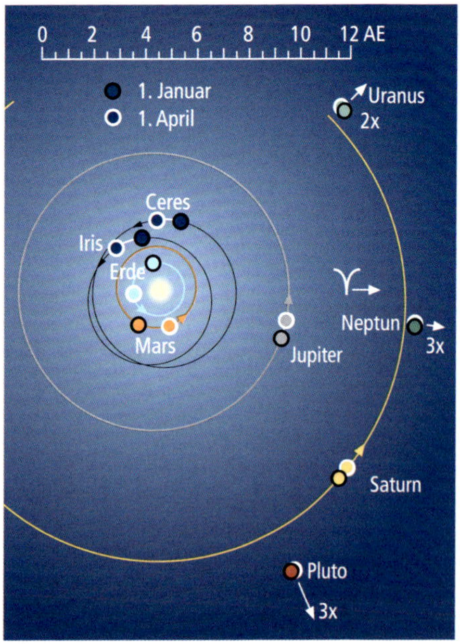

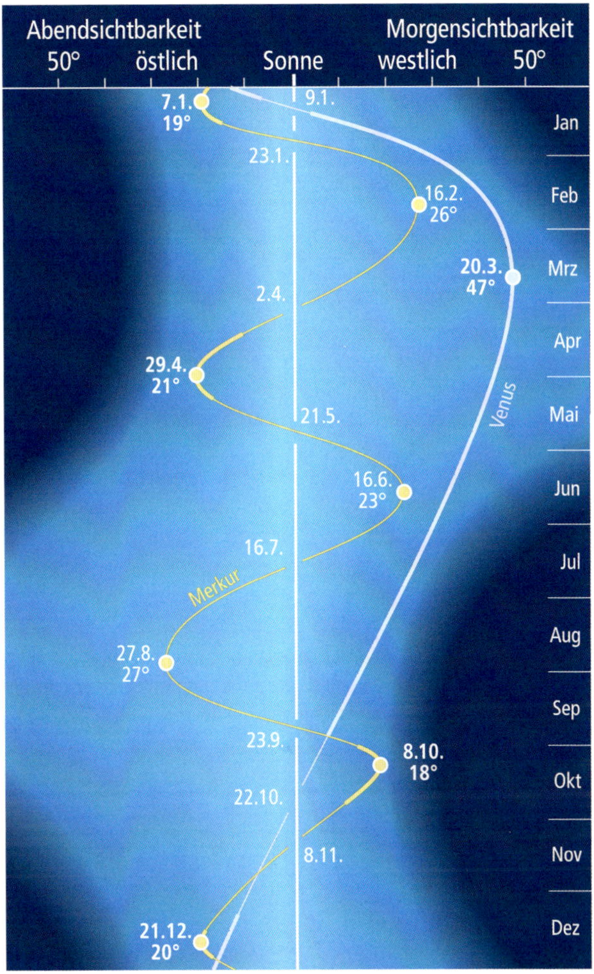

1.3 Elongationen und Konjunktionen der inneren Planeten Merkur und Venus von bzw. mit der Sonne im Jahre 2022. Die Datumsangaben beziehen sich jeweils auf die größten Elongationen sowie die Konjunktionen. Fettgedrucktes Datum bedeutet: in Mitteleuropa mit freiem Auge sichtbar. Unterbrochener Sonnenbalken weist auf eine untere Konjunktion hin, unterbrochene Planetenlinie auf eine obere Konjunktion.

Abb. 1.6 und 1.7 auf Seite 41). Bis 10. sinkt die Merkurhelligkeit leicht auf $-0{,}^{m}5$, die Untergangszeiten verspäten sich auf $18^{h}18^{m}$. Bis 14. geht die Merkurhelligkeit um eine ganze Größenklasse auf $0{,}^{m}5$ zurück. Am 14. wird Merkur stationär und eilt anschließend rasch rückläufig auf die Sonne zu, die ihm im Tierkreis entgegenkommt. Bereits am 23. kommt Merkur in untere Konjunktion mit der Sonne. Letztmals am 13. ist Merkur zu erspähen. An diesem Tag sinkt der $0{,}^{m}2$ helle Planet um $18^{h}16^{m}$ unter die südwestliche Horizontlinie.

Für Fernrohrbeobachter sei angemerkt, dass sich das $7{,}''2$ große Merkurscheibchen am 9. halb beleuchtet zeigt, der Fachmann spricht von Dichotomie (Halbphase). Nach dem 9. wächst das Merkurscheibchen bis zur unteren Konjunktion auf $10{,}''1$ an. Der Beleuchtungsgrad nimmt ab, Merkur zeigt sich in Sichelgestalt. Um diese zu erkennen, ist ruhige Luft erforderlich, was in Horizontnähe selten der Fall ist.

VENUS wechselt im Januar vom Abend- an den Morgenhimmel – sie tauscht ihre Rolle als Abendstern mit der des Morgensterns. In den ersten Januartagen kann Venus gerade noch am Abendhimmel gesehen werden. Sie wandert rasch rückläufig durch das Sternbild Schütze (siehe Abb. 2.6 auf Seite 61), wobei ihr die Sonne entgegenkommt. Am 9. erreicht sie ihre untere Konjunktion mit der Sonne, wobei sei rund 5° nördlich an der Sonne vorbeizieht. Es ereignet sich somit kein Venustransit. In unterer Konjunktion nimmt Venus ihre Minimalentfernung von der Erde ein. Sie ist dann 40 Millionen Kilometer (= 0,267 AE) von uns entfernt und zeigt die Phase Neuvenus.

Am 1. geht die $-4{,}^{m}3$ helle Venus um $17^{h}43^{m}$ unter. Im Fernrohr zeigt Venus eine extrem schmale Sichel, wobei das Venusscheibchen 61″ scheinbaren Durchmesser aufweist. Bis 5. verfrühen sich die Venusuntergänge auf 17^h21^m. Danach wird man Venus am Abendhimmel vermissen.

Bereits am 13. erscheint Venus am Morgenhimmel, denn sie erreicht rasch größeren westlichen Winkelabstand von der Sonne, da sie rückläufig durch den Tierkreis eilt, während die Sonne sich von ihr rechtläufig entfernt. Am 13. geht die $-4^m{,}3$ helle Venus um 7^h18^m auf. Eine knappe Stunde später geht die Sonne auf. Bis Monatsende verfrühen sich die Venusaufgänge auf 5^h42^m um rund eineinhalb Stunden. Die Venushelligkeit nimmt um eine halbe Größenklasse auf $-4^m{,}8$ deutlich zu.

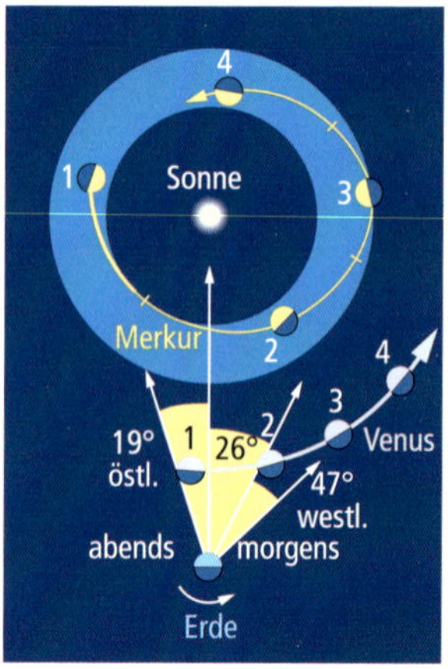

1.5 Heliozentrische Bewegungen von Merkur und Venus *relativ* zur Erde. In den dicker ausgezogenen Bahnteilen sind die Planeten beobachtbar. Die Zahlen markieren die Positionen jeweils zum Monatsersten. Östlicher Winkelabstand bedeutet Abendsichtbarkeit, westliche Elongation: Planet steht am Morgenhimmel.

Am 23. eilt Venus durch das Perihel, den sonnennächsten Punkt ihrer Bahn. An diesem Tag trennen sie 107,5 Millionen Kilometer (= 0,718 AE) von der Sonne.

Ihre Rückläufigkeit beendet Venus am 29. Anschließend ist sie wieder rechtläufig.

1.4 Stellungen der Planeten Mars, Jupiter und Saturn im Jahr 2022. Im linken Teil sind die Positionen am Morgenhimmel jeweils eine Stunde vor Sonnenaufgang eingetragen, im rechten Teil die Positionen am Abendhimmel jeweils eine Stunde nach Sonnenuntergang. Im Mittelteil sind die Stellungen zur Kulminationszeit angegeben sowie die Kulminationshöhe.

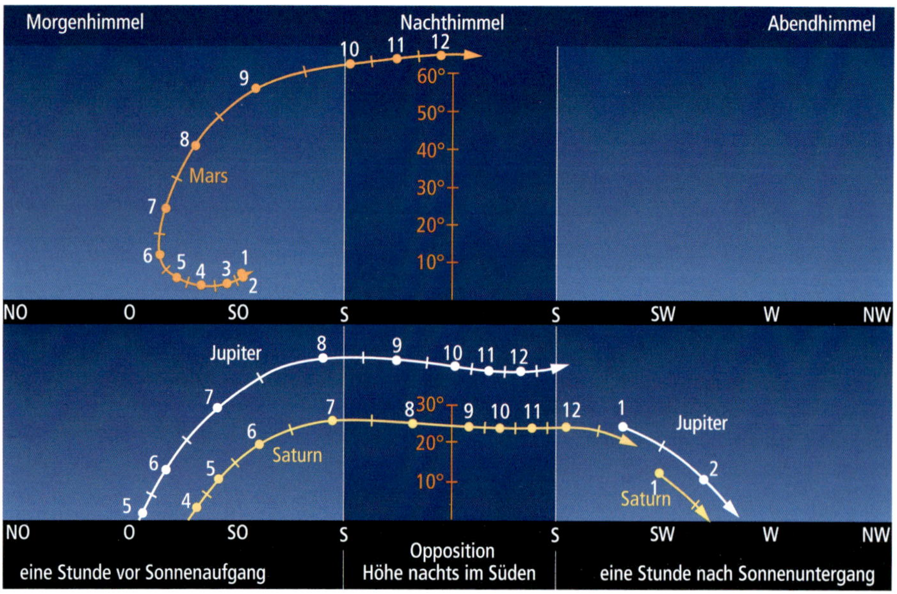

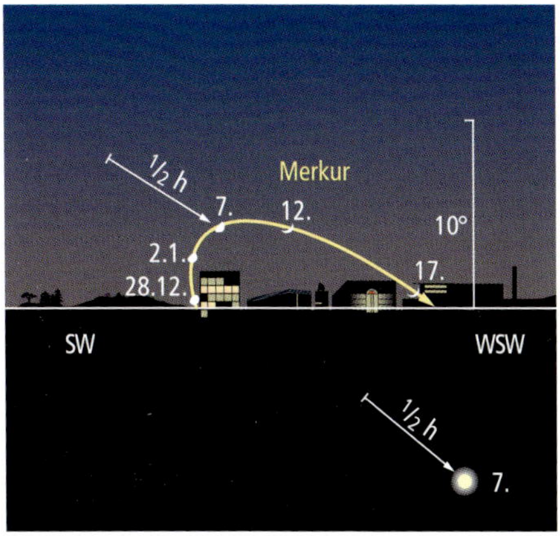

1.6 **Stellung von Merkur über dem Westhorizont zu den angegebenen Daten. Die Pfeile geben die Bewegungen von Merkur und Sonne während der letzten halben Stunde an.**

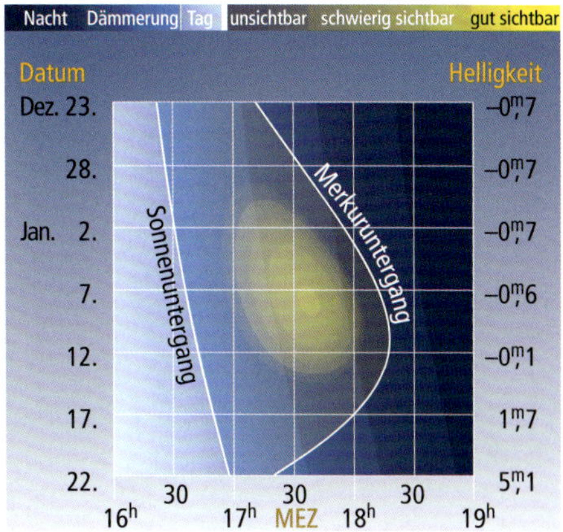

1.7 **Sichtbarkeitsdiagramm für Merkur. Es gilt genau für 50° nördlicher Breite und 10° östlicher Länge. Dunkelgelbe Fläche: Unter günstigen Sichtbedingungen kann man Merkur mit bloßen Augen erkennen, hellgelbe Fläche: Merkur ist leicht zu sehen.**

MARS kann unter günstigen Sichtverhältnissen am Morgenhimmel aufgefunden werden. Der rote Planet wandert rechtläufig durch den Schlangenträger und wechselt am 19. in das Sternbild Schütze. Am 24. passiert er nur 0,°4 südlich den Winterpunkt (= Beginn des Tierkreiszeichens Steinbock). Die Helligkeit von Mars steigt leicht von $1^m_,5$ auf $1^m_,4$ an. Die Marsaufgänge verfrühen sich von 6^h18^m zu Monatsbeginn auf 6^h02^m am Monatsende. Zu Jahresbeginn trennen Mars 350 Millionen Kilometer (= 2,34 AE) von der Erde. Der scheinbare Marsdurchmesser beträgt lediglich 4″.

JUPITER, rechtläufig im Sternbild Wassermann, kann noch am frühen Abendhimmel weit im Westen gesehen werden. Seine Sichtbarkeitsdauer geht erheblich zurück. Ein auffälliges Gestirn ist der Riesenplanet nicht mehr.

Am 1. geht der $-2^m_,1$ helle Jupiter um 20^h51^m unter und am 15. um 20^h12^m. Am Monatsende sinkt der immer noch $-2^m_,1$ helle Riesenplanet schon um 19^h29^m unter die westliche Horizontlinie. Ein netter Himmelsanblick ergibt sich am 5. gegen 18^h, wo sich zur Planetenparade Merkur – Saturn – Jupiter die Sichel des zunehmenden Mondes gesellt (siehe Abb. 1.1 auf Seite 34).

Ende Januar beträgt die Sichtbarkeitsdauer für Jupiter nur noch knapp zwei Stunden.

SATURN, rechtläufig im Sternbild Steinbock, gibt seine Abschiedsvorstellung am Abendhimmel. Um die Monatsmitte wird der Ringplanet unbeobachtbar. Er nähert sich seiner Konjunktion mit der Sonne, die er Anfang nächsten Monats erreicht.

Am 1. geht der $0^m_,8$ helle Saturn um 19^h06^m unter. Ab etwa 17^h20^m kann man ihn in der zunehmenden Dunkelheit erkennen. Eine Viertelstunde vor seinem Untergang wird Saturn von den horizontnahen Dunstschichten verschluckt.

Bis 15. verfrühen sich seine Untergänge auf 18^h20^m. Nach diesem Datum wird man vergeblich nach dem Ringplaneten Ausschau halten.

Zu Jahresanfang beteiligt sich Saturn an der frühabendlichen Planetenparade Merkur – Saturn – Jupiter, zu der sich vom 4. bis 6. noch die Sichel des zuneh-

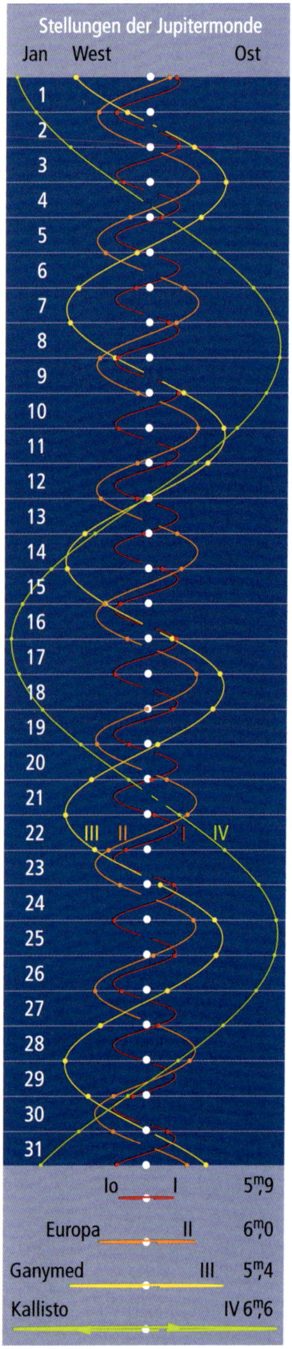

JUPITERMONDE

Tag	MEZ h m	Vorgang	
1.	17 42	I	SE
4.	18 26	II	DA
	18 38	IV	BE
6.	18 19	II	VE
7.	19 05	I	BA
8.	17 22	I	SA
	18 44	I	DE
	19 38	I	SE
9.	17 46	III	VE
15.	18 28	I	DA
	19 17	I	SA
16.	18 43	I	VE
20.	19 14	II	BA
21.	17 50	IV	VA

menden Mondes gesellt (siehe Abb. 1.1 auf Seite 34). Die Grafik mit der scheinbaren Saturnbahn 2022 findet man auf Seite 179 (Abb. 8.2).

URANUS bremst seine rückläufige Wanderung durch das Sternbild Widder ab und wird am 18. stationär. Damit beendet der grünliche Planet seine Oppositionsperiode. Anschließend ist er wieder rechtläufig, was aber zunächst kaum zu erkennen ist (siehe auch Abb. 11.3 auf Seite 236). Uranus kann in der ersten Nachthälfte beobachtet werden. Aus der zweiten Nacht-

KONSTELLATIONEN UND EREIGNISSE

Datum	MEZ	Ereignis
3.	9^h	Mond bei Venus, Mond 7°,5 südlich
4.	2	Mond bei Merkur, Mond 3°,1 südlich
4.	8	Erde im Perihel (Sonnennähe), Abstand Erde – Sonne 147,105 Millionen Kilometer
4.	18	**Mond bei Saturn**, Mond 4°,2 südlich, **Abstand 5°,0 um 18^h**
6.	1	Mond bei Jupiter, Mond 4°,5 südlich
7.	11	Mond bei Neptun, Mond 4°,1 südlich
7.	12	**Merkur in größter östlicher Elongation** (19°)
9.	2	Venus in unterer Konjunktion mit der Sonne
11.	12	Mond bei Uranus, Mond 1°,4 südlich
14.	2	Merkur im Stillstand, anschließend rückläufig
15.	24	Merkur im Perihel
16.	16	Pluto in Konjunktion mit der Sonne
18.	21	Uranus im Stillstand, anschließend rechtläufig
23.	7	Venus im Perihel
23.	11	Merkur in unterer Konjunktion mit der Sonne
29.	9	Venus im Stillstand, anschließend rechtläufig
29.	16	**Mond bei Mars**, Mond 2°,4 südlich, **Abstand 5°,7 um 7^h**
30.	3	Mond bei Venus, Mond 10°,2 südlich
31.	1	Mond bei Merkur, Mond 7°,6 südlich

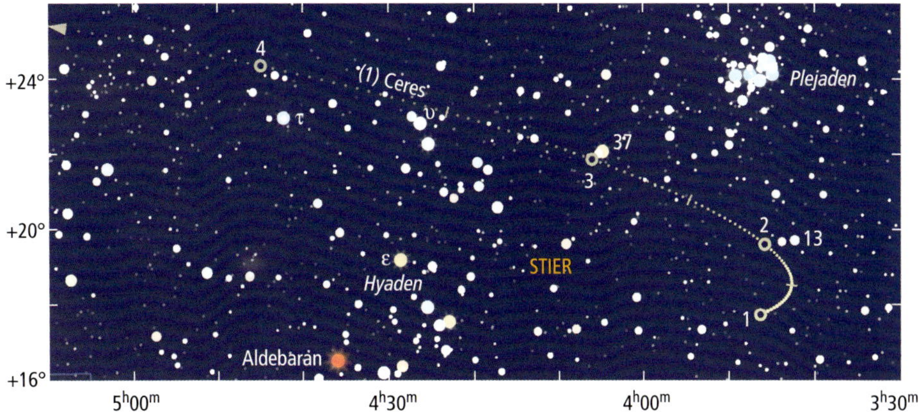

1.8 Scheinbare Bahn des Zwergplaneten (1) Ceres im Sternbild Stier. Die Zahlen geben die Position zum jeweiligen Monatsbeginn an (3 = 1. März).

hälfte zieht sich der sonnenferne Planet allmählich zurück. Die Untergänge des grünlichen Planeten erfolgen am 1. um 3^h29^m, am 15. um 2^h33^m und am 31. bereits um 1^h30^m. Jeweils etwa eine Stunde vor Untergang wird Uranus unbeobachtbar. Seine Helligkeit geht leicht von $5^{m}{,}7$ auf $5^{m}{,}8$ zurück. Wegen seiner Lichtschwäche benötigt man ein Fernglas oder Teleskop, um Uranus zu sehen.

Im Jahr 2022 wird Uranus elfmal vom Mond bedeckt. Von Mitteleuropa aus sind lediglich die Bedeckungen am 14. September und am 5. Dezember zu verfolgen (siehe Tabelle „Sternbedeckungen" auf Seite 290 sowie die Abb. 9.4 auf Seite 201 und Abb. 12.5 auf Seite 253).

NEPTUN, rechtläufig im Wassermann, beginnt sich allmählich vom Abendhimmel zurückzuziehen. Ende Januar wird es schwierig, den sonnenfernsten Planeten noch zu erjagen. Nur durch die zurzeit früh einsetzende Dunkelheit bietet sich noch eine passable Sichtbarkeitschance.

Am Jahresanfang kulminiert Neptun um 17^h02^m und geht um 22^h42^m unter. Bis 15. verfrüht sich seine Meridianpassage auf 16^h08^m sowie sein Untergang auf 21^h49^m. Am Monatsletzten passiert der nur $7^{m}{,}9$ helle Planet schon um 15^h07^m die Mittagslinie. Der Untergang des bläulichen Planeten erfolgt am 31. bereits um 20^h49^m. In Abb. 9.5 auf Seite 202 ist die Neptunbahn eingetragen.

Am Jahresanfang trennen 4524 Millionen Kilometer (= 30,24 AE) Neptun von der Erde. Dies entspricht einer Lichtlaufzeit von vier Stunden und elf Minuten.

PLANETOIDEN UND ZWERGPLANETEN

PLUTO, prominenter Zwergplanet mit der Planetoidennummer 134 340, steht im Sternbild Schütze am 16. in Konjunktion mit der Sonne. Zur Konjunktion ist Pluto 5299 Millionen Kilometer (= 35,42 AE) von der Erde entfernt. Seine Opposition erreicht der sonnenferne Zwergplanet am 20. Juli im Sternbild Schütze. In der monatlichen Rubrik „Planetenlauf" ist Pluto in den Monaten April, Juli und Oktober erwähnt. Die Aufsuchkarte Abb. 7.5 für Pluto findet sich auf Seite 164.

CERES – Planetoid Nr. 1 – stand am 27. November des Vorjahres in Opposition zur Sonne. Sie bremst ihre rückläufige Wanderung durch den Stier stark ab und wird am 16. um 23^h in Rektaszension stationär. Anschließend läuft sie wieder prograd durch den Stier, wenn auch zunächst nur recht langsam (siehe Abb. 1.8 oben).

Die Cereshelligkeit nimmt im Laufe des Monats von $7^{m}{,}7$ auf $8^{m}{,}3$ deutlich ab. Vom Morgenhimmel zieht sich Ceres zurück.

Am 1. geht sie um $4^{h}58^{m}$ unter, am 15. um $4^{h}04^{m}$ und am 31. bereits um $3^{h}10^{m}$. Wie immer betont, ist die günstigste Zeit, lichtschwache Himmelskörper zu beobachten, die Stunde um ihre Kulmination. Am 1. passiert Ceres um $21^{h}21^{m}$ den Meridian, am 15. um $20^{h}23^{m}$ und am 31. schon um $19^{h}23^{m}$. Zu dieser Zeit ist die nautische Dämmerung bereits vor einer Stunde zu Ende gegangen.

Am 13. wird Ceres vom Mond bedeckt. Von Mitteleuropa aus unbeobachtbar, ist diese Okkultation vom Westen Kanadas, von Alaska und der Nordostecke Russlands zu verfolgen.

JUNO – Planetoid Nr. 3 – steht am 11. um 23^{h} im Sternbild Fische in Konjunktion mit der Sonne. In Opposition zur Sonne kommt Juno am 7. September im Sternbild Wassermann.

IRIS – Planetoid Nr. 7 – kommt am 13. um 21^{h} im Sternbild Zwillinge in **Opposition** zur Sonne. Zu Monatsbeginn noch $7^{m}{,}8$ hell, erreicht sie eine Oppositionshelligkeit von $7^{m}{,}6$. Da sie um die Kulmination hoch am Himmel steht, ist Iris mit einem Fernglas relativ leicht aufzufinden. Am 1. geht sie um $18^{h}04^{m}$ auf, passiert um $1^{h}29^{m}$ den Meridian und geht um $8^{h}50^{m}$ unter. In der Oppositionsnacht erfolgt ihr Aufgang schon um $17^{h}04^{m}$, die Kulmination um $0^{h}25^{m}$ und ihr Untergang um $7^{h}45^{m}$. Ende Januar geht Iris – inzwischen nur mehr $8^{m}{,}2$ hell – um $22^{h}56^{m}$ durch den Meridian. Ihr Untergang erfolgt am 31. schon um $6^{h}22^{m}$. Das Aufsuchkärtchen für Iris Abb. 1.9 findet man weiter unten.

Ihre geringste Entfernung von der Erde in der diesjährigen Oppositionsperiode erreicht Iris mit 164 Millionen Kilometer (= 1,094 AE) schon am 4. um 11^{h}. Von der Sonne ist Iris am Tag der Opposition 312 Millionen Kilometer (= 2,086 AE) entfernt.

PERIODISCHE STERNSCHNUPPENSTRÖME

Gleich zu Jahresbeginn sind die **QUADRANTIDEN** (scheinbarer Ausstrahlungspunkt oder Radiant im Sternbild Bootes) zu erwarten. Vom 1. bis 10. Januar flammen sie in der zweiten Nachthälfte auf. Erst nach Mitternacht erreicht der Radiant eine größere Höhe, weshalb es sich lohnt, in den Morgenstunden nach den Quadrantiden Ausschau zu halten.

In der Nacht vom 3. auf den 4. Januar tritt nach Mitternacht das spitze Maximum auf. Rund hundert Objekte tauchen im Maximum pro Stunde auf. In manchen Jahren wurden sogar über zweihundert pro Stunde beobachtet. Helle Sternschnuppen kommen dabei nur selten vor. Ein Erzeugerkomet ist nicht sicher bekannt, doch gilt der Komet 96P/Machholz als möglicher Verursacher. Auch zum Planetoiden 2003 EH1 scheint dieser Strom eine Affinität zu besitzen. Zu den Delta-Aquariiden im Juli scheint ebenfalls eine Beziehung zu bestehen.

Die einzelnen Meteoroide haben mittlere Eintrittsgeschwindigkeiten in die Erdatmosphäre von rund 40 Kilometer pro Sekunde. Da der Radiant im Sternbild Bootes liegt, wird dieser Strom auch **BOOTIDEN** genannt.

Meteore eines in den letzten Jahren identifizierten Stromes mit der Bezeichnung **GAMMA-URSAE-MINORIDEN** sind um den 18. sichtbar. Der Radiant befindet sich im Wagenkasten des Sternbildes Ursa Minor.

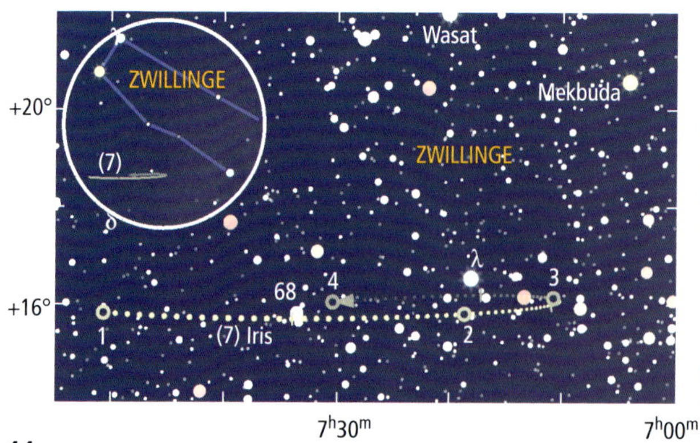

1.9 Scheinbare Bahn des Kleinplaneten (7) Iris im Sternbild Zwillinge.

Aus dem Bereich östlich des Oppositionspunktes zur Sonne ist ganzjährig eine Meteoraktivität zu beobachten. Der Schwerpunkt des breiten Radianten verlagert sich im Jahresverlauf entlang der Ekliptik und verursacht eine variable Aktivität. Diese wurde früher verschiedenen einzelnen Strömen zugeschrieben. Die Meteoroide sind mit zahlreichen Objekten im Kleinplaneten-Hauptgürtel assoziiert, worunter sich auch kurzperiodische oder inaktive Kometen befinden. Die Eintrittsgeschwindigkeit der Meteoroide liegt bei 30 km/s. Im Januar verlagert sich dieser als **ANTIHELION**-Quelle bezeichnete Radiant durch das Sternbild Krebs (Cancer) Richtung Löwe (Leo). Höchstens fünf Sternschnuppen pro Stunde tauchen auf.

Der Fixsternhimmel

In keiner anderen Jahreszeit ist das abendliche Sternenzelt so reich bestückt an hellen Sternen wie im Winter. Blickt man fast senkrecht nach oben, so entdeckt man einen gelblichen Stern erster Größe. Er wird Kapella genannt und ist der hellste Stern im Fuhrmann. Der Fuhrmann ist leicht zu erkennen: Ein Fünfeck mit Kapella an der Spitze. Häufig sieht man jedoch ein Sechseck – so werden auch die Linien in vielen Sternkarten gezeichnet. Auch in unserer Monatssternkarte bilden die Skelettlinien ein Sechseck, das den Fuhrmann markiert. Der Stern gegenüber der Kapella gehört jedoch schon zum Stier und firmiert unter β Tauri. Mit Eigennamen heißt er Alnath und deutet die eine Hornspitze des Stierkopfes an. Die scheinbare Sonnenbahn, die Ekliptik, geht knapp südlich an Alnath vorbei. Der Stier nimmt jetzt hoch im Süden seinen Platz ein. Auffällig leuchtet sein hellster Stern, der rötliche Aldebaran.

Aldebaran selbst steht mitten im eindrucksvollen Sternhaufen der Hyaden. Allerdings ist er nicht Mitglied dieses Sternhaufens. Mit 66 Lichtjahren Entfernung ist er nur halb so weit weg wie die Hyadensterne. Er steht somit im Vordergrund der Hyaden.

Noch ein weiterer, sehr einprägsamer offener Sternhaufen ist im Stier zu sehen, nämlich die Plejaden oder das Siebengestirn. Besonders im Fernglas machen die blauweißen Plejadensterne einen nachhaltigen Eindruck.

Das bekannteste Wintersternbild, der Himmelsjäger Orion, fällt halbhoch im Süden jedem auf, der jetzt zum Sternenhimmel blickt. Die beiden hellsten Sterne im Orion sind der rötliche Schulterstern Beteigeuze und der bläulichweiße Fußstern Rigel. Dazwischen markieren drei Sterne zweiter Größe in einer Linie den Gürtel des Himmelsjägers. Daher spricht man ganz allgemein von den drei Gürtelsternen des Orion.

Im Südosten strahlt Sirius als hellster Stern des Himmels und Hauptstern im Großen Hund. Ein wenig höher leuchtet Prokyon im Kleinen Hund. Prokyon ist die griechische Bezeichnung für „Vorhund". Prokyon geht nämlich in unseren Breiten vor Sirius auf. Sirius und Prokyon sind relativ nahe Sterne. Sie zählen zu den Nachbarsternen unserer Sonne. Sirius ist knapp neun und Prokyon etwas mehr als elf Lichtjahre von unserem Sonnensystem entfernt. Beide Hundssterne besitzen je einen Weißen Zwerg als Begleiter.

Hoch im Südosten haben sich die beiden Sternenketten der Zwillinge eingefunden. Ihre bei-

1.10 Das Sternbild Kassiopeia (auch als Himmels-W bekannt) dient als Polweiser.

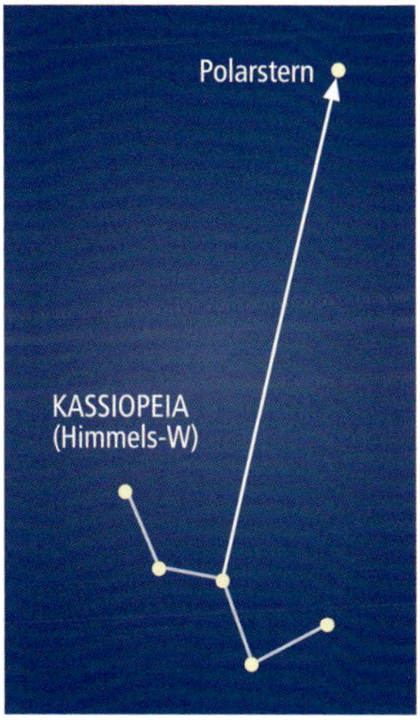

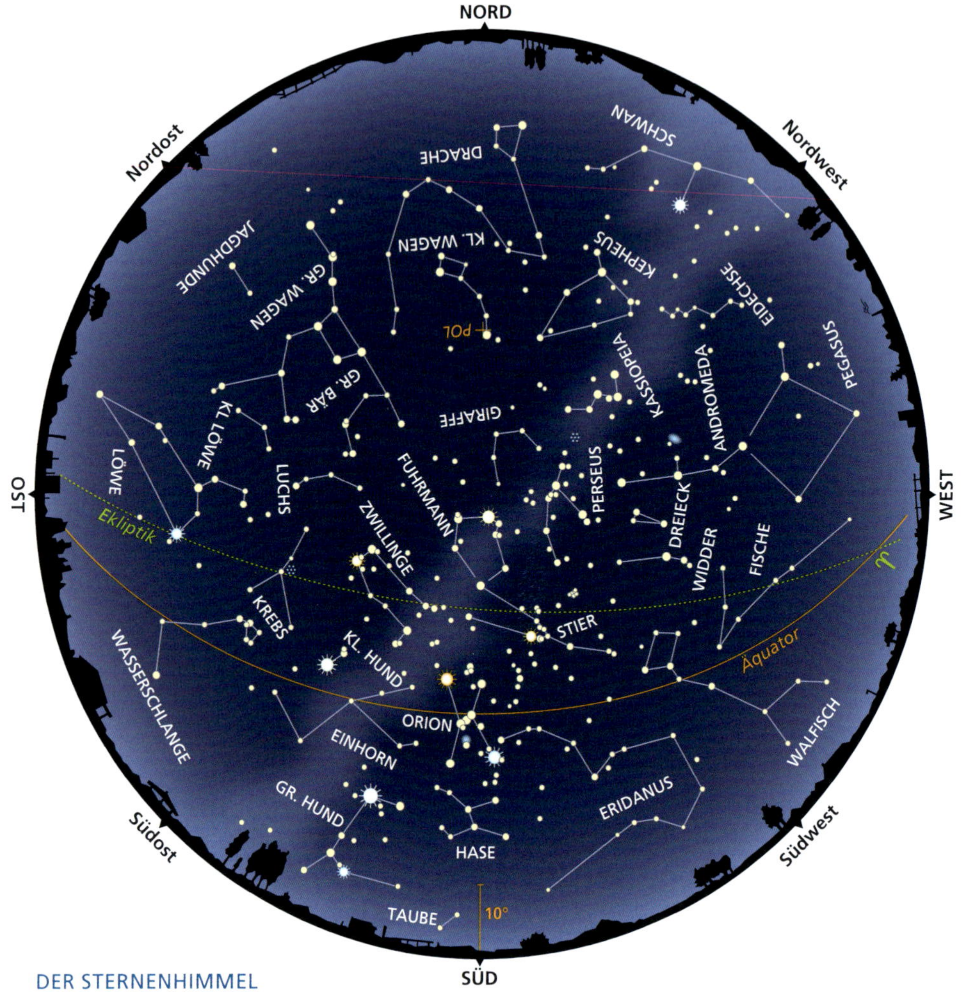

DER STERNENHIMMEL AM 15. JANUAR UM 22^h MEZ

Die Sternkarte ist auch gültig für:

	MEZ	MESZ
1.10.	5^h	6^h
15.10.	4	5
1.11.	3	
15.11.	2	
1.12.	1	
15.12.	0	
1. 1.	**23**	
15. 1.	**22**	
31. 1.	**21**	
15. 2.	20	

den hellsten Sterne heißen Kastor und Pollux. Das Sternenpolygon, das aus Kapella im Fuhrmann, Aldebaran im Stier, Rigel im Orion, Sirius im Großen Hund, Prokyon im Kleinen Hund und Pollux in den Zwillingen gebildet wird, nennt man Wintersechseck (siehe Abb. 1.11 auf Seite 47).

Der Blick nach Osten lässt den kommenden Frühling erahnen. Knapp über dem Osthorizont ist der mächtige Löwe erschienen. Der Löwe ist das Leitsternbild des Frühlingshimmels. Im April geht der Löwe zur Standardbeobachtungszeit (= 22^h MEZ) gerade durch den Meridian. Der Löwe ist Mitglied im Tierkreis. Zu den Tierkreisbildern zählen jene dreizehn Sternbilder, durch die die scheinbare Sonnenbahn zieht. In den Tierkreisbildern

1.11 Das Wintersechseck setzt sich aus den sechs hellen Sternen Kapella im Fuhrmann, Aldebaran im Stier, Rigel im Orion, Sirius im Großen Hund, Prokyon im Kleinen Hund und Pollux in den Zwillingen zusammen.

findet man daher auch den Mond und die Planeten.

Hoch im Nordwesten zeigt sich die Kassiopeia, ein Sternbild, das recht leicht zu erkennen ist. Es sieht aus wie ein großes „W“, weshalb man auch vom Himmels-W spricht. Die mittlere Spitze des Himmels-Ws deutet ungefähr auf den Polarstern, der am Deichselende des Kleinen Wagens steht. Der Kleine Wagen ist nicht ganz einfach zu erkennen, denn außer drei Sternen sind die übrigen recht lichtschwach. Es müssen gute Sichtbedingungen herrschen, um den Kleinen Wagen zu erkennen. Viel leichter findet man den Großen Wagen. Nimmt man den Polarstern als Zentrum, dann stehen Himmels-W und Großer Wagen einander diametral gegenüber. Da beide Sternbilder bei uns zirkumpolar sind, kann man sie in jeder klaren Nacht sehen. An ihnen kann man auch sehr schön die Drehung des himmlischen Uhrwerks im Laufe der Nacht verfolgen.

Die Stellungen von Großem Wagen und Himmels-W über dem Nordhorizont zum jeweiligen Monatsbeginn um 22^h MEZ findet man in einer kleinen Grafik stets auf der ersten Seite eines neuen Monatsabschnittes (z. B. für Januar auf Seite 34).

Von den Herbstbildern hält sich noch Perseus fast im Zenitbereich auf, während Andromeda und Pegasus sowie die Tierkreisbilder Widder und Fische den Westhimmel bevölkern.

Tief im Nordwesten ist noch Deneb im Schwan auszumachen. Im Südwesten findet man nur lichtschwache Sternbilder wie den Walfisch und den Fluss Eridanus. Die lateinische Bezeichnung für den Walfisch lautet „Cetus“. Der Cetus ist jedoch weder ein Wal noch ein Fisch, sondern schlicht ein Fabelwe-

VERÄNDERLICHE STERNE

Algol-Minima		β-Lyrae-Minima		δ-Cepheï-Maxima		Mira-Helligkeit	
3.	0^h38^m	3.	12^h N	5.	14^h	1.	7^m
5.	21 30	9.	24 H	10.	23	10.	8
8.	18 18	16.	11 N	16.	8	20.	8
23.	2 23	22.	22 H	21.	17	31.	9
25.	23 12	29.	10 N	27.	2		
28.	20 02						

1.12 Der offene Sternhaufen der Plejaden. Aufnahme von Martin Gertz/Sternwarte Welzheim.

sen, nämlich das Meeresungeheuer, das die an einen Felsen geschmiedete unschuldige Prinzessin Andromeda verschlingen will. Fernab irdischer Lichtquellen kann man jetzt das schimmernde Band der winterlichen Milchstraße bewundern.

Vom Südosten steigt es empor, zieht vorbei an Sirius durch die Zwillinge, Fuhrmann, Perseus und Kassiopeia und sinkt zum Nordwesthorizont hinab. Doch nur wenige Menschen finden heute noch Gelegenheit, einmal die Milchstraße mit eigenen Augen am Himmel zu sehen. Fast nirgendwo mehr in unseren Gegenden ist der Nachthimmel dunkel genug, um die Milchstraße wirklich beeindruckend zu erleben.

Gab es den Urknall wirklich?

Seit Menschengedenken stellen sich Astronomen, Philosophen, Theologen, aber auch viele interessierte Laien die Frage: Gab es einen Anfang der Welt oder existierte das Universum seit ewigen Zeiten? Wenn es das Universum seit jeher gab, erübrigt sich die Frage nach einem Schöpfer – meinten manche zumindest. Andere behaupteten selbstsicher, der Kosmos habe einen Anfang genommen und wurde von einem übermächtigen Wesen vor endlicher Zeit erschaffen.

Lange war man der Auffassung, das Universum sei unendlich groß, gefüllt mit unendlich vielen Sternen, und es existiert seit ewigen Zeiten. Doch schon tauchten erste Zweifel auf. Wenn dem so ist, dann müssen die Sterne ewig leuchten. Sonst wäre es im Weltall zappenduster, denn alle Sterne wären längst ausgebrannt und erloschen. Einen Ausweg lieferte die Annahme, dass ständig neue Sterne entstehen. Was wiederum zu dem Problem führt, dass immer mehr Sternenleichen den Kosmos füllen. Das Weltall wäre dann zwischen den Sternen nicht leer, sondern unendlich dicht mit Materie der erloschenen Sterne gefüllt. Dann könnte aber das Licht der Sterne nicht zu uns vordringen. Der Himmel bliebe nachts schwarz.

Ein weiteres Problem tat sich auf. Nach der Newtonschen Gravitationstheorie sind bei einem gleichmäßig mit Sternen gefüllten Universum die Schwerkräfte nach Richtung und Betrag unbestimmt. Jede noch so kleine lokale Abweichung von einer mittleren Dichte führte unweigerlich zu einem Zusammenbruch oder Auseinandertreiben der Sternenwelt.

Albert Einstein wollte das Weltall stabilisieren und führte eine kleine Korrektur in die Poisson-Gleichung des Gravitationsgesetzes ein. Er fügte das inzwischen legendäre Lambda (λ)-Glied ein.

Doch das Weltall ist gar nicht stabil, sondern recht dynamisch. In den Jahren 1924 bis 1928

ESA/Hubble & NASA

entdeckten Edwin P. Hubble und Milton L. Humason mit dem 2,5-m-Hooker-Reflektor, dem damals größten Spiegelteleskop der Welt auf dem Mt.-Wilson-Observatorium in Kalifornien, dass die Milchstraßensysteme vor uns fliehen. Die Fluchtgeschwindigkeit nimmt mit der Entfernung zu. Wenn sich der Kosmos permanent ausdehnt, muss er früher kleiner, dichter und damit auch heißer gewesen sein. Das Weltall entstand aus einem winzigen, superdichten und extrem heißen Feuerball, der sich rasend schnell auszudehnen begann.

Der prominente Astronom Fred (Frederick) Hoyle (1915–2001) nannte diese Vorstellung vom explosionsartigen Beginn des Universums spöttisch „the Big Bang", der große Knall. Der Begriff vom Urknall, dem Big Bang, war damit geschaffen. Freilich war der Urknall keine gewöhnliche Explosion in dem Sinne, dass sich der Feuerball in einen bereits vorhandenen Raum ausbreitete. Vielmehr wurden auch Raum und Zeit im Big Bang erst erschaffen.

Mit der Entdeckung der Expansion des Universums war auch das λ-Glied überflüssig geworden. Einstein nannte die Einführung des λ-Gliedes daraufhin „the greatest blunder in my life" – die größte Eselei in meinem Leben. Doch inzwischen wird es wieder gebraucht, um die beschleunigte Expansion des Weltalls zu erklären. Um seine Wichtigkeit zu unterstreichen, und da es heute auch eine andere Dimension hat, verwendet man inzwischen ein großes Lambda und schreibt Λ-Term. Der belgische Astronom und Geistliche Georges Lemaître (1894–1966) hatte aus den Feldgleichungen der Allgemeinen Relativitätstheorie Einsteins geschlossen, dass sich das Weltall ausdehnen müsse. Hubble hatte die Expansion aus den Beobachtungen von Galaxien erkannt. Jahrzehnte lang sprach man vom Hubble-Gesetz. Erst im Jahre 2018 hatte man auf der Generalversammlung der IAU (International Astronomical Union) in Wien nach einer Abstimmung daraus das Hubble-Lemaître-Gesetz werden lassen.

1.13 Gibt es die rund vierzig Trilliarden Sterne, die das überschaubare Universum beherbergt, schon seit ewigen Zeiten?

UNVERÄNDERLICHES WELTALL?

Auf großen Skalen von einigen hundert Millionen Lichtjahren zeigt das Universum stets die gleiche räumliche Verteilung von Galaxienhaufen und -superhaufen. Auch sind alle Richtungen gleichberechtigt. Es gibt keine bevorzugte oder ausgezeichnete Richtung, woraus die Mittel-

ESA

1.14 **Hermann Bondi (1919–2005)**

punktlosigkeit des Weltalls folgt. Die Homogenität und Isotropie des Weltalls wird als kosmologisches Prinzip bezeichnet.

In den Jahren 1948 bis 1952 haben die beiden gebürtigen Wiener Hermann Bondi (1919–2005) und Thomas Gold (1920–2004) das kosmologische Prinzip auf die Zeit ausgedehnt. Sie entwickelten die Steady-State-Kosmologie, nach der das Universum nicht nur räumlich homogen und isotrop ist, sondern auch zeitlich stets den gleichen Anblick bietet. Damit war die Urknallvorstellung vom Tisch.

Fred Hoyle schloss sich dieser Hypothese von der Vermeidung eines „Big Bang" an und entwickelte die Steady-State-Kosmologie weiter. Danach ist der Anblick des Universums nicht nur vom Beobachtungsort, sondern auch von der Zeit unabhängig. Somit gibt es auch keine Entwicklung des Kosmos. Das Universum bietet zu allen Zeiten stets den gleichen Anblick, die Dichte bleibt konstant. Dies wird als erweitertes kosmologisches Prinzip oder Postulat bezeichnet.

Zu Zeiten Bondis, Golds und Hoyles war die Expansion des Universums bereits bekannt. Wenn trotz Expansion des Alls die mittlere Dichte gleichbleiben soll, muss permanent Materie aus dem Nichts neu geschaffen werden. Bei bekannter Ausdehnungsgeschwindigkeit (Hubble-Parameter) und mittlerer Materiedichte im Weltall müsste, um die Dichte konstant zu halten, nur alle 100 Millionen Jahre pro Kubikmeter ein einziges Wasserstoffatom neu gebildet werden. Dies lässt sich kaum beobachten und daher auch nicht widerlegen. Hoyle schwebte eine diskrete Schaffung von Materie vor. Der Physiker Pascual Jordan (1902–1980) wieder meinte, neue Materie würde in Form gewaltiger Explosionen geschaffen. Dies war seine Interpretation von Supernova-Erscheinungen.

DIE KOSMISCHE HINTERGRUND-STRAHLUNG

Wenn aber das Weltall aus einem sehr kleinen, enorm dichten und extrem heißen Feuerball hervorging, so muss es von jenem Zustand noch Spuren geben.

Der russischstämmige Kosmologe George Gamow (1904–1968) berechnete die Energie der permanent energieärmer werdenden Photonen vom Urknall und kam zu dem Ergebnis: Die spektrale Energieverteilung entspricht einem Planckschen Strahler von nur 5 Kelvin (= –268 °C) über dem absoluten Nullpunkt. Seine Kalkulationen publizierte Gamow 1948 in der Fachzeitschrift *Nature*. Niemand dachte, eine so schwache Strahlung jemals nachweisen zu können.

Doch 1965 fanden die beiden Physiker Arno A. Penzias und Robert W. Wilson von den Bell Laboratories in Holmdel, New Jersey, rein zufällig mit einer Hornantenne für interkontinentalen Funkverkehr via Satellit ein schwaches Rauschen im Mikrowellenbereich. Es war und ist der Rest vom Strahlungsblitz des Urknalls. Das Spektrum dieser Mikrowellenstrahlung entspricht einem Planckschen Strahler von nur drei Grad über dem absoluten Nullpunkt. Die Entdeckung der kosmischen Hintergrundstrahlung, die aus allen Richtungen gleichmäßig einfällt, war der schlagende Beweis für den extrem heißen Beginn des Universums. Die als kosmische Hintergrundstrahlung (CMB – Cosmic Microwave Background) bezeichnete Mikrowellenstrahlung ist gewissermaßen Kronzeuge der Existenz des primordialen Feuerballs. Genauere Untersuchungen des CMB, zunächst mit dem Satelliten COBE (**CO**smic **B**ackground **E**xplorer), die im Bereich von Tausendstel und Millionstel Kelvin Muster und Strukturen zeigen, ließen Rückschlüsse auf wichtige kosmologische Parameter wie Expansionsrate, Alter des Universums und frühe Verteilung von Energie und Materie zu.

Hoyle versuchte noch, seine Hypothese vom Steady-State-Universum zu retten, indem er erklärte, der Mikrowellenhintergrund würde durch Eisennadeln erzeugt, die bei Supernova-Detonationen ins All geschleudert wurden. Thomas Gold wiederum widmete sich fortan der Erforschung des Sonnensystems. Unter anderem zählt er zu den Mitentdeckern der Uranusringe, die im März 1977 mit dem Kuiper Airborne Observatory bei einer Sternbedeckung durch Uranus gefunden wurden.

Niemand vertritt heute mehr die Steady-State-Hypothese vom ewig gleich aussehenden Universum. Sie wurde nie widerlegt, ihre Verfechter sind inzwischen nicht mehr unter uns.

Die Nachfolgemissionen von COBE, die Raumsonden WMAP (**W**ilkinson **M**icrowave **A**nisotropy **P**robe), die im Oktober 2001 ihre Beobachtungen begann, und die Raumfahrtmission Planck, die von Mai 2009 bis Oktober 2013 den CMB mit immer höherer Auflösung detektierte, lieferten Erkenntnisse über Alter und Struktur der Materieverteilung im Kosmos sowie über die Größe der Expansionsrate, den Hubble-Parameter. Danach fand der Urknall vor 13,8 Milliarden Jahren statt. Der Hubble-Parameter wurde zu 68 km/(s × Mpc) bestimmt.

Aus den ermittelten Daten wurde das Standardmodell des Urknalls entwickelt.

DAS SZENARIO DES URKNALLS

In den ersten Sekunden und Minuten wurden Elementarteilchen gebildet wie Photonen, Neutrinos, Elektronen und Quarks, wobei sich je drei

1.15 Die Evolution des Universums – vom Urknall bis heute

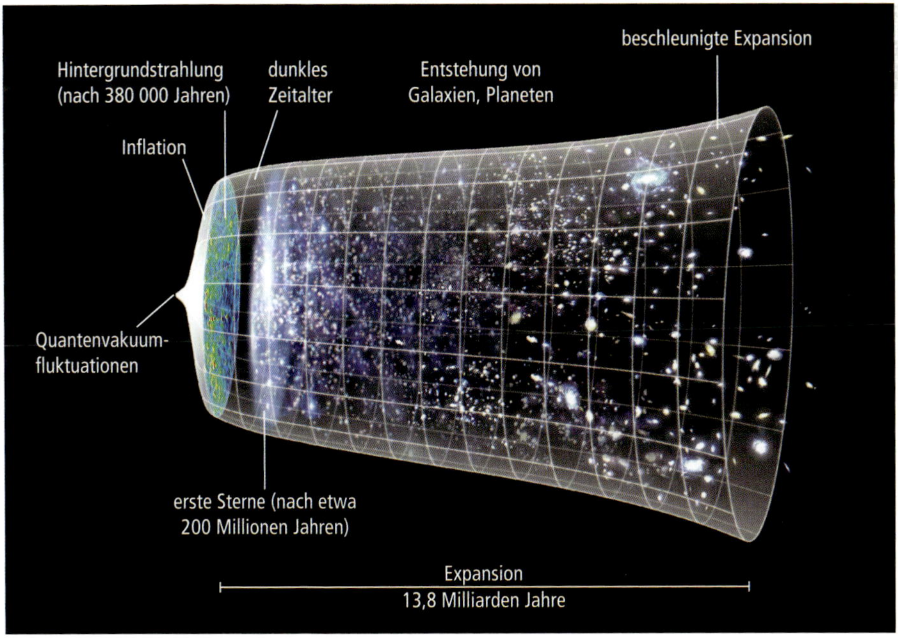

Quarks zu Protonen und Neutronen zusammenfanden. Nach drei Minuten war die primordiale Elementsynthese abgeschlossen: Wasserstoff, Helium und Spuren von Lithium füllten den expandierenden Feuerball. Schwerere Elemente gab es damals noch nicht. Die extrem energiereichen Photonen wurden an den Elektronen ständig gestreut (Thomson-Streuung). Durch die Ausdehnung kühlte der Feuerball immer mehr ab. Als die Temperatur unter 2700 °C gesunken war, fingen die Protonen und Alpha-Teilchen (Heliumatomkerne) die allermeisten Elektronen ein. Die Photonen konnten sich nun frei bewegen, die Strahlung entkoppelte sich von der Materie. Damit war die strahlungsdominierte Ära zu Ende, das Weltall wurde gewissermaßen durchsichtig. Das geschah bei einem Weltalter von knapp 380 000 Jahren.

1.16 Die Expansion des Universums erfolgt seit etwa fünf Milliarden Jahren beschleunigt.

Das Spektrum der kosmischen Mikrowellenstrahlung entspricht einem Planckschen Strahler von nur drei Grad über dem absoluten Nullpunkt, weshalb man von der 3K-Strahlung spricht. K steht dabei für Kelvin, die Einheit der absoluten Temperaturskala (0 K = –273,15 °C und 273,15 K = 0 °C). Die Entdeckung der Hintergrundstrahlung, die aus allen Richtungen gleichmäßig einfällt, war eine glänzende Bestätigung für die 1965 noch als Hypothese geltende Vorstellung vom heißen Beginn unseres Universums. Doch drei Probleme blieben dabei ungelöst.

Die fast absolute Homogenität und Isotropie des Universums lässt sich schwer verstehen, da weite Bereiche des Weltraums wegen der endlichen Lichtgeschwindigkeit keinen kausalen Zusammenhang haben. Eventuell vorhandene Dichte- und Temperaturunterschiede hätten nicht ausgeglichen werden können (Homogenitätsproblem).

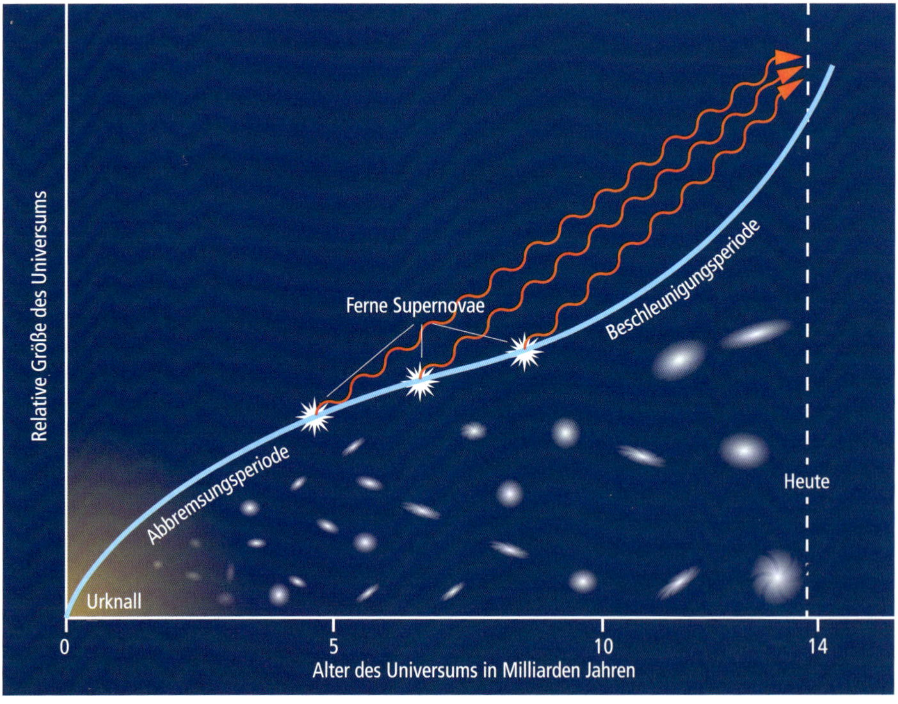

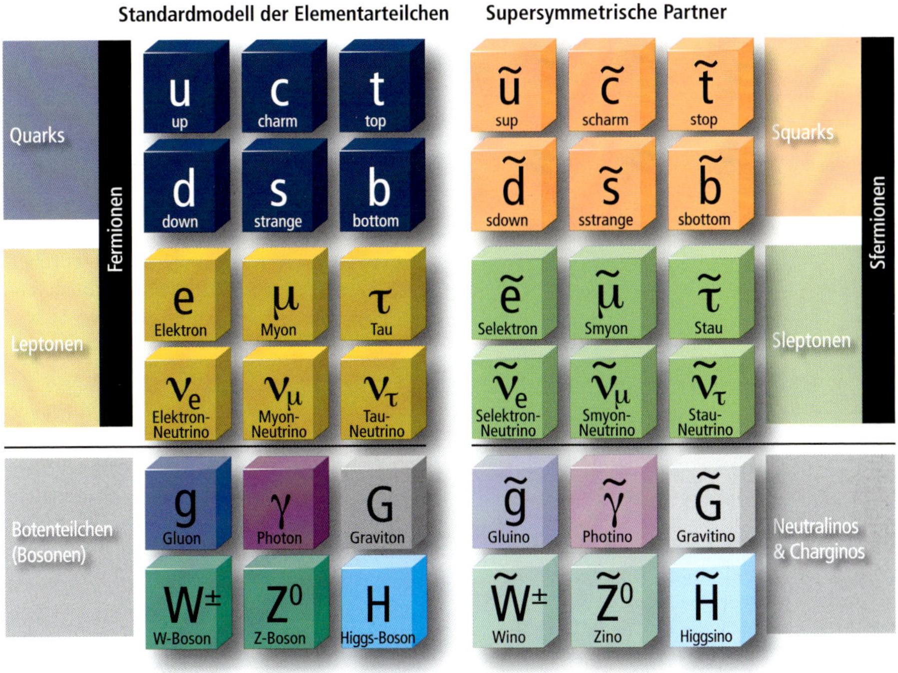

1.17 Die Supersymmetrie als erweitertes Standardmodell der Elementarteilchen. Sind die supersymmetrischen Teilchen die Bausteine der Dunklen Materie?

Trotz der Anwesenheit von Massen zeigt sich der Weltraum nahezu euklidisch, ist also flach, es lässt sich keine Raumkrümmung feststellen (Flachheitsproblem).

Nach der GUT (**G**rand **U**nified **T**heory) müssen aus der Frühphase des Universums bei Energiedichten von 10^{15} GeV sogenannte magnetische Monopole in großen Mengen entstanden sein. Man sucht sie aber bisher vergeblich (Problem der fehlenden Magnetmonopole).

Doch Alan Guth (*1947) hat dafür eine Lösung vorgeschlagen. Er entwickelte 1984 die Hypothese der kosmischen Inflation.

In der extrem frühen Zeit von 10^{-35} bis 10^{-32} Sekunden soll sich der Kosmos um den Faktor 10^{30} aufgebläht haben. Damit vergrößerte sich das Volumen um das 10^{90}-Fache. Doch unser Blick geht nur zurück bis zur undurchsichtigen Feuerwand des CMB, als das Universum 380000 Jahre alt war. Vergeblich hat man bisher nach Spuren der Inflationsphase im CMB gesucht, die sich in Form von ganz speziellen Polarisationsmustern zeigen sollten. Die bisher in der kosmischen Mikrowellenhintergrundstrahlung gefundenen Polarisationsmuster stammen nicht von der Inflationsphase, sondern von interstellarem Staub. Eine andere Hoffnung liegt in der Suche nach primordialen (ursprünglichen) Gravitationswellen. Sie sind die einzige Möglichkeit, hinter die Feuerwand des CMB zu „schauen". Die Inflationsphase müsste sich als „Zittern des Urknalls" bemerkbar machen. Noch ist man weit davon entfernt, diese schwachen Signale zu detektieren.

FEHLENDE MASSE GESUCHT

Noch weitere Probleme des Urknallszenarios harren einer Klärung. Der Astronom Fritz Zwicky (1898–1974) hat schon früh erkannt, dass es mehr gravitativ wirkende Materie gibt als diejenige, die im sichtbaren Licht zu beobachten ist. Die Bewegungen der Galaxien im Coma-Haufen

1.18 Die großräumige, honigwabenartige Struktur der Materie (Sterne und Galaxien) im Universum. In dieser Simulation ist die nicht sichtbare Dunkle Materie blau dargestellt. Rotgelb erscheint die sichtbare Materie in Form von Galaxienhaufen und -superhaufen.

sind so groß, dass er sich längst aufgelöst haben müsste. Nur durch die Annahme einer nicht sichtbaren, aber gravitativ wirkenden Materie kann der Zusammenhalt des Coma-Galaxienhaufens erklärt werden. Zu ähnlichen Schlüssen kam die renommierte Astronomin Vera Cooper Rubin (1928–2016) aus Untersuchungen der Rotationsbewegungen von Galaxien. Die Galaxien enthalten wesentlich mehr Masse als die beobachtbare Materie erkennen lässt. Ihr zu Ehren wurden das Observatorium mit dem LSST (**L**arge **S**ynoptic **S**urvey **T**elescope) „Vera C. Rubin Observatory" getauft (siehe auch Monatsthema „LSST – die Entdeckungsmaschine" im *Kosmos Himmelsjahr 2017* auf Seite 202).

Das Licht ferner Quasare, das an Galaxienhaufen vorbeiläuft bevor es die Erde erreicht, wird durch die Masse eines jeden Galaxienhaufens abgelenkt. Ein Galaxienhaufen wirkt dabei als Gravitationslinse wie von Einstein beschrieben. Aus dem Gravitationslinseneffekt lässt sich die Haufenmasse ableiten. Auch hier zeigt sich, dass in den Haufen mehr Masse verborgen ist, als die sichtbare Materie enthält. Da diese ominösen, gravitativ wirkenden Massen nicht sichtbar sind, spricht man von „Dunkler Materie". Sie koppelt nur über die Schwerkraft, nicht aber spürt sie andere Wechselwirkungen wie Kernkraft, schwache oder elektromagnetische Kraft. Ein Planet aus Dunkler Materie, der vor der Sonne vorüberzieht, wäre nicht zu sehen. Er würde die Sonne nicht abschatten, es ereignete sich keine Sonnenfinsternis.

Niemand weiß bis heute, woraus sich die Dunkle Materie zusammensetzt. Die einen vermuten die Teilchen der WIMPs (**W**eakly **I**nteracting **M**assive **P**articles) als Bestandteile der „Dark Matter", die anderen haben die Elementarteilchen des Supersymmetrie-Konzepts im Verdacht. Danach soll aus Symmetriegründen zu jedem Fermion ein supersymmetrisches Boson und zu jedem Boson ein supersymmetrisches Fermion existieren. Auch die Partikel der Supersymmetrie koppeln nur über die Gravitation. Bisher hat man mit dem LHC (**L**arge **H**adron **C**ollider) beim Kernforschungszentrum CERN in Genf vergeblich nach ihnen gefahndet. Etliche Skeptiker vermuten, dass es die supersymmetrischen Teilchen gar nicht gibt. Ohne Dunkle Materie wäre die Bildung von Sternen und Galaxien in der Frühphase des Universums allerdings nicht zu erklären.

DAS BESCHLEUNIGTE UNIVERSUM

Noch mysteriöser ist die Dunkle Energie. Lange hatte man angenommen, dass die im Weltall vorhandenen Massen die Expansion abbremsen und eines mehr oder minder fernen Tages sie sogar zum Stillstand bringen würden. Doch die Beobachtung ferner Supernovae durch Saul Perlmutter und sein Team vom Lawrence Berkeley National Laboratory mit dem Programm „Supernovae Cosmology" und unabhängig davon durch Adam Riess und Brian Schmidt mit dem „High-Z Supernova Search Team" haben erkennen lassen: Die Expansion des Weltalls erfolgt beschleunigt, das Universum dehnt sich immer schneller aus. Die Dunkle Energie scheint eine Eigenschaft des Raumes selbst zu sein. Sie wirkt abstoßend, enthält aber auch Masse gemäß der Einstein-Relation $E = mc^2$. Eine ihrer seltsamen Eigenschaften ist, dass ihre Energiedichte mit der Expansion nicht abnimmt, sondern pro Volumelement konstant bleibt. Möglicherweise bewirkt sie eines Tages die völlige Zerstörung aller Objekte im Universum – das Szenario des Big Rip (Großes Zerreißen).

Dunkle Energie und Dunkle Materie dominieren das Geschehen im Universum in kosmologischen Distanzen. Nur knapp 5 % beträgt der Anteil „gewöhnlicher", nämlich baryonischer Materie, während die Dunkle Materie zu 27 % und die Dunkle Energie zu 68 % das Weltall füllen. Im Klartext: 95 % der Bestandteile des Kosmos sind weitgehend unbekannt beziehungsweise ungeklärt.

Ein weiteres Problem ist in jüngster Zeit aufgetaucht. Aus den Analysen der kosmischen Hintergrundstrahlung, die von den Raumsonden WMAP und Planck detektiert wurde, hat man einen Hubble-Parameter von H_0 = 68 km/(s × Mpc) abgeleitet. Aus Supernovae-Beobachtungen wurde jedoch eine Expansionsrate von 73 km/(s × Mpc) ermittelt. Diese Diskrepanz ist bisher nicht aufgelöst worden.

Zahlreich sind die ungelösten Fragen zum Urknallszenario. Was hat die Inflation ausgelöst und was hat sie ebenso plötzlich gestoppt?

Nach der ART (Allgemeine Relativitätstheorie) hat das Universum seinen Anfang aus einem ausdehnungslosen Raum, einem Punkt, mit unendlich hoher Dichte und unendlich hoher Temperatur genommen. Diese Urknallsingularität hat es sicher nie gegeben. Singularitäten sind mathematische Objekte, die in der realen Welt nicht existieren. Der früheste Zeitpunkt in unserem Universum, der sinnvollerweise angebbar ist, ist die Planck-Zeit von 10^{-43} Sekunden nach dem Zeitpunkt „Null", als sich die Gravitation von den anderen drei Kräften der Natur entkoppelte. Nach den Gesetzen der Quantenmechanik gibt es keine kürzeren Zeiteinheiten.

NASA, ESA und B. Holwerda (University of Louisville)

1.19 Aus der Rotation der Galaxie UGC 2825 schloss Vera C. Rubin auf 85 % unsichtbare Dunkle Materie.

Doch was war davor? Woher kam das Universum?

Der römische Dichter und Naturphilosoph Lukrez (um 95–55 v. Chr.) lehrte: „Nichts kann aus dem Nichts entstehen". Im Gegensatz dazu kennt die christliche Schöpfungslehre die „creatio ex nihilo" – die Schöpfung aus dem Nichts durch einen allmächtigen Gott. Beide Ansichten sind freilich keine wissenschaftlichen Erkenntnisse.

Nach Vorstellung der Quantenmechanik ging das Universum, so wie es sich uns heute darbietet, durch eine Symmetriebrechung der Vakuumfluktuation hervor, einem zeitlosen Zustand höchster Symmetrie.

Doch woher kam die Quantenfluktuation des Vakuums? Sollte man darauf eine Antwort finden, würde man nach der Ursache der Ursache der Quantenfluktuation fragen – eine endlose Kette von Fragen. Sie läuft schließlich auf die Frage aller Fragen hinaus: Wieso gibt es ein Universum und nicht nur Nichts? Hier stößt man an die Grenzen der wissenschaftlichen Forschungsmethoden. Fragen nach Herkunft, Ursache und Sinn der Welt werden wohl für immer unbeantwortet bleiben. Ignorabimus in aeterna!

Februar 2022

- Venus strahlt am 12. in maximalem Glanz am Morgenhimmel.
- Merkur bleibt unsichtbar.
- Mars ist unter sehr guten Sichtbedingungen in der Morgendämmerung zu sehen.
- Jupiter beendet seine Abendsichtbarkeit.
- Saturn kommt am 4. in Konjunktion mit der Sonne.

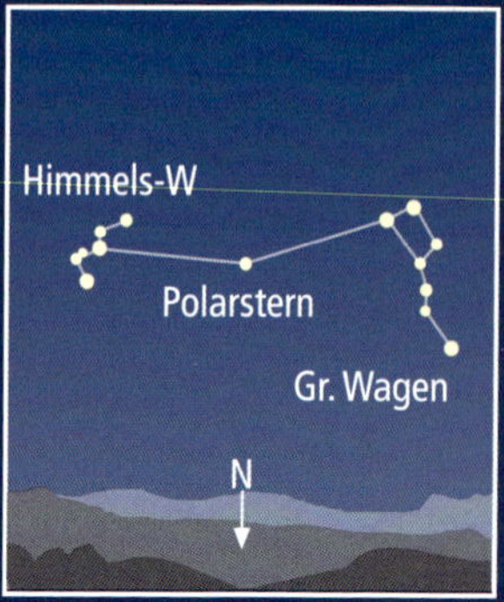

Großer Wagen und Himmels-W Anfang Februar um 22 Uhr MEZ

2.1 Anblick des abendlichen Westhimmels gegen 18^h MEZ am 2. Februar. Zu Jupiter gesellt sich ganz knapp über dem Horizont die extrem schmale Sichel des zunehmenden Mondes.

1 Di	Neumond
2 Mi	
3 Do	
4 Fr	
5 Sa	
6 So	
7 Mo	
8 Di	Erstes Viertel
9 Mi	
10 Do	
11 Fr	
12 Sa	Venus maximaler Glanz – morgens
13 So	
14 Mo	
15 Di	
16 Mi	Vollmond
17 Do	
18 Fr	
19 Sa	
20 So	
21 Mo	
22 Di	
23 Mi	Letztes Viertel
24 Do	
25 Fr	
26 Sa	
27 So	Mond bei Mars – morgens
28 Mo	

SONNE – STERNBILDER

16. 2. 13^h:
Sonne tritt in das Sternbild Wassermann

18. 2. 18^h:
Sonne tritt in das Tierkreiszeichen Fische

Julianisches Datum am
1. Februar, 1^h MEZ: 2 459 611,5

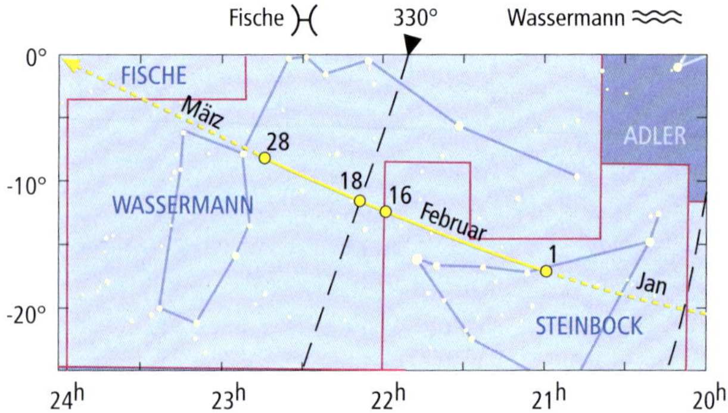

SONNENLAUF

Tag	Dämmerg. Anfang	Aufgang MEZ	Kulmination	Untergang MEZ	Dämmerg. Ende	Mittagshöhe	Zeitgleichg.	Rektaszension	Deklination
	h m	h m	h m	h m	h m	°	m	h m	°
1.	6 40	7 54	12 34	17 14	18 28	23,0	–14	20 57	–17,3
5.	6 35	7 48	12 34	17 21	18 34	24,2	–14	21 13	–16,1
10.	6 28	7 40	12 34	17 30	18 42	25,7	–14	21 33	–14,5
15.	6 20	7 31	12 34	17 38	18 49	27,4	–14	21 53	–12,9
20.	6 11	7 21	12 34	17 47	18 57	29,2	–14	22 12	–11,1
25.	6 02	7 12	12 33	17 55	19 05	31,0	–13	22 31	– 9,3
28.	5 56	7 06	12 33	18 00	19 10	32,1	–13	22 43	– 8,2

TAGES- UND NACHTSTUNDEN

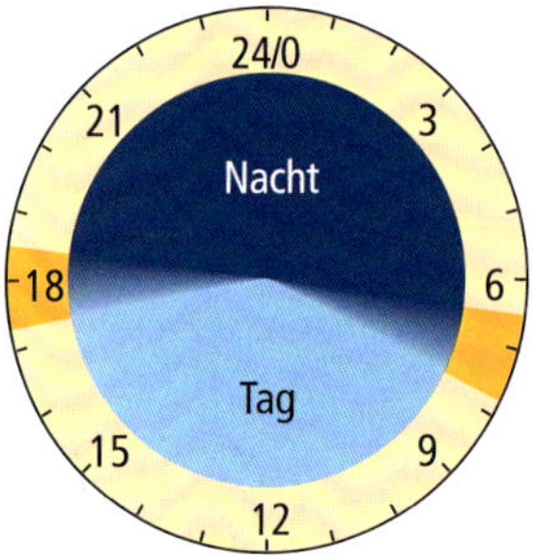

5. Februar

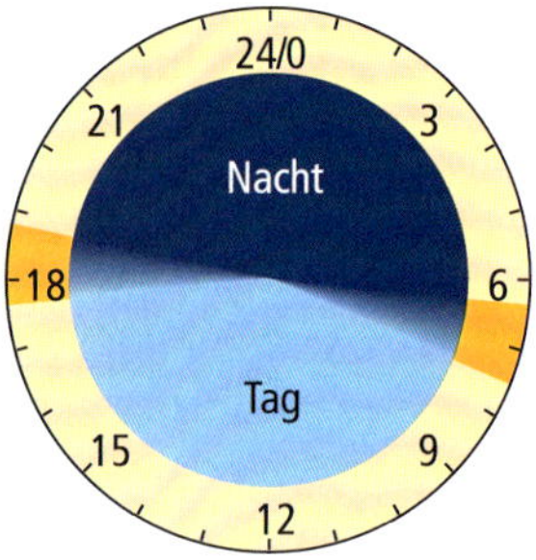

15. Februar

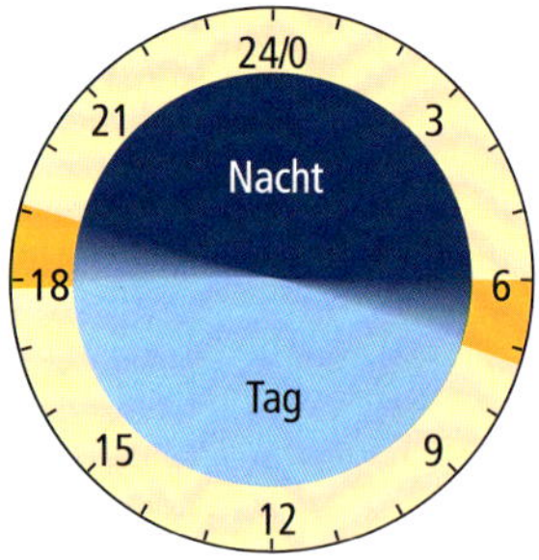

25. Februar

MONDLAUF

Datum	Aufg. MEZ	Kulmination	Unterg. MEZ	Rektaszension	Deklination	Sterne und Sternbilder	Phase	MEZ
	h m	h m	h m	h m	°			
Di 1.	8 36	12 54	17 20	20 49	−22,7	Steinbock	**Neumond Nr. 1226**	**6^h46^m**
Mi 2.	9 04	13 49	18 46	21 49	−18,5	Steinbock	Größte Südbreite	
Do 3.	9 26	14 40	20 07	22 44	−13,4	Wassermann		
Fr 4.	9 43	15 27	21 25	23 35	− 7,7	Wassermann		
Sa 5.	9 59	16 11	22 39	0 24	− 1,8	Fische	Libration West	
So 6.	10 14	16 55	23 51	1 10	+ 3,9	Fische		
Mo 7.	10 30	17 38	–	1 56	+ 9,4	Fische		
Di 8.	10 48	18 22	1 02	2 42	+14,3	Widder	**Erstes Viertel**	**14^h50^m**
Mi 9.	11 09	19 07	2 12	3 29	+18,6	Stier, Plejaden	Aufsteigender Knoten	
Do 10.	11 35	19 55	3 20	4 17	+22,1	* Stier, Hyaden		
Fr 11.	12 09	20 44	4 26	5 08	+24,7	* Stier, Alnath	Erdferne 405/29′,5	4^h
Sa 12.	12 53	21 35	5 26	6 00	+26,1	Stier		
So 13.	13 47	22 27	6 17	6 53	+26,4	Zwillinge		
Mo 14.	14 51	23 17	6 58	7 46	+25,4	Kastor, Pollux		
Di 15.	16 01	–	7 30	8 39	+23,2	Krebs, Krippe		
Mi 16.	17 15	0 07	7 56	9 31	+19,9	Löwe	**Vollmond**	**17^h56^m**
							Größte Nordbreite	
Do 17.	18 30	0 54	8 17	10 21	+15,6	Löwe, Regulus		
Fr 18.	19 46	1 41	8 34	11 10	+10,5	Löwe	Libration Ost	
Sa 19.	21 01	2 26	8 50	11 58	+ 4,9	Jungfrau		
So 20.	22 19	3 11	9 06	12 46	− 1,0	Jungfrau		
Mo 21.	23 38	3 57	9 23	13 34	− 7,0	* Spica		
Di 22.	–	4 46	9 42	14 25	−12,7	Waage		
Mi 23.	1 00	5 38	10 05	15 18	−17,9	Waage	**Letztes Viertel**	**23^h32^m**
							Absteigender Knoten	
Do 24.	2 23	6 34	10 37	16 15	−22,1	* Antares		
Fr 25.	3 43	7 33	11 20	17 15	−25,1	Schlangenträger		
Sa 26.	4 54	8 36	12 18	18 19	−26,5	Kaus Borealis	Erdnähe 368/32′,5	23^h
So 27.	5 51	9 38	13 30	19 23	−26,1	Schütze, Nunki		
Mo 28.	6 33	10 38	14 52	20 26	−24,0	Steinbock		

DER MOND WANDERT DURCH DAS GOLDENE TOR DER EKLIPTIK

MERKUR hat seine untere Konjunktion mit der Sonne hinter sich und gewinnt westlichen Winkelabstand. Am 3. beendet der kleinste der acht Planeten seine Rückläufigkeit und wird wieder rechtläufig (siehe Abb. 2.2 unten). Am 16. erreicht er mit 26°17′ Winkelabstand seine größte westliche Elongation von der Sonne. Wegen seiner südlichen Position im Tierkreis und der zum östlichen Horizont flach verlaufenden morgendlichen Ekliptik bleibt Merkur in unseren Breiten am Morgenhimmel verborgen. Lediglich erfahrene Beobachter südlich von 48° Nordbreite können den flinken Planeten zwischen 7. und 12. tief im Südosten erspähen.

Am 7. geht der $0^{m}{,}3$ helle Merkur in 50° Nord um $6^{h}30^{m}$ auf. Bis 12. verfrüht sich der Merkuraufgang nur unwesentlich auf $6^{h}26^{m}$, die Merkurhelligkeit nimmt auf $0^{m}{,}0$ leicht zu. Am 11. zeigt sich das 7″,6 große Planetenscheibchen halb beleuchtet, die Dichotomie tritt ein.

Sein Aphel (sonnenfernster Bahnpunkt) passiert Merkur am 28. gegen Mitternacht, wobei ihn von der Sonne 70 Millionen Kilometer (= 0,467 AE) trennen.

VENUS ist Planet am Morgenhimmel. Am 12. strahlt sie mit $-4^{m}{,}9$ in größtem Glanz. Im Teleskop zeigt sich Venus am 12. als Sichel, wobei das 41″,4 große Planetenscheibchen zu 25 Prozent beleuchtet ist. Danach wird Venus kleiner und dicker. Ende Februar ist das Venusscheibchen nur noch 31″,9 groß, der beleuchtete Teil beträgt 38 Prozent.

Am 1. geht Venus um $5^{h}39^{m}$ auf, am 15. um $5^{h}07^{m}$ und am 28. bereits um $4^{h}53^{m}$. Etwa eine Viertelstunde nach ihrem Aufgang kann man Venus am Südosthorizont erkennen (siehe auch Abb. 2.5 auf Seite 61).

Am 13. kommt es zu einer Begegnung mit Mars, wobei sich Venus in 6°35′ nördlichem Abstand vom roten Planeten befindet.

MARS kann am Morgenhimmel bei exzellenten Sichtbedingungen etwa eine knappe Stunde tief im Südosten gesehen werden. Der rote Planet wandert rechtläufig durch das Sternbild Schütze. Am 13. kommt es wie erwähnt zu einer Begegnung mit Venus, die 6°35′ nördlich Mars passiert (siehe Abb. 3.2 auf Seite 81). Die Marshelligkeit nimmt leicht von $1^{m}{,}4$ auf $1^{m}{,}3$ zu. Der scheinbare Marsdurchmesser beträgt am Monatsende knapp 5″.

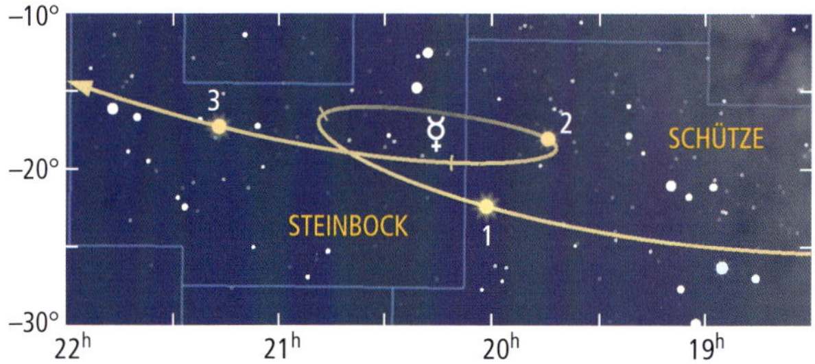

2.2 Konjunktionsschleife von Merkur im Gebiet der Sternbilder Schütze und Steinbock. Die Zahlen geben die Merkurposition zum jeweiligen Monatsersten an (3 = 1. März).

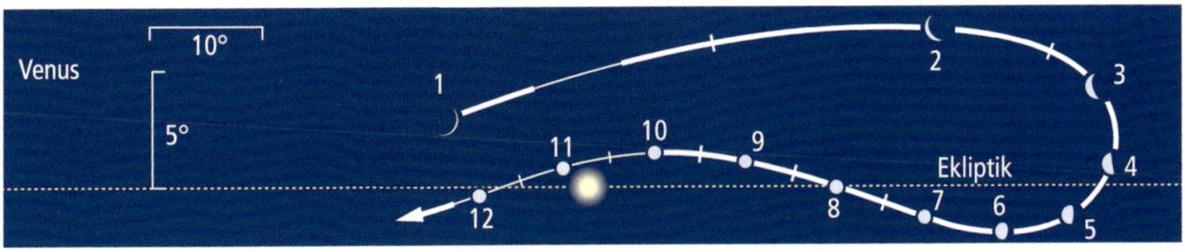

2.3 **Bewegung von Venus relativ zur Sonne in 2022. Die Zahlen geben die Position von Venus zum jeweiligen Monatsbeginn an (3 = 1. März). Man beachte die eingetragenen Venusphasen.**

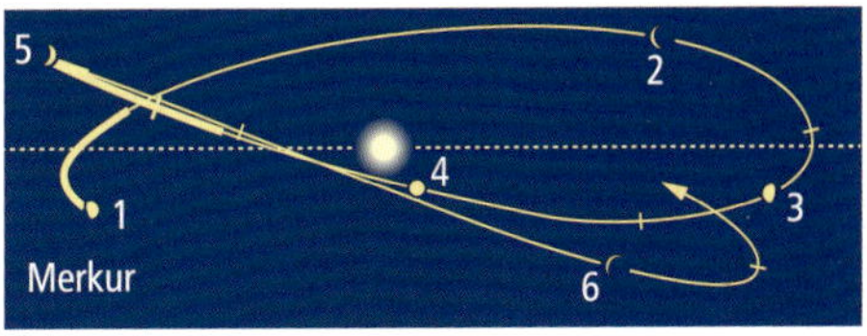

2.4 **Bewegung von Merkur relativ zur Sonne im ersten Halbjahr 2022.**

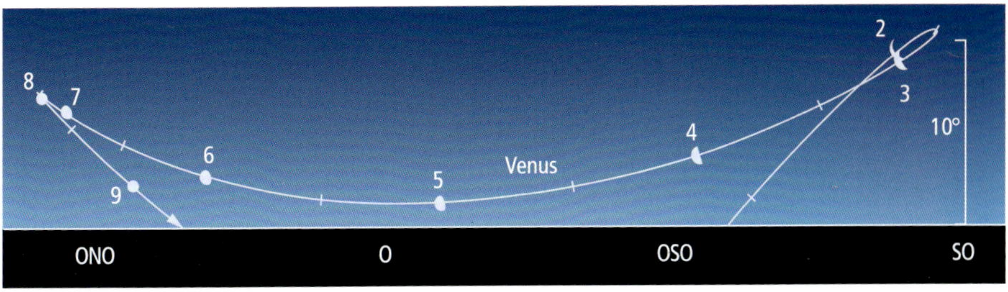

2.5 **Stellung von Venus über dem Osthorizont morgens eine Stunde vor Sonnenaufgang.**

Die Marsaufgänge verfrühen sich von 6^h01^m zu Monatsbeginn auf 5^h28^m zu Monatsende.

Am 24. beginnt auf der Nordhalbkugel des Mars der Herbst.

JUPITER, rechtläufig im Wassermann, gibt seine Abschiedsvorstellung und zieht sich vom Abendhimmel zurück. Zur Monatsmitte wird der Riesenplanet unbeobachtbar. Anfang nächsten Monats wird er von der Sonne eingeholt und steht in Konjunktion mit ihr.

Zu Monatsanfang noch $-2{,}^{m}1$ hell, sinkt seine Helligkeit leicht um $0{,}^{m}1$ ab. Am 1. geht der Riesenplanet um 19^h27^m unter und am 15. um 18^h50^m. Nach der Monatsmitte wird man vergeblich nach Jupiter Ausschau halten.

Erfahrene Beobachter können am 2. gegen 18^h südlich von Jupiter ganz knapp über dem Westhorizont die sehr schmale Sichel des zunehmenden Mon-

2.6 **Scheinbare Bahn von Venus durch die Sternbilder Schütze, Steinbock und Wassermann von Januar bis Anfang Mai 2022.**

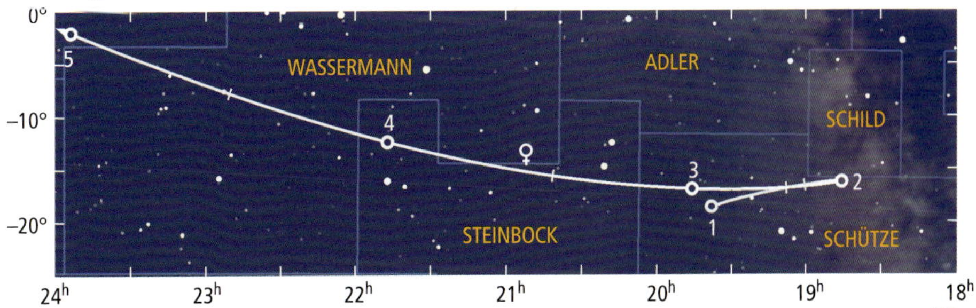

des sehen (siehe Abb. 2.1 auf Seite 56).

SATURN kommt im Sternbild Steinbock am 4. in Konjunktion mit der Sonne. Der Ringplanet hält sich am Taghimmel auf und bleibt nachts unbeobachtbar unter dem Horizont.

Am Tag der Konjunktion erreicht Saturn seine maximale Entfernung in diesem Jahr. Ihn trennen von der Erde 1630 Millionen Kilometer (= 10,90 AE). Seine Sonnendistanz misst an diesem Tag 1483 Millionen Kilometer (= 9,91 AE). Seine Opposition zur Sonne wird der Ringplanet Mitte August in diesem Jahr einnehmen.

URANUS, rechtläufig im Widder, kann in der ersten Nachthälfte aufgefunden werden. Er verlegt seine Untergänge in die

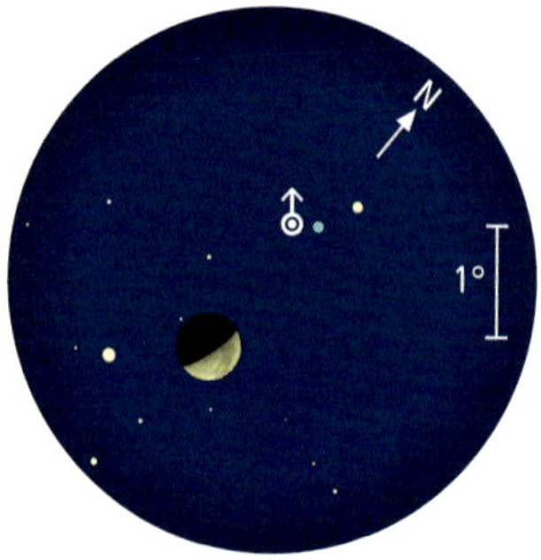

2.7 Der zunehmende Mond zieht am 7. Februar am fernen Uranus vorbei. Fernglasanblick gegen 22^h bei 5° Gesichtsfelddurchmesser.

Zeit vor Mitternacht. Mit einem Fernglas oder Teleskop kann man ihn zu Monatsbeginn ab 18^h und zu Monatsende ab 19^h am Süd- bzw. Westhimmel aufspüren, wozu die Aufsuchkarte Abb. 11.3 auf Seite 236 helfen soll.

Der $5^m{,}8$ helle Uranus geht am 1. um 1^h26^m unter und am 15. um 0^h33^m. Am 28. sinkt der $5^m{,}8$ helle, grünliche Planet schon vor Mitternacht, nämlich um 23^h40^m, unter die westliche Horizontlinie.

Der zunehmende Halbmond macht am 7. Uranus seine Aufwartung. Dabei bedeckt er den grünlichen Planeten, was allerdings von Mitteleuropa aus nicht zu beobachten ist. Vielmehr zieht der Mond in unseren Gegenden gegen 22^h rund $1^\circ{,}5$ südlich an Uranus vorbei (siehe Abb. 2.7 links).

NEPTUN, rechtläufig im Wassermann, zieht sich vom Abendhimmel zurück. Der sonnenfernste und darum lichtschwächste Planet kann mit lichtstarker Optik von erfahrenen Planetenjägern noch Anfang des Monats aufgefunden werden. Am 1. kulminiert der $7^m{,}9$ helle Neptun um 15^h03^m und geht um 20^h45^m unter. Bis 15. verfrühen sich seine Untergänge auf 19^h52^m, seine Helligkeit sinkt auf $8^m{,}0$ etwas ab.

Die Aufsuchkarte Abb. 9.5 auf Seite 202 soll helfen, den lichtschwachen Neptun zu identifizieren.

PLANETOIDEN UND ZWERGPLANETEN

CERES (1) beschleunigt ihre wieder rechtläufige Wanderung durch den Stier. Ende des Monats tritt sie in das Goldene Tor der Ekliptik (siehe Abb. 1.8 auf Seite 43). Ihre Helligkeit sinkt weiter von $8^m{,}3$ auf $8^m{,}6$ ab. Am 1.

KONSTELLATIONEN UND EREIGNISSE

Datum	MEZ	Ereignis
1.	10^h	Mond bei Saturn, Mond $4^\circ{,}2$ südlich
2.	22	Mond bei Jupiter, Mond $4^\circ{,}3$ südlich
3.	22	Mond bei Neptun, Mond $3^\circ{,}9$ südlich
3.	23	Merkur im Stillstand, anschließend rechtläufig
4.	20	Saturn in Konjunktion mit der Sonne
7.	21	**Mond bei Uranus**, Mond $1^\circ{,}2$ südlich, **Abstand $1^\circ{,}5$ um 22^h**
12.	23	**Venus in maximalem Glanz am Morgenhimmel** ($-4^m{,}9$)
13.	2	Venus bei Mars, Venus $6^\circ{,}6$ nördlich
16.	22	Merkur in größter westlicher Elongation (26°)
27.	7	Mond bei Venus, Mond $8^\circ{,}8$ südlich
27.	10	**Mond bei Mars**, Mond $3^\circ{,}5$ südlich, **Abstand $5^\circ{,}0$ um 6^h**
28.	21	Mond bei Merkur, Mond $3^\circ{,}7$ südlich
28.	24	Merkur im Aphel

passiert der Zwergplanet um 19^h20^m den Meridian und geht um 3^h07^m unter. Bis 15. verfrühen sich die Kulminationen von Ceres auf 18^h33^m. Am 28. kulminiert sie bereits um 17^h53^m und geht um 1^h54^m unter.

Am 9. wird Ceres abermals vom Mond bedeckt, was auch diesmal von Mitteleuropa aus unbeobachtbar bleibt. Wer allerdings Urlaub auf den Seychellen oder Malediven macht, kann die Bedeckung verfolgen. Ebenso ist sie vom Indischen Ozean, von der Südspitze Indiens, Sri Lanka, der Koreanischen Halbinsel, Japan und Mikronesien sichtbar.

IRIS (7) bremst ihre rückläufige Bewegung durch die Zwillinge stark ab und wird am 23. stationär. Damit endet ihre Oppositionsperiode. Anschließend wandert sie wieder rechtläufig durch die Sternenwelt (siehe Abb. 1.9 auf Seite 44).

Ihre Helligkeit nimmt um fast eine Größenklasse ab. Zu Monatsbeginn noch $8^m{,}2$ hell, sinkt die Irishelligkeit auf $9^m{,}1$ bis zum 28. ab.

Am 1. kulminiert Iris um 22^h51^m, am 15. um 21^h49^m und am 28. bereits um 20^h58^m. Ihre Untergänge verlagert Iris von 6^h17^m am 1. auf 4^h25^m am Monatsletzten.

PERIODISCHE STERNSCHNUPPENSTRÖME

Der Februar ist der Monat mit den wenigsten Meteoren im Jahreslauf. Der **ANTIHELION**-Radiant verlagert sich entlang der Ekliptik von Leo und erreicht zum Monatsende das Sternbild Virgo und damit geringere Höhen über dem Horizont. Wenn ausschließlich geringe Meteoraktivität vorhanden ist, sind eventuelle schwache Ströme leichter aufzuspüren.

Andererseits ist der Februar durchaus bekannt für helle Meteore, sogenannte Boliden.

Die **ALPHA-AURIGIDEN** wurden bis Ende der 1980er-Jahre zwischen dem 6. und 9. Februar beobachtet. Ihr Maximum war nicht sehr ausgeprägt. Der Ausstrahlungspunkt lag in der Nähe von Kapella. Nur wenige, aber helle und langsame Meteore tauchten auf. Offensichtlich ist dieser Strom in den letzten Jahren versiegt. Dennoch lohnt es sich, nach den Aurigiden Ausschau zu halten. Vielleicht werden sie wieder aktiv.

Am Monatsbeginn dürfen die Beobachter auf der Südhemisphäre die **ALPHA-CENTAURIDEN** erwarten.

Die **DELTA-LEONIDEN** erreichen ihr Maximum um den 25. Februar. Sie sind ein schwacher Strom, der sich zwischen dem 15. Februar und dem 10. März bemerkbar macht, wobei es sich um langsame Objekte handelt (um 23 Kilometer pro Sekunde).

Zum Monatsende erscheinen die ersten **VIRGINIDEN** am Morgenhimmel.

Auch wenn periodische Sternschnuppenströme im Februar weitgehend ausbleiben, so ist dennoch mit Überraschungen zu rechnen.

Der Fixsternhimmel

Der Große Wagen schiebt sich im Nordosten langsam höher, wobei der Wagenkasten vorangeht und die Deichsel folgt. Der Wagen wird also nicht gezogen, sondern geschoben. Die Kassiopeia, das Himmels-W, sinkt langsam zum Horizont hinab, erreicht ihn aber als Zirkumpolarbild nicht. Zirkumpolarbilder gehen nämlich nie unter. Welche Sterne zirkumpolar sind, bestimmt die geografische Breite des Beobachters. Sterne, die nicht weiter vom Himmelspol entfernt sind als es der geografischen Breite entspricht, kreisen um den Pol ohne unterzugehen. Sie sind daher in jeder klaren Nacht des Jahres zu sehen. An den Polen der Erde sind alle Sterne zirkumpolar, am Erdäquator gibt es keine Zirkumpolarsterne. Die Wintersternbilder beherrschen noch eindeutig die Szene. Der Südhimmel ist bis in Zenitnähe reich an hellen Sternen. Sirius kulminiert eben. Unter „Kulminieren" versteht man „die höchste Stellung im Süden einnehmen". Das dazu gehörige Substantiv heißt „die Kulmination". Ein Gestirn kulminiert,

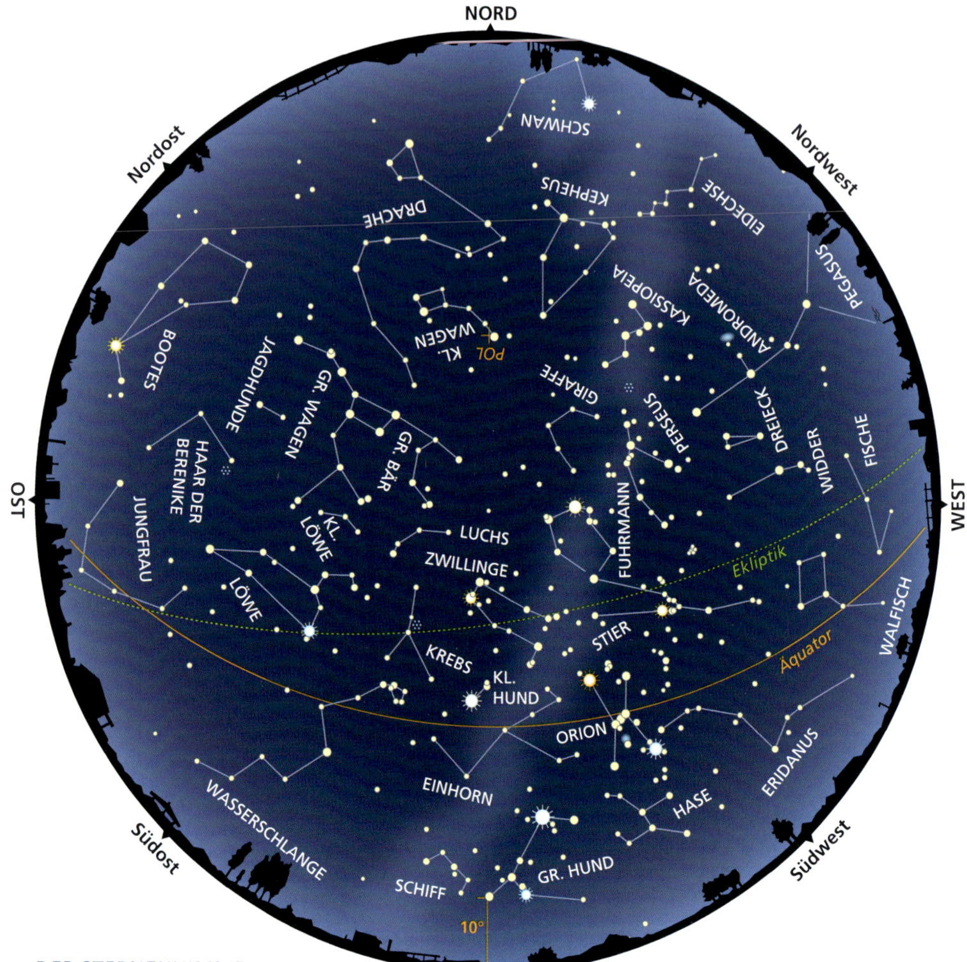

DER STERNENHIMMEL
AM 15. FEBRUAR UM 22^h MEZ

Die Sternkarte ist auch gültig für:

	MEZ	MESZ
1.11.	5^h	
15.11.	4	
1.12.	3	
15.12.	2	
1. 1.	1	
15. 1.	0	
1. 2.	**23**	
15. 2.	**22**	
28. 2.	**21**	
15. 3.	20	

wenn es den Meridian (Mittagslinie) passiert.

Der Himmelsjäger Orion hat seinen Meridiandurchgang zur Standardbeobachtungszeit (22^h MEZ zur Monatsmitte) schon hinter sich. Gegenüber dem Vormonat hat sich der Schwerpunkt des Wintersechsecks schon ein wenig nach Westen verlagert.

Von den Herbstbildern sind nur noch Andromeda und Perseus erwähnenswert. Die anderen Herbstbilder sind inzwischen ganz oder teilweise unter dem Horizont verschwunden. Weit im Westen ist noch das kleine Sternbild Widder auszumachen.

Im Osten ist bereits der Löwe vollständig aufgegangen. Sein Hauptstern Regulus steht als einzelner Stern erster Größenklasse einsam in dieser Region.

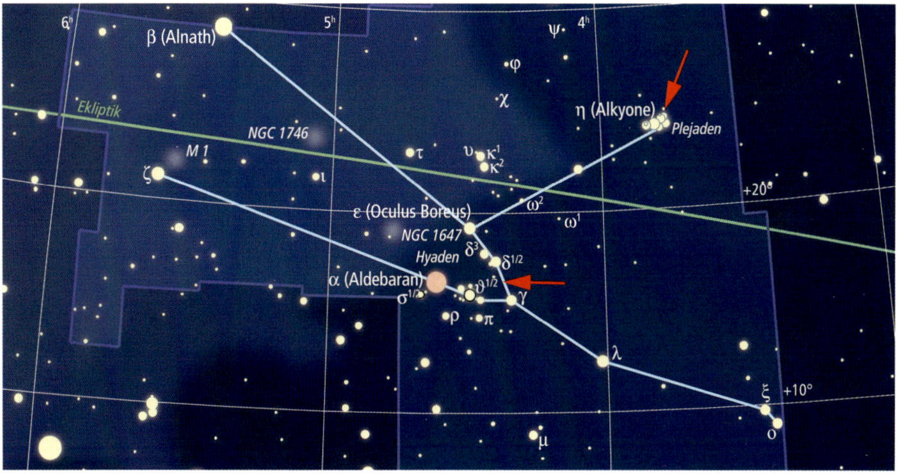

2.8 Das Sternbild Stier mit den offenen Sternhaufen Hyaden und Plejaden (M 45).

Zwischen dem Löwen und den Zwillingen, die hoch im Süden stehen, findet sich der Krebs. Er gehört zum Tierkreis und ist daher gut bekannt, denn in Horoskopen wird er regelmäßig erwähnt. Den Krebs aber am Himmel zu entdecken, ist nicht ganz einfach, denn dieses Bild wird nur von lichtschwachen Sternen angedeutet. In mondloser Nacht kann man schon mit bloßen Augen im Krebs den offenen Sternhaufen Praesepe (lat., Krippe) erkennen. Die Amerikaner sehen in diesem Sternengewimmel einen Schwarm von Bienen und nennen den Haufen „beehive" (engl., Bienenstock). Im Fernglas ist die Krippe (Katalogbezeichnung: M 44) leicht zu erkennen. Sie steht eingerahmt zwischen zwei Sternchen, die nördliches und südliches Eselchen genannt werden (lat.: Asellus Borealis oder γ Cnc und Asellus Australis oder δ Cnc).

Hoch im Süden, ebenfalls gerade den Meridian durchschreitend, sieht man die beiden Sternenketten der Zwillinge. Die Hauptsterne der Zwillinge heißen Kastor und Pollux. Fast im Zenit leuchtet ferner die gelbliche Kapella, der nördlichste Stern erster Größenklasse.

OBJEKTE FÜR FELDSTECHER UND FERNROHR

Der Winterhimmel bietet zahlreiche interessante Fernglasobjekte. Wunderschön im Feldstecher erscheint der Sternhaufen der Hyaden im Stier, auch als Regengestirn bezeichnet. Die Hyaden sind ganz leicht zu finden, liegt doch der hellste Stern im Stier, der rötliche Aldebaran, mitten unter ihnen. Rund 150 Lichtjahre trennen uns von diesem Sternengewimmel, dem etwa 200 Mitglieder angehören. Aldebaran (α Tauri) gehört nicht zu ihnen. Er ist ein Vordergrundstern, der nur zufällig in Richtung Hyaden steht. Mit 66 Lichtjahren Distanz ist Aldebaran knapp halb so weit wie die Hyadensterne entfernt. Man beachte, dass die Hyaden ein relativ großes Himmelsfeld mit 5° Durchmesser einnehmen. Man sollte also ein Fernglas mit entsprechend großem Gesichtsfeld und kleiner Vergrößerung verwenden. Bei kleinerem Gesichtsfeld schwenke man langsam hin und her, um so das ganze Sternenareal abzutasten.

Mitten in den Hyaden steht der schon mit bloßen Augen zu trennende Doppelstern ϑ (Theta) Tauri. Die beiden Komponenten ϑ_1 und ϑ_2 sind 340″ voneinander entfernt. Auf alle Fälle sieht man sie im Opernglas als zwei Lichtpunkte mit $3\overset{m}{,}8$ und $3\overset{m}{,}4$ scheinbarer Helligkeit. ϑ_2 ist mit $3\overset{m}{,}4$ das hellste Mitglied der Hyadensterne. Nach neueren Messungen ist ϑ_1 157 und ϑ_2 Tauri 154 Lichtjahre entfernt.

2.9 Der offene Sternhaufen der Hyaden im Stier. Aufnahme von Bernhard Hubl.

Ebenfalls leicht zu finden sind die Plejaden, der zweite offene Sternhaufen im Stier. Sie stehen ein wenig nordwestlich von Aldebaran und den Hyaden. Da die Plejaden dichter gedrängt sind und der ganze Haufen kompakter erscheint, fallen sie eher auf als die Hyaden. Mit freien Augen erkennt man sechs bis neun Sterne in den Plejaden, im Fernglas weit über hundert. Mit 440 Lichtjahren sind die Plejadensterne mehr als doppelt so weit weg wie die Hyaden. Der zentrale Hauptstern der Plejaden, η Tauri oder Alcyone genannt, erscheint im Teleskop vierfach. Fortgeschrittene Sternenbeobachter sollten auch einmal NGC 1647 aufsuchen, der knapp nordöstlich von Aldebaran liegt (siehe Sternkarte E3 im *Atlas für Himmelsbeobachter* von Erich Karkoschka). Schon in einem größeren Fernglas kann man diesen offenen Sternhaufen leicht in zahlreiche Einzelsterne auflösen, die sich in etwa 2000 Lichtjahren Entfernung von uns befinden.

Für den Einsteiger schwierig aufzufinden ist M 1, der berühmte Krabbennebel im Stier. Im Fernglas ist M 1 kaum zu sehen, im Teleskop erblickt man ein längliches, etwas verwaschenes und unregelmäßig geformtes Nebelfleckchen. Wer kein computergesteuertes Teleskop benutzt, gehe von ζ Tauri, dem südlichen Stierhorn aus. Knapp nordwestlich davon stößt man auf M 1. Der Krabbennebel ist der Rest einer Supernovadetonation, die am 4. Juli 1054 aufflammte. Im Zentrum von M 1 wurde im Jahre 1968 ein Pulsar, ein rasch rotierender Neutronenstern (Rotationszeit: 33 Millisekunden), entdeckt. Seine Entfernung beträgt immerhin rund 6000 Lichtjahre. Im 3-Zoll-Refraktor erscheint M 1 als ovales Lichtfleckchen (4′ × 6′).

Wer seinen Freunden und Bekannten gelegentlich Himmelsobjekte im Fernglas oder Teleskop zeigt, sollte unter keinen Umständen am Winterhimmel versäumen, den Großen Orionnebel einzustellen. Nach Charles Messier trägt er die Katalognummer M 42. Er ist leicht zu finden, wenn man von den drei Gürtelsternen im Orion seinen Blick nach Süden gleiten lässt. Im Fernrohr macht M 42 einen prächtigen Eindruck. Eingebettet in bläulich schimmernde Staubwolken leuchten Dutzende heiße, blauweiß strahlende, junge und massereiche Sonnen. Der Orionnebel ist kein Milchstraßensystem, keine Galaxie, sondern eine interstellare Gas- und Staubwolke, in der heute noch neue Sterne und wahrscheinlich auch Planetensysteme entstehen. M 42 ist gewissermaßen eine Wiege der Sterne in 1400 Lichtjahren Entfernung.

VERÄNDERLICHE STERNE

Algol-Minima		β-Lyrae-Minima		δ-Cepheï-Maxima		Mira-Helligkeit	
12.	4^h09^m	4.	21^h H	1.	10^h	1.	9^m
15.	0 58	11.	8 N	6.	19	10.	9
17.	21 46	17.	20 H	12.	4	20.	9
20.	18 38	24.	7 N	17.	13	28.	10
				22.	21		
				28.	6		

2.10 Aufsuchkarte für die offenen Sternhaufen M 50 und NGC 2232.

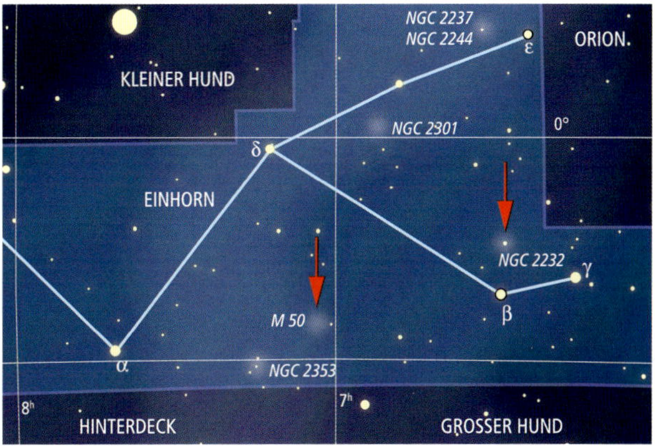

Einige offene Sternhaufen seien genannt. Etwa 4° südlich von Sirius findet sich im Großen Hund der offene Sternhaufen M 41. Schon mit bloßen Augen ist an dieser Stelle ein schwacher Lichtschimmer zu erkennen. Richtig beeindruckend wirkt M 41 in einem lichtstarken Fernglas, wo sich etwa hundert Sterne 7. Größe und schwächer in einem Gebiet mit etwa Vollmonddurchmesser drängen. Die hellsten Objekte sind orangerote Riesensterne. Die Entfernung von M 41 wurde zu 2400 Lichtjahren bestimmt.

In der vergleichsweise sternarmen Gegend des Sternbildes Einhorn (Monoceros) trifft man auf den offenen Sternhaufen M 50 (NGC 2323). Er wird auch „Cassinis Sternhaufen" genannt, da er von Giovanni Domenico Cassini, erster Direktor der Pariser Sternwarte, im Jahre 1711 noch vor Messier entdeckt wurde. Die hellsten Sterne sind gut in einem Fernglas zu entdecken. Im Teleskop bei nicht zu starker Vergrößerung sind rund vierzig Sterne einzeln auszumachen.

Der Haufen nimmt einen Bereich von etwa einem halben Vollmonddurchmesser ein. Der ganze Haufen scheint in Ost-West-Richtung etwas auseinander gezogen zu sein. Sein linearer Durchmesser beträgt etwa 12 × 20 Lichtjahre. Der hellste Stern nahe der Mitte ist ein roter Riese. Das Alter der Sterne liegt bei 100 Millionen Jahren. Rund 3000 Lichtjahre beträgt die Entfernung von M 50.

Weniger bekannt, aber ein schönes Fernglasobjekt ist der offene Sternhaufen NGC 2232. Er liegt ebenfalls im Sternbild Einhorn, rund 2° nördlich vom Vierfachstern β Monocerotis. Mit rund zwei Dutzend Sternen ist er ein eher unauffälliger Haufen. Er liegt auf der Linie der drei Gürtelsterne im Orion in Richtung Südosten.

Es handelt sich um junge, bläulichweiße Sterne zwischen 25 und 30 Millionen Jahren in einer Entfernung von 1200 Lichtjahren. Nahe dem Zentrum steht der Stern 10 Monocerotis ($5^{m}\!,1$). Das Spitzer Space Telescope fand Hinweise auf Akkretionsscheiben aus Gas und Staub um die jungen Sterne. Sie sind die Geburtsstätten neuer Planetensysteme.

An Doppelsternen sei zunächst Mizar (ζ UMa) erwähnt, der mittlere Deichselstern des Großen Wagens. In knapp 12′ Distanz steht neben dem $2^{m}\!,2$ hellen Mizar ein Sternchen 4. Größe, Alkor oder das Reiterlein genannt. Mit guten Augen kann man Alkor ohne optische Hilfe erkennen. Alkor und Mizar sind ein *optischer Doppelstern*, das heißt, sie sind nicht durch die Schwerkraft aneinandergebunden. Mizar ist 83 Lichtjahre und Alkor 82 Lichtjahre von uns entfernt. Schon in einem Zweizöller (Fernrohr mit 5 cm Öffnung) erkennt man, dass Mizar selbst ein echter Doppelstern ist. Zwei weiße, $2^{m}\!,3$ und $3^{m}\!,9$ helle Komponenten stehen in 14″ Distanz.

Ein weiterer, leicht zu trennender Doppelstern ist Algieba, der Halsstern des Löwen (γ Leonis). Die hellere Komponente ($2^{m}\!,3$) ist $4''\!,6$ von der schwächeren Komponente ($3^{m}\!,5$) getrennt. Beide Sterne leuchten tiefgelb bis orange und umkreisen einander in rund 620 Jahren. Die Entfernung von Algieba beträgt 126 Lichtjahre. Im Fernglas sieht man den Stern 40 Leonis ($4^{m}\!,8$), der nahe Algieba steht, aber als Vordergrundstern nicht gravitativ an ihn gebunden ist.

Das Schiff der Argonauten

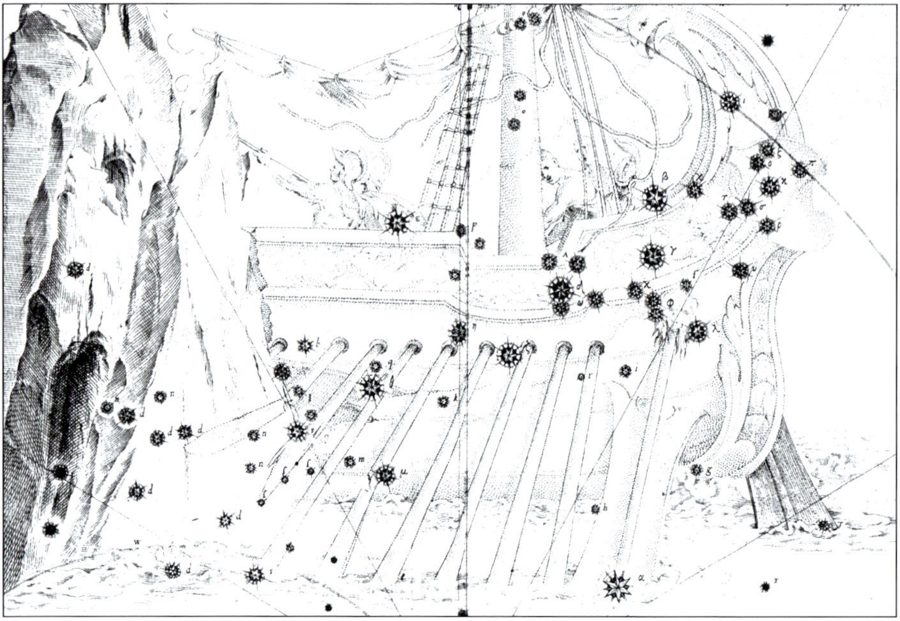

2.11 Das Schiff der Argonauten vor den Symplegaden. Darstellung im Sternatlas *Uranometria* von Johannes Bayer aus dem Jahre 1603.

König Aison herrschte über sein Reich Jolkos, das sein Vater Kretheus in einem Landstrich Thessaliens einst gegründet hatte. Aison hatte einen Sohn namens Iason. Der jüngere Bruder von Aison, Pelias, bemächtigte sich des Thrones und verstieß Aison. Aus Kummer wurde Aison krank und starb. Sein Sohn Iason wurde von dem weisen Chiron aufgenommen, erzogen und unterrichtet. Chiron hatte schon viele Helden erfolgreich großgezogen und gelehrt.

Als König Pelias schon älter war, erhielt er vom Orakel einen seltsamen Spruch: „Oh Pelias, hüte dich vor dem Einschuhigen". Pelias grübelte über diesen mysteriösen Spruch, konnte aber dessen Sinn nicht ergründen.

Als Iason herangewachsen ward, verließ er Chiron, um in seine Heimat Jolkos zu ziehen und den ihm zustehenden Thron zu fordern. Auf seinem Weg musste er einen breiten und reißenden Fluss durchqueren. Hera, griechische Göttin, stand verkleidet als alte Frau am Ufer und bat Iason, ihr über den Fluss zu helfen. Iason nimmt sie kurzerhand und watet mit ihr durch die Fluten. Dabei bleibt ein Schuh Iasons im Schlamm hängen und wird abgetrieben.

Schließlich erreicht Iason den Hof von Pelias und fordert den Thron seines verstorbenen Vaters. Pelias wirft einen Blick auf Iasons Füße und erschrickt. „Das also ist der Einschuhige, vor dem ich mich hüten soll", schießt es ihm durch den Kopf. Freundlich verspricht er Iason, ihm den Thron zu überlassen, wenn er ihm das Goldene Vlies bringe. Es war das Fell des sagenhaften Widders Chrysomallos, auf dessen Rücken die beiden Zwillinge Phrixos und Helle durch die Lüfte vor ihrer bösartigen Schwiegermutter Ino geflohen waren. Die Wolkengöttin Nephele hatte zwei Kinder, Phrixos und Helle, geboren. Doch ihr Vater Orchomenos verließ Nephele, die Mutter seiner Kinder, und wandte sich der Prinzessin Ino zu. Nach der Heirat überredete Ino ihren sterblichen Orchomenos, er möge die Stiefkinder opfern. Schon war der Scheiterhaufen für das Brandopfer aufbereitet, da kam in höchster Not ein Widder mit einem Fell aus purer Goldwolle durch die Lüfte geflogen. Auf seinem Rücken flohen Phrixos und Helle. Doch bei einem Blick in die Tiefe wurde Helle schwindelig. Sie stürzte ab und fiel zwischen Europa und Asien ins Meer. Noch heute wird diese Meerenge zwischen den Kontinenten Hellespont genannt.

AUF DER SUCHE NACH DEM GOLDENEN VLIES

Das Goldene Vlies hatte einst Hermes einem Ahnen des Iason geschenkt. Pelias rechnete damit, dass Iason dieses Abenteuer nicht überstehen wird. Denn das Goldene Vlies befand sich im heiligen Hain des Kriegsgottes Ares in Kolchis nahe dem Kaukasus. Dort herrschte König Aietes über das kriegerische Volk der Kolcher. Ein fürchterlicher Drache mit Feueratem und messerscharfen Zähnen wie Dolche bewachte das Goldene Vlies. Es zu rauben schien aussichtslos.

Iason sammelte die berühmtesten Helden der Antike um sich, unter anderem den Schiffsbaumeister Argo. Mit Hilfe der Göttin Athene fertigte Argo ein gewaltiges Langschiff mit 50 Rudern, die Argo (ἡ Ἄργο), auch Argo Navis genannt. Als das Schiff vollendet war, stießen Iason und seine Gefährten von Jolkos aus ins Meer mit Ziel Kolchis. Das schnelle Langschiff hatte einen Bug aus Eichen von Dodona, verstärkt mit Spanten aus Aleppo-Kiefern vom Berg Pelion. Athene verlieh dem Schiff die Fähigkeit zu sprechen und vor Gefahren zu warnen. Iason bestimmte Tiphys zu seinem Steuermann. Dieser kehrte allerdings nicht mehr heim, denn auf der Rückfahrt wurde Tiphys von einer hochgiftigen Viper gebissen und starb. Mit ihm gingen auch seine astronomischen Kenntnisse zur Navigation verloren.

Die Teilnehmer des Argonautenzuges waren unter anderem Herakles, Argos, Autolykos, Augias, Deukalion, Hylas, Idas, Kastor, Pollux, Koronos, Laërtes, Laokoon, Mopsos der Wahrsager, Nestor, Orpheus der Sänger, Polydeukes, Theseus und Zetes, kurz alles, was Rang und Namen hatte. Auch Atlanta, die schnelle Läuferin, sollte mitkommen. Doch sie wurde von der Schiffsbesatzung mehrheitlich abgelehnt. Man war der Meinung, eine Frau an Bord bringe Unglück und Verderben. Insgesamt kamen 85 heldenhafte Argonauten an Bord.

Die Fahrt geht zunächst am Peliongebirge vorbei, über Chalkidike, an der Küste Illyriens entlang zur Insel Lemnos, auf der nur Frauen leben, weil sie ihre Männer wegen Untreue erschlagen hatten. Diese hatten sich nämlich für ihr Vergnügen willige Nebenweiber aus Thrakien geholt.

Freudig werden die Argonauten von den Einwohnerinnen von Lemnos willkommen geheißen. Zu lange hatten diese ohne Männer gelebt. Mit Speis und Trank werden die Argonauten gelabt und ihr Schiff Argo mit reichlich Proviant versorgt.

Weiter segeln die Argonauten der phrygischen Küste entlang nach Kyzikos. Sie besuchen anschließend die Stadt Kios. An der thrakischen Küste machen sie Halt in Salmydessos, wo Phineus von den Harpyien drangsaliert wird. Die Harpyien, Raubvögel mit Hexengesichtern, fressen ihm alles weg. Was sie übriglassen, besudeln sie mit ihren Exkrementen. Der völlig vom Hunger ausgezehrte Phineus wird von den Argonauten erlöst, die die Harpyien vertreiben. Zum Dank gibt er ihnen Ratschläge, wie sie durch die Symplegaden ins Schwarze Meer gelangen können. Denn die Symplegaden, auch als kyanische Felsen bekannt, schlagen in unregelmäßigen Abständen aufeinander und zermalmen alles, was zwischen ihnen auf dem Meer oder in der Luft hindurch will, sowohl Schiffe als auch Vögel. Die Argonauten warten ab und beobachten, wie eine Taube zwischen den Symplegaden hindurchfliegt. Schon krachen die Felsen wieder aufeinander und reißen der Taube die letzten Schwanzfedern aus. Wieder öffnen sich die Symplegaden und auf einer hohen Woge und mit kräftigen Ruderschlägen schießt das Schiff Argo

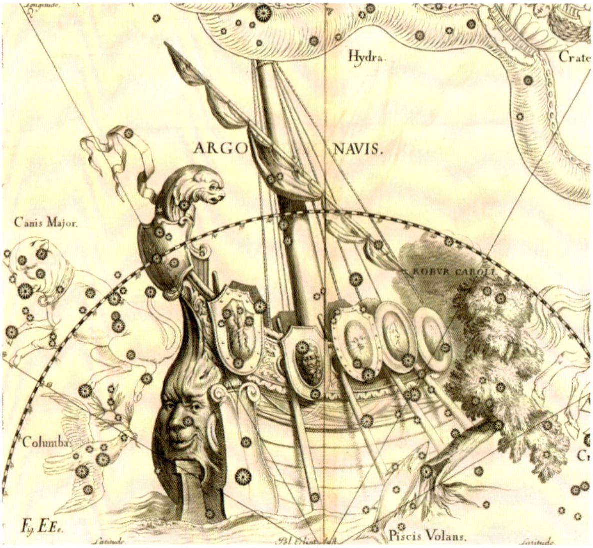

2.12 Das Sternbild Argo Navis im Sternatlas *Firmamentum Sobiescianum* von Johannes Hevelius aus dem Jahr 1687.

pfeilschnell zwischen ihnen hindurch. Schon nähern sich die Felswände wieder und schlagen zusammen. Beinahe wäre die Argo zerschmettert worden, hätte nicht Athene persönlich im letzten Augenblick dem Schiff einen Stoß versetzt. Nur das Ornament am Heck des Schiffes wird abgeschlagen.

Nach etlichen weiteren Abenteuern erblicken die Argonauten die schneebedeckten Gipfel des Kaukasus. Kurz darauf landen sie in Kolchis (heute Georgien). Iason trägt König Aietes, Herrscher über das Volk der Kolcher, seinen Wunsch vor, das Goldene Vlies nach Jolkos heimzuholen. Aietes ist davon wenig begeistert. Er trägt Iason auf, die Stiere des Ares zu besiegen, die mit ehernen Häuten bedeckt und eisernen Klauen ausgestattet sind. Noch keiner hat sie bezwungen.

Die jüngste Tochter von Aietes, Medea, kann ihre Blicke nicht von Iason abwenden. Seine muskuläre Gestalt fasziniert sie und sie entbrennt in unstillbare Liebe zu dem Führer der Argonauten. Der Stierkampf soll am nächsten Tag beginnen. Medea, eine kenntnisreiche Magierin, lässt Iason ein Zauberöl zukommen. Damit soll er sich einreiben, dann bliebe er unverwundbar, allerdings nur für einen Tag. Zudem verrät sie ihm einen Trick, wie er die Stiere bekämpfen kann. Am nächsten Tag findet vor dem König und den schaulustigen Kolchern der Stierkampf statt. Schon nach kurzer Zeit hat Iason die Stiere besiegt. Sie liegen tot im Sand. Iason schnappt sich Medea und das Goldene Vlies und verlässt mit den Argonauten eilends den Hafen der Stadt Kolchis. Auf Befehl des Königs verfolgen die Kolcher die flüchtigen Argonauten, die auf der Insel der Phäaken Zuflucht suchen. Alkinoos, König der Phäaken, befragt Iason und die Kolcher, die ebenfalls auf die Insel gekommen sind, was Sache ist. Die Kolcher wollen Medea zu ihrem Vater zurückbringen. Auf Anraten einiger Argonauten wird eilig eine Hochzeit arrangiert. Iason und Medea geben sich das Ja-Wort. Darauf entscheidet König Alkinoos: „Medea gehört nun einem neuen Mann. Sie ist ihm nun näher als ihrem Vater." Er stellt die Kolcher vor die Wahl: Sofort abziehen oder er lässt sie niedermachen. Die Kolcher wählen Ersteres, verlassen die Insel und kehren ohne Medea wieder heim.

Nach einer langen Irrfahrt kehren die Argonauten nach Jolkos zurück, nachdem sie noch die gefährliche Passage zwischen Skylla und Charybdis unbeschadet passiert hatten (Straße von Messina). Auf der Rückfahrt wird Tiphys, der Steuermann, von einer giftigen Viper gebissen und stirbt. Im Laufe der Jahre schenkt Medea ihrem Mann drei Knaben. Doch Iason zeigt sich undankbar. Er verschaut sich in Glauke, Tochter des Korinther-Königs Kreon, und verlässt Medea. Vor Wut und Gram verflucht Medea ihren Gatten Iason. Als Magierin hat sie übersinnliche Fähigkeiten. Eines Tages besichtigt Iason in Nostalgie verfallen seine alte, vermoderte Argo Navis. Da fällt der morsche Bug der Argo herab und erschlägt Iason.

Die Argonautensage hat viele Varianten und wurde häufig ausgeschmückt.

SPUREN AM STERNENHIMMEL

Zur ewigen Erinnerung an die abenteuerliche Reise der Argonauten unter Führung Iasons wurden das Schiff Argo (Argo Navis), der Widder (Aries) und die Taube (Columba) unter die Sterne versetzt.

Doch nicht nur im alten Griechenland sah man in dem Sternenareal um Canopus ein Schiff. Die Ägypter dachten einst, hier das Schiff des Osiris zu erkennen. Die Babylonier sahen in dem Gebiet südlich von Sirius und westlich von Toliman (α Centauri) ebenfalls ein Schiff. Ihrer Mythologie nach wollten die Götter das minderwertige Menschengeschlecht vernichten. Doch Gott Ea beschließt, einige Menschen vor dem Untergang zu bewahren. Er warnt den Sterblichen Utnapischi vor einer von den Göttern geplanten Flutkatastrophe. Dieser fertigt ein Schiff für sich, seine Familie und zahlreiche Tiere. Nachdem die Flut alles hinweggespült hatte, blieb nur noch Utnapischi mit seiner Familie, seinen Tieren und seinem Hab und Gut übrig.

Im christlichen Sternbilderhimmel wurde aus Argo Navis die Arche Noah.

Die meisten der in die moderne Astronomie übernommenen Sternbilder stammen aus der klassischen Antike, wie sie in dem Sternkatalog von Hipparkos von Nikaia (um 150 v. Chr.) aufgelistet sind. Klaudios Ptolemaios (60 bis 140 n. Chr.) hat in seinem Hauptwerk Σύνταξεως μέγιστη τῆς μαθηματικῆς – arabisch schlicht Almagest (das Große [Buch]) genannt – die damals bekannten 48 Sternbilder in Form eines Kataloges zusammengestellt. Diese Standardsammlung wurde bis in die Neuzeit übernommen, wobei im Laufe der Zeit neue Sternbilder hinzukamen. Der lateinische Begriff „constellatio" taucht um 350 n. Chr. auf und wird ins Deutsche als „Sternbild" übersetzt.

Während die meisten bei uns sichtbaren Sternbilder aus der babylonischen und griechischen Mythologie stammen, wurden viele Sternbilder des Südhimmels von den ersten Weltumseglern in der Neuzeit benannt. Insbesondere auf Nicolas Louis de Lacaille (1713–1762) gehen die meisten Sternbilder der südlichen Himmelskalotte zurück. Ihm wird nachgesagt, dass er das Sternbild Argo Navis in drei einzelne Sternbilder „zerschlagen" hat.

Dies ist nicht ganz richtig, er schuf lediglich das Sternbild Schiffskompass (Pyxis) neu. Die drei Sterne α, β und γ Pyxidis, die fast exakt eine gerade Linie bilden, markierten einst den Mast des Schiffes Argo. Nun deuten sie die Kompassnadel an. Lacaille benannte die einzelnen Teile des Argonautenschiffes in Puppis (Achterdeck oder Hinterdeck), Carina (Schiffskiel oder Rumpf) sowie Vela (die Segel). Aber er erwähnte dabei jeweils das Schiff: Er sprach vom Kiel des Schiffes oder vom Achterdeck des Schiffes und sah diese Teile nicht als eigenständige Sternbilder an. Keineswegs wollte er daraus eigene Sternbilder schaffen.

Erst als 1847 englische Astronomen einen Katalog mit 9766 Sternen des Südhimmels schufen, wurde der Zusatz „des Schiffes" weggelassen. Endgültig 1928 wurden auf Beschluss der IAU (International Astronomical Union) Carina, Puppis und Vela zu eigenständigen Sternbildern. Dabei nehmen heute alle drei Sternbilder zusammen eine wesentlich größere Fläche ein als das klassische Argo Navis zurzeit von Ptolemaios.

SICHTBARKEIT DER STERNBILDER

Puppis, das Achterdeck, kulminiert Mitte Februar gegen 22^h Ortszeit. In unseren Breiten kommen nur die nördlichen Partien von Puppis und von Pyxis (Kompass) über den Horizont. Auch von den Südküsten der nördlichen Mittelmeerstaaten sind die südlichen Bereiche von Argo Navis nicht zu sehen. Welche Sterne zu sehen sind, hängt grundsätzlich von deren Deklination δ und der geografischen Breite φ des Beobachtungsstandortes ab.

Der Himmelsäquator schneidet den Meridian in einem Punkt (genannt: Äquatorkulm), der $90° - \varphi$ über dem Südpunkt am Horizont liegt. Für einen Beobachter auf der geografischen Breite φ gehen also nur Sterne auf, die mindestens eine Deklination von $\delta = \varphi - 90°$ oder größer aufweisen. Auf 50° Nord sieht man also alle Sterne von $\delta = +90°$ (Himmelsnordpol) bis $\delta = -40°$. Das bedeutet: Auf der Breite von 50° Nord ist auch ein Teil des Himmels *südlich* des Himmelsäquators zu sehen, nämlich alle Sterne in der Zone von 0° bis –40° Deklination. Die Sterne jedoch, die in der Zone von –40° bis –90° (Himmelssüdpol) Deklination liegen, bleiben für einen Beobachter auf 50° Nord stets unter dem Horizont und damit unbeobachtbar.

So hat beispielsweise Canopus (α Carinae) eine Deklination von fast $\delta = -53°$. Auf einer geografischen Breite von $\varphi = +37°$ kulminiert er eben im Südpunkt am Horizont. Dabei ist zu berücksichtigen: Infolge der Refraktion (atmosphärische Strahlenbrechung) erscheinen Gestirne am Horizont etwa ein halbes Grad (ein Vollmonddurchmesser) angehoben. Allerdings beträgt die Extinktion in Horizontnähe im Mittel etwa fünf Größenklassen (5^m).

Die Luftschichten absorbieren einen erheblichen Anteil des Sternenlichtes. Schwächere Sterne werden dadurch für das bloße Auge unsichtbar. Wenn man Sterne des Südhimmels beobachten will, sollte man sich in eine geografische Breite begeben, in der die zu beobachtenden Gestirne mindestens 10° hoch kulminieren.

Das Schiff Argo kommt zuerst bei Eudoxos vor, wie der griechische Historiker Plutarch (1. Jahrhundert v. Chr.) anmerkt. In fast allen Darstellungen fährt das Argonautenschiff von West nach Ost (von der Nordhalbkugel aus gesehen also nach links). Man sieht nur das Achterdeck und die hintere Hälfte des Rumpfes. Vorderteil und Bug sind nicht zu erkennen, denn sie sind inzwischen in die Symplegaden, die aneinander krachenden Felswände, eingefahren.

Lacaille reiste 1750 gemeinsam mit dem französischen Astronomen Joseph Jérome de Lalande (1732–1807) nach Südafrika, um die Marsparallaxe zu messen. Er bestimmte die Koordinaten von fast 10 000 Sternen und von Dutzenden Nebeln mit einem kleinen Teleskop. 1754 kehrte er

2.13 Im März kulminieren die Sternbilder Hinterdeck, Schiffskiel, Segel und Kompass gegen 22^h Ortszeit. Anblick des Südhimmels in 30° südlicher Breite.

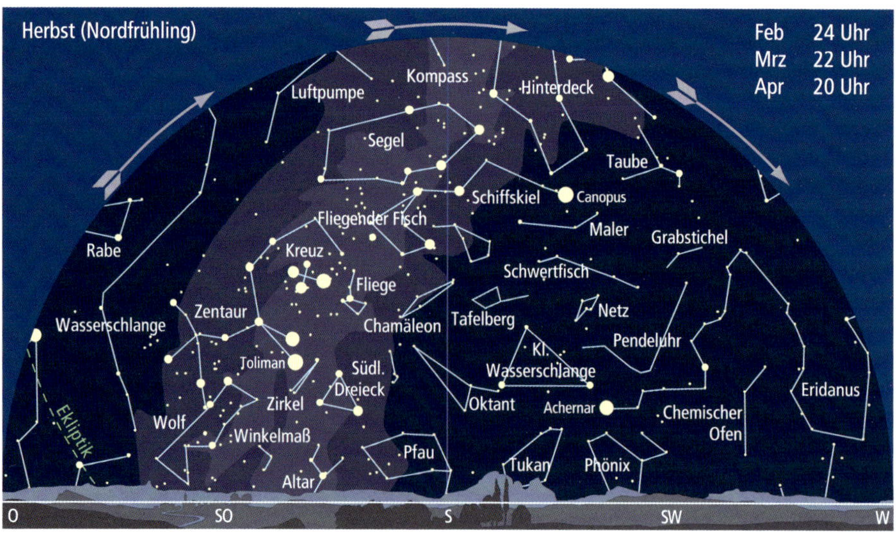

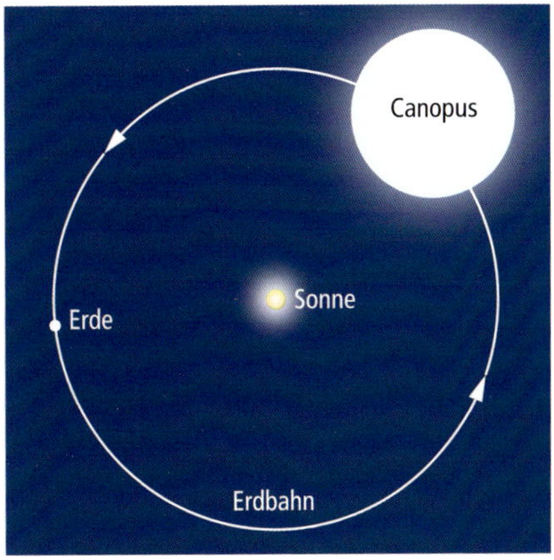

2.14 Canopus (α Carinae) im Größenvergleich zu unserer Sonne und der Erdbahn.

nach Frankreich zurück und publizierte einen Katalog von 2000 südlichen Sternen sowie eine Sternkarte des Südhimmels.

Lacaille revidierte auch das von Edmond Halley 1677 eingeführte Sternbild Robur Carolinum (lat., Eiche Karls) zu Ehren von Charles II., der sich 1651 in der verlorenen Schlacht bei Worchester gegen Oliver Cromwell hinter einer Eiche versteckt hatte. Halley, prominenter königlicher britischer Astronom, hatte auf der Insel St. Helena im Südatlantik eine ausführliche Vermessung des südlichen Sternenhimmels vorgenommen. Dabei benannte er die Sterne, die der holländisch-flämische Astronom Petrus Plancius dem Sternbild Carina hinzugefügt hatte, nach Charles II., der sich mit einem akademischen Titel erkenntlich zeigte, den er Halley zukommen ließ.

Lacaille selbst wieder fügte den Stern Miaplacidus (β Carinae) zum Schiffsrumpf hinzu. Mit $1\overset{\mathrm{m}}{,}7$ ist er der zweithellste Stern in Carina.

RIESENSTERN CANOPUS

Der weitaus hellste Stern im Schiffskiel ist Canopus (α Carinae). Mit $-0\overset{\mathrm{m}}{,}7$ scheinbarer Helligkeit ist Canopus der zweithellste Stern am irdischen Firmament. Nur noch Sirius (α Canis Maioris) übertrifft ihn mit $-1\overset{\mathrm{m}}{,}5$. Auch wenn neue Helligkeitsmessungen für Canopus nur $-0\overset{\mathrm{m}}{,}62$ ergeben, so bleibt er nach wie vor der zweithellste Fixstern. Allerdings ist die wahre Leuchtkraft von Canopus um Größenordnungen höher. Während Sirius mit 8,6 Lichtjahren Entfernung ein Nachbarstern der Sonne ist, trennen uns von Canopus 310 Lichtjahre. Stünde Canopus in der gleichen Entfernung wie Sirius, so schiene er mit $-8\overset{\mathrm{m}}{,}4$ weitaus heller als die Venus am irdischen Firmament.

Canopus, der am 27. Dezember um Mitternacht Ortszeit kulminiert, ist ein weißer, leuchtkräftiger Überriesenstern (Spektraltyp A9 Ib; absolute Helligkeit $-5\overset{\mathrm{M}}{,}5$). Viele bezeichnen ihn als gelblich oder sogar leicht orange. Dies liegt daran, dass die meisten Beobachter Canopus horizontnah erleben. Die selektive Extinktion verfärbt ihn in niedriger Höhe. Auch Sonne und Mond erscheinen bei Auf- oder Untergang rötlich. Südlich einer geografischen Breite von $\varphi = -37°$ ist Canopus zirkumpolar. Zu allen Zeiten diente Canopus den Seefahrern als Navigationsstern. Auch in der Raumfahrt nutzten zahlreiche Raumsonden ihn als Leitstern neben Sonne und Zielplanet.

Bereits im 6. Jahrhundert v. Chr. wurde der Name Canopus erwähnt. Canopus ist mit 14 800-facher Sonnenleuchtkraft ein echter Leuchtkraftriese. Mit 7500 °C ist seine Oberflächentemperatur deutlich höher als die unserer Sonne mit 5510 °C.

Der scheinbare Durchmesser von Canopus entspricht $0\overset{\prime\prime}{,}00695$, was einen linearen Durchmesser von 90 Millionen Kilometer ergibt. Sein Durchmesser ist damit 65-mal größer als der unserer Sonne (siehe Abb. 2.14 oben). Würde die Erde in Plutodistanz, also in rund vierzigfacher Entfernung Erde – Sonne, den Riesenstern Canopus umrunden, so herrschten auf ihr die gleichen lebensfreundlichen Temperaturen wie gegenwärtig bei uns. Seine habitable Zone liegt bei 40 AE (= 5984 Millionen, also fast sechs Milliarden Kilometer).

Canopus strahlt auch im Röntgenlicht, was seine 15 bis 20 Millionen heiße Korona bewirkt. Danach müsste er sehr schnell rotieren, dies konnte aber spektroskopisch nicht beobachtet werden. Vermutlich sieht man senkrecht auf einen seiner beiden Pole. Seine Rotationsachse deutet wohl auf die Erde.

Obwohl nur etwa 40 Millionen Jahre alt, ist Canopus wegen seiner achtfachen Sonnenmasse ein weit entwickelter Stern. In seinem über 120 Millionen Grad heißen Zentrum hat das Heliumbrennen eingesetzt. Im Drei-Alpha-Prozess – auch als Salpeter-Prozess bekannt – wird Helium zu Kohlenstoff fusioniert. Jeweils drei Heliumatomkerne (α-Teilchen) verschmelzen über die Zwischenstufe Beryllium zu einem Kohlenstoffatomkern.

Canopus wird nicht in einer Supernovadetonation zugrunde gehen, sondern in etwa einer Million Jahren zu einem Weißen Zwerg mit einem Sauerstoff-Neon-Kern werden, im Unterschied zu den Weißen Zwergen aus Helium und Kohlenstoff.

In den Sternbildern Achterdeck und Segel gibt es keine Sterne α und β Puppis sowie α und β Velorum. Dies ist ein deutlicher Hinweis, dass zu Zeiten von Johannes Bayer das Sternbild Schiff Argo noch nicht aufgeteilt war. Bayer hat in seinem Sternatlas *Uranometria*, der 1603 in Augsburg erschien, die Sterne mit griechischen Kleinbuchstaben in jedem Sternbild versehen. Dabei hat er auch α und β im Schiff Argo vergeben, die heute im Sternbild Schiffskiel (Carina) liegen. Somit gingen Puppis und Vela leer aus.

Die Sterne κ ($2\overset{m}{,}5$) und δ ($1\overset{m}{,}9$) Velorum sowie ι ($2\overset{m}{,}2$) und ε ($1\overset{m}{,}9$) Carinae formen das „Falsche Kreuz“. Tatsächlich sieht es dem echten oder wahren Kreuz recht ähnlich. Das echte Kreuz stellt ein eigenes Sternbild dar: Crux. Es dient zur Orientierung, denn sein Längsbalken weist direkt auf den Himmelssüdpol, in dessen Nähe der Stern σ Octantis steht. Dieser Südpolarstern ist allerdings mit $5\overset{m}{,}4$ recht lichtschwach und mit bloßen Augen nur unter günstigen Sichtbedingungen auszumachen. Das Falsche Kreuz ist deutlich größer und seine Sterne lichtschwächer als die des echten Kreuzes. Die beiden hellen Sterne α und β Centauri deuten wie ein Pfeil auf das echte Kreuz. Wenn allerdings Wolken den Sternenhimmel teilweise verdecken, so hat mancher Seefahrer sich vom Falschen Kreuz in die Irre führen lassen.

SCHMUCKSTÜCKE ENTLANG DER MILCHSTRASSE

Die Milchstraße zieht sich durch den Ostteil des Schiffskiels. Hier stößt man auf den auffälligen galaktischen Nebel Eta Carinae (NGC 3372), in dessen Mitte der Stern η Carinae liegt. Er ist eine rekurrente Nova, die 1843 die scheinbare Helligkeit von -1^m erreichte und damit kurzfristig als zweithellster Stern sogar noch Canopus übertraf. η Carinae zählt zu den massereichsten Sternen mit geschätzt hundertfacher Sonnenmasse. Seine Entfernung liegt bei 7500 Lichtjahren.

Der Eta-Carinae-Nebel ist heller und größer als der Orionnebel (M 42). Allerdings ist er fast sechsmal weiter entfernt als jener. Schon mit bloßen Augen gut zu sehen, zeigt er im Fernglas und erst recht im Teleskop zahlreiche Strukturen (bei nicht zu starker Vergrößerung!).

Ein wenig südlich vom Eta-Carinae-Nebel liegt der offene Sternhaufen IC 2602. Im Fernglas ist er prächtig anzusehen. Dieser Sternhaufen wird auch „Plejaden des Südhimmels“ genannt. Mit 470 Lichtjahren Entfernung ist er nur ein wenig weiter entfernt als die Plejaden M 45 im Stier. Hellster Stern in den südlichen Plejaden ist mit $2\overset{m}{,}7$ der weiß strahlende Riese ϑ Carinae (Spektraltyp B0).

Ein weiterer offener Sternhaufen in der Nachbarschaft vom Eta-Carinae-Nebel ist NGC 3532. Diesen sternreichen und beeindruckenden offenen Haufen trennen 1400 Lichtjahre von uns. Ein noch fernerer offener Haufen ist mit 7600 Lichtjahren NGC 3293. Seine Sterne sind mit geschätzten zehn Millionen Jahren extrem jung. Der Haufen erscheint sehr kompakt, seinen Sternenreichtum erkennt man erst im Teleskop. Im Fernglas sieht er eher aus wie ein heller Fleck. Manche nennen ihn auch „kleiner Edelstein“.

Im Achterdeck markieren die drei Sterne ξ, ρ und 11 Puppis das Heck-Ornament des Schiffes Argo, das von den Symplegaden bei der risikoreichen Passage abgeschlagen wurde. In Ptolemaios

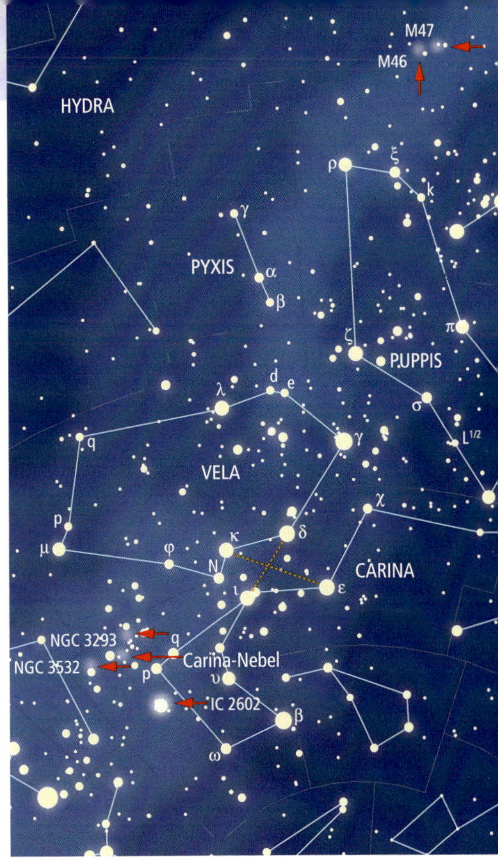

2.15 Die Sternbilder Carina, Puppis, Pyxis und Vela bilden zusammen das ehemalige Schiff Argo. Eingetragen sind die Positionen des Eta-Carinae-Nebels, der offenen Sternhaufen IC 2602, NGC 3532, NGC 3293, M 46 und M 47.

Sternkatalog tragen die drei Sterne die Nummern 1, 2 und 3.

Einer der schönsten offenen Sternhaufen findet sich im Nordteil von Puppis, nämlich M 47. Er ist ein ideales Fernglasobjekt, vergleichbar mit M 44 im Krebs. M 47, der schon mit bloßen Augen zu erkennen ist, steht in einer Distanz von 1700 Lichtjahren und beherbergt ungefähr 100 Sterne.

Knapp daneben stößt man auf M 46, ebenfalls ein offener Sternhaufen, der aber wesentlich schwächer erscheint. Kein Wunder, ist M 46 doch 5500 Lichtjahre weit weg. Erst im Teleskop zeigt sich die Sternenmenge in dem oval erscheinenden Areal, wenn man nicht zu stark vergrößert. Eingebettet in M 46 ist der Planetarische Nebel NGC 2438.

Die Segel (Vela, Plural; Singular: Velum, das Segel) liegen mitten in der Milchstraße. Es macht Eindruck, wenn man dieses Gebiet mit einem Fernglas durchmustert. Ein schöner offener Sternhaufen, der schon mit bloßen Augen zu erkennen ist, nennt sich Omicron Velorum Cluster (IC 2391). Zwar ist er nicht übermäßig reich an Sternen, aber doch im Fernglas recht beeindruckend. Seine Entfernung beträgt knapp 500 Lichtjahre.

Ein schon mit einem guten Fernglas zu trennender Doppelstern ist γ Velorum. Die beiden 2^{m} und $4{,}^{m}2$ hellen, weißblauen Komponenten stehen in einem Abstand von 41″. Ihr arabischer Name lautet Suhail Al Muhlif. Die beiden leuchtkräftigen Sonnen sind 900 Lichtjahre entfernt.

Ein besonders interessantes Objekt ist der helle und ausgedehnte Gum-Nebel in den Segeln. Er ist der Überrest einer Supernovadetonation. Benannt wurde er nach dem australischen Astronomen Colin Stanley Gum (1924–1960), der ihn 1952 entdeckt hat.

Ein bekanntes Objekt ist der Vela-Pulsar (PSR B0833–45), ein rasch rotierender Neutronenstern, der sich pro Sekunde elfmal dreht. Er ist ebenfalls das Überbleibsel eines massereichen Sterns, der vor rund 11 000 Jahren explodierte. Der Vela-Pulsar sendet elektromagnetische Pulse in allen Frequenzbereichen aus, von Gamma-Strahlung über Röntgen, UV, sichtbarem Licht bis zu Radiowellen. Auch schießen zwei Jets aus dem Vela-Pulsar. Er ist identisch mit dem Veränderlichen HU Velorum.

NGC 3132 ist ein von John Herschel 1835 entdeckter Planetarischer Nebel im Sternbild Vela an der Grenze zum Sternbild Antlia (Luftpumpe). Er erscheint als Ringnebel ähnlich wie M 57 in der Leier. Seine Entfernung wird zu 2000 Lichtjahren geschätzt.

Das himmlische Schiff der Argonauten ist voller astronomischer Leckerbissen für beobachtende Sternfreundinnen und Sternfreunde. Man muss sie einfach einmal selbst mit eigenen Augen gesehen haben. Auf in den Süden!

März 2022

- Die Sonne wechselt am 20. um 16^h33^m MEZ auf die Nordhalbkugel des Firmaments.
- Venus erreicht am 20. ihre größte westliche Elongation von der Sonne und ist am Morgenhimmel zu sehen.
- Mars ist nur unter extrem günstigen Sichtbedingungen zu Beginn der Morgendämmerung auszumachen.
- Jupiter kommt am 5. in Konjunktion mit der Sonne.
- Saturn erscheint Ende März am Morgenhimmel.
- Merkur zeigt sich nicht.

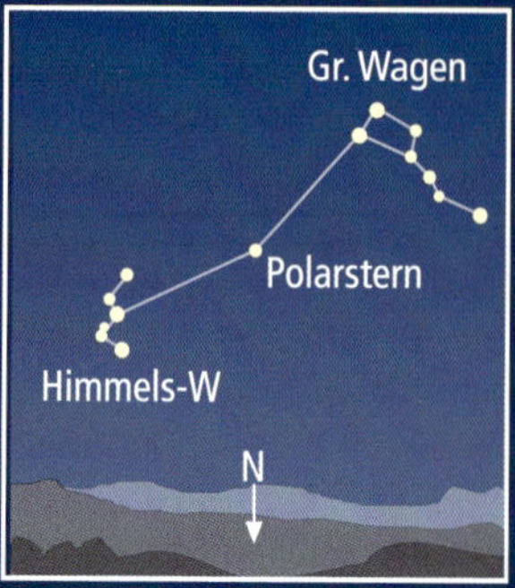

Großer Wagen und Himmels-W Anfang März um 22 Uhr MEZ

3.1 Himmelsanblick am 27. März gegen 5^h MEZ. Knapp über dem morgendlichen Osthorizont stehen Venus, Mars und die schmale Sichel des abnehmenden Mondes.

1 Di	
2 Mi	Aschermittwoch **Neumond**
3 Do	
4 Fr	
5 Sa	
6 So	
7 Mo	
8 Di	
9 Mi	
10 Do	Erstes Viertel
11 Fr	
12 Sa	Venus bei Mars – morgens
13 So	
14 Mo	
15 Di	

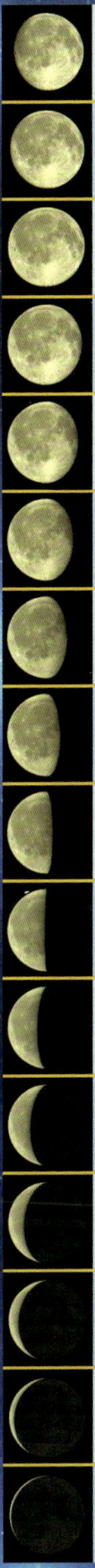

16 Mi	
17 Do	
18 Fr	Vollmond
19 Sa	
20 So	Frühlingsbeginn Venus am Morgenhimmel
21 Mo	
22 Di	
23 Mi	
24 Do	
25 Fr	Letztes Viertel
26 Sa	
27 So	Beginn der Sommerzeit
28 Mo	Mond bei Mars – morgens
29 Di	Venus bei Saturn – morgens
30 Mi	
31 Do	

SONNE – STERNBILDER

12. 3. 15ʰ:
Sonne tritt in das Sternbild Fische

20. 3. 16ʰ33ᵐ:
Sonne tritt in das Tierkreiszeichen Widder

Julianisches Datum am
1. März, 1ʰ MEZ: 2 459 639,5

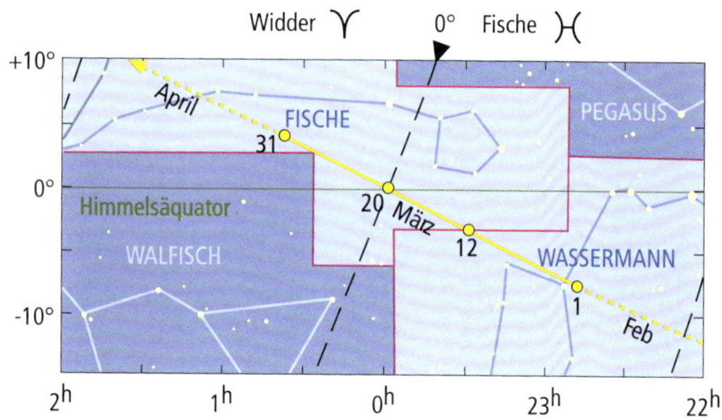

SONNENLAUF

Tag	Dämmerg. Anfang	Aufgang MEZ	Kulmination	Untergang MEZ	Dämmerg. Ende	Mittagshöhe	Zeitgleichg.	Rektaszension	Deklination
	h m	h m	h m	h m	h m	°	m	h m	°
1.	5 54	7 04	12 32	18 02	19 12	32,5	–12	22 46	–7,8
5.	5 46	6 55	12 31	18 08	19 18	34,0	–11	23 01	–6,3
10.	5 35	6 45	12 30	18 17	19 26	36,0	–10	23 20	–4,3
15.	5 24	6 34	12 29	18 25	19 35	38,0	– 9	23 38	–2,4
20.	5 13	6 23	12 27	18 33	19 43	39,9	– 7	23 57	–0,4
25.	5 01	6 12	12 26	18 41	19 52	41,9	– 6	0 15	+1,6
31.	4 47	5 59	12 24	18 50	20 02	44,2	– 4	0 37	+3,9

Achtung: Ab Sonntag, 27. März 2022, gilt die Sommerzeit. Zu allen im Himmelsjahr angegebenen Zeiten eine Stunde addieren!

TAGES- UND NACHTSTUNDEN

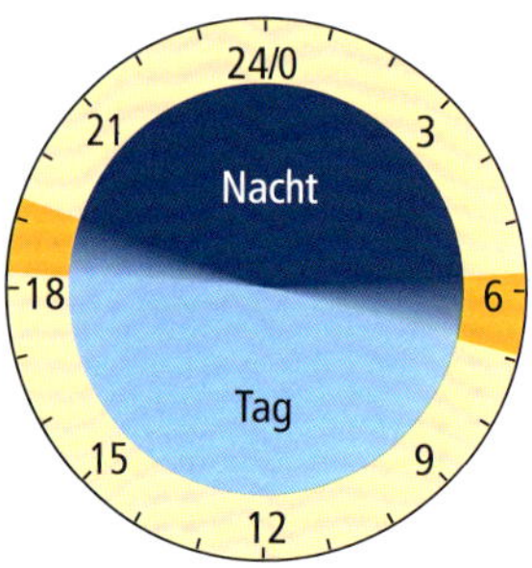

5. März

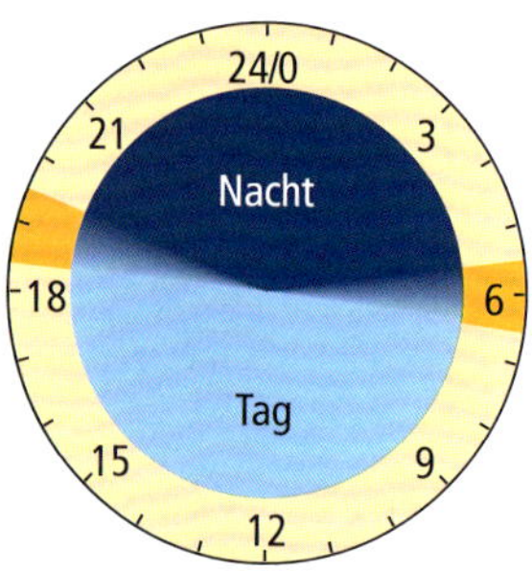

15. März

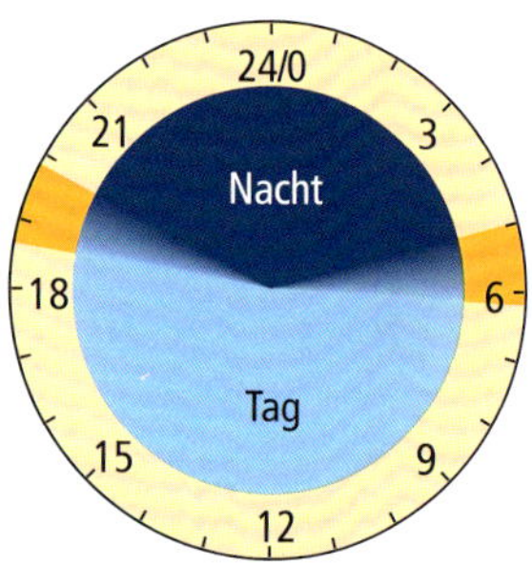

25. März

MONDLAUF

Datum		Aufg. MEZ	Kulmination	Unterg. MEZ	Rektaszension	Deklination		Sterne und Sternbilder	Phase	MEZ
		h m	h m	h m	h m	°				
Di	1.	7 04	11 35	16 17	21 25	–20,4		Steinbock	Größte Südbreite	
Mi	2.	7 27	12 27	17 40	22 21	–15,6		Wassermann	**Neumond Nr. 1227**	**18ʰ 35ᵐ**
Do	3.	7 46	13 16	18 59	23 14	–10,1		Wassermann		
Fr	4.	8 02	14 02	20 16	0 04	– 4,1	*	Fische	Libration West	
Sa	5.	8 18	14 46	21 30	0 51	+ 1,8		Walfisch		
So	6.	8 33	15 30	22 43	1 38	+ 7,5		Fische		
Mo	7.	8 50	16 14	23 55	2 25	+12,8		Widder		
Di	8.	9 10	17 00	–	3 12	+17,5		Widder	Aufsteigender Knoten	
Mi	9.	9 34	17 47	1 06	4 00	+21,3	*	Stier, Plejaden		
Do	10.	10 05	18 36	2 14	4 51	+24,2	*	Aldebaran	**Erstes Viertel**	**11ʰ 45ᵐ**
Fr	11.	10 44	19 27	3 16	5 42	+26,0		Stier, Alnath	Erdferne 404/29,′6	0ʰ
Sa	12.	11 34	20 18	4 11	6 35	+26,7		Zwillinge		
So	13.	12 35	21 09	4 56	7 29	+26,1		Kastor, Pollux		
Mo	14.	13 43	21 58	5 31	8 21	+24,3		Krebs, Krippe		
Di	15.	14 56	22 47	5 59	9 13	+21,3		Krebs	Größte Nordbreite	
Mi	16.	16 11	23 34	6 21	10 04	+17,3		Löwe, Regulus		
Do	17.	17 27	–	6 40	10 54	+12,3		Löwe	Libration Ost	
Fr	18.	18 45	0 20	6 56	11 42	+ 6,7		Jungfrau	**Vollmond**	**8ʰ 18ᵐ**
Sa	19.	20 03	1 06	7 12	12 31	+ 0,7		Jungfrau		
So	20.	21 24	1 53	7 28	13 20	– 5,5		Spica		
Mo	21.	22 47	2 42	7 46	14 11	–11,5	*	Jungfrau		
Di	22.	–	3 34	8 09	15 05	–16,9		Waage	Absteigender Knoten	
Mi	23.	0 12	4 29	8 37	16 02	–21,5		Antares		
Do	24.	1 34	5 28	9 16	17 02	–24,8		Antares	Erdnähe 370/32,′3	1ʰ
Fr	25.	2 48	6 29	10 09	18 04	–26,6		Schütze	**Letztes Viertel**	**6ʰ 37ᵐ**
Sa	26.	3 49	7 31	11 16	19 07	–26,6		Schütze, Nunki		
So	27.	4 34	8 31	12 34	20 09	–24,9		Steinbock		
Mo	28.	5 07	9 27	13 57	21 09	–21,7		Steinbock	Größte Südbreite	
Di	29.	5 32	10 19	15 19	22 04	–17,3		Wassermann		
Mi	30.	5 51	11 08	16 38	22 57	–12,0		Wassermann		
Do	31.	6 08	11 54	17 55	23 46	– 6,3		Wassermann		

DER MOND WANDERT IN DAS GOLDENE TOR DER EKLIPTIK

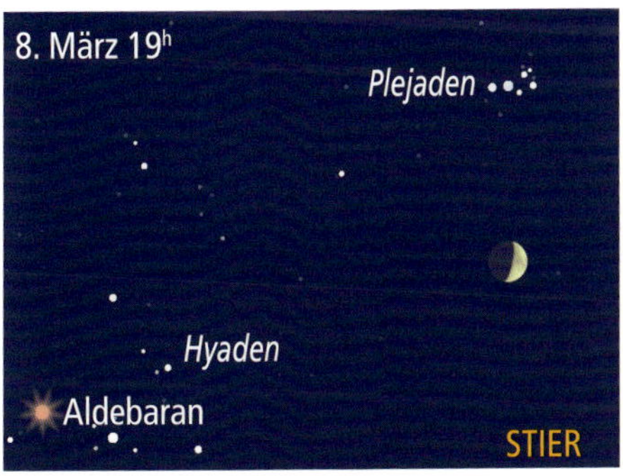

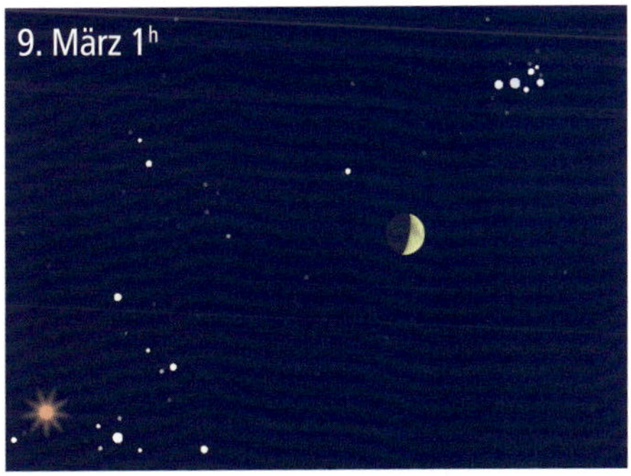

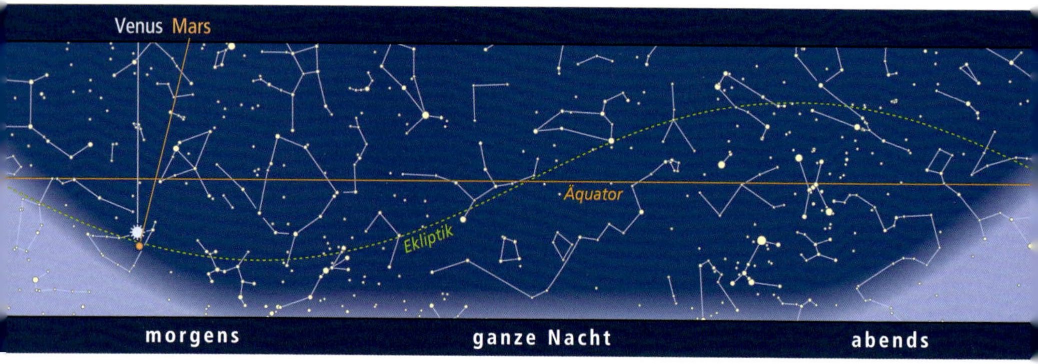

MERKUR stand Mitte des Vormonats in größter westlicher Elongation von der Sonne. Er eilt der Sonne rechtläufig nach, die ihm im Tierkreis vorangeht. Erst Anfang April holt er das Tagesgestirn ein. Merkur bleibt im März unbeobachtbar. Somit entgehen uns auch seine Begegnungen mit Saturn am 2., mit Jupiter am 20. und mit Neptun am 23. März.

KONSTELLATIONEN UND EREIGNISSE

Datum	MEZ	Ereignis
1.	1^h	Mond bei Saturn, Mond 4°,3 südlich
2.	14	Merkur bei Saturn, Merkur 0°,7 südlich
2.	20	Mond bei Jupiter, Mond 4°,1 südlich
3.	10	Mond bei Neptun, Mond 3°,7 südlich
5.	15	Jupiter in Konjunktion mit der Sonne
7.	7	Mond bei Uranus, Mond 0°,8 südlich
12.	15	**Venus bei Mars**, Venus 4°,0 nördlich, **Abstand 3°,9 um 6^h am 16.**
13.	13	Neptun in Konjunktion mit der Sonne
20.	10	**Venus in größter westlicher Elongation** von der Sonne (47°)
20.	16^h33^m	**Sonne im Frühlingspunkt, Tagundnachtgleiche**
20.	23	Merkur bei Jupiter, Merkur 1°,3 südlich
23.	13	Merkur bei Neptun, Merkur 1°,0 südlich
28.	4	**Mond bei Mars**, Mond 4°,1 südlich, **Abstand 4°,9 um 5^h**
28.	11	Mond bei Venus, Mond 6°,7 südlich
28.	13	Mond bei Saturn, Mond 4°,4 südlich
29.	14	**Venus bei Saturn**, Venus 2°,2 nördlich, **Abstand 2°,1 um 5^h**
30.	16	Mond bei Jupiter, Mond 3°,9 südlich
30.	20	Mond bei Neptun, Mond 3°,7 südlich

VENUS strahlt als heller Morgenstern und erreicht am 20. mit einem Winkelabstand von 46°35′ ihre größte westliche Elongation von der Sonne. Sie wandert aus dem Schützen in das Sternbild Steinbock, wobei sie im letzten Monatsdrittel kurz den Wassermann tangiert (siehe Abb. 2.6 auf Seite 61).

Die Venushelligkeit nimmt im Laufe des März von $-4^m{,}7$ auf $-4^m{,}4$ etwas ab. Die Venusaufgänge verfrühen sich während des Monats von 4^h53^m am 1. auf 4^h43^m am 15. und auf 4^h29^m (= 5^h29^m Sommerzeit) am Monatsletzten.

Am 21. zeigt sich das 24″,6 große Venusscheibchen halb beleuchtet, die zunehmende Phase „Halbvenus“ tritt ein. Der Fachausdruck lautet: Dichotomie (griech., halbgeteilt). Nach der Dichotomie wird Venus immer kleiner und rundlicher. Am Tag der Dichotomie ist Venus 102 Millionen Kilometer (= 0,682 AE) von der Erde entfernt.

Ein netter Himmelsanblick ergibt sich am 27. gegen 5^h morgens, wenn sich knapp über dem Südwesthorizont die Sichel des abnehmenden Mondes zu Venus und Mars gesellt (siehe Abb. 3.1 auf Seite 76).

Abermals begegnen Venus und Mars einander am 12., wobei Venus $4\overset{\circ}{,}0$ nördlich von Mars zu sehen ist (siehe Abb. 3.2 rechts). Zu einer Konjunktion mit dem gelblichen Ringplaneten kommt es am 29., wobei Venus in 2° nördlichem Abstand an Saturn vorbeizieht.

MARS hält sich am Morgenhimmel auf. Seine Aufgänge verfrühen sich um fast eine Stunde. Am 1. erfolgt der Marsaufgang um 5^h27^m, am 15. um 5^h02^m und am 31. schon um 4^h30^m (= 5^h30^m Sommerzeit). Die Marshelligkeit nimmt leicht um $0\overset{m}{,}2$ zu und erreicht Ende März $1\overset{m}{,}1$. Allerdings ist der rote Planet nur schwer zu erkennen, nördlich von 51° Nord wird man ihn nicht ausmachen können.

Mars wandert rechtläufig durch den Tierkreis. Am 6. verlässt er den Schützen und wechselt in das Sternbild Steinbock.

Am 12. kommt es abermals zu einer Begegnung mit Venus, die 4° nördlich an Mars vorbeizieht. Der geringste Abstand wird am 16. erreicht (siehe Abb. 3.2 oben).

Am 28. gesellt sich die Sichel des abnehmenden Mondes zum Mars, wobei der Abstand morgens um 5^h (= 6^h Sommerzeit) mit fast 5° doch etwas groß ausfällt.

JUPITER wird am 5. von der Sonne im Sternbild Wassermann eingeholt. Der Riesenplanet steht in Konjunktion mit ihr. Er

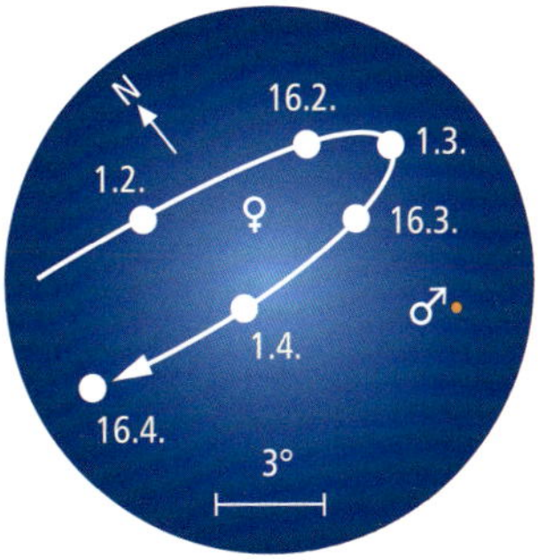

3.2 Schleifenbewegung von Venus relativ zu Mars vom 1. Februar bis Mitte April 2022. Morgendlicher Himmelsanblick. Der Durchmesser des Gesichtsfeldes beträgt hier 15°.

hält sich am Taghimmel auf und bleibt nachts unbeobachtbar unter dem Horizont. Zur Konjunktion erreicht Jupiter mit 893 Millionen Kilometer (= 5,969 AE) seine größte Entfernung von der Erde. Von der Sonne trennen ihn 745 Millionen Kilometer (= 4,980 AE). Die Begegnung mit Merkur am 20. bleibt unbeobachtbar.

SATURN, rechtläufig im Steinbock, stand zu Beginn des Vormonats in Konjunktion mit der Sonne. Zu Monatsende taucht der Ringplanet am Morgenhimmel auf. Der Aufgang des $0\overset{m}{,}8$ hellen Saturn erfolgt am 31. um 4^h36^m (= 5^h36^m MESZ). Eine halbe Stunde später sollte man ihn knapp über dem Südosthorizont erspähen.

Am 29. kommt es zu einer Begegnung mit der viel helleren Venus. Im Fernglas lässt sich diese Konjunktion verfolgen. Venus wandert 2°10′ nördlich an Saturn vorbei. Das Zusammentreffen mit Merkur am 2. bleibt hingegen unbeobachtbar.

URANUS kann noch am Abendhimmel mit Fernglas oder Teleskop gefunden werden. Er beschleunigt seine rechtläufige Bewegung im Sternbild Widder (siehe Abb. 11.3 auf Seite 236). Seine Sichtbarkeitsdauer verkürzt sich allerdings drastisch. Der grünliche Planet geht immer früher unter, die Dunkelheit hingegen setzt immer später ein. Am 1. geht der $5\overset{m}{,}8$ lichtschwache Uranus um 23^h36^m unter und am 15. um 22^h44^m. Der Untergang des am Monatsletzten inzwischen $5\overset{m}{,}9$ hellen Planeten erfolgt am 31. um 21^h46^m (= 22^h46^m MESZ).

NEPTUN, rechtläufig im Wassermann, kommt am 13. mittags in Konjunktion mit der Sonne. Der

VERÄNDERLICHE STERNE

Algol-Minima		β-Lyrae-Minima			δ-Cepheï-Maxima		Mira-Helligkeit	
9.	23^h32^m	2.	18^h	H	5.	15^h	1.	10^m
12.	20 22	9.	5	N	10.	24	10.	10
24.	7 38	15.	17	H	16.	9	20.	10
		22.	4	N	21.	17	31.	10
		28.	15	H	27.	2		

achte Planet hält sich mit ihr am Taghimmel auf und bleibt nachts unter dem Horizont. Auch die Begegnung mit Merkur am 23. bleibt unbeobachtbar.

Am Konjunktionstag ist Neptun 4624 Millionen Kilometer (= 30,91 AE) von der Erde entfernt. Von der Sonne trennen ihn 4476 Millionen Kilometer (= 29,92 AE). Dies entspricht einer Lichtlaufzeit von der Sonne bis zu ihrem fernsten Planeten von vier Stunden und fast neun Minuten.

PLANETOIDEN UND ZWERGPLANETEN

CERES (1) eilt rechtläufig durch den Stier und entfernt sich dabei vom Goldenen Tor der Ekliptik (siehe Abb. 1.8 auf Seite 43). Ihre Helligkeit sinkt weiter von $8^{\mathrm{m}}\!,6$ auf $8^{\mathrm{m}}\!,8$. Sie wird dadurch für Planetoidenjäger immer weniger als Beobachtungsziel attraktiv.

Am 1. geht der Zwergplanet um $1^{\mathrm{h}}51^{\mathrm{m}}$ unter, während er schon um $17^{\mathrm{h}}50^{\mathrm{m}}$ den Meridian passiert. Am 15. kulminiert Ceres um $17^{\mathrm{h}}11^{\mathrm{m}}$ und geht um $1^{\mathrm{h}}19^{\mathrm{m}}$ unter.

Bis 31. verfrühen sich die Ceresuntergänge auf $0^{\mathrm{h}}46^{\mathrm{m}}$, die Kulminationen auf $16^{\mathrm{h}}30^{\mathrm{m}}$ (= $17^{\mathrm{h}}30^{\mathrm{m}}$ MESZ).

PERIODISCHE STERNSCHNUPPENSTRÖME

Im März sind nicht allzu viele Sternschnuppen zu erwarten. Die Meteorraten bleiben auch in diesem Monat sehr gering. Weder aus dem Bereich der **ANTIHELION**-Quelle noch von anderen Radianten sind nennenswerte Aktivitäten bekannt.

Der schwache Strom der **HYDRAÏDEN**, die zwischen Mitte März und Anfang April auftauchen, scheint inzwischen versiegt.

Gegen Ende des Monats tauchen die ersten Exemplare der **SIGMA-LEONIDEN** auf, ein schwacher, breit gestreuter Strom, dessen Radiant im Löwen liegt.

Der Erdapex, also der Zielpunkt des Erdumlaufes um die Sonne, erreicht um 6^{h} morgens seine höchste Position im Süden. Man bewegt sich gewissermaßen mit dem Gesicht nach vorne durchs Weltall. Daher ist mit Kollisionen von meteoritischem Material morgens häufiger als abends zu rechnen. Allerdings ist die Kulminationshöhe des Erdapex im März recht niedrig, da die südlichsten Partien der Ekliptik durch den Meridian wandern.

Ausschließlich von den Tropen und von der Südhalbkugel aus sind die **GAMMA-NORMIDEN** um die Monatsmitte sichtbar. Ihr Radiant liegt bei γ Normae.

Der Fixsternhimmel

Am Westhimmel sind noch die Wintersternbilder zu finden. Orion und Sirius stehen vor dem Untergang. Der Stier mit dem roten Aldebaran ist weit im Westen zu sehen. Höher noch stehen die Zwillinge mit Kastor und Pollux und der Fuhrmann mit Kapella. Der Kleine Hund mit seinem Hauptstern Prokyon hält sich im Südwesten auf.

Die Kassiopeia, das Himmels-W, ist herabgesunken, während hoch im Nordosten, schon in Zenitnähe, der Große Wagen uns hilft, den Polarstern zu finden.

Der Krebs hat den Gipfel erklommen und krabbelt eben durch den Meridian. Nun ist die günstigste Gelegenheit, dieses lichtschwache Sternbild auszumachen. Denn der Krebs ist die unscheinbarste Figur des gesamten Tierkreises (Zodiacus). Der Krebs wurde von Herkules zerschmettert, als er ihn während seines Kampfes mit der schrecklichen Hydra in die große Zehe zwickte.

Dem Krebs folgt im Tierkreis der Löwe mit seinem Hauptstern Regulus, der die Ekliptik markiert. Leicht ist das mächtige Sternentrapez des Löwenrumpfes mit dem hellen Stern Regulus an der Spitze zu erkennen.

Auch die Jungfrau ist schon im Südosten aufgegangen, wenn auch ihr Hauptstern Spica noch so horizontnah ist, dass er kaum zur Geltung kommt. Tief im Osten leuchtet ein heller, orangerötlicher Stern: Arktur, der Bärentreiber im Bild des Rinderhirten (lat.: Bootes).

Die Wasserschlange (lat.: Hydra), deren Kopf südlich vom Krebs liegt und die so ausge-

DER STERNENHIMMEL AM 15. MÄRZ UM 22^h MEZ

Die Sternkarte ist auch gültig für:

	MEZ	MESZ
15.11.	6^h	
1.12.	5	
15.12.	4	
1. 1.	3	
15. 1.	2	
1. 2.	1	
15. 2.	0	
1. 3.	**23**	
15. 3.	**22**	
31. 3.	**21**	**22^h**

dehnt ist, dass sie bis zur Waage reicht, schlängelt sich eben durch den Meridian. Alphard, das Herz der Wasserschlange, passiert soeben den Meridian. Das Schwanzende der Wasserschlange hingegen ist noch gar nicht aufgegangen. Die Wasserschlange ist weiblichen Geschlechts. Ihr Partner, die männliche Wasserschlange (lat.: Hydrus, abgekürzt: Hyi) hält sich tief am Südhimmel nahe dem Himmelssüdpol auf. Das Sternbild wird auch „Kleine Wasserschlange" genannt. Eingeführt wurde das Sternbild Hydrus erst in der Neuzeit von holländischen Seefahrern.

Zwischen Wasserschlange und Jungfrau finden sich zwei kleine Sternbilder: der Rabe und der Becher. Der Rabe wird durch ein kleines, aber durchaus einpräg-

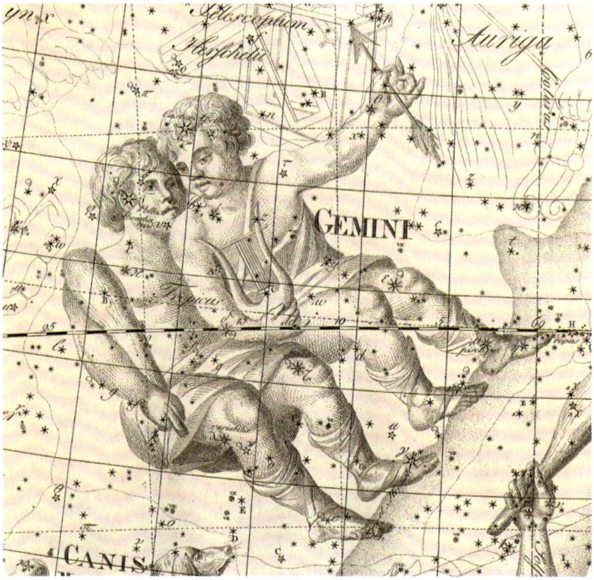

3.3 Figürliche Darstellung des Sternbildes Zwillinge im Sternatlas *Uranographia* von Johann Elert Bode aus dem Jahre 1801.

sames Sternenviereck markiert. Es ist relativ gut zu erkennen. Der Becher (lat.: Crater) hingegen ist außerordentlich lichtschwach und nur sehr schwer am Himmel zu finden.

Zwischen dem Großen und dem Kleinen Hund ist das Einhorn (lat.: Monoceros) beheimatet. Das Einhorn gehört zu den unauffälligen und daher wenig bekannten Sternbildern. Es setzt sich nur aus Sternen vierter Größe und darunter zusammen. Der hellste Stern im Einhorn, α Monocerotis, wird Lucida genannt und ist $3{,}^{\mathrm{m}}9$ hell.

Das Einhorn ist ein neuzeitliches Sternbild und hat keinen mythologischen Hintergrund aus der klassischen Sagenwelt der Antike.

Nordöstlich des Löwen stößt man auf das unscheinbare Bild der Jagdhunde (lat.: Canes Venatici). Es liegt zwischen den Sternbildern Großer Bär, Bootes und Löwe. Genau wie das Einhorn, so sind auch die Jagdhunde ein neuzeitliches Sternbild. Der Hauptstern der Jagdhunde, α Canum Venaticorum, steht südlich der Deichsel des Großen Wagens.

Mit $2{,}^{\mathrm{m}}8$ Helligkeit kann man ihn leicht mit bloßen Augen erkennen. Er ist ein Doppelstern in 110 Lichtjahren Entfernung. Seine Komponenten sind $2{,}^{\mathrm{m}}9$ und $5{,}^{\mathrm{m}}5$ hell. Mit $18{,}''2$ Separation trennt ihn jedes kleine Teleskop. Die hellere Komponente ist der Prototyp einer ganzen Klasse von veränderlichen Sternen (Ap-Sterne, magnetisch Variable).

DAS STERNBILD ZWILLINGE (GEMINI)

Die Zwillinge gehören zu den schönsten Sternbildern, die man an klaren Winter- und Frühlingsabenden hoch am Firmament sehen kann. Ihre beiden hellen Hauptsterne Kastor und Pollux sind selbst am aufgehellten Stadthimmel gut zu erkennen. Pollux ist übrigens einer der sechs Sterne des Wintersechsecks.

Schon bei den Assyrern wurden die beiden auffälligen Sternenketten mit jeweils einem hellen Stern am Anfang der Kette als Zwillinge angesehen. Diese beiden Sternenketten liegen zwischen der hellen Kapella im Fuhrmann und Prokyon im Kleinen Hund. Die Zwillinge gehören zum Tierkreis, da die nördlichsten Abschnitte der scheinbaren Sonnenbahn durch sie hindurchgehen.

Die griechische Mythologie übernahm die Vorstellung von einem Zwillingspaar. Der griechische Name lautet: Didymoi (Δίδυμοι). Ursprünglich sahen die Griechen hier das Brüderpaar Amphion und Zethos, Söhne des Göttervaters Zeus und der bildhübschen Antiope, die vor ihrem rachsüchtigen Vater Nykteos fliehen muss. Amphion und Zethos werden auch als thebanisches Zwillingspaar angesehen, weil beide Brüder die Stadtmauer von Theben erbaut haben.

Weit bekannter sind jedoch die lakedämonischen Zwillinge Kastor und Polydeukes, ebenfalls Söhne des Zeus, auch als Diosku-

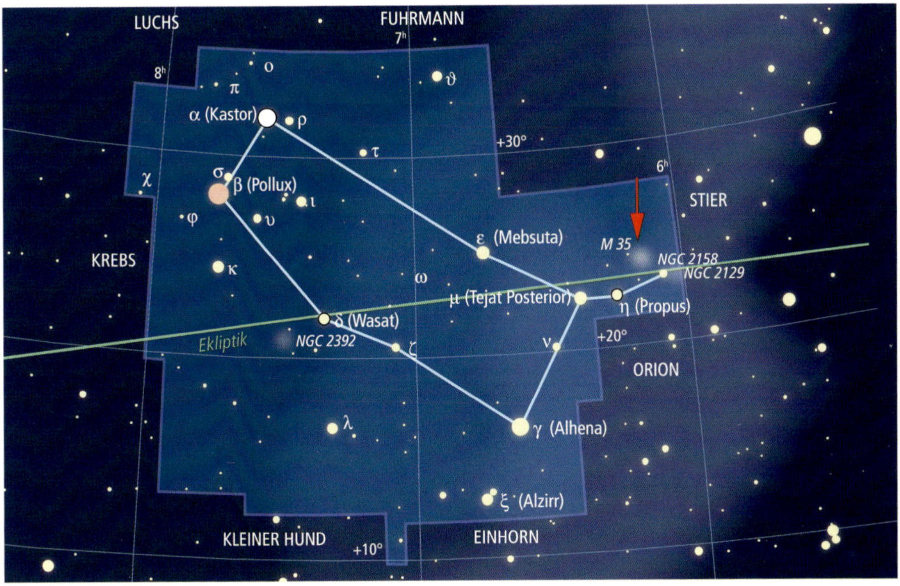

3.4 Das Sternbild Zwillinge mit dem offenen Sternhaufen M 35.

ren bezeichnet. Die Zwillingssage von der unsterblichen Bruderliebe war tief im griechischen Volksglauben verwurzelt. Von den Spartanern wurden die Dioskuren als Schutzherren ihres Gemeinwesens verehrt. In Seenot oder im Schlachtengetümmel sollten die Zwillinge durch die Luft herbeieilen und Hilfe bringen.

Der Sage nach sind die Zwillinge Halbbrüder. Polydeukes ist Sohn des Zeus und der Leda, der er sich als Schwan genähert hat. Das Sternbild Schwan findet man am Sommerhimmel. In der gleichen Nacht, in der Zeus die Leda aufsucht, empfängt diese von ihrem rechtmäßigen Gatten Tyndareos ebenfalls einen Sohn, nämlich Kastor. Während Polydeukes als Sohn des Götterbosses Zeus unsterblich ist, trifft dies auf Kastor nicht zu. Die Halbbrüder verbindet jedoch eine innige Liebe. Als Kastor in einem Kampf getötet wird, bittet Polydeukes seinen Vater Zeus inständig darum, seinen Bruder auch in den Olymp aufzunehmen. Dies verweigert allerdings Zeus. Aber er stellt es Polydeukes frei, je einen Tag im Olymp bei der Göttergesellschaft und einen Tag im Hades, in der Unterwelt, zu verbringen. Polydeukes (römisch: Pollux) nimmt dieses Angebot freudig an. Zur ewigen Erinnerung an diese große Bruderliebe werden beide unter die Sterne versetzt, wo sie heute noch zu finden sind. Die dritte, leicht gekrümmte Sternenkette, die man noch ausmachen kann, soll den Bogen der Waffe von Pollux darstellen.

Auch andere Völker erkannten in den beiden Sternenketten zwei Menschengestalten. Die Inder nannten das Bild Mithuna und sahen darin einen Knaben und ein Mädchen. Bei den Persern hießen die Zwillinge Do Patkar, was schlicht „zwei Figuren“ bedeutet. Im Mittelalter wurden hier zwei Engel gesehen. Im buddhistischen Tierkreis stellten die Zwillinge eine Frau dar, die ein goldenes Band hält. Im chinesischen Sonnentierkreis ist ein Affe namens Shih Chin in dieser Himmelsgegend zu erkennen. Später sahen die Chinesen hier die beiden Prinzipien Yin und Yang unter den Sternen verewigt.

Die Zwillinge gehören zum Tierkreis. Vom 21. Juni bis 21. Juli wandert die Sonne in diesem Jahr durch die Zwillinge. Der Abstand Kastor – Pollux be-

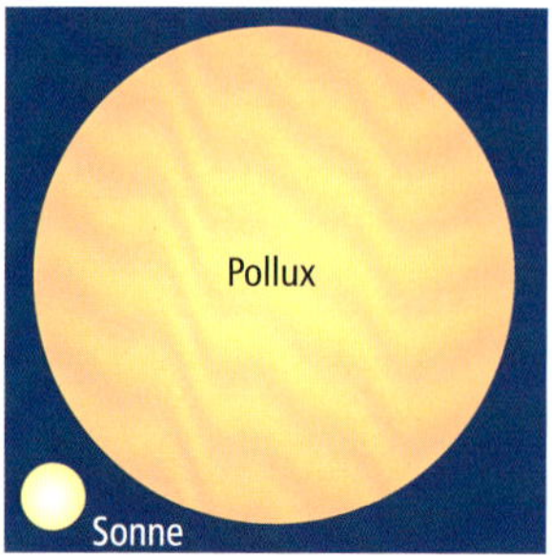

3.5 Pollux – ein Riesenstern in den Zwillingen.

trägt 4½° und wurde von den Arabern als „lange Himmelselle" bezeichnet. Die „kurze Himmelselle" war bei ihnen die Distanz von 4¼° der beiden hellsten Sterne im Bild „Kleiner Hund".

3.6 Die offenen Sternhaufen M 35 und NGC 2158 in den Zwillingen.

Bernhard Hubl

Kastor (α Geminorum) ist mit $1^{m}_{,}6$ scheinbarer Helligkeit etwas lichtschwächer als der $1^{m}_{,}1$ helle Pollux (β Geminorum). Kastor, der 52 Lichtjahre entfernt ist, setzt sich aus sechs Sonnen zusammen. Die beiden 5,″5 voneinander getrennten Hauptkomponenten umrunden einander in 470 Jahren. Jede Komponente ist ihrerseits ein spektroskopischer Doppelstern. In 73″ Distanz stößt man auf Kastor C, ein Flackerstern, der auch als YY Gem bezeichnet wird.

Kastor C ist ein enger Bedeckungsveränderlicher von 0,814 Tagen Periode.

Pollux ist ein orangefarbener, normaler Riesenstern (Spektraltyp K0, Leuchtkraftklasse III) in 33,5 Lichtjahren Entfernung. Damit ist er der sonnennächste Rote Riese. Sein Durchmesser ist 8,8-mal größer als der unserer Sonne, seine Masse entspricht 1,7 Sonnenmassen. Er leuchtet so hell wie 32 unserer Sonnen. In Extremfällen wird Pollux vom Mond bedeckt. Das letzte Mal war dies im Jahre 117 v. Chr. der Fall.

Im Jahre 2006 wurde ein Planet entdeckt, der Pollux in einem Abstand von 1,6 AE in 590 Tagen in einer fast kreisförmigen Bahn umrundet. Er besitzt die 2,9-fache Jupitermasse. Wegen seiner geringen Distanz von Pollux wird er als „heißer Jupiter" eingestuft. Leben ist auf ihm nicht möglich. Die habitable Zone („Komfort-Zone") liegt in 5,6 AE Abstand von Pollux.

Am Ende der nördlichen Sternenkette, die die Figur des Kastors andeutet, liegt der offene Sternhaufen M 35, der unter günstigen Sichtbedingungen schon mit bloßen Augen als schwaches Lichtfleckchen ausgemacht werden kann. Im Teleskop sieht man rund 200 Mitgliedssterne, deren Licht 2800 Jahre zu uns unterwegs ist.

Propus (η Geminorum) variiert seine Helligkeit zwischen $3^{m}_{,}2$ und $3^{m}_{,}9$ mit einer Periode von 234 Tagen.

U Geminorum ist der Prototyp der sogenannten kataklysmischen Veränderlichen, auch als „Miniaturnovae" oder „Zwergnovae" bezeichnet.

In den Zwillingen wurde im Februar 1930 der sonnenferne Pluto entdeckt, der seit August 2006 als „Zwergplanet" eingestuft ist.

Blick in den Sonnenofen

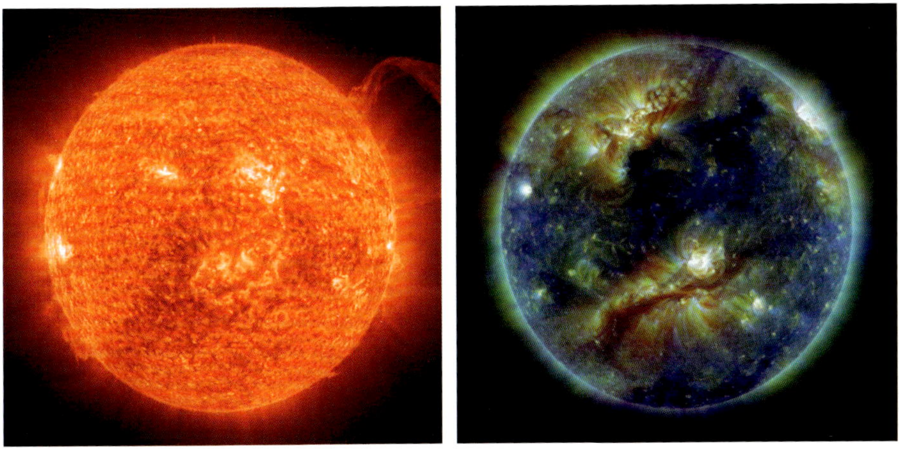

SOHO (ESA & NASA)

NASA/SDO

3.7 Links: Unsere Sonne im roten Licht der Wasserstoff-Linie Hα. Rechts: Die Sonne im extremen Ultraviolettlicht (60 000 K).

Das überschaubare Universum enthält rund 40 Trilliarden (4×10^{22}) Sterne. Einer dieser Sterne ist für uns von ganz besonderer Bedeutung. Um ihn kreist die Erde, diesen Stern nennen wir unsere Sonne. Sie ist der primäre Energiespender für das Leben auf der Erde. Seit 4500 Millionen Jahren versorgt die Sonne unseren Planeten mit Licht und Wärme. Wind und Wasserkreislauf, das Wettergeschehen somit, werden von der Sonne bewirkt. Auch die fossilen Energieträger wie Kohle und Erdöl enthalten gespeicherte Sonnenenergie. Würde die Sonne plötzlich erlöschen, so würde alles auf der Erde in Kälte erstarren. Die Temperaturen fielen schnell auf unter −260 °C.

Wann wird das sein? Wie lange wird der Glutball Sonne noch leuchten? Jeder Ofen geht einmal aus, das trifft auch auf den Sonnenofen zu.

Um diese Frage zu beantworten, muss man wissen, wie der Sonnenofen sein Feuer nährt. Wie deckt die Sonne ihre gewaltige Energiemenge, die sie Sekunde für Sekunde, Tag für Tag, Jahr für Jahr, Jahrmillion für Jahrmillion verschwenderisch ins Weltall abstrahlt? Nur einen winzigen Bruchteil davon erhält der Planet Erde. Pro Quadratmeter empfängt die Erde eine Strahlungsleistung von 1,367 Kilowatt von der Sonne. Diese Größe wird üblicherweise Solarkonstante genannt, obwohl sie gar keine Konstante ist. Ihr Wert schwankt mit dem elfjährigen Aktivitätszyklus der Sonne um etwa ein bis zwei Promille. Aus der Solarkonstante folgt, wenn man die Strahlungsleistung auf die Oberfläche einer Kugel mit dem Radius 150 Millionen Kilometer (= Distanz Erde – Sonne) bezieht, eine Gesamtstrahlungsleistung von $3{,}85 \times 10^{23}$ kW, das sind fast 400 Trilliarden Kilowatt. Dies wird als Leuchtkraft der Sonne bezeichnet. Aus ihrer Strahlungsleistung und ihrem riesigen Durchmesser von 1 392 000 Kilometer, das ist der 109-fache Erddurchmesser, ergibt sich eine effektive Oberflächentemperatur gemäß dem Stefan-Boltzmann-Strahlungsgesetz von 5510 °C.

Aus der Umlaufbewegung der Planeten errechnet sich nach dem 3. Kepler-Gesetz die Sonnenmasse zu knapp zwei Quadrilliarden (2×10^{27}) Tonnen, dies entspricht 333 000 Erdmassen.

WAS LÄSST DIE SONNE LEUCHTEN?

Dies sind die Dimensionen der Sonne. Doch was ist der Brennstoff der Sonne? Bestünde die Sonne aus Kohle und Sauerstoff, so könnte sie bei gleichbleibender Leuchtkraft nur wenige Tausend Jahre leuchten. Der Arzt und Physiker Julius Robert Mayer (1814–1878) meinte, permanenter Meteoriteneinschlag würde die Sonne aufheizen. Aber dann wären auch Meteoritentreffer auf Merkur, Venus, Erde und Mars viel, viel häufiger, was nie beobachtet wurde. Auch würde die Sonne immer massereicher. Als Folge würden die Planeten immer engere Bahnen um die Sonne ziehen. Das tun sie aber nicht.

Hermann von Helmholtz (1821–1894) meinte Mitte des 19. Jahrhunderts, die Sonne wäre einst ein roter Riesenstern gewesen. Durch Schrumpfen würde Gravitationsenergie in Wärme umgewandelt. Tatsächlich spielt dieser Mechanismus eine Rolle bei der Sternentstehung aus interstellarer Materie. Wäre die Sonne von Beginn an geschrumpft, so hätte sie heute ein Alter von nur 22 Millionen Jahren. Ein weiteres Zusammenziehen bis auf nur Erdgröße ließe bei gleichbleibender Strahlungsleistung wie heute die Sonne noch 17 Millionen Jahre leuchten.

Für den Lebensweg eines Sterns sind dies viel zu kurze Zeitskalen. Wie erwähnt leuchtet unsere Sonne schon seit 4,5 Milliarden Jahren und wird das für weitere fünf Milliarden Jahre tun.

Die Sonne besteht zu rund drei Viertel ihrer Masse aus Wasserstoff und zu etwa einem Viertel aus Helium. Nur zwei Prozent beträgt ihr Anteil an schwereren Elementen, die pauschal von den Astronomen als „Metalle" bezeichnet werden. Im Jahre 1920 hat der britische Astronom Sir Arthur Stanley Eddington (1882–1944) vermutet, die Energie der Sterne und somit auch unserer Sonne wird durch Verschmelzen von Wasserstoffatomkernen zu schwereren Elementen gewonnen. Die Sonne und ihre Geschwister sind damit Fusionsreaktoren.

Im Sonneninneren wird permanent Wasserstoff zu Helium fusioniert. Jeweils vier Wasserstoffatomkerne (Protonen) verschmelzen zu einem Heliumatomkern: $4\,H \rightarrow 1\,He$. Ein Heliumatomkern (auch α-Teilchen genannt) ist aber leichter als vier H-Atomkerne.

Gemäß der Einstein-Relation $E = mc^2$ (Energie ist gleich Masse mal dem Quadrat der Lichtgeschwindigkeit) ergibt sich eine Energieausbeute aus dieser Massendifferenz von 26,7 MeV. Die Umwandlung eines einzigen Gramms Wasserstoff in Helium (nicht die völlige Zerstrahlung!) setzt eine Energie von 280 000 kWh (Kilowattstunden) frei.

Die Verschmelzung von vier Wasserstoffkernen (^1H oder p wie Proton) zu einem Heliumkern (^4He oder α-Teilchen) geschieht in mehreren Schritten, denn es ist extrem unwahrscheinlich, dass sich vier Protonen zufällig am gleichen Ort treffen. Abgesehen davon hindert ihre positive elektrische Ladung, dass sie einander so nahekommen, um zu verschmelzen, denn gleichnamige elektrische Ladungen stoßen einander ab. Um die elektrostatische Abstoßung, die Coulomb-Barriere, zu überwinden, bedarf es hoher Temperaturen. Bei entsprechend hohen Temperaturen ist die kinetische Energie der Protonen so hoch, dass sie den Potentialwall überwinden können. Dann können zwei Protonen einander extrem nahekommen, wobei sie aneinander haften bleiben. Extrem nahe bedeutet auf einen Abstand von nur einem Zehnbillionstel (10^{-13}) Zentimeter. Bei einer solch geringen Distanz wirkt die über hundertmal stärkere Kernkraft, die die Bausteine Protonen und Neutronen im Atomkern zusammenhält.

Damit es zu Kernverschmelzungen kommen kann, muss nicht nur die Temperatur des Plasmas entsprechend hoch sein, sondern auch dessen Dichte. Auf engem Raum müssen also genügend Protonen für Kernreaktionen zur Verfügung stehen. Die mittlere Dichte der Sonnenmaterie beträgt 1,4 Gramm pro Kubikzentimeter. Im Sonnenzentrum steigt sie auf über 150 g/cm^3 an. Die Zentraltemperatur erreicht fast 16 Millionen Kelvin (siehe auch Tabelle „Die Sonne in Zahlen", Seite 93). Bei so hohen Temperaturen kann man getrost die Kelvin- und die Celsius-Temperaturskala gleichsetzen.

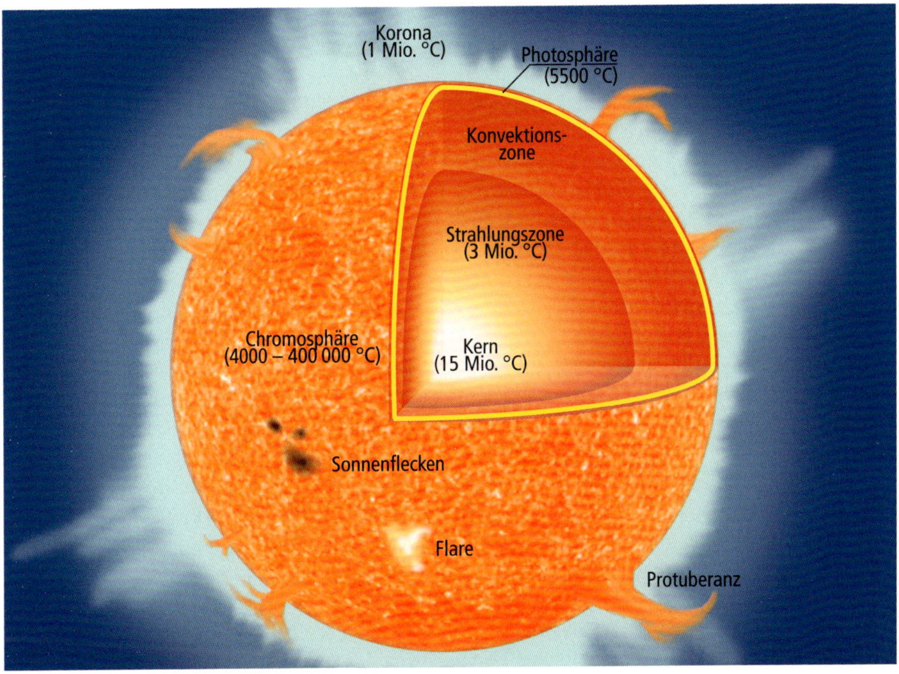

3.8 Blick in den Sonnenofen

Die Materie im Herzen der Sonne ist in einem Zustand, der als Plasma bezeichnet wird. Sie ist vollkommen ionisiert. Die Elektronen sind nicht an die Atomkerne gebunden. Sie schwirren frei herum ebenso wie die Protonen, α-Teilchen, hochenergetische Photonen (γ-Quanten) sowie die Kerne schwererer Elemente.

Ständig kommt es zu Kollisionen. Die Teilchen rasen im Mittel mit 600 km/s durch die Gegend, sie kommen aber nicht weit. Pro Sekunde prallen die Elementarteilchen dreißig Billiarden ($3 \cdot 10^{16}$) Mal zusammen, werden beschleunigt oder abgebremst. Doch zu einer Verschmelzung von zwei Protonen oder anderer Atomkerne kommt es nicht so leicht.

Trotz der extremen Dichte und hohen Zentraltemperatur kann die elektrostatische Coulomb-Barriere für Protonen nicht überwunden werden. Sie beträgt ein MeV, während die mittlere kinetische Energie der Protonen im Sonnenzentrum nur zwei keV beträgt, also um den Faktor 500 zu niedrig ist. Dennoch kommt es gelegentlich zum Verschmelzen von zwei Protonen zu einem Deuteriumkern. Dies ermöglicht der quantenmechanische Tunneleffekt. Die Protonen können dabei die Coulomb-Barriere durchbrechen. Sie graben sich gewissermaßen einen Tunnel durch den Potentialwall und müssen nicht auf ihn hinauf.

Wäre die Temperatur im Sonneninneren um so viel höher, dass Protonen die Coulomb-Barriere leicht überspringen könnten, dann käme es zu einer gewaltigen Explosion, einer Supernova ähnlich.

Für ein einzelnes Proton ist es extrem unwahrscheinlich, mit einem anderen Proton zu verschmelzen. Im Mittel passiert dies nur alle paar Milliarden Jahre. Aber wegen der enormen Zahl von Protonen in der Sonne von etwa einer Nonilliarde (10^{57}) kommt es dennoch zu zahlreichen Fusionen pro Sekunde.

MÖGLICHE TEILCHENREAKTIONEN

Überwinden zwei Protonen (^{1}H) ihre Coulomb-Barriere mittels Tunneleffektes, so verschmelzen sie zu einem Deuteriumkern (^{2}D) unter Aussendung eines Positrons (e^{+}) und eines Neutrinos (ν_e). Diesc Reaktion wird als p-p-Prozess bezeichnet und ist die häufigste Form, wie Deuteronen (= Deuteriumkerne) gebildet werden. Die in p-p-Prozessen erzeugten Positronen zerstrahlen augenblicklich mit Elektronen zu einem Schauer von γ-Quanten (hochenergetischen Photonen). In seltenen Fällen mischt noch ein Elektron (e^{-}) mit: $^{1}H + {}^{1}H + e^{-}$ ergibt $^{2}D + \nu_e$. Dieser p-e-p genannte Prozess findet nur zu 0,25 % statt, während die p-p-Reaktion zu 99,75 % abläuft.

Kollidiert ein weiteres Proton mit einem Deuteron, so entsteht ein Helium-3-Kern unter Aussendung eines Gamma-Quants: $^{1}H + {}^{2}D \rightarrow {}^{3}He + \gamma$.

Kollidieren zwei Helium-3-Kerne, so entsteht ein Helium-4-Kern unter Abgabe von zwei Protonen: $^{3}He + {}^{3}He \rightarrow {}^{4}He + 2\,{}^{1}H$. Gesamtbilanz dieses Proton-Proton-Prozesses: Vier Protonen, also Wasserstoffatomkerne, sind zu einem Helium-4-Kern verschmolzen. Dieser p-p-a-Prozess läuft zu rund zwei Drittel aller Fälle ab. Zu einem Drittel trifft eine Helium-3-Kern aber auf einen bereits erzeugten Helium-4-Kern. Beide fusionieren zu einem Beryllium-7-Kern unter Abgabe eines γ-Quants: $^{3}He + {}^{4}He \rightarrow {}^{7}Be + \gamma$

Der Be-7-Kern reagiert mit einem Elektron, wobei ein Lithium-7-Kern unter Abgabe eines Neutrinos entsteht:

$^{7}Be + e^{-} \rightarrow {}^{7}Li + \nu_e$

Trifft ein Lithium-7-Kern auf ein Proton, so werden zwei Helium-4-Kerne erzeugt:

$^{7}Li + {}^{1}H \rightarrow 2\,{}^{4}He$

Wieder ergibt sich als Bilanz: Vier Wasserstoffkerne sind zu einem Heliumkern verschmolzen. Diescr p-p-b-Prozess läuft zu etwa einem Drittel ab. In ganz seltenen Fällen (0,1 %) fusioniert ein ^{7}Be-Kern mit einem Proton, wobei sich ein Bor-8-Kern bildet unter Abgabe eines γ-Quants:

$^{7}Be + {}^{1}H \rightarrow {}^{8}B + \gamma$.

Der instabile Bor-8-Kern zerfällt augenblicklich: $^{8}B \rightarrow {}^{8}Be^{*} + e^{+} + \nu_e$.

Der $^{8}Be^{*}$-Kern ist angeregt und zerfällt in zwei Helium-4-Kerne. Wiederum ergibt sich: 4 ^{1}H ergeben einen ^{4}He-Kern. Dieser letzte Prozess wird als p-p-c bezeichnet.

Die Bildung von Helium aus Wasserstoff in Proton-Proton-Prozessen erfolgt in der Sonne zu fast 99 % aller Fälle. Die p-p-Prozesse sind außerordentlich temperaturempfindlich. Ein leichter Temperaturanstieg facht das Atomfeuer ungeheuer an. Die Energiefreisetzung ist proportional der 5. Potenz der Temperatur ($\varepsilon \sim T^5$).

Andere Fusionsprozesse sind noch viel temperaturempfindlicher, beispielsweise der CNO-Zyklus, nach ihren Erforschern auch Bethe-Weizsäcker-Zyklus genannt. Beim CNO-Zyklus werden über Kohlenstoff – Stickstoff und Sauerstoff vier Wasserstoffkerne zu einem Heliumkern fusioniert.

Für die Energieproduktion im Sonnenofen spielt der CNO-Zyklus eine vernachlässigbare Rolle. Er trägt nur zu etwa einem Prozent zur Leuchtkraft der Sonne bei. Bei massereicheren Sternen mit wesentlich höheren Zentraltemperaturen wird der CNO-Zyklus jedoch zur dominierenden Energiequelle. So weit die Theorie zur Funktion des Sonnenofens.

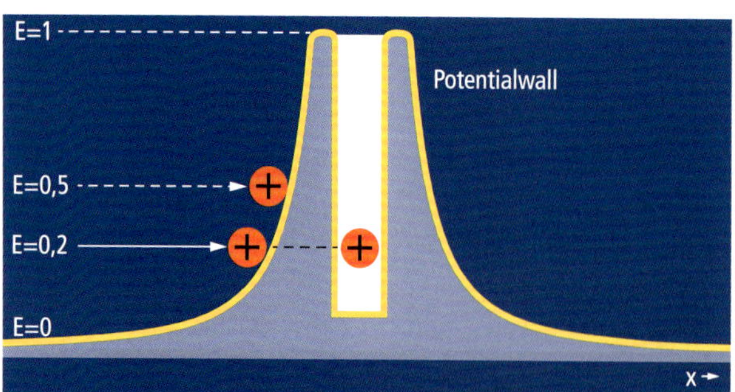

3.9 Quantenmechanischer Tunneleffekt

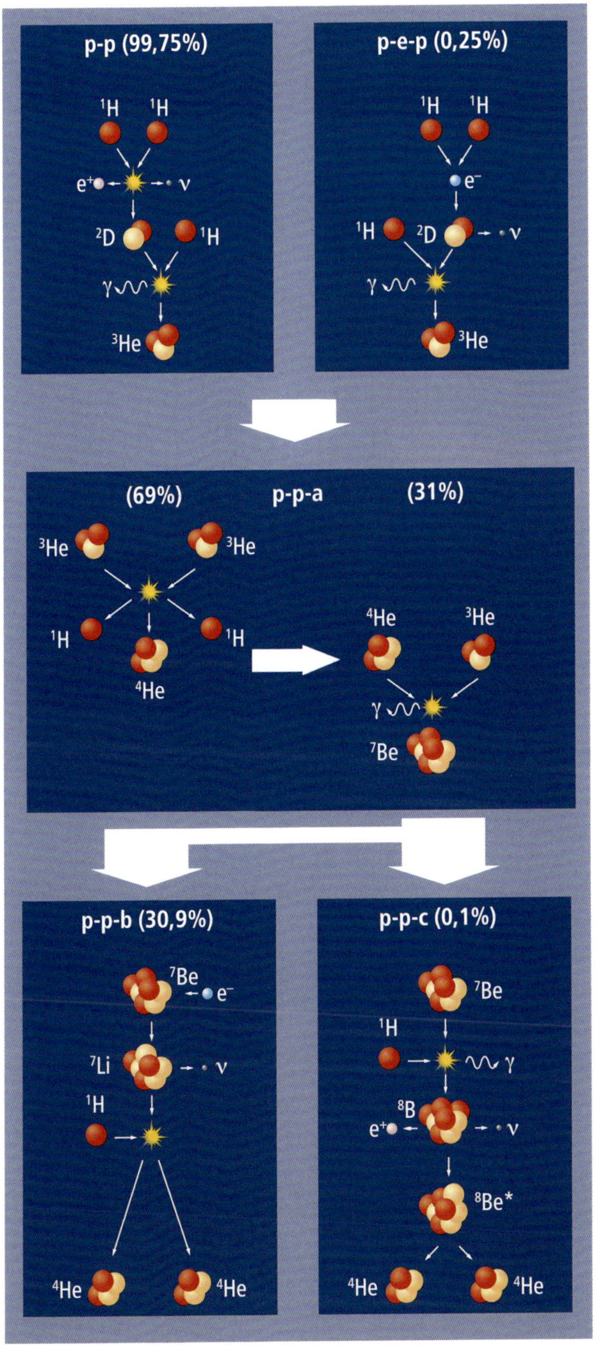

DAS RÄTSEL UM DIE VERMISSTEN NEUTRINOS

Doch ist sie auch richtig? Daran kamen vor geraumer Zeit ernsthafte Zweifel auf, denn wie kann man in das Herz der Sonne hineinschauen?

Auch die Sonnenoberfläche bebt, sie zeigt verschiedene Schwingungen. Die Helioseismologie kann daraus Rückschlüsse über den Aufbau des Sonnenballs ziehen. Dies trifft vor allem auf die Dicke der Konvektionszone zu. Die Materie an der Sonnenoberfläche brodelt wie kochendes Wasser. In tieferen Schichten der Sonne herrscht jedoch Strahlungsgleichgewicht, die einzelnen Schichten sind stabil und durchmischen sich nicht. Aber wie das Atomfeuer funktioniert, das kann die Helioseismologie nicht erklären.

Für die elektromagnetische Strahlung ist der Sonnenleib praktisch undurchsichtig. Die im Sonnenofen erzeugten hochenergetischen Photonen können nicht einfach zur Sonnenoberfläche gelangen. Sie kollidieren ununterbrochen mit anderen Teilchen, werden gestreut, absorbiert und in anderen Frequenzen wieder

3.10 Der Proton-Proton-Prozess bewirkt zu 99 % die Freisetzung der Sonnenenergie durch Verschmelzen von vier Protonen zu einem Heliumkern. Nähere Erläuterungen siehe Text.

Borexino Collaboration

3.11 Der Borexino-Detektor im Gran-Sasso-Massiv dient zum Nachweis der solaren Neutrinos.

emittiert. Für ein einzelnes Photon dauert es 100 000 Jahre, bis es den Weg aus dem Herzen zur Sonnenoberfläche zurückgelegt hat. Kurzum: Das Sonnenplasma lässt keinen Blick in den Sonnenofen zu.

Jedoch können die bei den Fusionsprozessen erzeugten Neutrinos ungehindert aus dem Zentrum zur Sonnenoberfläche und ins Weltall gelangen. Denn Neutrinos, diese Geisterteilchen der Elementarteilchenphysik, wechselwirken kaum mit Materie. Sie durchdringen selbst Bleiwände von der Stärke eines Lichtjahres fast mühelos. Durch jeden Quadratzentimeter unseres Körpers dringen pro Sekunde 65 Milliarden Neutrinos. Und wir merken davon – nichts! Im Sonnenofen werden pro Sekunde fast zweihundert Sextillionen ($1{,}8 \times 10^{38}$) Neutrinos produziert. Leider können wir die Sonnenneutrinos nicht sehen. Aber in seltenen Fällen ruft ein Neutrino eine radiochemische Reaktion hervor. Beispielsweise kann ein Chlor-17-Atomkern ein Neutrino einfangen und sich unter Aussendung eines Elektrons in einen Argon-18-Kern verwandeln. Einer der ersten Detektoren zum Nachweis solarer Neutrinos wurde schon 1970 in der Homestake-Goldmine in South Dakota (USA) in Betrieb genommen. Ein unterirdischer Tank zur Abschirmung kosmischer Strahlung wurde mit 380 000 Liter Tetrachloräthylen ($Cl_2C{=}CCl_2$) befüllt. Szintillationszähler registrierten den Zerfall des radioaktiven Argons.

Es folgten weitere Experimente mit Gallium, kurz GALLEX genannt, das SAGE (**S**oviet-**A**merican **G**allium **E**xperiment) und der japanische Neutrinodetektor Kamiokande (Kamioka Nucleon Decay Experiment). Damit kann die in Wasser ausgesandte Tscherenkow-Strahlung registriert werden, die beim inversen Beta-Prozess entsteht, bei dem ein Proton mit einem Neutrino reagiert und unter Abgabe eines Positrons zu einem Neutron wird. Groß war jedoch die Enttäuschung der Astrophysiker über die Messergebnisse: Bei allen Experimenten trat ein Neutrinodefizit auf. Man hatte der Theorie folgend dreimal mehr Neutrinos erwartet. Schon bald sprach man vom „solaren Neutrinorätsel". Der Blick ins Herz der Sonne war zum Alptraum der Sonnenforscher geworden. Wilde Gerüchte machten die Runde: Vielleicht deckt die Sonne ihre Energieausstrahlung gar nicht durch Kernfusion. Selbst ein Schwarzes Loch wurde im Zentrum der Sonne vermutet, das rasch rotierend beständig Materie ansaugt. Doch das solare Neutrinorätsel wurde gelöst. Nicht von den Astronomen, sondern von den Teilchenphysikern. Denn diesen war bekannt, dass es drei verschiedene Neutrinosorten gibt, analog zu den drei Leptonen Elektron, Myon und Tauon. In der

Sonne werden nur Elektron-Neutrinos produziert. Auf dem Weg zur Erde wandeln sie sich aber in Myon- und Tau-Neutrinos um. Die „Flavours" der Neutrinos wechseln ähnlich wie periodische Schwingungen. Solche Neutrino-Oszillationen bewirken aber, dass nur ein Drittel der auf der Erde eintreffenden Neutrinos vom Typ Elektron-Neutrino sind. Die Chlor- und Gallium-Atome reagieren aber nur mit Elektron-Neutrinos. Die anderen beiden Sorten bleiben unregistriert.

Den endgültigen Durchbruch brachte schließlich das Borexino-Experiment, das einen echten Blick in den Sonnenofen ermöglicht – gewissermaßen in Echtzeit. Der Name leitet sich von Boron Solar Neutrino Experiment ab. Boron bezieht sich auf die Messung des Bor-8-Neutrinostromes. Im Borexino-Experiment werden die monoenergetischen Neutrinos mittels elastischer Streuungen an den Elektronen des Targetmaterials, einem organischen Flüssigkeitsszintillator, nachgewiesen.

Beobachtet wird dabei Tscherenkow-Strahlung, die entsteht, wenn Elektronen auf Überlichtgeschwindigkeit im flüssigen Targetmaterial beschleunigt werden. Die aufblitzenden Tscherenkow-Lichtkegel werden mittels 2212 Photomultipliern registriert. Das Borexino-Experiment ist in 1400 Meter Tiefe im Gran-Sasso-Gebirgsmassiv in Italien untergebracht. Die Gesteinsschichten sollen möglichst viele störende Strahlungsquellen abschirmen, unter anderem auch den Myonen-Strom der sekundären kosmischen Strahlung. Betrieben wird Borexino von dem Laboratori Nazionali del Gran Sasso mit einer internationalen Forschergruppe.

Der Borexino-Detektor besteht aus einem äußeren, kuppelförmigen Edelstahlgehäuse, gefüllt mit superreinem, ionenfreiem Wasser. Der Mantel hat 18 m Durchmesser und ist fast 17 m hoch. Im Inneren befindet sich eine Kugel, ebenfalls aus Edelstahl. Die Innenkugel enthält weitere drei kugelförmige Bereiche, die voneinander durch je eine transparente, nur ein Zehntelmillimeter dicke Nylonhaut getrennt sind. Die innerste Kugel mit 8,5 Meter Durchmesser enthält 315 Kubikmeter ultrareines Pseudocumol (Gesamtmasse 278 Tonnen) mit einer Zumischung von fluoreszierendem Diphenyloxazol. Die von den Nylonfolien getrennten beiden äußeren Bereiche sind ebenfalls mit speziellen Flüssigkeiten gefüllt, um restliche radioaktive Strahlung zu absorbieren. Die Nylonschichten agieren als zusätzliche Filter, um das radioaktive Edelgas Radon zu blockieren.

Mit dem Borexino-Experiment ist es gelungen, den Fluss der p-p-Neutrinos bis zu einer maximalen Energie von 420 keV zu messen. Diese machen 98 % des gesamten solaren Neutrino-Stromes aus. Aber auch die ^{7}Be-Neutrinos und die aus den anderen Prozessen konnten detektiert werden. Der unter Berücksichtigung des Messfehlers ermittelte Wert der Gesamtleuchtkraft der Sonne von $3{,}89 \times 10^{23}$ kW stimmt überraschend gut mit der vorher aus der Solarkonstante ermittelten Leuchtkraft überein. Borexino half nicht nur, das Neutrino-Problem endgültig zu lösen, sondern der tiefe Blick in das Herz der Sonne hat bewiesen: Die Sonne ist ein gigantischer Fusionsreaktor. Der Sonnenofen funktioniert genauso, wie ihn die Sonnenphysiker schon längst beschrieben haben.

DIE SONNE IN ZAHLEN

Radius	696 000 km
Masse	$1{,}989 \times 10^{30}$ kg
Leuchtkraft	$3{,}846 \times 10^{23}$ kW
Mittlere Dichte	1,41 g/cm^3
Alter	$4{,}52 \times 10^9$ Jahre

	Oberfläche	**Zentrum**
Dichte (Photosphäre)	10^{-7} g/cm^3	153,89 g/cm^3
Druck	–	$2{,}349 \times 10^{14}$ hPa
Temperatur	5777,5 K	$15{,}668 \times 10^6$ K
Wasserstoffanteil (X)	73,73 %	33,72 %
Heliumanteil (Y)	24,46 %	64,25 %
Schwerere Elemente (Z)	1,81 %	2,03 %

$X + Y + Z = 100\,\%$

Standardmodell der Sonne nach Jørgen Christensen-Dalsgaard, Universität Aarhus

April 2022

- Merkur bietet im letzten Aprildrittel die günstigste Abendsichtbarkeit des ganzen Jahres.
- Venus ist am Morgenhimmel vertreten.
- Mars ist am Morgenhimmel schwierig aufzufinden.
- Ende April taucht Jupiter am Morgenhimmel auf.
- Saturn zeigt sich am Morgenhimmel.

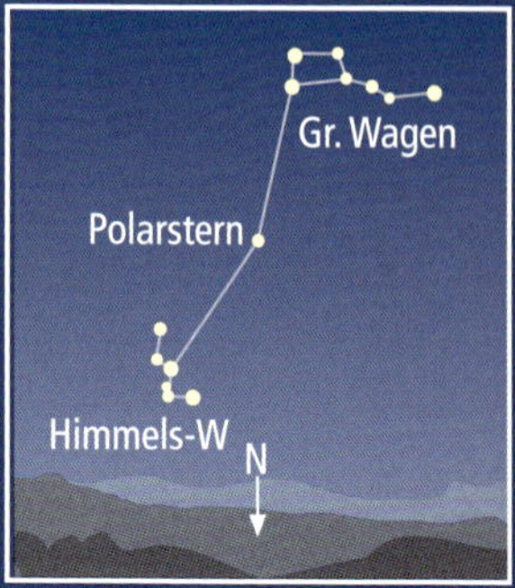

Großer Wagen und Himmels-W Anfang April um 22 Uhr MEZ

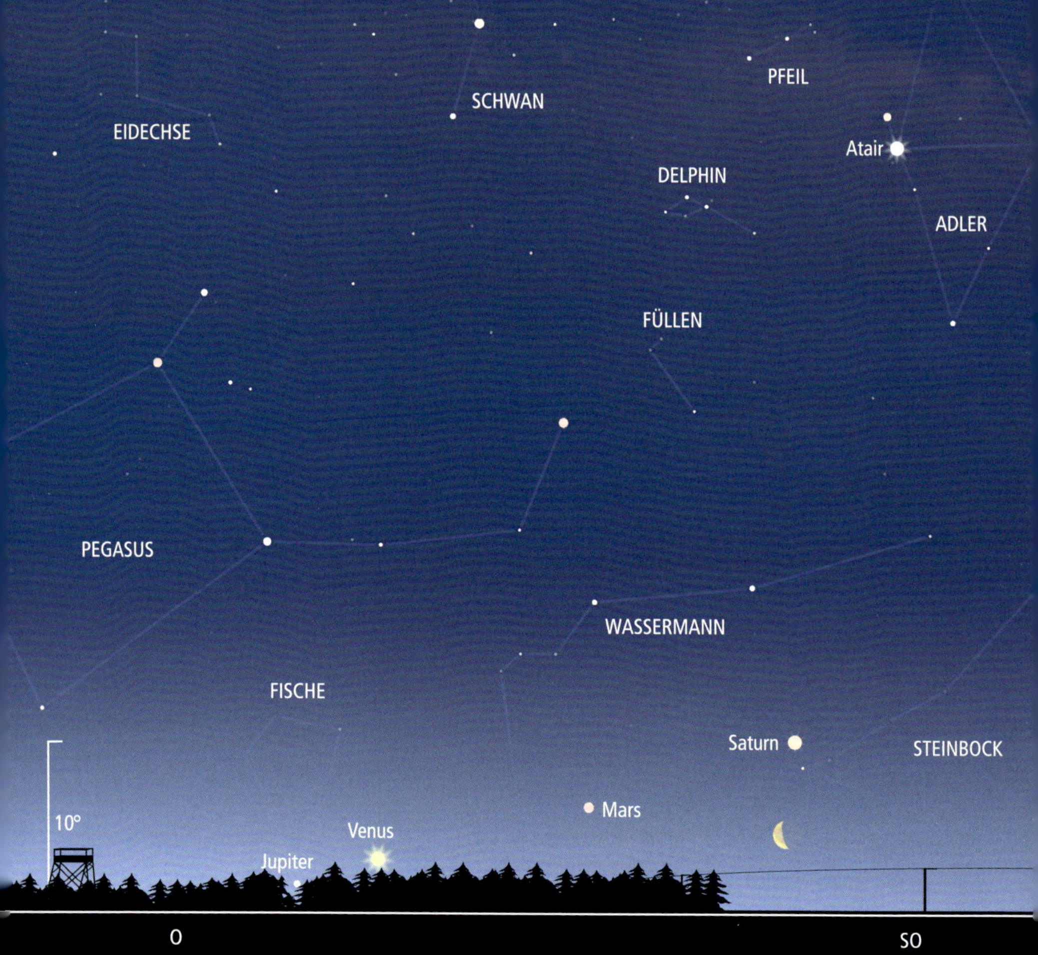

4.1 Planetenparade gegen 4^h15^m MEZ (= 5^h15^m MESZ): Knapp über dem Osthorizont sind Jupiter, Venus, Mars und Saturn versammelt. Zu Saturn gesellt sich der abnehmende Mond am 25. April.

1	Fr	**Neumond**
2	Sa	
3	So	
4	Mo	Mars bei Saturn – morgens
5	Di	Mond bedeckt Sterne im Stier – abends
6	Mi	
7	Do	
8	Fr	
9	Sa	Erstes Viertel
10	So	
11	Mo	
12	Di	
13	Mi	
14	Do	
15	Fr	Karfreitag

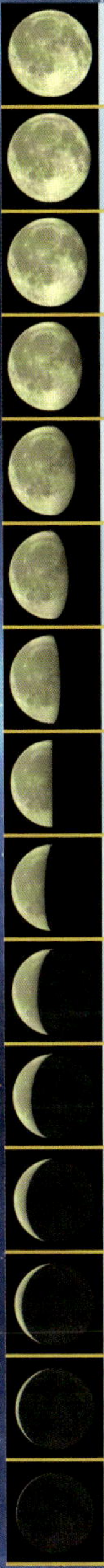

16	Sa	Karsamstag **Vollmond**
17	So	Ostersonntag
18	Mo	Ostermontag
19	Di	
20	Mi	
21	Do	
22	Fr	
23	Sa	Letztes Viertel
24	So	Merkur beste Abendsichtbarkeit
25	Mo	
26	Di	
27	Mi	Mond bei Venus und Jupiter – morgens
28	Do	
29	Fr	
30	Sa	**Neumond**

SONNE – STERNBILDER

19.4. 3h:
Sonne tritt in das Sternbild Widder

20.4. 4h:
Sonne tritt in das Tierkreiszeichen Stier

Julianisches Datum am
1. April, 1h MEZ: 2459670,5

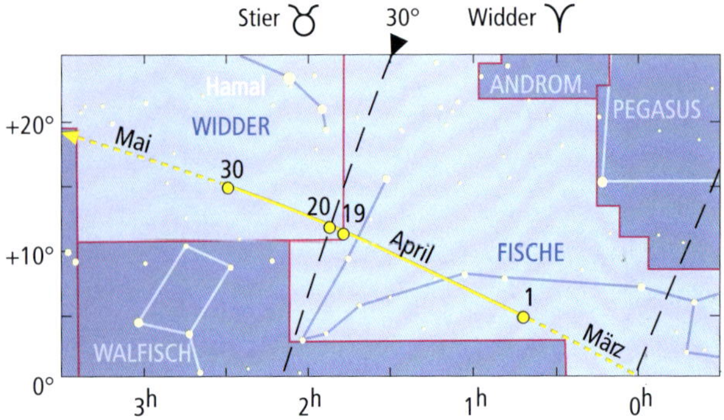

SONNENLAUF

Tag	Dämmerg. Anfang	Aufgang MEZ	Kulmination	Untergang MEZ	Dämmerg. Ende	Mittagshöhe	Zeitgleichg.	Rektaszension	Deklination
	h m	h m	h m	h m	h m	°	m	h m	°
1.	4 45	5 57	12 24	18 52	20 04	44,6	–4	0 40	+ 4,3
5.	4 35	5 48	12 23	18 58	20 11	46,2	–3	0 55	+ 5,9
10.	4 23	5 38	12 21	19 06	20 21	48,0	–1	1 13	+ 7,7
15.	4 11	5 27	12 20	19 14	20 30	49,8	0	1 31	+ 9,6
20.	3 59	5 17	12 19	19 21	20 40	51,6	+1	1 50	+11,3
25.	3 47	5 08	12 18	19 29	20 50	53,3	+2	2 09	+13,0
30.	3 36	4 58	12 17	19 37	21 00	54,8	+3	2 28	+14,6

TAGES- UND NACHTSTUNDEN

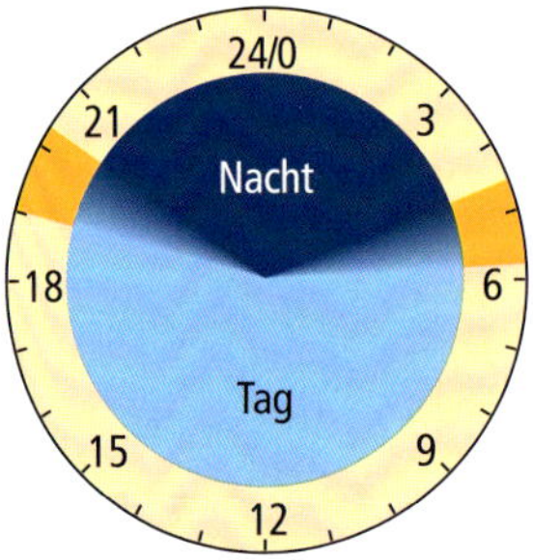

5. April

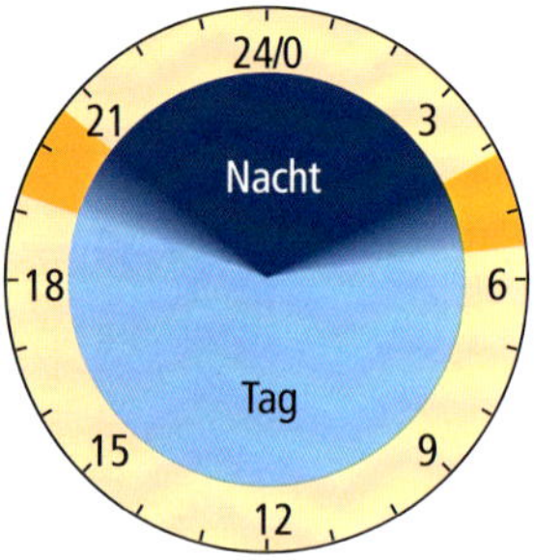

15. April

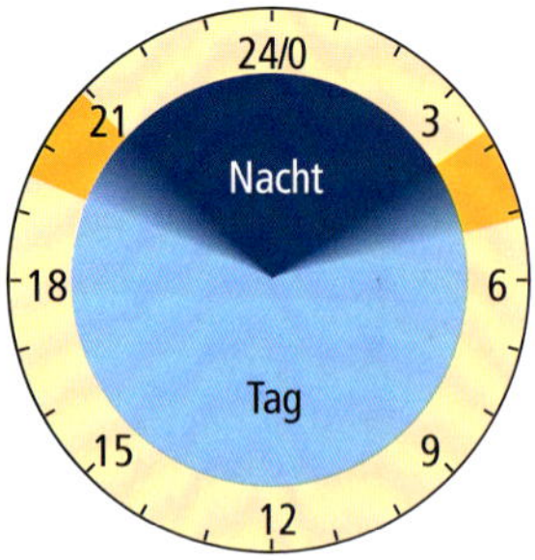

25. April

MONDLAUF

Datum		Aufg. MEZ	Kulmination	Unterg. MEZ	Rektaszension	Deklination	Sterne und Sternbilder	Phase	MEZ
		h m	h m	h m	h m	°			
Fr	1.	6 23	12 39	19 10	0 34	− 0,3	Walfisch	**Neumond Nr. 1228** Libration West	**7^h24^m**
Sa	2.	6 38	13 22	20 23	1 21	+ 5,5	Fische		
So	3.	6 54	14 07	21 37	2 07	+11,1	Widder		
Mo	4.	7 12	14 52	22 49	2 55	+16,0	Widder	Aufsteigender Knoten	
Di	5.	7 34	15 39	23 59	3 43	+20,2	* Stier, Plejaden		
Mi	6.	8 02	16 28	–	4 33	+23,5	Stier, Hyaden		
Do	7.	8 37	17 18	1 05	5 25	+25,8	Stier, Alnath	Erdferne 404/29′,5	20^h
Fr	8.	9 23	18 09	2 03	6 17	+26,8	Zwillinge		
Sa	9.	10 19	19 00	2 52	7 10	+26,7	Kastor, Pollux	**Erstes Viertel**	**7^h48^m**
So	10.	11 24	19 49	3 31	8 03	+25,3	Pollux		
Mo	11.	12 34	20 38	4 01	8 55	+22,7	Krebs, Krippe		
Di	12.	13 48	21 25	4 25	9 46	+19,0	* Löwe	Größte Nordbreite	
Mi	13.	15 04	22 11	4 44	10 35	+14,4	Löwe, Regulus	Libration Ost	
Do	14.	16 20	22 57	5 01	11 23	+ 9,1	Löwe		
Fr	15.	17 39	23 44	5 17	12 12	+ 3,1	Jungfrau		
Sa	16.	19 00	–	5 33	13 01	− 3,1	Jungfrau	**Vollmond**	**19^h55^m**
So	17.	20 25	0 32	5 50	13 52	− 9,4	Spica		
Mo	18.	21 52	1 24	6 11	14 46	−15,2	Waage	Absteigender Knoten	
Di	19.	23 19	2 20	6 37	15 44	−20,3	Waage	Erdnähe 365/32′,7	16^h
Mi	20.	–	3 19	7 13	16 45	−24,2	Antares		
Do	21.	0 39	4 22	8 02	17 48	−26,4	Schütze		
Fr	22.	1 46	5 25	9 06	18 53	−26,9	Schütze, Nunki		
Sa	23.	2 36	6 26	10 22	19 56	−25,6	Schütze	**Letztes Viertel**	**12^h56^m**
So	24.	3 12	7 23	11 44	20 56	−22,7	Steinbock	Größte Südbreite	
Mo	25.	3 38	8 16	13 05	21 52	−18,5	Steinbock		
Di	26.	3 59	9 05	14 24	22 44	−13,5	Wassermann		
Mi	27.	4 15	9 51	15 41	23 34	− 7,9	Wassermann	Libration West	
Do	28.	4 30	10 35	16 55	0 21	− 2,0	Fische		
Fr	29.	4 44	11 18	18 08	1 07	+ 3,8	Fische		
Sa	30.	4 59	12 02	19 20	1 53	+ 9,4	Fische	**Neumond Nr. 1229**	**21^h28^m**

DER MOND ENTFERNT SICH VON POLLUX

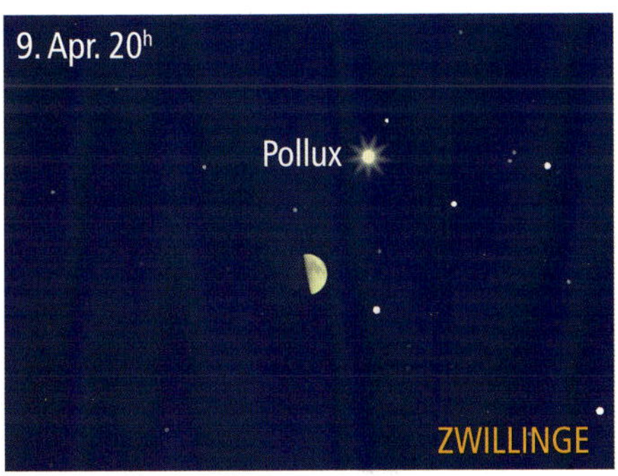

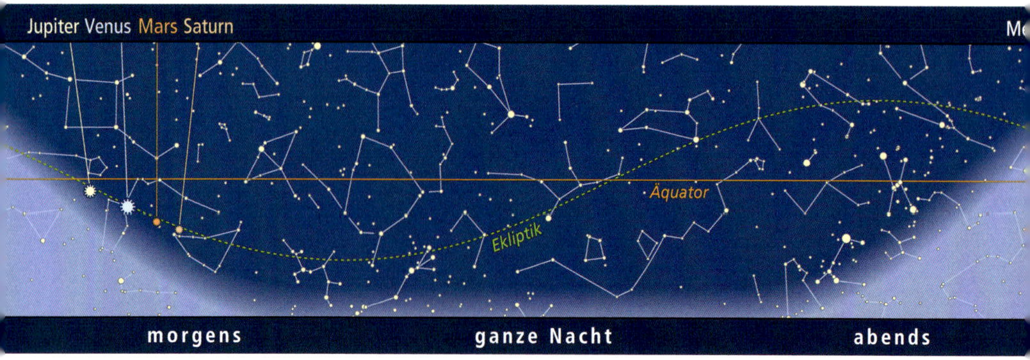

MERKUR bietet im April die günstigste Abendsichtbarkeit des ganzen Jahres. In der Nacht vom 2. auf 3. steht Merkur um Mitternacht in oberer Konjunktion mit der Sonne. Anschließend entfernt sich der flinke Planet langsam rechtläufig von der Sonne. Am 29. erreicht er mit 20°36′ seine größte östliche Elongation von der Sonne. Ab 15. kann man mit Aussicht auf Erfolg versuchen, Merkur tief am Westhorizont eine halbe Stunde nach Sonnenuntergang aufzuspüren. Vom 20. bis 25. ist Merkur relativ leicht zu erkennen. Bis in die ersten Maitage kann man ihn noch aufstöbern, insbesondere mit einem Fernglas (siehe Abb. 4.7 und 4.8 auf Seite 100).

4.2 Heliozentrischer Anblick des Planetensystems im zweiten Jahresviertel 2022. Eingetragen sind links die Positionen der inneren Planeten für den 1. April (4), 1. Mai (5), 1. Juni (6) und 1. Juli (7). Der rechte Teil zeigt das äußere Planetensystem zu Anfang und Ende des zweiten Jahresviertels. Die Pfeile deuten die Richtungen zu den ferneren Planeten sowie zum Frühlingspunkt an.

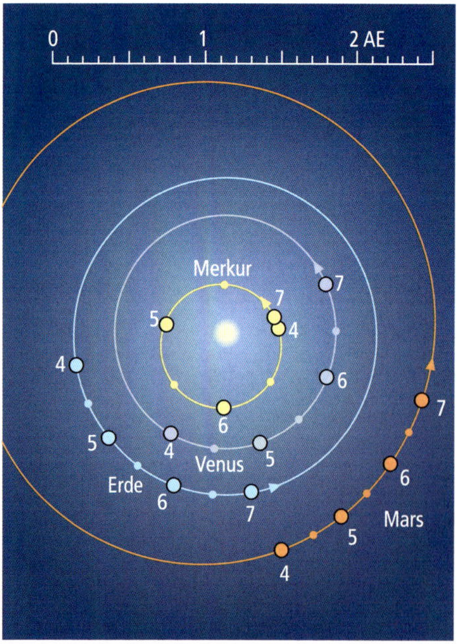

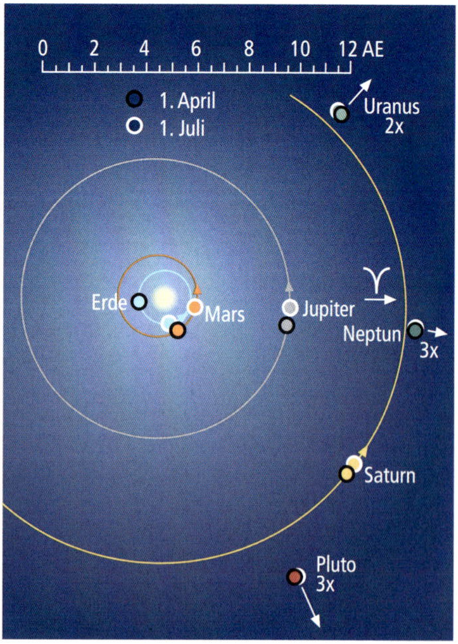

Der $-1{,}^{m}2$ helle Merkur geht am 15. um $20^{h}33^{m}$ (= $21^{h}33^{m}$ Sommerzeit) unter. Bis 20. nimmt die Merkurhelligkeit um fast eine halbe Größenklasse ab, die Merkuruntergänge verspäten sich auf $21^{h}08^{m}$. Am 25. geht der nur noch $-0{,}^{m}3$ helle Planet um $21^{h}32^{m}$ unter. Bis 30. sinkt die Merkurhelligkeit auf $0{,}^{m}4$ ab, die Merkuruntergänge bleiben fast konstant. Am 30. geht Merkur um $21^{h}43^{m}$ (= $22^{h}43^{m}$ Sommerzeit) unter. Die Dichotomie („Halbmerkur") tritt am 25. ein. Das $7{,}''1$ große Merkurscheibchen zeigt sich halb beleuchtet.

Am 18. zieht Merkur in 2°08′ nördlichem Abstand am fernen Uranus vorbei. Dem offenen Sternhaufen der Plejaden begegnet Merkur am 29., sein südlicher Abstand von Alkyone misst $1{,}^{\circ}4$. Am 13. eilt Merkur durch sein Perihel.

VENUS spielt ihre Rolle als Morgenstern. Allerdings verschlechtern sich die Sichtbedingungen ein wenig. Zwar verfrühen sich die Venusaufgänge von $4^{h}27^{m}$ (= $5^{h}27^{m}$ Sommerzeit) Anfang April auf $3^{h}47^{m}$ am Monatsende, doch auch die Sonne geht Ende April eine Stunde früher auf als zu Monatsbeginn. Deshalb verkürzt sich die Sichtbarkeitsdauer von Venus am Morgenhimmel von rund eineinhalb auf nur noch eine Stunde (siehe Abb. 2.5 auf Seite 61). Auch sinkt die Venushelligkeit von $-4{,}^{m}4$ auf $-4{,}^{m}1$ im Laufe des April ein wenig ab.

Venus beteiligt sich an der morgendlichen Planetenparade zusammen mit Jupiter, Mars und Saturn tief am Osthimmel, zu der sich am 25. auch noch die Sichel des abnehmenden Mondes gesellt (siehe Abb. 4.1 auf Seite 94).

Am 27. kommt es zu einer extrem engen Begegnung mit dem sonnenfernen Neptun. Venus zieht nur 25″ (Bogensekunden!) südlich an Neptun vorbei. Leider ist diese spektakuläre Konjunktion, die fast zu einer Planetenbedeckung durch einen Plane-

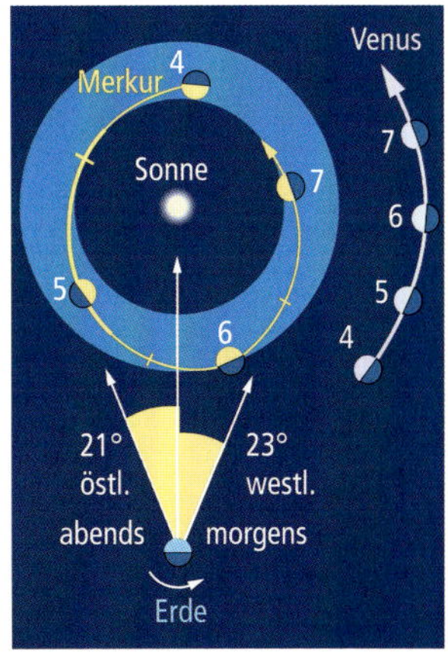

4.3 Heliozentrische Bewegungen von Merkur und Venus *relativ* zur Erde. In den dicker ausgezogenen Bahnteilen sind die Planeten beobachtbar. Die Zahlen markieren die Positionen jeweils zum Monatsersten. Östlicher Winkelabstand bedeutet Abendsichtbarkeit, westliche Elongation: Planet steht am Morgenhimmel.

4.4 Die schmale Sichel des zunehmenden Mondes begegnet Uranus. Fernglasanblick am 3. April gegen 20^{h} bei 5° Gesichtsfelddurchmesser.

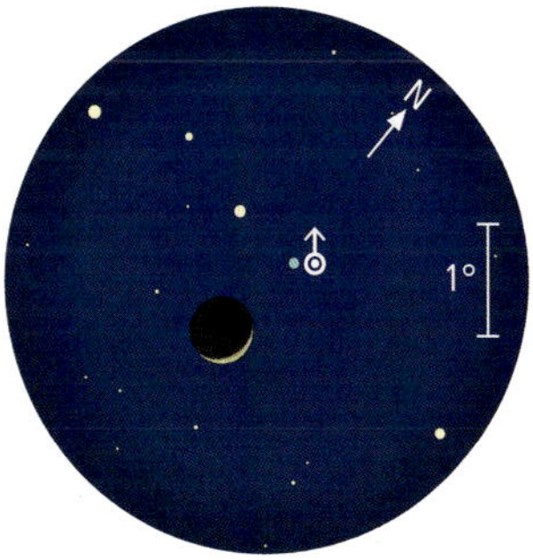

4.5 Mars zieht am 5. April am fernen Saturn vorbei. Fernglasanblick in der Morgendämmerung bei 5° Gesichtsfelddurchmesser.

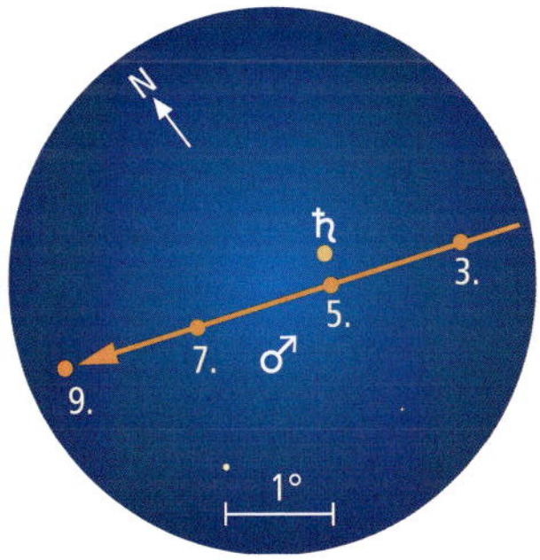

4.6 Enge Begegnung von Venus und Jupiter Ende April/Anfang Mai. Fernglasanblick in der Morgendämmerung bei 5° Gesichtsfelddurchmesser.

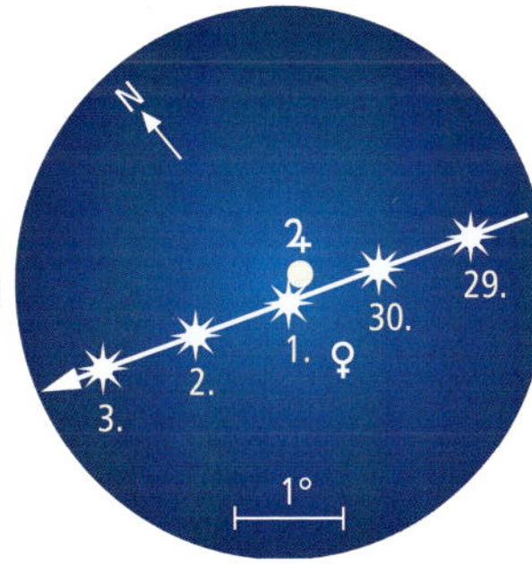

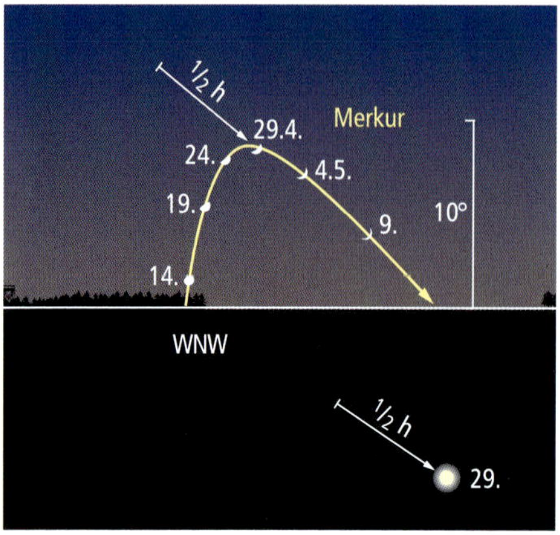

4.7 Stellung von Merkur über dem Westhorizont zu den angegebenen Daten. Die Pfeile geben die Bewegungen von Merkur und Sonne während der letzten halben Stunde an.

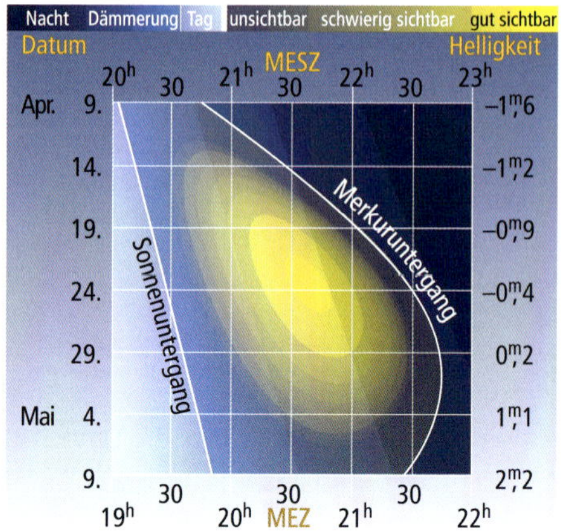

4.8 Sichtbarkeitsdiagramm für Merkur. Es gilt genau für 50° nördlicher Breite und 10° östlicher Länge. Dunkelgelbe Fläche: unter günstigen Sichtbedingungen kann man Merkur mit bloßen Augen erkennen, hellgelbe Fläche: Merkur ist leicht zu sehen.

ten geworden wäre, kaum zu beobachten – zumindest nicht mit Ferngläsern und üblichen Amateurfernrohren. In Refraktoren ab 25 cm Objektivöffnung oder Reflektoren ab 30 cm freier Öffnung bietet sich jedoch eine geringe Chance, den sonnenfernsten und darum lichtschwachen Planeten knapp südöstlich des Venusscheibchens zu erkennen, denn am Morgen des 28. hat sich Venus bereits ein wenig nach Osten von Neptun entfernt. Dagegen lässt sich am Monatsende die enge Konjunktion von Venus mit Jupiter beobachten. Venus wandert nur 15′ (Bogenminuten), also einen halben Vollmonddurchmesser, südlich an Jupiter vorbei (siehe Abb. 4.6 auf Seite 99).

MARS baut seine Stellung am Morgenhimmel langsam aus. Der rote Planet läuft durch das Sternbild Steinbock und wechselt am 11. in den Wassermann. Die Marshelligkeit nimmt abermals um $0^m{,}2$ zu und erreicht am letzten Tag des April $0^m{,}9$.

Der Marsaufgang erfolgt am 1. um 4^h28^m (= 5^h28^m Sommerzeit) und am 15. um 3^h56^m sowie am 30. schon um 3^h20^m. Mars ist allerdings immer noch kaum zu erkennen.

Mars reiht sich in die morgendliche Planetenparade Jupiter – Venus – Mars – Saturn ein, wobei die abnehmende Mondsichel am 24. an Saturn und am 25. an Mars vorbeiwandert (siehe Abb. 4.1 auf Seite 94). Schon am 5. zieht Mars in nur 0°19′ südlichem Abstand am Ringplaneten vorbei (siehe Abb. 4.5 auf Seite 99).

JUPITER stand Anfang des Vormonats in Konjunktion mit der Sonne. Gegen Ende April taucht der Riesenplanet am Morgenhimmel allmählich auf. Am 12. zieht er in nur 6′ nördlichem Abstand an Neptun vorbei. Leider entgeht uns diese Begegnung.

Jupiter wandert rechtläufig durch den Wassermann und wechselt am 14. in das Sternbild Fische (siehe Abb. 9.3 auf Seite 199). Der Aufgang des $-2^m{,}1$ hellen Jupiter erfolgt am 20. um 4^h22^m und am 30. bereits um 3^h47^m (= 4^h47^m Sommerzeit).

Am Monatsletzten kommt es zu einer Begegnung mit Venus, die nur 15′ südlich am Riesenplaneten vorbeizieht. Die wesentlich hellere Venus ($-4^m{,}1$) kann helfen, Jupiter in den morgendlichen Dunstschichten am Horizont aufzuspüren (siehe Abb. 4.6 auf Seite 99).

SATURN, rechtläufig im Steinbock, kann am Morgenhimmel aufgefunden werden. Sein Aufgang erfolgt am 1. um 4^h32^m (= 5^h32^m Sommerzeit), am 15. um 3^h40^m und am 30. schon um 2^h43^m.

In der Nacht vom 4. auf 5. wird der $0^m,8$ helle Saturn in 0°19′ südlichem Abstand von Mars überholt (siehe Abb. 4.5 auf Seite 99). Der Mond begegnet kurz nach seiner abnehmenden Halbphase dem Ringplaneten am 25. April. Weiter tourt der Mond an der morgendlichen Planetenparade von Saturn – Mars – Venus – Jupiter vorbei (siehe Abb. 4.1 auf Seite 94).

Im Teleskop erkennt man den um 13° geöffneten Ring. Sein Längsdurchmesser beträgt 36″, der Äquatordurchmesser des Saturnglobus weist 16″ auf, der Poldurchmesser 14″.

URANUS, rechtläufig im Widder, nähert sich seiner Konjunktion mit der Sonne, die er Anfang Mai einnimmt. Der grünliche Planet kann allenfalls von Spezialisten unter den Sternfreunden noch bis 5. aufgefunden werden. Am 1. geht der $5^m,9$ lichtschwache Uranus um 21^h42^m (= 22^h42^m MESZ) unter. Mit lichtstarker Optik und dem Aufsuchkärtchen Abb. 11.3 auf Seite 236 lässt sich Uranus noch entdecken. Auch mit einem computergesteuerten Teleskop (Goto-Montierung) lässt sich der lichtschwache Uranus jetzt noch einfangen.

Am 3. zieht die schmale Sichel des zunehmenden Mondes an Uranus vorbei. Gegen 20^h befindet sie sich rund 0°,9 südlich von Uranus. Die Begegnung mit Merkur am 18. hingegen bleibt unbeobachtbar.

NEPTUN stand Mitte des Vormonats in Konjunktion mit der Sonne und bleibt unbeobachtbar. Auf die extrem enge Konjunktion mit Venus am 27. wurde schon unter „Venus“ hingewiesen.

PLANETOIDEN UND ZWERGPLANETEN

PLUTO wird am 30. im Sternbild Schütze stationär und ist anschließend rückläufig (siehe Abb. 7.5 auf Seite 164). Am 30. geht Pluto um 1^h46^m (= 2^h46^m MESZ) auf und kulminiert um 5^h52^m. In Opposition zur Sonne kommt der $14^m,3$ helle Pluto am 20. Juli.

PALLAS – Planetoid Nr. 2 – kommt am 12. um 4^h in Konjunktion mit der Sonne.

PERIODISCHE STERNSCHNUPPENSTRÖME

In der Zeit vom 16. bis 25. April werden die **LYRIDEN** aktiv. Ihr Ausstrahlungspunkt liegt in der

KONSTELLATIONEN UND EREIGNISSE

Datum	MEZ	Ereignis
1.	2^h	Mond bei Merkur, Mond 2°,6 südlich
3.	0	Merkur in oberer Konjunktion
3.	18	**Mond bei Uranus**, Mond 0°,6 südlich, **Abstand 0°,9 um 20^h**
4.	23	**Mars bei Saturn**, Mars 0°,3 südlich, **Abstand 0°,3 um 5^h am 5.**
12.	21	Jupiter bei Neptun, Jupiter 0°,1 nördlich
13.	23	Merkur im Perihel
18.	15	Merkur bei Uranus, Merkur 2°,1 nördlich
24.	22	Mond bei Saturn, Mond 4°,5 südlich
25.	23	**Mond bei Mars**, Mond 3°,9 südlich, **Abstand 4°,7 um 4^h am 26.**
27.	3	Mond bei Venus, Mond 3°,8 südlich, **Abstand 4°,3 um 5^h**
27.	4	Mond bei Neptun, Mond 3°,7 südlich
27.	9	Mond bei Jupiter, Mond 3°,7 südlich, **Abstand 5°,7 um 5^h**
27.	20	**Venus bei Neptun**, Venus 0°,007 (!) südlich
29.	9	**Merkur in größter östlicher Elongation** von der Sonne (21°)
30.	20	**Venus bei Jupiter**, Venus 0°,2 südlich, **Abstand 0°,3 um 4^h am 1.5.**
30.	21	Partielle Sonnenfinsternis – in Mitteleuropa unbeobachtbar (siehe Seite 24)
30.	22	Pluto im Stillstand, anschließend rückläufig

Leier, etwa 7° südwestlich von Wega, und steht somit um Mitternacht hoch am Firmament.

Die Lyriden sind schnelle Objekte. Im Mittel liegen ihre Geschwindigkeiten um 50 Kilometer pro Sekunde. Günstigste Beobachtungszeit: 22^h bis 4^h. Das Maximum am Abend des 22. April ist nicht sehr ausgeprägt. Rund zehn bis zwanzig Meteore, darunter einige helle Exemplare, leuchten dann pro Stunde auf. Als Ursprungskomet der Lyriden wurde der Komet C/1861 G1 (Thatcher) ausgemacht, der für eine Sonnenumrundung im Mittel 415 Jahre benötigt.

Um den 16. April erreichen die **SIGMA-LEONIDEN** ihr Maximum. Vereinzelte Objekte dieses schwachen Stromes sind noch bis Mitte Mai nachweisbar. Bei ihnen fehlen Beobachtungen in den letzten Jahren. Eventuell ist dieser Strom versiegt.

Wenig bekannt sind die **PI-PUPPIDEN**, deren Radiant im Sternbild Hinterdeck des Schiffes Argo (lat.: Puppis) liegt. Damit ist alles gesagt: Der Strom ist nur in südlichen Gegenden einigermaßen gut zu verfolgen. Das Maximum tritt am 23. April ein mit unterschiedlich hohen Raten. Die Meteore sind in südlichen Gegenden (südlich von 30° nördlicher Breite) am Abendhimmel zu verfolgen. Der Ursprungskomet ist 26P/Grigg-Sjkellerup.

Die Puppiden sind mit nur 15 Kilometer pro Sekunde ausgesprochen langsame Sternschnuppen.

Der Fixsternhimmel

Die Wintersternbilder haben das Feld geräumt. Orion geht gerade im Westen unter, Sirius ist bereits von der Himmelsbühne abgetreten. Tief im Südwesten erinnert noch Prokyon im Kleinen Hund an vergangene Wintertage. Ebenfalls noch im Westen zu sehen sind die Zwillinge. Die helle Kapella im Fuhrmann befindet sich im Nordwesten. Der Himmelswagen steht hoch über unseren Köpfen, fast im Zenit. Der Wagen dient zum Auffinden des Polarsterns – die fünfmalige Verlängerung der Strecke zwischen den beiden Kastensternen des hinteren Wagenendes trifft auf Polaris. Verbindet man jeweils zwei Kastensterne miteinander und verlängert diese Strecke in der dem Polarstern entgegengesetzten Richtung, so schneiden sich beide Linien etwa im Sternbild Löwe. Der Löwe ist das Leitsternbild des Frühlings, er marschiert gerade durch den Meridian. Hoch im Süden ist jetzt leicht das große Sternentrapez zu erkennen, das den Löwenrumpf darstellen soll. Daran schließt sich in nordwestlicher Richtung ein kleineres Trapez an, der mähnenbehangene Kopf dieses königlichen Tieres. Der Hauptstern des Löwen heißt Regulus (lat., kleiner König), sein zweiter Stern (β Leonis) wird Denebola genannt. Die Bezeichnung kommt aus dem Arabischen und bedeutet so viel wie „Schwänzchen des Löwen“.

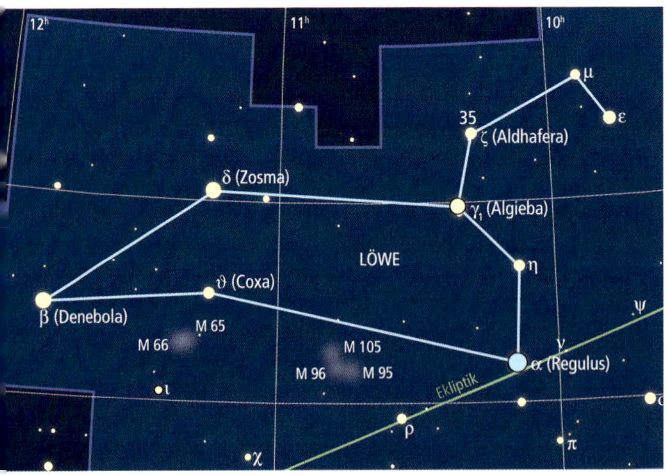

4.9 Der Löwe – Leitsternbild des Frühlingshimmels.

DER STERNENHIMMEL AM 15. APRIL UM 22h MEZ

Die Sternkarte ist auch gültig für:

	MEZ	MESZ
15.12.	6h	
1. 1.	5	
15. 1.	4	
1. 2.	3	
15. 2.	2	
1. 3.	1	
15. 3.	0	
1. 4.	**23**	**24h**
15. 4.	**22**	**23**
30. 4.	**21**	**22**

Der Löwe gehört zu den Tierkreissternbildern. Durch die Tierkreissternbilder zieht die scheinbare Sonnenbahn, auch Ekliptik genannt. Die Lage der Ekliptik lässt sich gut abschätzen, Regulus steht nämlich fast genau auf der Ekliptik. Die Sonne zieht am 23. August an ihm vorbei. Gelegentlich wird Regulus vom Mond bedeckt oder sogar von Planeten. Am 7. Juli 1959 hat die Venus den Königsstern Regulus bedeckt.

Regulus ist ein 77 Lichtjahre entfernter heißer, bläulicher Hauptreihenstern (Spektraltyp B7, Leuchtkraftklasse V) mit einer scheinbaren Helligkeit von $1^{m}_{,}4$. Mit nur 50 Millionen Jahren ist er ein sehr junger Stern. Regulus rotiert sehr rasch, weshalb der Regulusglobus stark abgeplattet ist. Eine volle

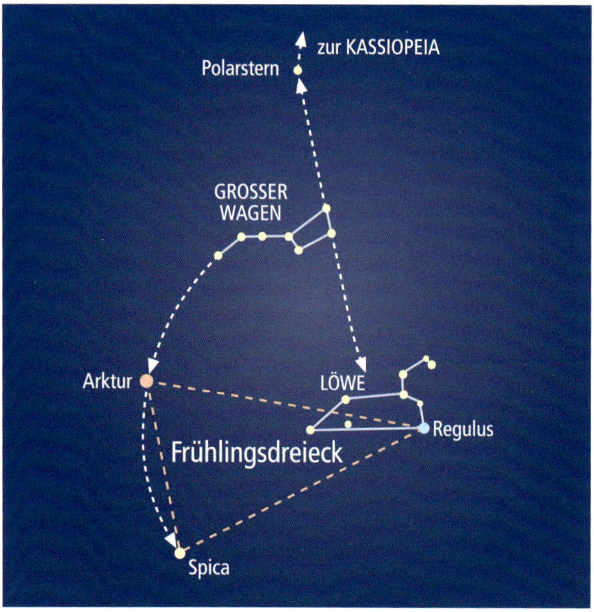

4.10 Das Frühlingsdreieck setzt sich aus den drei hellen Sternen Arktur im Bootes, Regulus im Löwen und Spica in der Jungfrau zusammen.

Umdrehung dieses Rotationsellipsoides dauert nur knapp 16 Stunden, während unsere Sonne für eine Rotation etwas mehr als 25 Tage benötigt. Der Poldurchmesser beträgt 3,15 Sonnendurchmesser, der Äquatordurchmesser hingegen 4,15. Die Oberflächentemperatur liegt bei 10 000 °C am Äquator, an den Polen ist Regulus 15 100 °C heiß. Die Rotationsachse steht fast senkrecht zum Visionsradius (Sichtlinie), weshalb man auf den Äquator sieht. So konnte auch die lineare Rotationsgeschwindigkeit am Äquator zu 315 Kilometer pro Sekunde gemessen werden. Dies entspricht 86 % der Entweichgeschwindigkeit. Die Gesamtleuchtkraft beträgt 240 Sonnenleuchtkräfte, wobei die meiste Energie im UV-Bereich abgestrahlt wird.

Im Südosten trifft man auf das Sternbild Jungfrau mit seinem Hauptstern Spica. Ein wenig südwestlich von Spica stößt man auf das markante Sternentrapez des Raben.

Lässt man den Blick zurück zum Großen Wagen wandern und folgt dem Bogenschwung der Wagendeichsel, so trifft man auf einen hellen, orange leuchtenden Stern Namens Arktur. Mit Sirius, Kanopus, Toliman, Wega und Kapella gehört Arktur zu den hellsten Fixsternen des Himmels. Arktur ist der hellste Stern im Bild des Bootes (lat., Rinderhirt). Die drachenähnliche Figur des Bootes ist leicht zu erkennen.

Die drei hellen Sterne Regulus, Arktur und Spica bilden das sogenannte Frühlingsdreieck. Es deutet den Helligkeitsschwerpunkt des abendlichen Frühlingshimmels an.

Tief im Nordosten blinkt ein heller Stern im Horizontdunst. Es ist die Wega im Sternbild der Leier, die den kommenden Sommer erahnen lässt. Zieht man in Gedanken von der Wega zu Arktur eine Linie, so geht diese durch zwei lichtschwächere Sternbilder, nämlich durch den Herkules und die Nördliche Krone. Die Krone liegt näher bei Bootes: Ein einprägsamer Halbkreis von Sternen mit einem etwas helleren Stern namens Gemma (lat., Edelstein). In der Krone findet sich auch der ver-

VERÄNDERLICHE STERNE

Algol-Minima		β-Lyrae-Minima		δ-Cepheï-Maxima		Mira-Helligkeit	
1.	22^h06^m	4.	3^h N	1.	11^h	1.	10^m
4.	18 56	10.	14 H	6.	20	10.	10
16.	6 13	17.	1 N	12.	5	20.	9
24.	20 39	23.	13 H	17.	13	30.	9
		29.	24 N	22.	22		
				28.	7		

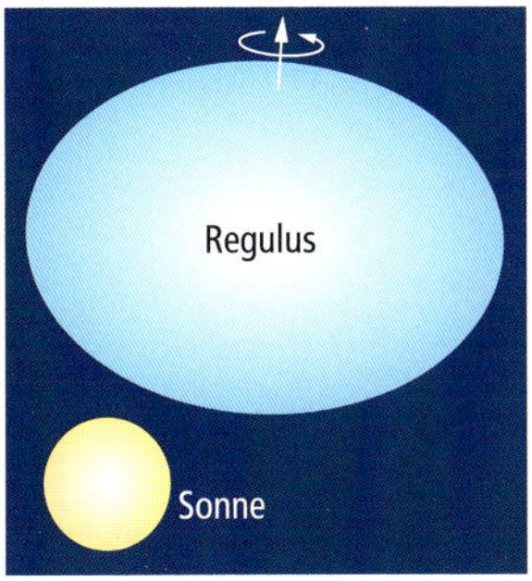

4.11 Größenvergleich von Regulus und unserer Sonne. Wegen ihrer schnellen Rotation ist die Regulussonne stark abgeplattet.

änderliche Stern R Coronae Borealis. Dieser Stern gehört zu den eruptiv Variablen. Er gilt als „rußender" Stern, der im günstigsten Falle als Stern sechster Größe im Fernglas gut zu sehen ist. Im Lichtminimum kann er bis zu 15^m absinken.

Der Herkules wiederum ist ein sehr ausgedehntes Sternbild. Seine Gestalt zu erkennen, erfordert schon einige Übung im Aufsuchen von Sternbildern. Im Herkules finden sich auch die beiden Kugelsternhaufen M 13 und der lichtschwächere M 92.

Außenseiter am Himmelszelt

An der Astronomie, der Wissenschaft vom Weltall, faszinieren unter anderem die präzisen Angaben zu zukünftigen Himmelsereignissen viele Jahre im Voraus. Sonnen- und Mondfinsternisse, Positionen der Planeten, Sternbedeckungen durch den Mond und vieles mehr lassen sich auf Sekunden genau vorausberechnen. Doch es gibt auch Ausnahmen. Unvermutet und völlig überraschend tauchen imposante Himmelserscheinungen auf. Man nennt sie Schweifsterne, Haarsterne oder Besensterne. Geläufiger ist die aus dem Lateinischen stammende Bezeichnung Kometen. Die Römer nannten das Haupthaar einer Frau „coma". So tauchte im Sommer 2020 urplötzlich der helle Komet NEOWISE auf und verschwand bald wieder.

Manchmal werden die Begriffe Komet und Meteor miteinander verwechselt. „Ich habe da gestern einen Kometen über den Himmel zischen sehen ..." – so oder ähnlich drücken sich manche Zeitgenossen aus, wenn sie die Beobachtung einer hellen Sternschnuppe melden. Doch Sternschnuppen oder Meteore sind keine Kometen. Meteore sind Erscheinungen in unserer Lufthülle. Sie flammen auf, wenn ein kosmischer Kleinkörper mit hoher Geschwindigkeit in die Erdatmosphäre eindringt und verglüht. Kometen hingegen sind Himmelskörper, die sich durch den interplanetaren Raum bewegen. Hellere Kometen, die man mit bloßem Auge am Sternen-

4.12 Der Komet NEOWISE (C/2020 F3) über der Kirche St. Marien von Dahme (Brandenburg). Aufnahme von Jochen Rose.

himmel sehen kann, zeigen einen mehr oder minder langen Schweif. Sie bewegen sich unter den Sternen so langsam, dass ihre Ortsveränderung für das unbewaffnete Auge innerhalb eines Beobachtungsabends kaum auffällt. Sie flitzen also nicht über das Firmament wie eine Sternschnuppe. Kometen gehen auf und unter wie Sonne, Mond und Sterne auch, sie nehmen an der täglichen Himmelsdrehung teil.

Wegen ihres seltsamen Aussehens und scheinbar völlig unvorhersehbaren Erscheinens bezeichnet man die Schweifsterne gerne als Außenseiter am Himmelszelt. Schon in grauer Vorzeit riefen helle Kometen die besondere Aufmerksamkeit der Menschen hervor. Man sprach von Donnerkerzen und Zuchtruten.

Wohl wegen ihres plötzlichen und offensichtlich unberechenbaren Auftretens haben Kometen die Menschen zu allen Zeiten in Angst und Schrecken versetzt. Selbst heute noch feiert die Kometenfurcht fröhliche Urständ. Mit dem Aberglauben lassen sich eben auch gute Geschäfte machen.

ALTHERGEBRACHTER ABERGLAUBE

Schon im Altertum sah man die Schweifsterne als Unglücksboten an, die den Tod berühmter Persönlichkeiten signalisieren sollten. Als wenige Wochen nach der Ermordung des römischen Feldherren Gaius Julius Caesar (100 bis 44 v. Chr.) ein heller Komet erschien, meinte man, in ihm die Seele des Verstorbenen zu erblicken. Zum Tod des römischen Feldherrn Marcus Vipsanius Agrippa erschien im Jahre 12 v. Chr. ein heller Komet, der inzwischen als Halleyscher Komet bezeichnet wird. Auch er wurde als die Seele dieses eben verstorbenen Feldherrn angesehen. Keineswegs war er der „Stern von Bethlehem", auch wenn ihn der Künstler Giotto di Bondone in der Scrovegni-Kapelle zu Padua auf einem Gemälde der Geburt Jesu Christi über dem Stall verewigt hat.

Die Zerstörung Jerusalems im Jahre 70 durch den römischen Kaiser Titus wurde vom hellen Kometen des Jahres 69 n. Chr. angekündigt. Auch die Eroberung Englands durch die Normannen hatte den Kometen des Jahres 1066 (Halley) als Vorwarnung.

Im Mittelalter wurden die Kometen als Zuchtruten Gottes angesehen, deren Auftauchen ein göttliches Strafgericht ankündigen sollte, das der sündigen Menschheit bevorstehe. Im Gefolge mit den Kometen würden Pest, Hungersnöte, Feuersbrünste und Kriege die Menschen plagen. Ein altes Gedicht mahnt (nach Erscheinen des hellen Kometen von 1680):

Auf, auf du teufflisch- und verwegenes Hertze,
Sih an dem Himmel eine Donner-Kertze,
Die uns und manchen Landen aufgestecket,
Die alles schrecket.

Sih, wie er strahlet von des Höchsten Grimme!
Vernihm sein Reden ohne Wort und Stimme!
Er führet mit sich lauter Scorpionen,
Dir abzulohnen.

Er führt mit sich im unglücksvollen Schweiffe
Viel Leoparden, Leuen, Bären, Greiffe,
Das ist viel hundert tausend Krieges-Leute
Zu Mord und Streite.

Wie wird doch seines langes Schweiffes Ruthe
Sich netzen in der Menschenkinder Blute,
Wie wird er durch bezeigte Wehr und Waffen
Die Sünder straffen!

Da Kriege, Seuchen, Hunger und Flammen die Menschen fast zu allen Zeiten heimsuchten, wurde der Aberglaube stets aufs Neue bestätigt. Fast alle Unglücksfälle und Katastrophen der Menschheitsgeschichte lassen sich einer Kometenerscheinung zuordnen. Als der Komet Kohoutek im Jahre 1973 unverdientermaßen zu großer Popularität aufstieg, wurde einmal mehr der Weltuntergang prophezeit. Dem Halleyschen Kometen, der im Frühjahr 1986 wiederkehrte, wurde das Challenger-Unglück im Januar 1986 angelastet, das sieben Menschen in den Tod riss, ebenso das Reaktorunglück von Tschernobyl, selbst an der lebensbedrohenden Seuche AIDS

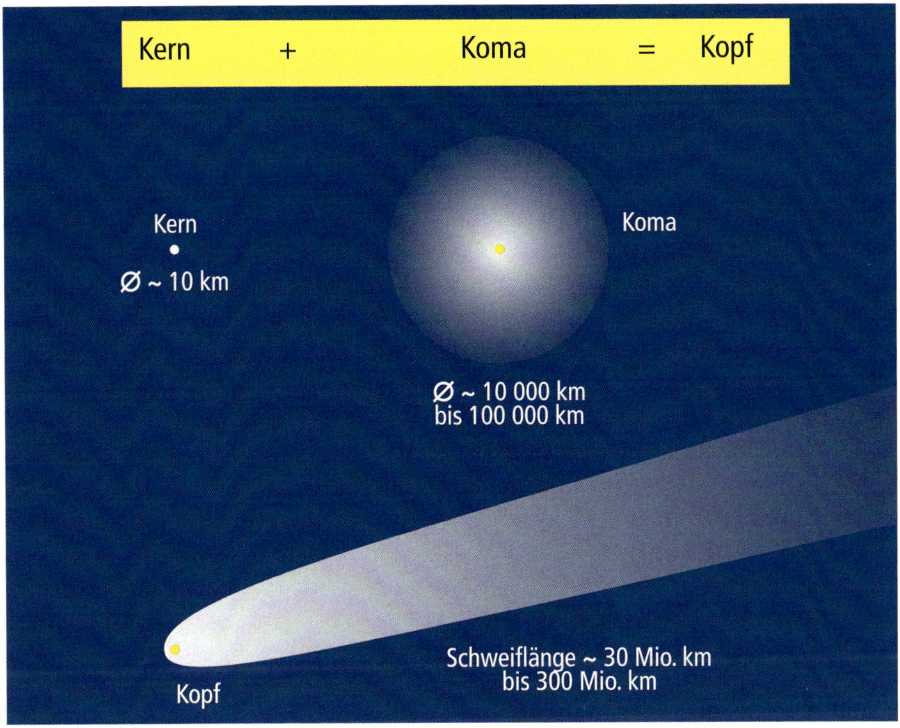

4.13 Schematischer Aufbau eines Kometen

sollte er schuld sein. Auch nüchterne Zeitgenossen lassen sich gelegentlich von solch blankem Unsinn beunruhigen. Noch im Jahre 2020 gab es einige Abergläubische, die im Kometen NEOWISE den Unheilsbringer der Pandemie sahen, die durch das Coronavirus SARS-CoV-2 ausgelöst wurde. Dabei sind Kometen völlig harmlose Gesellen, sofern sie nicht mit der Erde zusammenstoßen, was allerdings außerordentlich selten vorkommt.

WIEDERKEHRENDE BESUCHER

Lange zählte man die Haarsterne überhaupt nicht zu den Himmelskörpern. Ihre Schweife sah man als Ausdünstungen der irdischen Lufthülle an, man hielt sie für meteorologische Erscheinungen, zumindest als sublunare Objekte, also Körper innerhalb der Mondbahn.

Erst der große Astronom Tycho Brahe konnte durch präzise Parallaxenmessungen am Kometen von 1577 nachweisen, dass dieser erheblich weiter als der Mond entfernt ist. Seine Bahn konnte er allerdings noch nicht bestimmen. Erst Edmond Halley kommt das Verdienst zu, gezeigt zu haben, dass Kometen Mitglieder des Sonnensystems sind, die auf langgestreckten Ellipsenbahnen durch den interplanetaren Raum wandern. Halley beobachtete die helle Kometenerscheinung des Jahres 1682, vor allem sammelte er alle ihm zugänglichen Beobachtungsdaten. Er bestimmte daraufhin sehr sorgfältig die Bahn dieses Kometen. Dabei fiel ihm auf, dass der von Johannes Kepler beschriebene Komet des Jahres 1607 und der von Apianus (Peter Bienewitz) beobachtete Komet von 1531 offensichtlich auf der gleichen Bahn liefen. Halley schloss daraus, dass die drei Kometenerscheinungen von 1531, 1607

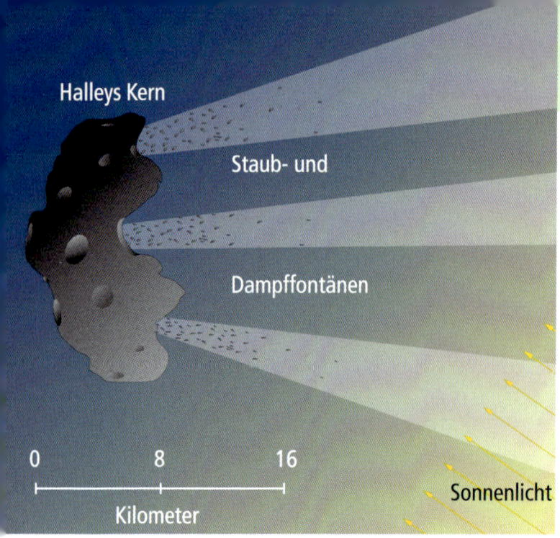

4.14 Der Kern des Kometen Halley schematisch

und 1682 auf ein und denselben Kometen zurückzuführen sind. Er wagte daraufhin die Vorhersage, dass „sein" Komet im Jahre 1758 wieder auftauchen werde. Tatsächlich erschien der von Halley prophezeite Komet im Jahre 1758 wieder. Zu Ehren und zur Erinnerung an den großen Astronomen nannte man ihn fortan den Halleyschen Kometen. Halley selbst erlebte den Triumph nicht mehr, er starb bereits 1742.

Die meisten Kometen laufen auf langgestreckten Ellipsenbahnen um die Sonne. Gemäß dem 2. Keplerschen Gesetz bewegen sich die Kometen in Sonnennähe recht schnell, in Sonnenferne aber langsam. Komet Halley beispielsweise rast mit 55 km/s durch sein Perihel (sonnennächster Bahnpunkt), während er in Sonnenferne (Aphel) mit knapp einem Kilometer pro Sekunde Geschwindigkeit dahinzieht. Sein Aphel liegt dabei noch außerhalb der Neptunbahn.

Halley hatte erkannt, dass Kometen wiederkehren, also periodische Erscheinungen sind. Kometen mit Umlaufzeiten bis 200 Jahren werden kurzperiodisch genannt, über 200 Jahre langperiodisch. Viele Kometen haben Umlaufzeiten von Tausenden Jahren, wir bekommen sie – wenn überhaupt – nur einmal zu Gesicht. Kometen werden meist als diffuse Lichtfleckchen entdeckt, die sich langsam durch die Sternbilder bewegen. Erst in Sonnennähe entwickeln sie einen mehr oder minder langen Schweif, der stets von der Sonne weggerichtet ist.

AUFFÄLLIG NUR IN SONNENNÄHE

In größeren Teleskopen erkennt man im Zentrum des Kometenkopfes oft einen hellen sternartigen Lichtpunkt, den Kometenkern. Er ist der feste Bestandteil des Kometen. Nach der Modellvorstellung von Fred Lawrence Whipple (1906–2004) sind Kometenkerne eine Art „schmutzige Schneebälle". Ein Konglomerat aus Staub und

KOMET 1P/HALLEY

Perihel	q [AE]	Perigäum	Δ [AE]	H [m]	Schweif	e	i
26. Aug. 1531 Apianus	0,5812	14. Aug.	0,4414	0	15°	0,9674895	162°,9
27. Okt. 1607 Kepler	0,5836	29. Sep.	0,2450	–1	10°	0,9674895	162°,9
15. Sep. 1682 Halley	0,5826	31. Aug.	0,4231	0,5	30°	0,9679230	162°,3
13. März 1759	0,5845	26. April	0,1225	0	47°	0,9676792	162°,4
16. Nov. 1835	0,5865	12. Okt.	0,1865	1	40°	0,9673860	162°,3
20. April 1910	0,5872	20. Mai	0,15	–3	240°	0,9672968	162°,2
9. Feb. 1986	0,5871	10. April	0,42	2	25°	0,967277	162°,2
28. Juli 2061	0,58	29. Juli	0,48	–0,3	–	0,967	162°

q – Periheldistanz / Δ – Erdentfernung / H – maximale Helligkeit / e – Numerische Exzentrizität / i – Bahnneigung (>90°: retrograder Lauf)

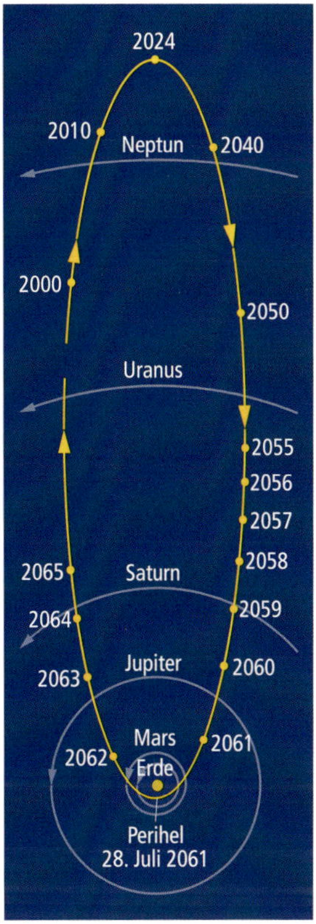

4.15 Komet Halley am Abend des 10. Januar 1986. Aufnahme von Michael Jäger, Österreich.

4.16 Bahn des Halleyschen Kometen

Gesteinsbrocken, vermischt mit gefrorenen Gasen (Wasser, Ammoniak, Methan, Kohlenmonoxid, Kohlendioxid, Cyan etc.) bildet den Kometenkern. Er ist also ein Klumpen aus Eis, in dem Sand, Ruß und ähnliche Partikel eingeschlossen sind. Nähert sich ein solcher Kometenkern der Sonne, dann erhitzt er sich, an seiner Oberfläche beginnen die zu Eis gefrorenen Gase zu verdampfen und es bildet sich eine Gashülle um den Kern, die sogenannte Koma. Während der Kern typischerweise nur zehn bis zwanzig Kilometer Durchmesser aufweist, erreicht die Koma, gewissermaßen die Atmosphäre des Kometen, etwa 100000 km Durchmesser. Noch größer ist die Wasserstoffaureole um den Kern, die allerdings nicht direkt sichtbar ist. Der Übergang von der festen in die gasförmige Phase der Kometenbestandteile erfolgt unter Umgehung des flüssigen Aggregatzustandes, es handelt sich um den Vorgang der Sublimation.

Kern und Koma bilden zusammen den Kopf des Kometen. Nähert sich der Kometenkopf der Sonne, so treiben der Sonnenwind (eine Partikelstrahlung vornehmlich aus Protonen, Alpha-Teilchen, also Heliumkernen, und Elektronen) sowie der Lichtdruck die Gasmoleküle und Staubteilchen vom Kometenkopf fort, ein Schweif bildet sich, der viele Millionen Kilometer lang werden kann. Der längste Kometenschweif maß 300 Millionen Kilometer, das ent-

NASA/JPL-Caltech/UMD

4.17 Mission Deep Impact – ein Hammerschlag auf den Kometen 9P/Tempel 1

spricht dem Durchmesser der Erdbahn. Je nach Größe und Masse der Teilchen wird der Schweif mehr oder minder aufgefächert, er stellt eine Art Massenspektrograf dar. Manchmal sieht man einen kerzengeraden Gasschweif, der direkt von der Sonne weg zeigt, sowie einen gekrümmten Staubschweif. Der Staubschweif zeigt im Wesentlichen das Sonnenspektrum, die Staubkörner reflektieren nämlich das Sonnenlicht. Der Gasschweif hingegen liefert ein typisches Emissionslinienspektrum: Die Moleküle und Atome in ihm werden durch die energiereiche UV-Strahlung der Sonne zum Leuchten angeregt.

Jeder Vorübergang an der Sonne bedeutet Stress für den Kometen. Er verliert bei seinen Perihelpassagen immer mehr Materie. Manche Kometenkerne haben sich im Laufe der Zeit völlig aufgelöst. Der Komet West zerbrach im Frühjahr 1976 nach seinem Sonnenvorübergang in vier Teile. Kurzperiodische Kometen, die somit häufig ihr Perihel durchlaufen, verlieren relativ schnell ihren Gasvorrat und kurven nur noch als lockerer Gesteins- und Staubklumpen durch das Sonnensystem. Sie entwickeln keinen Schweif mehr und werden nicht (mehr) zu einer auffallenden Erscheinung am irdischen Himmel. Da die Kometenkerne winzig klein und ihre Oberflächen recht dunkel sind, so bleiben solche „entgasten“ kurzperiodischen Kometen recht lichtschwach und nur großen Teleskopen zugänglich.

Die Kometenkerne kommen aus den fernen Bezirken des Sonnensystems. Nach Jan Hendrik Oort (1900–1992) ist ihr Reservoir in einer gewaltigen zirkumsolaren Wolke zu suchen. Der Radius dieser Oortschen Wolke wird auf 50 000 AE (rund 7500 Milliarden Kilometer) geschätzt. Kometenkerne beinhalten somit die Urmaterie unseres Sonnensystems, das sich vor knapp fünf Milliarden Jahren aus einer interstellaren Gas- und Staubwolke gebildet hat. Deshalb interessieren sich die Astronomen für diese eisigen Boten aus den Tiefen des Planetensystems.

KOMETENFORSCHUNG AUS DER NÄHE

Gewaltige Fortschritte erzielte die Kometenforschung im Zeitalter der Raumfahrt. Im Frühjahr 1986 bei der Wiederkehr des Halleyschen Kometen flog eine internationale Armada von Raumsonden dem Kometenkern entgegen.

Die europäische Raumsonde Giotto flog in nur 600 km Distanz und mit einer Relativgeschwindigkeit von rund 250 000 Kilometer pro Stunde am Kern von Komet Halley vorbei. Auf den faszinierenden Bildern vom dunklen Kern, der die Form einer überdimensionalen Erdnuss hat, sieht man einzelne Stellen mit herausschießenden Gasfontänen. Sie glänzten hell im Sonnenlicht und ließen seinen Schweif entstehen.

Halleys Kern hat eine Längsausdehnung von 15 Kilometern. An seiner dünnsten Stelle misst er etwa sechs Kilometer. Der Kern rotiert langsam, eine Umdrehung erfolgt in zwei Tagen und vier Stunden. Seine Oberfläche ist pechschwarz, sie reflektiert lediglich vier Prozent des einfallenden Sonnenlichtes. Vermutlich ist der eisige Kern von einer Rußschicht bedeckt. Da er einen erheblichen Teil des Sonnenlichtes absorbiert, erwärmt er sich in Sonnennähe bis auf 70 Grad Celsius. Die Wiederkehr des Halleyschen Kometen ist im Sommer 2061 zu erwarten.

Die Mission Stardust (engl., Sternenstaub) knöpfte sich 2004 den Kometen 81P/Wild 2 vor.

BEZEICHNUNGEN VON KOMETEN

Die Internationale Astronomische Union (IAU; Dachorganisation der professionellen Astronomen) hat auf ihrer XXII. Generalversammlung im August 1994 in Den Haag beschlossen, neue Bezeichnungen für Kometen einzuführen. Damit wurde die bisherige Bezeichnungsweise aufgegeben, nach der Kometen vorläufig mit der Jahreszahl der Entdeckung und einem lateinischen Kleinbuchstaben bezeichnet wurden, der die Reihenfolge der Entdeckung im Jahr angibt. So hatte der berühmt-berüchtigte Komet Kohoutek die vorläufige Bezeichnung 1973e bekommen. Er war also der fünfte Komet, der im Jahr 1973 neu gefunden wurde. Nach der definitiven Bahnbestimmung erhielten die Kometen die Jahreszahl ihres Periheldurchgangs plus einer römischen Ziffer, die die Reihenfolge der Perihelpassagen angab. Komet 1956 VI (Crommelin) war also der sechste Komet, der 1956 durch sein Perihel lief.

Die neue Regelung sieht nun folgende Bezeichnungen vor: Wird ein Komet neu entdeckt, so erhält er als Bezeichnung die Jahreszahl seines Entdeckungstermins und einen Großbuchstaben, der angibt, in welchem Halbmonat er gefunden wurde, sowie eine arabische Ziffer, die die Reihenfolge der Entdeckungen innerhalb des Halbmonats vermerkt. 1997 A1 ist somit die Bezeichnung des ersten neuentdeckten Kometen im Jahr 1997, und zwar in der Zeit vom 1. bis 15. Januar. Wird in dieser Zeit ein zweiter Komet entdeckt, so erhält er 1997 A2 als Kennung. 1997 B1 bezeichnet den ersten in der zweiten Januarhälfte 1997 gefundenen Kometen, 1997 F3 wäre der dritte in der zweiten Märzhälfte aufgespürte Schweifstern.

Nach wie vor erhalten Kometen die Namen der Erstentdecker, wobei man sich auf maximal zwei beschränken will. Komet Hale-Bopp erhielt die Kennung 1995 O1, er ist somit der erste Komet, der in der zweiten Julihälfte 1995 entdeckt wurde. Nach der Bahnbestimmung wird vor die Jahreszahl ein Großbuchstabe (Präfix) zur näheren Bestimmung des Kometentyps gesetzt. Die Präfixe haben folgende Bedeutung:

P – Periodischer Komet, Umlaufzeit bis 200 Jahre, mindestens zwei Perihelpassagen beobachtet
C – Umlaufzeit größer als 200 Jahre, „nichtperiodischer" Komet per definitionem
X – Bahn des Kometen ist nicht bestimmbar
D – Periodischer Komet, der verlorenging oder nicht mehr existent ist
A – Komet, der als Kleinplanet („Asteroid") entlarvt wurde
I – Komet mit interstellarer Bahn (Bezeichnung im Jahr 2017 ergänzt)

Zusätzlich wurde vereinbart, periodischen Kometen noch eine Seriennummer zu geben, die weitgehend der Entdeckungshistorie folgt. Danach erhält Komet Hale-Bopp die Bezeichnung C/1995 O1, denn seine Umlaufzeit liegt mit nahezu 3000 Jahren erheblich über dem Limit von 200 für periodische Kometen. 1P/Halley gibt den berühmten Halleyschen Kometen an, die Nummer 1 in der Liste der periodischen Kometen. 2P/Encke und 3D/Biëla sind die nächsten beiden in dieser Liste; Komet Biëla hat sich bekanntlich aufgelöst und ist zerbröselt.

Ziel dieser Mission war es, aus der Umgebung des Kometen Staub einzufangen und in einer Kapsel zur Erde zu bringen. Die Mission war ein voller Erfolg: Am 15. Januar 2006 landete die Kapsel mit dem „Sternenstaub", besser Kometenstaub, in der Wüste des US-Bundesstaates Utah und brachte den ersehnten Staub mit.

Exakt um $7^h44^m36^s$ Mitteleuropäischer Sommerzeit gab es am 4. Juli 2005 einen heftigen Zusammenstoß. Ein irdisches Projektil schlug einen tiefen Krater in den Kometen 9P/Tempel 1. Siebeneinhalb Minuten später registrierten mehr als 70 große, irdische Teleskope einen grellen Lichtblitz, ausgelöst von der gewaltigen Explosion, die der Einschlag des waschmaschinengroßen und zu fast der Hälfte aus Kupfer bestehenden Geschosses in die Oberfläche des Kometen Tempel hervorrief. Mit einer Masse von 372 Kilogramm raste der Impaktor mit einer Geschwindigkeit von mehr als zehn Kilometer pro Sekunde in die staubige Landschaft des Kometenkerns von Tempel 1. Die freigesetzte kinetische Energie entsprach einer Sprengkraft von fünf Tonnen TNT.

Der Impaktor selbst sandte vor seinem Aufschlag mit seiner eigenen Weitwinkelkamera zahlreiche Aufnahmen zur Erde – bis knapp vier Sekunden vor dem finalen Crash, wobei Einzelheiten der Kometenkernoberfläche bis herunter zu vier Metern erkennbar wurden. Kurz nach dem Einschlag bildete sich eine riesige Wolke aus Staub, Gestein und Gas, die auf den Bildschirmen der irdischen Beobachter als heller Fleck sichtbar wurde.

Das Experiment mit dem kosmischen Hammerschlag wurde ausgewählt, um mehr über Aufbau und Zusammensetzung von Kometenkernen zu erfahren. Man erhielt eine Menge von neuen Erkenntnissen bei der Deep-Impact-Mission. Einige Forschungsresultate waren dabei unerwartet. So wurden an der Oberfläche des Kometenkerns keine reinen Eisformationen gefunden. Auch ist der Staubanteil wesentlich höher als bisher angenommen. Mit rund doppelter Geschwindigkeit eines modernen Verkehrsflugzeuges wurde die gewaltige Staubwolke emporgeschleudert, als der Impaktor einschlug. Bei der geringen Oberflächenbeschleunigung von Tempel 1 dauerte es Stunden, bis der Staub wieder auf den Kometenkern zurückrieselte. Ein Teil erreichte die Entweichgeschwindigkeit und entfernte sich auf Nimmerwiedersehen in den interplanetaren Raum. Die Staubkörner sind recht klein. Die geringe Schwerkraft bindet die pulverförmigen Staubkörnchen nur schwach an die Oberfläche.

LANDUNG AUF EINEM KOMETEN

Das bisher grandioseste Raumfahrtexperiment zur Erforschung der Kometen war zweifelsohne die Mission Rosetta zum Kometen 67P/Tschurjumow-Gerasimenko.

Während die anderen Missionen nur Momentaufnahmen von Schweifsternen lieferten, da sie mit hohen Geschwindigkeiten an den Kometenkernen vorbeirasten, begleitete Rosetta den Kometen 67P monatelang. Überdies hatte sie einen Lander an Bord, der sanft auf dem Kometenkern aufsetzte und viele Daten zu seiner Zusammensetzung, Konsistenz, Temperatur etc. zu den irdischen Bodenstationen sandte. Es war somit das erste Mal, dass ein Komet so lange auf seinem Weg zum sonnennächsten Bahnpunkt aus nächster Nähe permanent beobachtet wurde. Ebenso erfolgte erstmals die weiche Landung eines irdischen Spähers auf einem Kometenkern.

Am 2. März 2004 wurde Rosetta vom Weltraumbahnhof Kourou mit einer Ariane-5G-Rakete auf die über zehn Jahre dauernde und fünf Milliarden Kilometer lange Reise zu 67P/Tschurjumow-Gerasimenko (kurz „Tschuri“) gebracht.

Um Strom zu sparen, wurde Rosetta in einen Stand-by-Modus versetzt. Die Funkverbindung wurde abgeschaltet, ebenso alle Detektoren und Kameras. Man hatte auf eine radioaktive Isotopenbatterie verzichtet und stattdessen die Stromversorgung mit Solarzellen sichergestellt.

Am 20. Januar 2014 wurde Rosetta wieder aktiviert. Rosetta näherte sich dem Kometen 67P und schoss dabei immer bessere Bilder von dessen Kern. Zur Überraschung zeigte sich, dass der Kern eigentlich aus zwei Teilen besteht, die durch eine schmale Zone miteinander verbunden sind. Am 6. August 2014 war es dann soweit: Rosetta erreichte Tschurjumow-Gerasimenko und schwenkte in eine Umlaufbahn um den Doppelkern mit einem Respektabstand von hundert Kilometer ein.

Aus den bisherigen Beobachtungen ergab sich, dass Kometenkerne Dichten unter einem Gramm pro Kubikzentimeter aufweisen, also geringere Dichten als Wasser. Sie müssen daher aus lockerem, porösem Material bestehen und im Inneren Hohlräume besitzen.

Im November 2014 näherte sich Rosetta bis auf fünf Kilometer dem Kern von 67P und trennte sich von der Sonde Philae, die im freien Fall zur Oberfläche driftete. Wegen der geringen Schwerkraft des Kometen erfolgte die Annäherung mit der moderaten Geschwindigkeit eines Fußgängers von knapp vier Kilometer pro Stunde. Nach sieben Stunden berührten die drei Beine von Philae die Oberfläche von 67P am 12. November 2014 um 16^h35^m MEZ. Die irdischen Beobachter erfuhren davon aber erst um 17^h03^m. Denn 28 Minuten waren die Funksignale unterwegs, um die 510 Millionen Kilometer von Tschuri zur Erde zurückzulegen.

Die Landung von Philae erfolgte allerdings nicht ganz so, wie sie eigentlich geplant war. Das Problem war die geringe Schwerkraft von Tschuri. Die hundert Kilogramm Masse der Landesonde Philae hat auf Tschuri nur eine Gewichtskraft von einem Gramm. Darum war zu befürchten, dass Philae an der Oberfläche abprallt und weggeschleudert wird. Deshalb hatte man Kaltgastriebwerke vorgesehen, die bei Bodenberührung zünden und Philae andrücken sollten. Gleichzeitig sollten aus den drei Landebeinen Harpunen in die Oberfläche geschossen werden. So sollte sich Philae am Kometen festkrallen. Zusätzlich waren Schrauben vorgesehen, die sich in den Boden bohren sollten. Doch alle drei Systeme versagten offensichtlich ihren Dienst. Philae machte einen Hüpfer und entfernte sich mit 1,4 Kilometer pro Stunde von Tschuri bis in einen Kilometer Höhe. Anschließend fiel Philae auf Tschuri zurück und hüpfte noch dreimal – jedesmal mit geringerer Geschwindigkeit und kleinerer Höhe, bis sie endgültig stehen blieb – allerdings in ziemlicher Schräglage rund einen Kilometer vom ursprünglichen Landeplatz entfernt. Der neue Landeplatz erwies sich als recht ungünstig, denn er befindet sich in einer Zone, die meist im Schatten liegt. Nur etwa zwei Stunden während der zwölfeinhalbstündigen Rotationsperiode von Tschuri erhielt Philae Sonnenlicht. Dies reichte nicht, um die Sekundärbatterien, also Akkus, genügend aufzuladen. Die nicht aufladbaren Primärbatterien waren nach 64 Stunden erschöpft. Philae sendet nicht mehr.

Doch schon in den ersten Stunden nach der Landung übermittelte Philae wertvolle Daten. So ist die Oberfläche von Tschuri von einer zehn bis zwanzig Zentimeter dicken Staubschicht bedeckt. Das darunterliegende Eis ist extrem hart.

4.18 Komet Hyakutake (C/1996 B2). Aufnahme von Martin Gertz/Sternwarte Welzheim.

Kein Wunder, bei –170 °C ist Eis so hart wie Stein. Bei Annäherung an die Sonne ändert sich dies jedoch, wenn der Kometenkern erhitzt wird. In der rund 100 000 Kilometer großen Koma, die den Kern gewissermaßen als Atmosphäre umschließt, wurden neben Wasserdampf (H_2O) Gase wie Methan (CH_4), Ammoniak (NH_3), Kohlenmonoxid (CO) und Kohlendioxid (CO_2) sowie Natriumdampf (Na), Magnesium (Mg) und Methanol (CH_4O) detektiert. Ferner wurden komplexere Kohlenwasserstoffe entdeckt. Die Größe der Staubpartikel liegt zwischen einem Hundertstel und einem halben Millimeter Durchmesser.

Interessant ist die Entdeckung, dass das Verhältnis von Wasserstoff ($^1H_1$) zu Deuterium ($^2D_1$) dreimal größer ist als bei irdischem Wasser. Daraus ist zu schließen, dass die Wassermassen der irdischen Ozeane nicht überwiegend von Kometeneinschlägen herrühren, wie manchmal vermutet wurde.

BEDEUTENDE KOMETEN

Jahr	Nummer	Perihel	q [AE]	Perigäum	Δ [AE]	H [m]	Schweif	e	i
1556	C/1556 D1	22. April	0,49	12. März	0,0834	–2	10°	1,0	32°,4
1577	C/1577 V1	27. Okt.	0,1775	10. Nov.	0,6271	–7	30°	1,0	104°,9
1680	C/1680 V1 (Kirch)	18. Dez.	0,0062	30. Jan.	0,4895	–10	90°	0,9999860	60°,7
1744	C/1743 X1	1. März	0,2222	26. Feb.	0,8266	–5	90°	1,000	47°,1
1843	C/1843 D1	27. Feb.	0,0055	6. März	0,8420	–10	70°	0,99991400	144°,4
1858	C/1858 L1 (Donati)	30. Sep.	0,5785	10. Okt.	0,5378	–0,5	40°	0,99629500	117°,0
1882	C/1882 R1	17. Sep.	0,0078	17. Sep.	0,9773	–17	20°	0,99989400	142°,0
1910	C/1910 A1	17. Jan.	0,1290	18. Jan.	0,83	–5	50°	0,99999500	138°,8
1956	C/1956 R1 (Arend-Roland)	8. April	0,3160	20. April	0,5691	–0,5	30°	1,00024440	119°,9
1965	C/1965 S1 (Ikeya-Seki)	21. Okt.	0,0078	17. Okt.	0,91	–15	45°	0,99991500	141°,9
1973/74	C/1973 E1 (Kohoutek)	28. Dez. 1973	0,1382	15. Jan. 1974	0,81	–3	25°	1,00000800	14°,3
1976	C/1975 V1 (West)	25. Feb.	0,197	29. Feb.	0,79	–3	30°	0,99997100	43°,1
1986	1P/Halley	9. Feb.	0,5871	10. April	0,42	+2	25°	0,967277	162°,2
1996	C/1996 B2 (Hyakutake)	1. Mai	0,23	25. März	0,10	–0,8	100°	0,9997730	124°,9
1997	C/1995 O1 (Hale-Bopp)	1. Apr	0,914	22. März	1,31	–0,7	25°	0,9951279	89°,4
2007	C/2006 P1 (McNaught)	12. Jan.	0,171	15. Jan.	0,81	–5,5	35°	1,0000183	77°,8
2011	C/2011 W3 (Lovejoy)	16. Dez.	0,005	7. Jan 2012	0,50	–4,0	30	0,99993	134°,4
2020	C/2020 F3 (NEOWISE)	3. Juli	0,295	23. Juli	0,69	0,5	20°	0,99919	128°,9

Die Schweiflänge des Kometen Neowise betrug nach freiäugigen Beobachtungen 5°. Im Teleskop und bei fotografischen Aufnahmen zeigte Neowise einen 8° langen Staubschweif und einen 20° langen Ionenschweif.

q – Periheldistanz / Δ – Erdentfernung / H – maximale Helligkeit / e – Numerische Exzentrizität / i – Bahnneigung (>90°: retrograder Lauf)

ESA/Rosetta/Philae/CIVA

4.19 Mission Rosetta zum Kometen 67P/Tschurjumov-Gerasimenko: Landung der Sonde Philae auf dem Kern des Kometen.

DER SOMMERKOMET 2020

Nicht nur für die Astronomen sind Kometen spannende Forschungsobjekte. Auch das große Publikum interessiert sich für helle Schweifsterne, die allerdings selten zu sehen sind. Im Sommer 2020 erfreute uns jedoch eine helle, freisichtige Kometenerscheinung:

Mit dem Weltraumteleskop NEOWISE (**N**ear-**E**arth **O**bject **W**idefield **I**nfrared **S**urvey **E**xplorer) wurde am 27. März 2020 im Sternbild Puppis ein Komet entdeckt, der im Sommer 2020 zu einem astronomischen Höhepunkt wurde und den auch viele Laien sahen. Er wurde nach der Raumsonde NEOWISE benannt mit der Objektbezeichnung C/2020 F3.

Im Perihel näherte er sich am 3. Juli 2020 bis auf 44 Millionen Kilometer (= 0,295 AE) der Sonne und kam ihr damit noch näher als der Planet Merkur. Mit einer Bahnneigung von 129° läuft Neowise retrograd – genau wie der Halleysche Komet. Sein Schweif wurde mit bloßen Augen auf 5° Länge (= zehn Vollmonddurchmesser) geschätzt. Seine Helligkeit stieg bis auf 2^m an.

Nachdem der Komet mit fast 78 km/s durch sein Perihel gerast war, entfernte er sich wieder von der Sonne. Am 23. Juli zog er in 104 Millionen Kilometer (= 0,69 AE) Abstand an der Erde vorbei. Mit einer numerischen Exzentrizität von 0,99919 ist seine Bahn fast eine Parabel – aber eben nur fast. Er verlässt das Sonnensystem nicht und wird uns in knapp 7000 Jahren wieder besuchen. Sein Umkehrpunkt (Aphel) ist 108,5 Milliarden Kilometer (= 725,5 AE) von der Sonne entfernt. Neowise wird dann 24-mal so weit wie Neptun von der Sonne entfernt sein. Im Aphel schleicht Neowise mit 0,031 km/s dahin. Ein großes Himmelsobjekt ist Neowise nicht. Grobe Schätzungen ergaben einen Durchmesser von nur fünf Kilometer.

Kometen sind eisige Boten aus den Tiefen des Sonnensystems, gewissermaßen Vagabunden im Sonnensystem. Sie bedeuten kein Unglück, sondern sind interessante, manchmal aufregende Himmelserscheinungen. Bleibt zu hoffen, dass uns bald wieder ein heller kosmischer Vagabund einen spannenden Besuch abstatten wird.

Mai 2022

— Am 16. findet eine totale Mondfinsternis statt. Sie ist in Mitteleuropa teilweise beobachtbar.
— Merkur kann Anfang Mai noch am Abendhimmel erspäht werden.
— Venus bleibt Morgenstern.
— Mars und Jupiter sind Planeten am Morgenhimmel.
— Saturn wird zum Planeten der zweiten Nachthälfte.

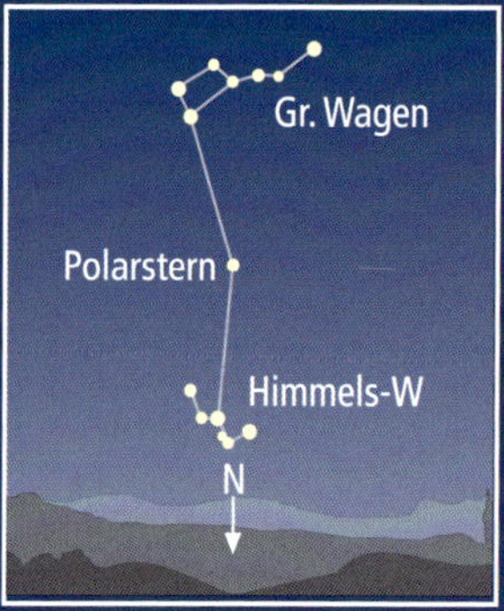

Großer Wagen und Himmels-W Anfang Mai um 22 Uhr MEZ

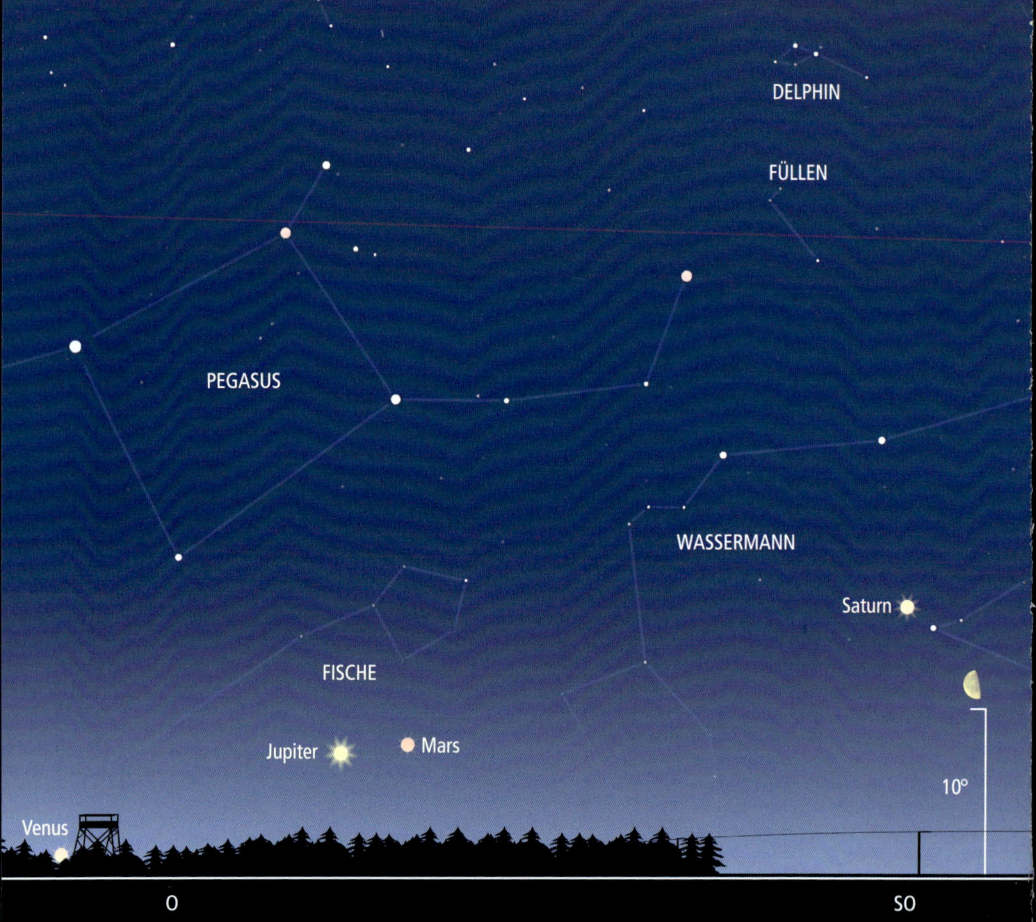

5.1 Morgenhimmel am 25. Mai gegen 3^h15^m MEZ (= 4^h15^m MESZ). Die vier hellen Planeten Venus, Jupiter, Mars und Saturn stehen knapp über dem Osthorizont. Saturn erhält Besuch vom abnehmenden Halbmond.

1 So Maifeiertag
Venus bei Jupiter – morgens

2 Mo Mond bei Merkur – abends

3 Di

4 Mi

5 Do

6 Fr

7 Sa

8 So

9 Mo Erstes Viertel

10 Di

11 Mi

12 Do

13 Fr

14 Sa

15 So

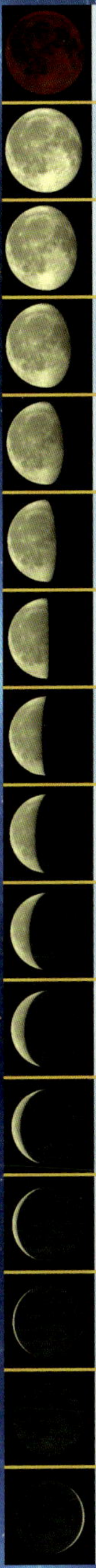

16 Mo **Vollmond, totale Mondfinsternis**

17 Di

18 Mi

19 Do

20 Fr

21 Sa

22 So Letztes Viertel
Mond bei Saturn – morgens

23 Mo

24 Di

25 Mi Mond bei Mars und Jupiter – morgens

26 Do Christi Himmelfahrt

27 Fr Mond bei Venus – morgens

28 Sa

29 So Mars bei Jupiter – morgens

30 Mo **Neumond**

31 Di

SONNE – STERNBILDER

14. 5. 15^h:
Sonne tritt in das Sternbild Stier

21. 5. 3^h:
Sonne tritt in das Tierkreiszeichen Zwillinge

Julianisches Datum am
1. Mai, 1^h MEZ: 2 459 700,5

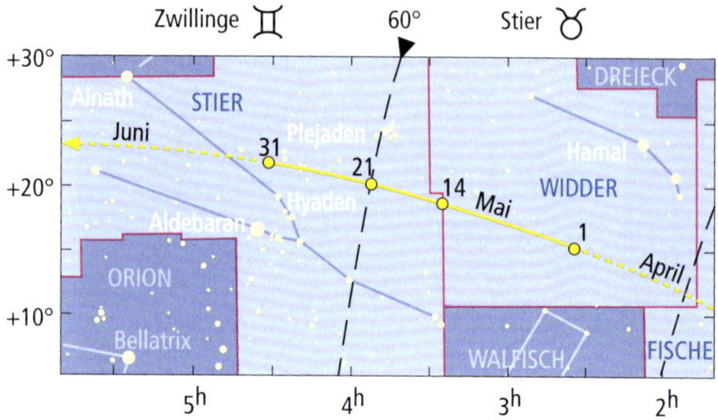

SONNENLAUF

Tag	Dämmerg. Anfang	Aufgang MEZ	Kulmination	Untergang MEZ	Dämmerg. Ende	Mittagshöhe	Zeitgleichg.	Rektaszension	Deklination
	h m	h m	h m	h m	h m	°	m	h m	°
1.	3 33	4 57	12 17	19 38	21 02	55,1	+3	2 32	+14,9
5.	3 24	4 50	12 17	19 45	21 11	56,3	+3	2 47	+16,1
10.	3 13	4 42	12 16	19 52	21 21	57,7	+4	3 06	+17,5
15.	3 03	4 34	12 16	19 59	21 32	58,9	+4	3 26	+18,7
20.	2 53	4 28	12 16	20 06	21 42	60,0	+4	3 46	+19,9
25.	2 44	4 22	12 17	20 12	21 52	61,0	+3	4 06	+20,8
31.	2 34	4 17	12 18	20 19	22 02	61,9	+2	4 30	+21,8

TAGES- UND NACHTSTUNDEN

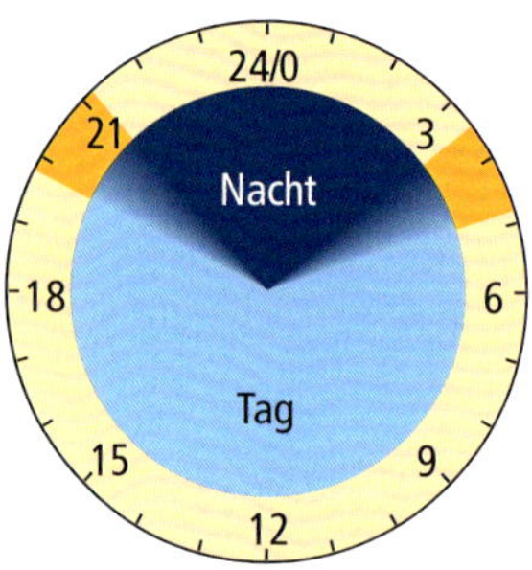

5. Mai

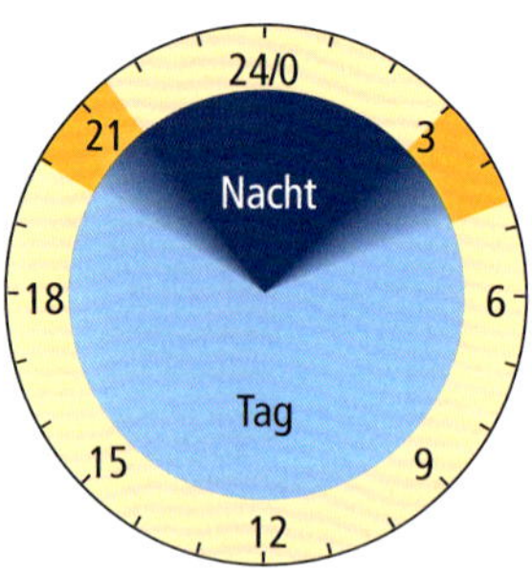

15. Mai

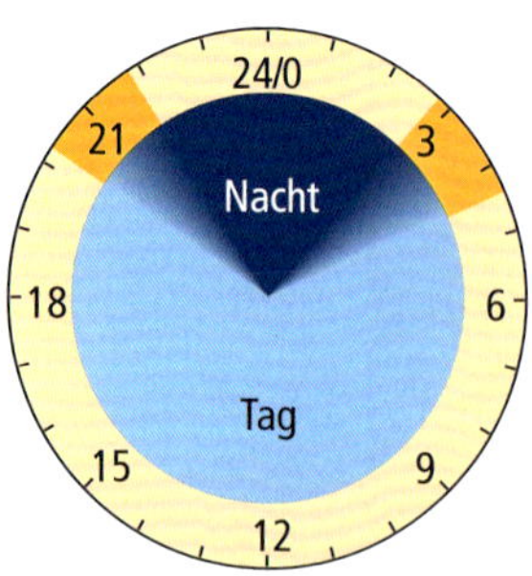

25. Mai

MONDLAUF

Datum	Aufg. MEZ	Kulmination	Unterg. MEZ	Rektaszension	Deklination	Sterne und Sternbilder	Phase	MEZ
	h m	h m	h m	h m	°			
So 1.	5 16	12 46	20 33	2 39	+14,5	Widder	Aufsteigender Knoten	
Mo 2.	5 36	13 33	21 44	3 27	+19,0	Stier, Plejaden		
Di 3.	6 02	14 21	22 53	4 17	+22,6	Stier, Hyaden		
Mi 4.	6 34	15 11	23 55	5 08	+25,2	Stier, Alnath		
Do 5.	7 16	16 01	–	6 01	+26,7	Zwillinge	Erdferne 405/29′,5	14h
Fr 6.	8 07	16 52	0 47	6 54	+26,9	Zwillinge		
Sa 7.	9 09	17 42	1 30	7 46	+25,9	Kastor, Pollux		
So 8.	10 16	18 30	2 02	8 38	+23,7	Krebs, Krippe		
Mo 9.	11 28	19 17	2 28	9 28	+20,5	* Löwe	**Erstes Viertel** Größte Nordbreite	**1h 21m**
Di 10.	12 41	20 02	2 49	10 17	+16,3	Löwe, Regulus		
Mi 11.	13 56	20 47	3 06	11 05	+11,3	* Löwe	Libration Ost	
Do 12.	15 12	21 32	3 22	11 52	+ 5,6	Jungfrau		
Fr 13.	16 31	22 20	3 37	12 41	– 0,5	* Jungfrau		
Sa 14.	17 54	23 10	3 53	13 30	– 6,7	* Spica		
So 15.	19 22	–	4 12	14 23	–12,8	Waage		
Mo 16.	20 51	0 04	4 35	15 20	–18,4	Waage	**Vollmond** Absteigender Knoten	**5h 14m**
Di 17.	22 18	1 03	5 07	16 21	–22,9	Antares	Erdnähe 360/33′,2	16h
Mi 18.	23 34	2 07	5 51	17 25	–25,8	Schlangenträger		
Do 19.	–	3 12	6 51	18 32	–27,0	Schütze, Nunki		
Fr 20.	0 32	4 17	8 06	19 38	–26,2	Schütze		
Sa 21.	1 14	5 17	9 29	20 40	–23,6	Steinbock		
So 22.	1 44	6 13	10 53	21 39	–19,6	Steinbock	**Letztes Viertel** Größte Südbreite	**19h 43m**
Mo 23.	2 06	7 03	12 13	22 33	–14,7	Wassermann		
Di 24.	2 23	7 50	13 30	23 23	– 9,2	Wassermann	Libration West	
Mi 25.	2 38	8 34	14 45	0 10	– 3,4	Fische		
Do 26.	2 53	9 17	15 57	0 56	+ 2,4	Walfisch		
Fr 27.	3 07	10 00	17 09	1 41	+ 8,0	Fische		
Sa 28.	3 23	10 44	18 21	2 27	+13,2	Widder		
So 29.	3 41	11 29	19 32	3 14	+17,9	Widder	Aufsteigender Knoten	
Mo 30.	4 04	12 16	20 41	4 03	+21,7	Stier, Plejaden	**Neumond Nr. 1230**	**12h 30m**
Di 31.	4 34	13 05	21 46	4 54	+24,6	Stier		

DER MOND NÄHERT SICH POLLUX

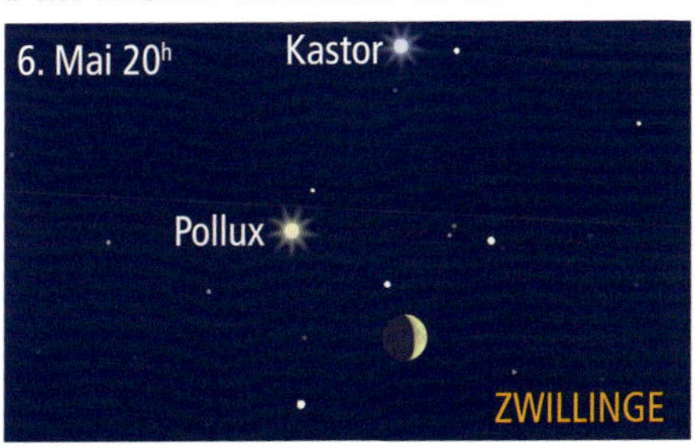

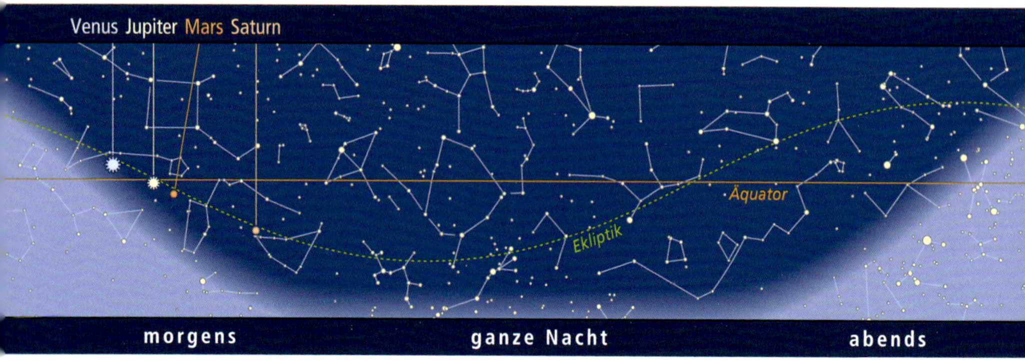

MERKUR kann unter günstigen Sichtbedingungen noch in den ersten Maitagen knapp über dem Nordwesthorizont erspäht werden. Am 1. geht der $0\overset{m}{,}4$ helle Planet um 21^h43^m unter. Bis 5. sinkt seine Helligkeit auf $1\overset{m}{,}3$ ab, sein Untergang erfolgt vier Minuten früher, nämlich um 21^h39^m (= 22^h39^m Sommerzeit). Erst gegen 20^h30^m ist es dunkel genug, um Merkur zu erkennen. Gegen 21^h (= 22^h Sommerzeit) verschwindet Merkur bereits in den horizontnahen Dunstschichten (siehe auch Abb. 4.7 und 4.8 auf Seite 100). Am 2. Mai zieht die extrem schmale Mondsichel an Merkur $1\overset{\circ}{,}8$ südlich vorbei (siehe Abb. 5.2 unten).

Am 11. kommt der flinke Planet zum Stillstand und eilt anschließend auf die ihm entgegenkommende Sonne zu. Schon am 21. trifft er mit ihr zusammen, Merkur kommt in untere Konjunktion mit der Sonne.

Anschließend wachsen seine westlichen Winkelabstände von der Sonne an, für eine Morgensichtbarkeit reicht es allerdings nicht. Außer an den ersten Maitagen bleibt Merkur im restlichen Maimonat am Taghimmel verborgen.

Seine Konjunktionsschleife zieht Merkur im Goldenen Tor der Ekliptik, das von den beiden offenen Sternhaufen Hyaden und Plejaden im Sternbild Stier markiert wird (siehe Abb. 5.5 auf Seite 121).

Am 27. passiert der sonnennahe Planet das Aphel seiner Bahn.

VENUS bleibt Morgenstern. Sie läuft durch Walfisch und Fische und wechselt am Monatsende in

5.2 Begegnung der dünnen Sichel des zunehmenden Mondes mit Merkur am 2. Mai. Abendlicher Fernglasanblick bei 5° Gesichtsfelddurchmesser.

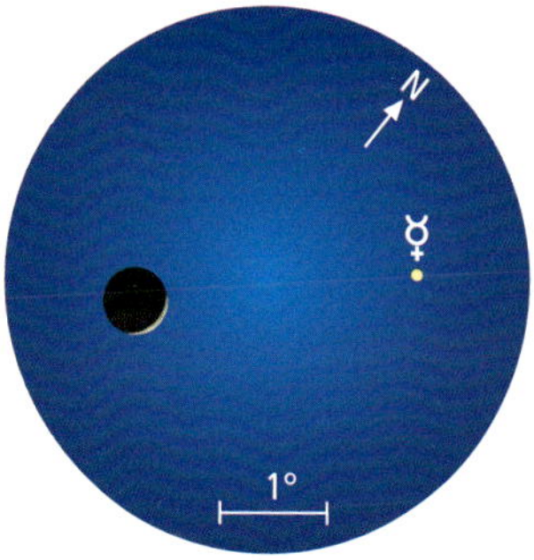

5.3 Begegnung der abnehmenden Mondsichel mit Venus am 27. Mai. Fernglasanblick bei 5° Gesichtsfelddurchmesser gegen 4^h MEZ.

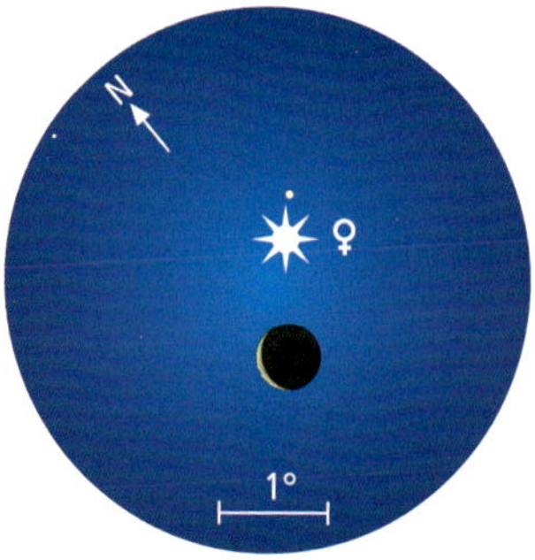

5.4 Mars zieht am 29./30. Mai an Jupiter vorbei. Morgendlicher Fernglasanblick bei 5° Gesichtsfelddurchmesser.

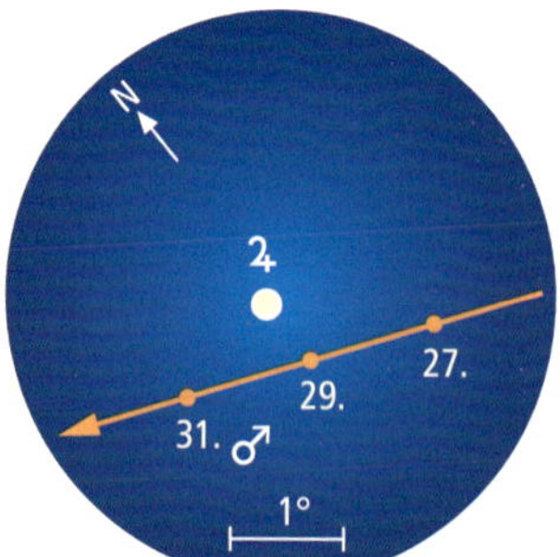

das Sternbild Widder. Am 2. passiert sie $1^{\circ}{,}4$ südlich den Frühlingspunkt.

Die Venusaufgänge erfolgen immer früher. Steigt der Morgenstern am 1. um 3^h45^m (= 4^h45^m Sommerzeit) über die Horizontlinie, so geht Venus am 15. um 3^h22^m und am 31. bereits um 2^h56^m (= 3^h56^m Sommerzeit) auf.

Die $-4^m{,}0$ helle Venus zeigt im Fernrohr am 23. ein $14''{,}5$ großes und zu 75 % beleuchtetes Planetenscheibchen.

Am 15. geht Venus durch das Aphel ihrer Bahn. An diesem Tag beträgt ihre Entfernung von der Sonne 109 Millionen Kilometer (= 0,728 AE).

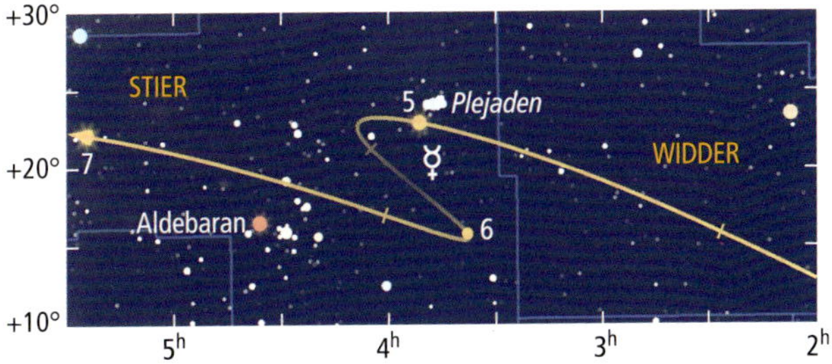

5.5 Konjunktionsschleife von Merkur im Sternbild Stier.

MARS, rechtläufig im Wassermann, wechselt am 19. in das Sternbild Fische. Der rote Planet taucht immer früher in der zweiten Nachthälfte auf und nimmt merkbar an Helligkeit zu. Man erkennt, Mars strebt seine Opposition zur Sonne an, die er allerdings erst am 8. Dezember erreichen wird.

Ende Mai überschreitet er den Himmelsäquator und wechselt auf die Nordhälfte des Firmaments.

Die Marsaufgänge erfolgen am 1. um 3^h17^m, am 15. um 2^h42^m und am 31. bereits um 2^h01^m (=3^h01^m Sommerzeit). Während des Monats nimmt die Marshelligkeit um $0^m{,}2$ auf $0^m{,}7$ zu.

In der Nacht vom 17. auf 18. zieht Mars 0°34' südlich an Neptun vorbei, ein Ereignis, das allerdings unbeobachtbar bleibt. Zu verfolgen ist hingegen die Passage an Jupiter am 29., wo Mars 0°38' südlich am Riesenplaneten vorbeiläuft (siehe Abb. 5.4 auf Seite 120).

Der abnehmende Halbmond begegnet Mars am 24., wobei diese Konjunktion am frühen Morgen des 25. zu beobachten ist.

JUPITER ist Planet am Morgenhimmel. Der Riesenplanet wandert rechtläufig durch die Fische und überschreitet am 25. den Himmelsäquator von Süd nach Nord. Bereits am 10. passiert er $1^{\circ}{,}1$ südlich den Frühlingspunkt (siehe Abb. 9.3 auf Seite 199).

Am 1. geht Jupiter um 3^h43^m auf, am 15. um 2^h53^m und am 31. bereits um 1^h56^m (= 2^h56^m Sommerzeit). Die Helligkeit des Riesenplaneten nimmt leicht um $0^m{,}1$ zu und erreicht $-2^m{,}2$.

Am 29. wandert Mars 0°38' südlich an Jupiter vorbei, wobei der rote Planet mit $0^m{,}7$ deutlich lichtschwächer ist (siehe Abb. 5.4 auf Seite 120).

SATURN bremst seine rechtläufige Wanderung durch den Steinbock deutlich ab. Die Saturnbewegung lässt sich am Stern Deneb Algedi (δ Cap; variabel $2^m{,}8$ – $3^m{,}1$) beobachten. Gegen Monatsende bleibt der Ringplanet fast völlig stehen (siehe Abb. 8.2 auf Seite 179).

Die Saturnhelligkeit nimmt leicht um $0^m{,}1$ zu und erreicht bis Ende Mai $0^m{,}7$.

Saturn wird zum Planeten der zweiten Nachthälfte. Geht er am 1. um 2^h39^m (= 3^h39^m Sommerzeit) auf, so erscheint am 15. um 1^h46^m und am 31. bereits um 0^h44^m über der südlichen Horizontlinie. Jeweils etwa 20 Minuten nach seinem Aufgang wird Saturn leicht erkennbar.

Am 22. erhält der Ringplanet wieder Besuch vom abnehmenden Halbmond (siehe Abb. 5.1 auf Seite 116).

URANUS steht am 5. im Sternbild Widder in Konjunktion mit der Sonne. Der grünliche Planet kulminiert an diesem Tag zeitgleich mit der Sonne. Beide passieren um 12^h17^m (= 13^h17^m MESZ) den Meridian. Uranus hält sich somit am Taghimmel auf und bleibt nachts unter dem Horizont.

Am Tag der Konjunktion ist Uranus 3099 Millionen Kilometer (= 20,72 AE) von der Erde entfernt. Dies ist in diesem Jahr seine maximale Entfernung von uns. Von der Sonne trennen ihn immerhin 2948 Millionen, also fast drei Milliarden Kilometer (= 19,71 AE).

NEPTUN wandert rechtläufig durch das Sternbild Wassermann und wechselt am 3. in das Sternbild der Fische. Noch kann der sonnenfernste Planet nicht am Morgenhimmel aufgefunden werden. Auch die Begegnung mit Mars am 18. bleibt unbeobachtbar.

PLANETOIDEN UND ZWERGPLANETEN

VESTA – Planetoid Nr. 4 – wandert rechtläufig durch den Steinbock und wechselt am 15. in den Wassermann (siehe Abb. 8.3 auf Seite 181). Ihre Helligkeit steigt im Mai von $7\overset{m}{,}6$ auf $7\overset{m}{,}2$ merkbar an. Ihr Aufgang erfolgt am 1. um 2^h38^m und am 31. schon um 1^h09^m (= 2^h09^m MESZ). Sie passiert den Meridian am 1. um 7^h24^m, am 15. um 6^h49^m und am 31. bereits um 6^h05^m. Wegen ihrer horizontnahen Stellung ist Vesta jedoch kaum auffindbar.

PERIODISCHE STERNSCHNUPPENSTRÖME

Die **ETA-AQUARIIDEN**, auch **MAI-AQUARIIDEN** genannt, flammen von Monatsbeginn bis etwa 28. Mai auf. Die ersten Exemplare dieses Stromes erscheinen bereits Ende April. Der Radiant liegt bei η Aquarii. Das ausgeprägte Maximum wird am 5. Mai erreicht. Im Durchschnitt sind etwa 20 Sternschnuppen pro Stunde zu registrieren, um die Zeit des Maximums sogar 60 bis 70. Wegen des horizontnah liegenden Radianten sind die Mai-Aquariiden in unseren Breiten kaum zu beobachten, aber in südlichen Gegenden sind sie ein auffälliger Strom. Es handelt sich bei diesem Meteorstrom um schnelle Objekte. Sie tauchen mit Geschwindigkeiten um 65 Kilometer pro Sekunde in die Erdatmosphäre ein, wobei sie auffallend lange Leuchtspuren hinterlassen. Die beste Beobachtungszeit ist ab etwa 3^h am Morgenhimmel in den Tropen.

Die Mai-Aquariiden führen ihren Ursprung auf den Kometen 1P/Halley zurück.

Die **ETA-LYRIDEN** erscheinen zwischen 3. und 14. Mai. Dieser wenig auffallende Strom erreicht am 8. sein schwaches Maximum mit etwa fünf Meteoren pro Stunde. Der Radiant liegt zwischen Wega (α Lyrae) und δ Cygni. Somit sind die Eta-Lyriden die gesamte Nacht über zu beobachten. Ursprungsobjekt ist der Komet C/1983 H1 (IRAS-Araki-Alcock).

Im Jahr 1995 wurde das Zerbrechen des Kometen 73P/

KONSTELLATIONEN UND EREIGNISSE

Datum	MEZ	Ereignis
1.	5^h	Mond bei Uranus, Mond $0\overset{\circ}{,}4$ südlich
2.	15	**Mond bei Merkur**, Mond $1\overset{\circ}{,}8$ südlich, **Abstand $2\overset{\circ}{,}7$ um 21^h**
5.	8	Uranus in Konjunktion mit der Sonne
11.	0	Merkur im Stillstand, anschließend rückläufig
15.	12	Venus im Aphel
16.	5	**Totale Mondfinsternis** – teilweise in Mitteleuropa beobachtbar (siehe Seite 25)
18.	0	Mars bei Neptun, Mars $0\overset{\circ}{,}6$ südlich
21.	20	Merkur in unterer Konjunktion mit der Sonne
22.	6	**Mond bei Saturn**, Mond $4\overset{\circ}{,}5$ südlich, **Abstand $5\overset{\circ}{,}9$ um 3^h**
24.	11	Mond bei Neptun, Mond $3\overset{\circ}{,}7$ südlich
24.	20	**Mond bei Mars**, Mond $2\overset{\circ}{,}8$ südlich, **Abstand $4\overset{\circ}{,}1$ um 3^h am 25.**
25.	1	**Mond bei Jupiter**, Mond $3\overset{\circ}{,}3$ südlich, **Abstand $3\overset{\circ}{,}8$ um 3^h**
27.	4	**Mond bei Venus**, Mond $0\overset{\circ}{,}2$ südlich, **Abstand $1\overset{\circ}{,}1$ um 4^h**
27.	23	Merkur im Aphel
28.	15	Mond bei Uranus, Mond $0\overset{\circ}{,}3$ südlich
29.	1	**Mars bei Jupiter**, Mars $0\overset{\circ}{,}6$ südlich, **Abstand $0\overset{\circ}{,}6$ um 3^h**
29.	14	Mond bei Merkur, Mond $3\overset{\circ}{,}7$ nördlich

Schwassmann-Wachmann 3 beobachtet. Teilchen, die bei dieser Trennung freigesetzt wurden, könnten in der Nacht zum 31. Mai zu einer sehr hohen Aktivität der **TAU-HERCULIDEN** führen. Meteore dieses Stromes wurden bislang nur 1930 in großer Anzahl beobachtet.

Ferner sind noch die **SCORPIUS-SAGITTARIUS**-Meteore zu erwarten, die von Mitternacht bis 4^h morgens günstig zu beobachten sind.

Ihr Ausstrahlungspunkt liegt rund 1° nördlich von β Scorpii. Das erste Maximum dieses Stromes wird um den 20. erwartet. Es handelt sich um mittelschnelle Sternschnuppen (um 30 Kilometer pro Sekunde).

Der Fixsternhimmel

Die Frühlingssternbilder sind nicht so reich an hellen Sternen wie die des Winters. Dennoch hat diese Jahreszeit am Himmel ihre eigenen Reize.

Der Himmelswagen steht hoch über unseren Köpfen, fast im Zenit. Er passiert gerade den Meridian. Auch die Jungfrau schreitet eben durch die Mittagslinie. Den Südwesten beherrscht der Löwe.

Südlich der Jungfrau fällt ein kleines, markantes Sternenviereck auf: der Rabe. Seine Figur ist recht einprägsam. Die östliche Hemisphäre wird nun von Bootes mit dem hellen Arktur, der Nördlichen Krone, Herkules und der Wega in der Leier beherrscht. Auch der Schwan mit Deneb ist schon im Nordosten auszumachen.

Leicht kann man nun das Frühlingsdreieck erkennen – es setzt den Schwerpunkt am Südhimmel. Es besteht aus den drei hellen Sternen Regulus im Löwen, Arktur im Bootes und Spica in der Jungfrau.

Der Südosthimmel macht einen recht sternarmen Eindruck. Das Sternbild Waage ist nicht besonders auffällig, man muss es schon bewusst suchen. Der Waage folgt im Tierkreis der Skorpion, der sich eben anschickt, aufzugehen. Sein heller, roter Hauptstern Antares passiert gerade die Horizontlinie. In der Antike deuteten die Sterne der Waage noch die Scheren des Skorpions an. Aus dieser Zeit leiten sich auch die arabischen Namen für die beiden hellsten Sterne α und β Librae ab, nämlich Zuben el Genubi und Zuben el Chamali, was südliche und nördliche Schere bedeutet.

Im Südosten erhebt sich das große Sternbild Schlangenträger (griech.-lat.: Ophiuchus) mit der Schlange. Gelegentlich wird auch die ebenfalls lateinische Bezeichnung Serpentarius für den Schlangenträger verwendet. Von der Schlange ist allerdings vorläufig nur der Vorderteil (lat.: Serpens Caput) zu sehen. Das Ende der Schlange (Schwanz der Schlange, lat.: Serpens Cauda) dieses ausgedehnten und durch den Schlangenträger geteilten Sternbildes ist noch nicht aufgegangen.

Zwischen der Jungfrau und dem Großen Wagen ist außer dem Sternbild Jagdhunde auch das Haar der Berenike zu finden. Dieses Sternbild ist recht licht-

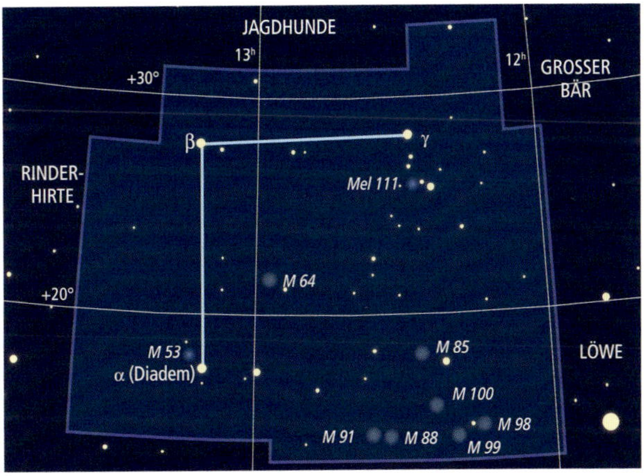

5.6 Das Sternbild Haar der Berenike

5.7 Der Kugelsternhaufen M 13 im Sternbild Herkules. Aufnahme: Martin Gertz/Sternwarte Welzheim.

schwach, setzt sich aber aus zahlreichen Sternen zusammen. Es wirkt besonders gut, wenn man diese Gegend mit einem lichtstarken Fernglas absucht. Dabei ist störendes Mondlicht ebenso zu vermeiden wie irdische Lichtquellen.

OBJEKTE FÜR FELDSTECHER UND FERNROHR

Zu den Standardobjekten einer Sternführung gehört im Frühjahr der Kugelhaufen M 13 im Herkules. In mondlosen Nächten und bei guten Sichtverhältnissen kann man M 13 sogar mit bloßen Augen als mattes Lichtfleckchen ausmachen. Im Fernglas ist M 13 auf alle Fälle gut erkennbar. Allerdings, um die Randpartien dieses Kugelhaufens in einzelne Sterne aufzulösen, benötigt man schon ein Fernrohr. So richtig zur Geltung kommt M 13 aber in größeren Teleskopen von zehn Zoll Öffnung aufwärts (also ab 25 cm Objektivdurchmesser).

Insgesamt beherbergt M 13 über eine Million Sterne, die einen sphärischen Raum von 160 Lichtjahren Durchmesser einnehmen. Er umrundet das galaktische Zentrum in rund einer halben Milliarde Jahre, von dem er sich im Apogalaktikum bis auf 80 000 Lichtjahre entfernt. Von der Erde trennen M 13 zurzeit immerhin 24 000 Lichtjahre.

Weitere Kugelhaufen, die schon im Fernglas erkennbar sind, sind M 3 in den Jagdhunden und M 5 in der Schlange. M 3 liegt auf der Verbindungslinie Arktur – α Canum Venaticorum (Cor Caroli), an der Grenze zum Bootes. M 5 liegt im westlichen Teil des Schlangenkopfes (Serpens Caput) an der Grenze zur Jungfrau und nördlich der Waage. M 3 und M 5 sind in dem schon erwähnten *Atlas für Himmelsbeobachter* in der Karte E15 eingetragen. M 3 ist 34 000

VERÄNDERLICHE STERNE

Algol-Minima		β-Lyrae-Minima		δ-Cepheï-Maxima		Mira-Helligkeit	
9.	4^h44^m	6.	11^h H	3.	16^h	1.	9^m
17.	19 12	12.	23 N	9.	1	10.	9
		19.	10 H	14.	9	20.	8
		25.	21 N	19.	18	31.	8
				25.	3		
				30.	12		

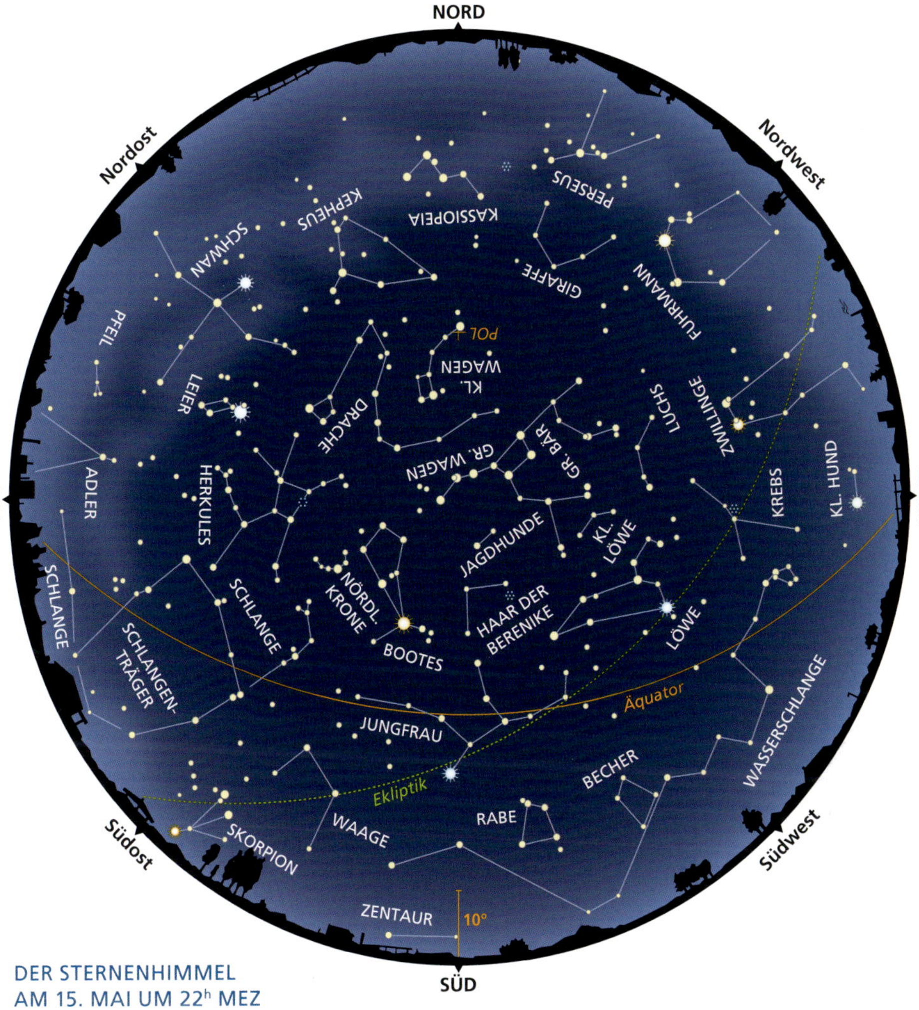

DER STERNENHIMMEL AM 15. MAI UM 22^{h} MEZ

Die Sternkarte ist auch gültig für:

	MEZ	MESZ
15. 1.	6^{h}	
1. 2.	5	
15. 2.	4	
1. 3.	3	
15. 3.	2	
1. 4.	1	2^{h}
15. 4.	0	1
1. 5.	**23**	**24**
15. 5.	**22**	**23**
31. 5.	**21**	**22**

Lichtjahre und M 5 rund 25 000 Lichtjahre entfernt.

In den Jagdhunden findet man auch den Spiralnebel M 51. Man sieht fast senkrecht auf diese Spiralgalaxie, die Lord Rosse als „Whirlpool Galaxy" (engl., Strudelgalaxie) bezeichnet hat. M 51 war das erste Milchstraßensystem, bei dem man eine Spiralform erkannt hat. Die Entfernung der Strudelgalaxie beträgt rund 23 Millionen Lichtjahre. In Astronomiebüchern oder im Internet findet man von M 51 prächtige Fotos. Im Amateurteleskop entpuppt sich M 51 allerdings nur als ein mattes Lichtfleckchen. Erst in größeren Instrumenten zeigen sich die Spiralarme. Die Strudelgalaxie ist leicht zu entdecken, wenn man vom letzten Deichselstern im Großen Wagen (Benetnasch

5.8 Die Strudelgalaxie (M 51) im Sternbild der Jagdhunde. Aufnahme: Martin Gertz/Sternwarte Welzheim.

oder η UMa) ausgeht. Schwenkt man von M 51 dann weiter in Richtung α Canum Venaticorum (Cor Caroli), so trifft man auf eine weitere Galaxie, nämlich M 63. Sie ist längst nicht so spektakulär wie M 51. Im Amateurfernrohr erkennt man den hellen Galaxienkern kaum und die Spiralarme bleiben kleineren Instrumenten verborgen. Von M 63 trennen uns 30 Millionen Lichtjahre.

Das Leo-Galaxientriplett ist etwas für fortgeschrittene Beobachter. Es setzt sich aus den drei Galaxien M 65 (NGC 3623), M 66 (NGC 3627) und NGC 3628 zusammen. Letztere hat keine Nummer von Charles Messier bekommen, obwohl sie mit $9^{m}{,}1$ ähnlich hell wie die beiden anderen Galaxien im Dreieck ist. NGC 3628 ist ein Milchstraßensystem, dem man auf die Kante sieht. Das dunkle Staubband in der galaktischen Hauptebene ist in größeren Teleskopen einwandfrei zu erkennen. Es spaltet die Galaxie in zwei leicht asymmetrische Teile, ebenso den etwas helleren und länglichen Zentralbereich. Der Spitzname dieses Systems lautet Hamburger-Galaxie.

Das Löwen-Galaxiendreieck liegt ein wenig südöstlich vom Stern Coxa (ϑ Leonis; $3^{m}{,}3$), der als Aufsuchhilfe dienen kann. Man findet das Galaxientriplett in der Sternkarte E11 im Atlas von Karkoschka. M 65 und M 66 sind rund 33 Millionen Lichtjahre entfernt. NGC 3628 ist mit 35 Millionen Lichtjahren etwas weiter weg. Die beiden Milchstraßensysteme M 65 und M 66 sind voneinander lediglich 200 000 Lichtjahre entfernt.

Ein leicht zu trennender und prominenter Doppelstern ist Algieba (γ Leonis), der Halsstern des Löwen. Schon ein Fernrohr mit 6 cm freier Öffnung trennt Algieba spielend. Zwei orangegelbe Sterne (A: $2^{m}{,}3$ und B: $3^{m}{,}5$) stehen in $4''{,}6$ Distanz voneinander.

Schwieriger zu trennen ist ε Bootis. Bei einer Distanz seiner Komponenten von $2''{,}9$ empfiehlt sich ein Vierzöller (Fernrohr mit 10 cm Öffnung), um das Paar einwandfrei aufzulösen, vor allem wegen der großen Helligkeitsdifferenz beider Komponenten. ε Boo A ist mit $2^{m}{,}7$ wesentlich heller als ε Boo B mit nur $5^{m}{,}3$. Nett anzusehen ist der deutliche Farbkontrast: die hellere Komponente leuchtet orangegelb, der Begleiter scheint in einem weißen Licht.

Ein schwieriger Doppelstern ist ι (Iota) Leonis. Ihn zu trennen erfordert schon ein Instrument von mindestens 15 cm freier Öffnung, wobei ein Refraktor ein besseres Auflösungsvermögen als ein Spiegel gleicher Größe bietet. Unter guten Sichtbedingungen (ruhige Luft!) kann man ι Leonis schon im 10-cm-Refraktor auflösen. Die beiden $4^{m}{,}1$ und $6^{m}{,}7$ hellen Komponenten stehen in einem Abstand von $2''{,}2$. Beide Sterne zeigen eine leicht gelbliche Farbe.

Um ι Leonis zu finden, benutze man die Sternkarte E11 im *Atlas für Himmelsbeobachter* von Erich Karkoschka.

Wie groß sind Schwarze Löcher?

NASA/JPL-Caltech

5.9 **Um ein unsichtbares Schwarzes Loch kreist eine Akkretionsscheibe.**

Schwarze Löcher sind faszinierende Himmelsobjekte, die selbst in Laienkreisen auf großes Interesse stoßen. Die finsteren Gestirne beschäftigen auch die Astronomen. Längst sind nicht alle Rätsel dieser exotischen Gebilde gelöst. Auch ihre Größe beschäftigt nach wie vor die Forscher.

Die Bezeichnung Schwarze Löcher (engl.: Black Holes) deutet an, dass ihnen nichts entrinnen kann, nicht einmal Licht. Sie werden zu Recht „Schwerkraftfallen im Universum" genannt. Die Bezeichnung „Black Hole" wurde 1968 von John Archibald Wheeler eingeführt, dem Nachfolger von Albert Einstein am Lehrstuhl für Physik in Princeton.

Doch die Vorstellung, es könne Sterne geben, die so massereich sind, dass nicht einmal Photonen ihre Oberfläche verlassen können, ist sehr viel älter. Schon im Jahre 1783 hat Reverend John Michell (1724–1793) bemerkt, dass besonders schwere Sterne die Lichtteilchen gefangen halten könnten. Unabhängig von ihm hat auch Pierre Simon de Laplace (1749–1827) fast zeitgleich diese Vermutung geäußert. Sie waren von Isaac Newtons Theorie überzeugt, dass Licht aus Korpuskeln besteht, die sich mit ungeheurer Geschwindigkeit ausbreiten. Wenn solche Sterne kein Licht aussenden können, bleiben sie eben dunkel. Daher kann man sie nicht sehen. Da sie unsichtbar sind, ist es zwecklos, nach ihnen zu fahnden. Über ihre Existenz kann man nur spekulieren.

Was versteht man unter einem Schwarzen Loch? Die Schwerkraft bewirkt, dass ein in die Höhe geworfener Stein wieder zum Erdboden zurückfällt. Je größer die Anfangsgeschwindigkeit, desto höher steigt der Stein und es dauert entsprechend länger, bis er wieder zurückkommt, übrigens mit der gleichen Geschwindigkeit, mit der er gestartet ist. Ab einer bestimmten Geschwindigkeit aber kommt der Stein nicht wieder, denn seine Gipfelhöhe liegt im Unendlichen – theoretisch zumindest. Diese Grenzge-

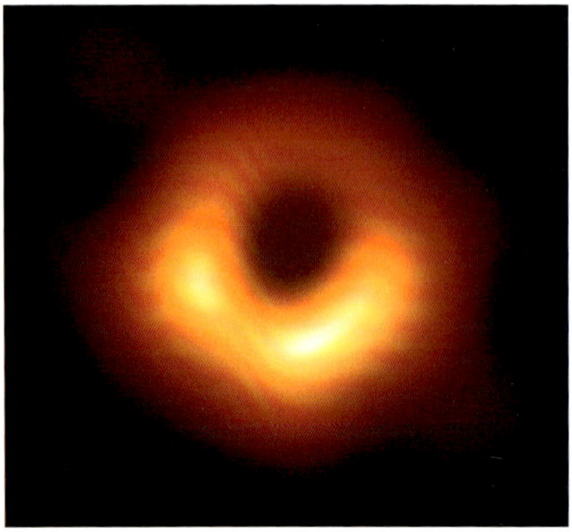

EHT Collaboration

5.10 Schatten des supermassereichen Schwarzen Loches im Zentrum der aktiven Galaxie M 87 (Vir A) im Sternbild Jungfrau.

schwindigkeit nennt man Entweich- oder Fluchtgeschwindigkeit. Sie hängt vom Gravitationspotential und somit von der Masse (M) *und* dem Radius (R) des Himmelskörpers ab:

Entweichgeschwindigkeit $v_E = (2 \cdot G \cdot M/R)^{0,5}$ (1)

G ist dabei die universelle Newtonsche Gravitationskonstante von $6{,}67 \cdot 10^{-8}\ cm^3g^{-1}s^{-2}$.

Bei der Erde beträgt die Entweichgeschwindigkeit 11,2 Kilometer pro Sekunde, beim Mond 2,4 und bei der Sonne 618 Kilometer pro Sekunde. Aus obiger Formel ist sofort ablesbar: Je größer die Masse und je kleiner der Radius, desto höher ist die erforderliche Geschwindigkeit, um dem Gestirn zu entfliehen. Ein Astronaut muss also für eine Reise zum Mond oder zum Mars mindestens mit seinem Raumschiff die Entweichgeschwindigkeit von 11,2 km/s erreichen, um der Erde zu entfliehen.

MASSE BESTIMMT GRÖSSE

Erreicht die Entweichgeschwindigkeit die Lichtgeschwindigkeit c von 299 793 Kilometer pro Sekunde, so kann nichts mehr die Oberfläche des Himmelskörpers verlassen, nicht einmal mehr das Licht. Setzt man also $v_E = c$, so ergibt sich:

$R_s = 2 \cdot G \cdot M/c^2$ (2)

Man nennt R_s den Schwarzschildradius zu Ehren des prominenten Astrophysikers Karl Schwarzschild (1873–1916), der als Erster kurz vor seinem Tod eine Lösung der Einsteinschen Feldgleichungen der Allgemeinen Relativitätstheorie fand. Danach stürzen Sterne, wenn sie ausgebrannt sind und entsprechend große Masse besitzen, in einem Gravitationskollaps zu Schwarzen Löchern zusammen.

Würde man unsere Sonne zu einer Größe von nur sechs Kilometern Durchmesser, also einer Kugel mit einem Radius von drei Kilometer zusammenpressen, so könnte ihr nichts mehr entfliehen. Sie würde zwar mit ihrer Schwerkraft die Erde in ihrer Bahn halten, aber schnell würde es auf unserem Planeten bitterkalt werden. Der Kältetod für alle Lebensformen auf der Erde wäre unausweichlich.

Die Erde müsste man auf knapp zwei Zentimeter zusammendrücken, um aus ihr ein Schwarzes Loch zu machen. Doch weder die Erde noch die Sonne noch die meisten anderen Sterne können zu Schwarzen Löchern kollabieren. Erst wenn ausgebrannte Sterne mehr als drei Sonnenmassen aufweisen, kommt es zu einem Gravitationskollaps. Die Größe eines Schwarzen Loches, also sein Schwarzschildradius, ist einfach zu berechnen, wenn man als Masseeinheit die Sonnenmasse nimmt und den Schwarzschildradius in Kilometern angibt. Es gilt dann die Beziehung:

$R_s = k \cdot M$ (3),

wobei k = 3 ist. Für den Stern Antares mit zehnfacher Sonnenmasse erhält man einen Schwarzschildradius von 30 Kilometer. Somit hat α Scorpii (Antares) als Schwarzes Loch einen Durchmesser von 60 Kilometer.

Das Zentrum unserer Milchstraße beherbergt ein Black Hole von vier Millionen Sonnenmassen. Somit hat es einen Schwarzschildradius von $3 \times 4 \cdot 10^6 = 12 \cdot 10^6$ km und ist somit eine Kugel von 24 Millionen Kilometer Durchmesser.

Doch es gibt noch gewaltigere Black Holes. Im Mittelpunkt der Galaxie M 87 im Sternbild Jungfrau haust ein Schwarzes Loch von mindestens sechs Milliarden Sonnenmassen. Sein Schwarzschildradius misst somit 18 Milliarden Kilometer. Stünde dieses Black Hole an Stelle unserer Sonne, so fände bequem unser gesamtes Planetensystem bis weit über die Plutobahn hinaus Platz darin.

Das bisher größte Monster eines Schwarzen Loches wurde im Zentrum der riesigen elliptischen Galaxie NGC 4889 im Sternbild Coma Berenices ausgemacht. Rund 300 Millionen Lichtjahre trennen die Galaxie NGC 4889 von uns. Seine Masse liegt bei 20 Milliarden ($2 \cdot 10^{10}$) Sonnenmassen. Mit 120 Milliarden ($1{,}2 \cdot 10^{11}$) Kilometer (= 800 AE) Durchmesser ist es wesentlich größer als unser Planetensystem.

SCHWARZE LÖCHER EXISTIEREN NICHT EWIG

Beim Sturz in ein Black Hole werden alle Strukturen zerstört. Wheeler nannte dies „no-hair theorem" – Schwarze Löcher haben keine Haare. Alle Informationen gehen verloren. Nur drei Größen bleiben erhalten: Masse (M), Drehimpuls (D) und elektrische Ladung (Q). Sie charakterisieren ein Black Hole vollständig. Da die Materie im Universum weitgehend elektrisch neutral ist, so haben die real existierenden Schwarzen Löcher nur Masse und Drehimpuls als Eigenschaften.

Die Oberfläche eines Black Hole ist weder fest noch flüssig oder gasförmig. Sie ist einfach leer. Nichts hemmt einen Sturz in ein Black Hole. Die Oberfläche eines Black Holes ist die Fläche einer Kugel mit dem Schwarzschildradius. Da nichts ein Schwarzes Loch verlassen kann, spricht man auch vom Ereignishorizont. Was in ein Schwarzes Loch hineinfällt, ist für immer verloren. Daher auch die sinnvolle Bezeichnung „Loch" und „schwarz", da selbst Licht nicht entfliehen kann. Was jenseits des Ereignishorizonts geschieht, bleibt unbekannt. Der kosmische Zensor verhindert einen Blick in das Innere eines Schwarzen Loches.

Seit Einstein und Schwarzschild hat die Erforschung Schwarzer Löcher neue Erkenntnisse geliefert. Bei Anwendung der Quantenmechanik auf die extremen Gravitationsfelder der Black Holes ergeben sich neue Einsichten. Der weithin bekannte britische Physiker Stephen Hawking (1942–2018) hat beschrieben, wie am Ereignishorizont aus virtuellen Elementarteilchen des Quantenvakuums reelle Partikelpaare entstehen können. Ein Teilchen eines solchen Paares bleibt gefangen, das andere entflieht ins Weltall und nimmt einen, wenn auch extrem winzigen Teil der Gravitationsenergie mit sich.

Dieser quantenmechanische Vorgang gleicht formal einem Verdampfungsprozess, er geht allerdings extrem langsam vor sich. Ein Schwarzes Loch von drei Sonnenmassen braucht 10^{65} (hundert Dezilliarden) Jahre, um vollständig zu verdampfen. Am Anfang extrem langsam, geht dieser Prozess in der letzten Sekunde explosionsartig vor sich.

5.11 Phasenabhängige Schwankung der Photonenenergie (E_{Ph}). Sie bleibt im Mittel konstant.

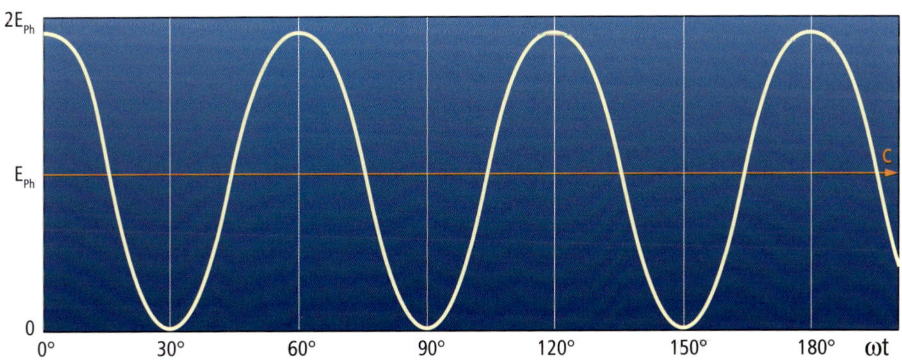

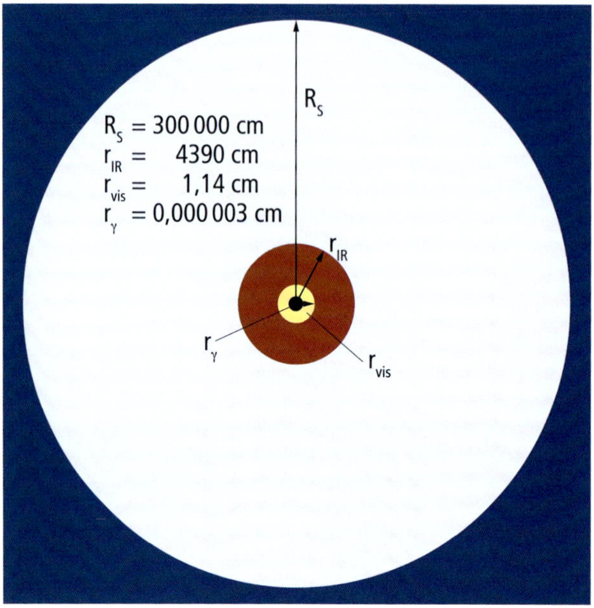

5.12 Die Ereignishorizonte um ein Schwarzes Loch für einige Photonen verschiedener Energien.

Inzwischen hat man entdeckt, dass es nicht nur stellare Black Holes von einigen Sonnenmassen und supermassereiche von millionenfacher Sonnenmasse in den Zentren großer Galaxien gibt, sondern auch mittelschwere von einigen hundert bis hunderttausendfacher Sonnenmasse, die sich in der Milchstraße gleich marodierenden Gravitationsmonstern herumtreiben. Sie haben Durchmesser von Planetengröße. Die Entstehung und Herkunft dieser intermediären Black Holes ist noch weitgehend ungeklärt. Vermutlich haben sich die intermediären Schwarzen Löcher kurz nach dem Urknall gebildet.

Der russische Physiker Igor Dmitrijewitsch Nowikow (И́горь Дми́триевич Но́виков; *1935), prominenter Spezialist für Black Holes, vermeidet in seinen Publikationen den Begriff „Schwarzschildradius" und verwendet dafür die Bezeichnung „Gravitationsradius". Denn Schwarzschild war in der Sowjetunion eine Persona non grata. Inzwischen hat es sich eingebürgert, den halben Schwarzschildradius als Gravitationsradius zu bezeichnen, was gelegentlich zur Verwirrung führt.

SCHWARZE LÖCHER AUS DER SICHT VON PHOTONEN

Der Physiker Philipp M. Kanarev aus Krasnodar (Russland) hat darauf hingewiesen, dass der Gravitationsradius eines Black Holes vom Typ Schwarzschild (nicht rotierend) für Photonen, deren Ruhemasse gleich Null ist, wesentlich kleiner ist als der Schwarzschildradius nach Formel (2). Die Möglichkeit eines Photons, der Schwerkraftfalle eines Black Holes zu entkommen, ist abhängig von der jeweiligen Energie des Photons. Diese ist wiederum eine Funktion der Frequenz beziehungsweise der Wellenlänge der elektromagnetischen Strahlung.

Die Wellenlänge erscheint aber nicht in der klassischen Formel zur Berechnung des Schwarzschildradius. Es muss somit der Gravitationsradius eines Black Hole unter Berücksichtigung der Photonenenergie berechnet werden. Die Photonenenergie errechnet sich zu $E_{Ph} = h \cdot \nu$, wobei h das Plancksche Wirkungsquantum ($h = 6{,}26 \cdot 10^{-27}$ erg · s) und ν die Frequenz des Photons ist. Da sich das ruhemasselose Photon stets mit Lichtgeschwindigkeit c bewegt, so gilt $c = \lambda \cdot \nu$, woraus sich die Photonenenergie zu $E_{Ph} = h \cdot c/\lambda$ ergibt. Ist die Photonenenergie gleich der potenziellen Gravitationsenergie am Ereignishorizonts des Black Hole, so wird das Photon gefangen und kann nicht mehr entfliehen. Der Gravitationsradius für Photonen der Wellenlänge λ errechnet sich zu:

$$R_G = (G \cdot M \cdot \lambda/2\pi)^{0,5} \cdot (1/c) \quad (4)$$

Für ein Photon mit $\lambda = 550$ nm (gelbes Licht) ergibt sich ein Gravitationsradius für die Sonne von 1,14 cm. Erst ab zwei Zentimeter Durchmesser wird die Sonne für gelbes Licht zu einem Black Hole. Damit ist der Gravitationsradius der Sonne für gelbes Licht fast 300 000-mal kleiner als der klassische Schwarzschildradius von drei Kilometer für die Sonne.

Für Infrarotstrahlung mit einer Wellenlänge von einem Millimeter beträgt der Gravitationsradius der Sonne etwas mehr als vier Meter. Bei der hochenergetischen Gammastrahlung ($\lambda = 10^{-5}$ nm) müsste man die Sonne schon auf einen winzigen Durchmesser von knapp drei Hunderttausendstel Millimeter zusammenquetschen, damit sie auch für die Gammastrahlung zu einem Schwarzen Loch wird.

Beim Kollaps eines massereichen Sterns werden zuerst Infrarotstrahlen, dann nacheinander rotes, gelbes, blaues Licht, Ultraviolett-, Röntgen- und schließlich Gammastrahlen verschluckt.

Zu meinen, man sähe bei einem Gravitationskollaps ein leuchtendes Objekt mit nettem Farbspiel, wäre jedoch ein Irrtum. Die Photonen, die noch vor Erreichen des Gravitationsradius dem Ereignishorizont des Kollapsars entfliehen, müssen erhebliche Energie aufwenden. Selbst Gammaquanten werden dann zur Infrarotstrahlung infolge der enormen Rotverschiebung. Zu sehen gäbe es deshalb nichts. Der Kollaps in der Endphase erfolgt unheimlich schnell, in Bruchteilen einer Sekunde gemessen mit der Uhr eines mitfallenden Beobachters.

Für einen außenstehenden Beobachter, der beispielsweise gemütlich auf der Erde sitzt, dauert der Kollaps hingegen eine Ewigkeit. Denn hier wirkt sich die gravitative Zeitdilatation gemäß der Allgemeinen Relativitätstheorie aus: Uhren im Schwerefeld gehen bekanntlich langsamer als unbeschleunigte.

Bei einem Gravitationsradius von nur 1,14 cm für gelbes Licht und ein eine Sonnenmasse schweres Black Hole ergibt sich die ungeheure Materiedichte von $3 \cdot 10^{32}$ g/cm^3 (300 Quintillionen Gramm pro Kubikzentimeter). Dies ist eine rund zehn Trillionen höhere Dichte als die Dichte der Materie in einem Atomkern. Hier versagt nicht nur unsere Vorstellungskraft, sondern auch das Wissen um die physikalischen Zustände einer solchen hyperdichten Materie. Definitiv gibt es in dieser Materiekonzentration keine Protonen und Neutronen mehr. Und ob es Quarks, die Bausteine der Nukleonen, in der uns bekannten Konfiguration noch gibt, ist mehr als zweifelhaft. Um derartige Zustände zu beschreiben, ist eine völlig neue Physik erforderlich. In irdischen Beschleunigern sind solche Materiezustände nicht zu erzeugen. Aber für die theoretischen Physiker und Astronomen bleibt dies eine spannende Forschungsaufgabe.

NASA/ESA

5.13 Das bisher größte Schwarze Loch wurde in der elliptischen Galaxie NGC 4889 im Sternbild Haar der Berenike entdeckt. Der Durchmesser seines Ereignishorizonts beträgt 120 Milliarden Kilometer (= 800 AE).

Fazit: Für Photonen sind Schwarze Löcher Tausende Male kleiner als ihr klassischer Schwarzschildradius misst.

Juni 2022

- Die Sonne erreicht am 21. um 10^h14^m MEZ den Gipfel ihrer Jahresbahn – der astronomische Sommer beginnt.
- Venus beherrscht den Morgenhimmel.
- Mars wird zum Planeten der zweiten Nachthälfte, ebenso Jupiter.
- Saturn verlegt seine Aufgänge in die Zeit vor Mitternacht.
- Merkur bleibt unbeobachtbar.

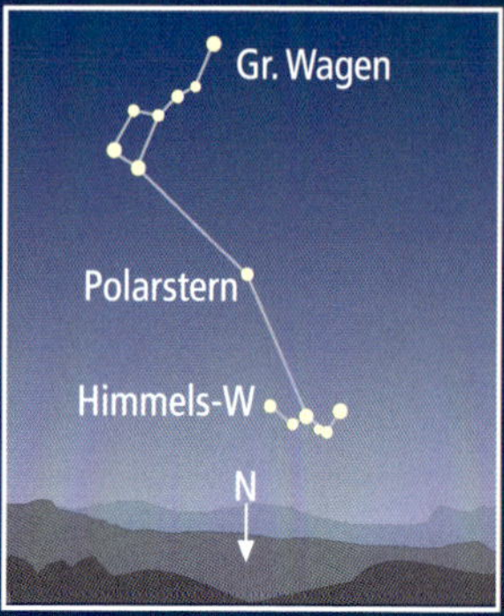

Großer Wagen und Himmels-W Anfang Juni um 22 Uhr MEZ

6.1 Der Osthimmel am 22. Juni gegen 2^h MEZ (= 3^h MESZ). Mars, Jupiter und Saturn prägen den morgendlichen Himmelsanblick. Zwischen Mars und Jupiter steht der abnehmende Halbmond.

1 Mi

2 Do

3 Fr

4 Sa

5 So Pfingstsonntag

6 Mo Pfingstmontag

7 Di Erstes Viertel

8 Mi

9 Do

10 Fr

11 Sa

12 So

13 Mo

14 Di Vollmond

15 Mi

16 Do Fronleichnam

17 Fr

18 Sa

19 So

20 Mo

21 Di Sommerbeginn
Letztes Viertel
Mond bei Jupiter – Mitternacht

22 Mi Mond bei Mars – Mitternacht

23 Do

24 Fr

25 Sa

26 So Mond bei Venus – morgens

27 Mo

28 Di

29 Mi Neumond

30 Do

SONNE – STERNBILDER

21.6. 10^h14^m:
Sonne tritt in das Tierkreiszeichen Krebs

21.6. 22^h:
Sonne tritt in das Sternbild Zwillinge

Julianisches Datum am
1. Juni, 1^h MEZ: 2459731,5

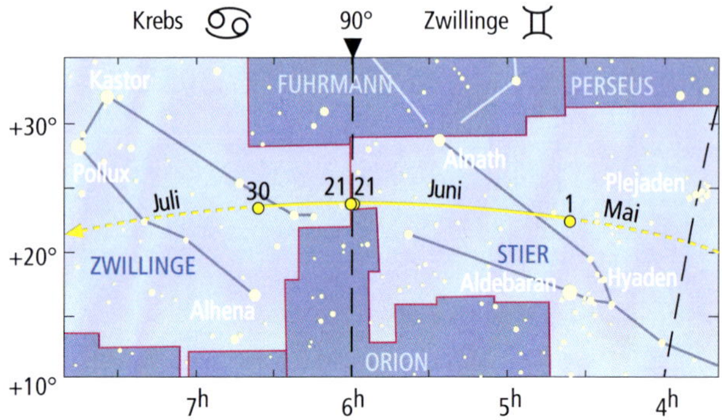

SONNENLAUF

Tag	Dämmerg. Anfang	Aufgang MEZ	Kulmination	Untergang MEZ	Dämmerg. Ende	Mittagshöhe	Zeitgleichg.	Rektaszension	Deklination
	h m	h m	h m	h m	h m	°	m	h m	°
1.	2 33	4 16	12 18	20 20	22 04	62,1	+2	4 34	+22,0
5.	2 28	4 13	12 18	20 24	22 10	62,6	+2	4 51	+22,5
10.	2 23	4 11	12 19	20 28	22 16	63,0	+1	5 11	+23,0
15.	2 21	4 10	12 20	20 31	22 21	63,3	0	5 32	+23,3
20.	2 20	4 10	12 22	20 33	22 23	63,4	–2	5 53	+23,4
25.	2 22	4 12	12 23	20 33	22 23	63,4	–3	6 14	+23,4
30.	2 25	4 14	12 24	20 33	22 21	63,2	–4	6 34	+23,2

TAGES- UND NACHTSTUNDEN

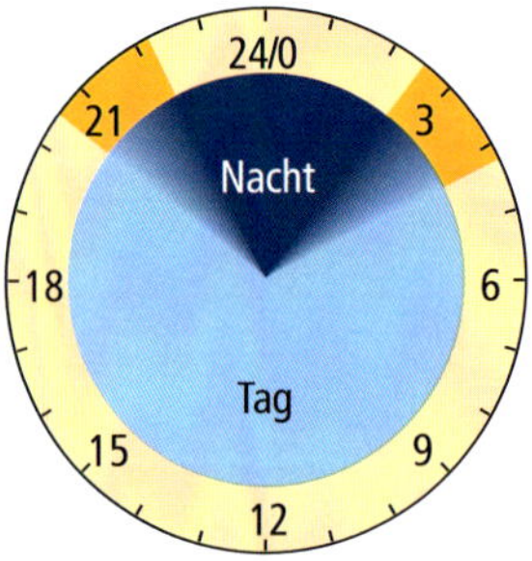

5. Juni

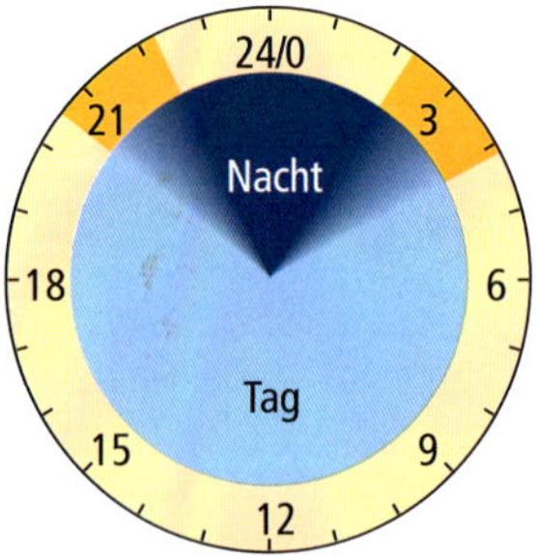

15. Juni

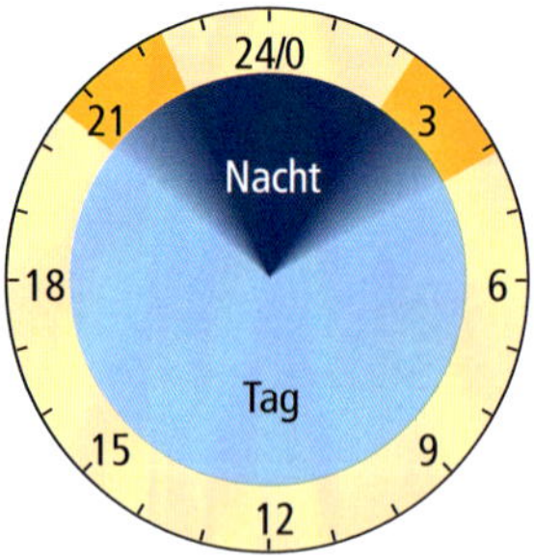

25. Juni

MONDLAUF

Datum	Aufg. MEZ	Kulmination	Unterg. MEZ	Rektaszension	Deklination	Sterne und Sternbilder	Phase	MEZ
	h m	h m	h m	h m	°			
Mi 1.	5 12	13 56	22 42	5 46	+26,4	Stier, Alnath		
Do 2.	6 01	14 46	23 28	6 39	+27,0	Zwillinge	Erdferne 406/29',4	2^h
Fr 3.	6 59	15 36	–	7 32	+26,3	Kastor, Pollux		
Sa 4.	8 04	16 25	0 04	8 23	+24,4	Krebs, Krippe		
So 5.	9 14	17 11	0 31	9 14	+21,5	Krebs	Größte Nordbreite	
Mo 6.	10 25	17 56	0 53	10 02	+17,6	Löwe, Regulus		
Di 7.	11 37	18 40	1 11	10 49	+12,9	* Löwe	**Erstes Viertel**	**15^h48^m**
Mi 8.	12 51	19 24	1 27	11 36	+ 7,6	Löwe		
Do 9.	14 06	20 09	1 42	12 22	+ 1,8	Jungfrau	Libration Ost	
Fr 10.	15 25	20 56	1 57	13 10	– 4,2	Spica		
Sa 11.	16 48	21 47	2 14	14 00	–10,3	Jungfrau		
So 12.	18 16	22 44	2 34	14 54	–16,1	Waage	Absteigender Knoten	
Mo 13.	19 46	23 46	3 01	15 53	–21,0	Skorpion		
Di 14.	21 09	–	3 38	16 56	–24,7	Antares	**Vollmond**	**12^h52^m**
Mi 15.	22 18	0 52	4 32	18 04	–26,7	* Kaus Borealis	Erdnähe 357/33',4	0^h
Do 16.	23 09	1 59	5 42	19 12	–26,7	Schütze, Nunki		
Fr 17.	23 44	3 03	7 05	20 18	–24,7	Steinbock		
Sa 18.	–	4 03	8 33	21 20	–21,0	Steinbock	Größte Südbreite	
So 19.	0 10	4 58	9 57	22 17	–16,2	Wassermann		
Mo 20.	0 29	5 47	11 18	23 09	–10,6	Wassermann		
Di 21.	0 46	6 33	12 34	23 58	– 4,8	Fische	**Letztes Viertel** Libration West	**4^h11^m**
Mi 22.	1 00	7 16	13 48	0 45	+ 1,1	Walfisch		
Do 23.	1 15	7 59	15 00	1 30	+ 6,8	Fische		
Fr 24.	1 30	8 42	16 11	2 16	+12,1	Widder		
Sa 25.	1 47	9 27	17 22	3 03	+16,9	Widder	Aufsteigender Knoten	
So 26.	2 09	10 13	18 32	3 51	+20,9	Stier, Plejaden		
Mo 27.	2 36	11 02	19 38	4 41	+24,0	Aldebaran		
Di 28.	3 11	11 52	20 37	5 33	+26,0	Stier, Alnath		
Mi 29.	3 56	12 42	21 26	6 25	+26,9	Zwillinge	**Neumond Nr. 1231** Erdferne 407/29',4	**3^h52^m** 7^h
Do 30.	4 52	13 33	22 05	7 18	+26,5	Kastor, Pollux		

DER VOLLMOND ENTFERNT SICH VON ANTARES

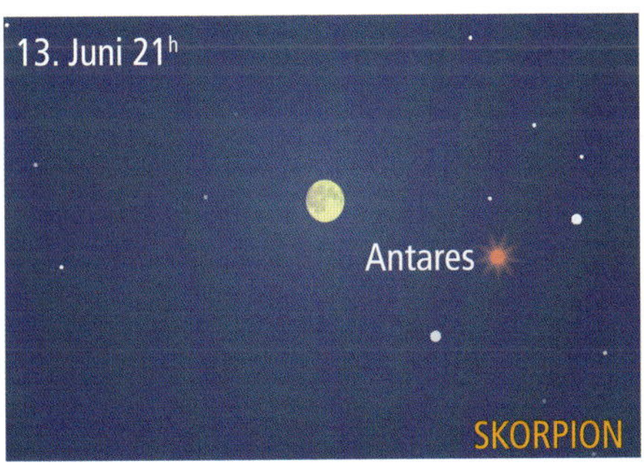

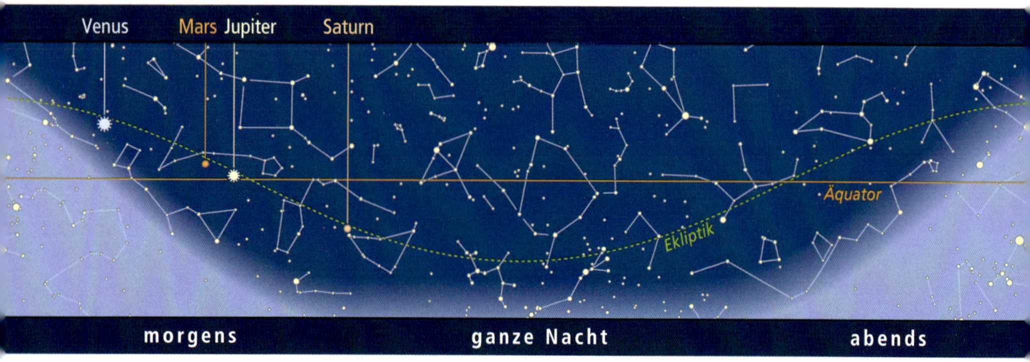

MERKUR beendet am 3. seine rückläufige Bewegung und wird wieder rechtläufig. Am 16. kommt er mit 23°12′ Winkelabstand in größte westliche Elongation.

Dies reicht diesmal nicht für eine Morgensichtbarkeit. Am 16. geht der $0^{\mathrm{m}}\!.4$ helle Merkur um $3^{\mathrm{h}}15^{\mathrm{m}}$ (= $4^{\mathrm{h}}15^{\mathrm{m}}$ Sommerzeit) auf. Dann hat die Morgendämmerung den Himmel soweit aufgehellt, dass Merkur mit bloßen Augen nicht erkannt werden kann. Dies gilt für unsere Breiten. In den Mittelmeerländern, in den Tropen und auf der Südhalbkugel bietet Merkur jedoch eine Morgensichtbarkeit, zumal seine Helligkeit bis Ende Juli auf $-0^{\mathrm{m}}\!.8$ ansteigt. Merkur bleibt in unseren Breiten im Juni unsichtbar.

VENUS ist weiterhin am Morgenhimmel vertreten. Sie strebt immer nördlicheren Regionen des Tierkreises zu. Kurz nach der Monatsmitte wechselt Venus aus dem Sternbild Widder in den Stier. Die Venusaufgänge verfrühen sich ein wenig von $2^{\mathrm{h}}55^{\mathrm{m}}$ (= $3^{\mathrm{h}}55^{\mathrm{m}}$ Sommerzeit) am 1. auf $2^{\mathrm{h}}37^{\mathrm{m}}$ am 15. und auf $2^{\mathrm{h}}26^{\mathrm{m}}$ am 30., wobei ihre Helligkeit bis Ende Juni leicht auf $-3^{\mathrm{m}}\!.9$ zurückgeht.

Der scheinbare Durchmesser der Venus nimmt auf $12''\!.0$ ab, der Beleuchtungsgrad vergrößert sich im Laufe des Monats von 78 % auf 86 %. Der Morgenstern nähert sich der Phase „Vollvenus", die er mit Eintritt der oberen Konjunktion erreichen wird. Am 11. wandert Venus 1°36′ südlich am fernen und lichtschwachen Uranus vorbei.

MARS wird zum Planeten der zweiten Nachthälfte. Der rote Planet strebt nach Norden. Am 3. verlässt er kurz das Sternbild Fische und streift die Nordwestecke des Cetus. Am 9. kehrt er in die Fische zurück (siehe Abb. 6.3 auf Seite 137).

Die Marshelligkeit steigt weiter um $0^{\mathrm{m}}\!.3$ an und erreicht Ende Juni $0^{\mathrm{m}}\!.4$. Der abnehmende Halbmond begegnet Mars am 22., was man am 23. frühmorgens verfolgen kann. Einen Tag zuvor befindet sich der Mond zwischen Jupiter und Mars knapp über dem Osthorizont (siehe Abb. 6.1 auf Seite 132). Der nahe Jupiter kann als Aufsuchhilfe für den lichtschwächeren Mars dienen. Die Marsaufgänge verfrü-

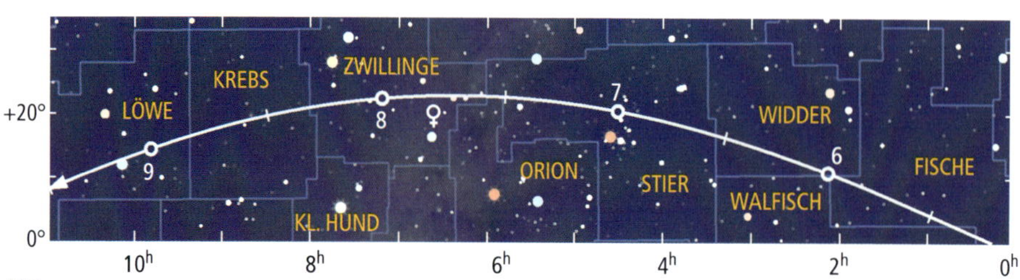

6.2 Scheinbare Bahn des Planeten Venus von Juni bis Anfang September 2022 durch die Sternbilder Widder, Stier, Zwillinge, Krebs und Löwe.

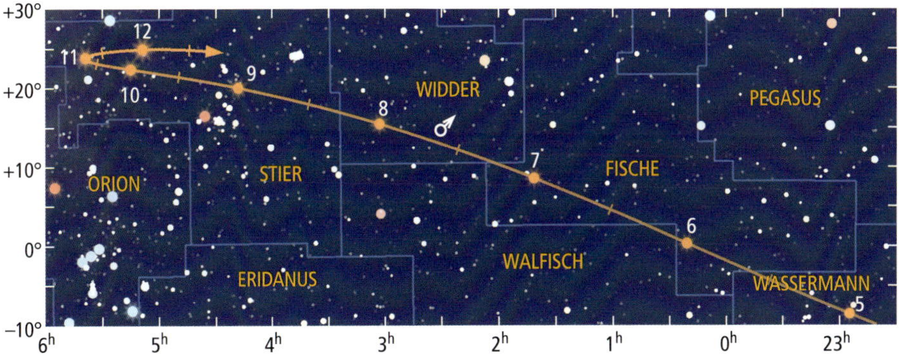

6.3 Scheinbare Bahn des Planeten Mars von Juni bis Dezember 2022 durch die Sternbilder Fische, Widder und Stier.

hen sich von 1^h58^m (= 2^h58^m Sommerzeit) auf 1^h22^m am 15. und auf 0^h44^m am 30. des Monats. Fernrohrbeobachter bemerken einen leichten Beleuchtungsdefekt. Das $7{,}''2$ große Planetenscheibchen zeigt sich zu 86 % beleuchtet.

Das Perihel seiner relativ stark elliptischen Bahn passiert Mars am 21., wobei er an diesem Tag 207 Millionen Kilometer (= 1,381 AE) von der Sonne entfernt ist.

JUPITER wird zum Planeten der zweiten Nachthälfte. Am 1. geht der Riesenplanet um 1^h52^m (=2^h52^m Sommerzeit) auf, am 15. um 1^h01^m und am 30. fünf Minuten nach Mitternacht. Die Jupiterhelligkeit nimmt im Laufe des Monats von $-2{,}^m2$ auf $-2{,}^m4$ zu. Jupiter wandert rechtläufig durch die Fische und dringt am 25. in die Nordwestecke des Cetus (Walfisch) ein (siehe Abb. 9.3 auf Seite 199). Am 21. erhält der Riesenplanet Besuch vom abnehmenden Halbmond. In den frühen Morgenstunden gegen 2^h des 22. ergibt sich ein netter Himmelsanblick, wenn tief am Osthimmel der Mond zwischen Jupiter und Mars zu sehen ist. (siehe Abb. 6.1 auf Seite 132).

Im Teleskop zeigt sich das ovale Jupiterscheibchen am Monatsende mit einem scheinbaren Äquatordurchmesser von $40{,}''8$, während der Poldurchmesser $38{,}''2$ aufweist.

SATURN kommt am 5. im Sternbild Steinbock zum Stillstand und setzt zu seiner Oppositionsschleife an. Anschließend wandert er zunächst nur zögerlich rückläufig durch den Tierkreis (siehe Abb. 8.2 auf Seite 179). Die Saturnhelligkeit nimmt abermals leicht um $0{,}^m1$ zu und erreicht $0{,}^m6$.

6.4 Begegnung der abnehmenden Mondsichel mit Venus am 26. Juni. Fernglasanblick gegen 4^h morgens.

Saturn verlegt seine Aufgänge in die Zeit vor Mitternacht. Am 1. geht der Ringplanet um 0^h40^m auf und am 15. um 23^h41^m. Am letzten Junitag steigt Saturn bereits um 22^h41^m (= 23^h41^m Sommerzeit) über den Südosthorizont.

URANUS, rechtläufig im Sternbild Widder, stand Anfang des Vormonats in Konjunktion mit der Sonne. Der lichtschwache Planet kann noch nicht am Morgenhimmel aufgefunden werden. Uranus bleibt im Juni unbeobachtbar. Auch die Begegnung mit Venus am 11. kann nicht verfolgt werden.

NEPTUN wird am 29. im Sternbild Fische stationär und setzt zu seiner Oppositionsschleife an (siehe Abb. 9.5 auf Seite 202). Anschließend wandert er rückläufig durch die Fische, wobei er

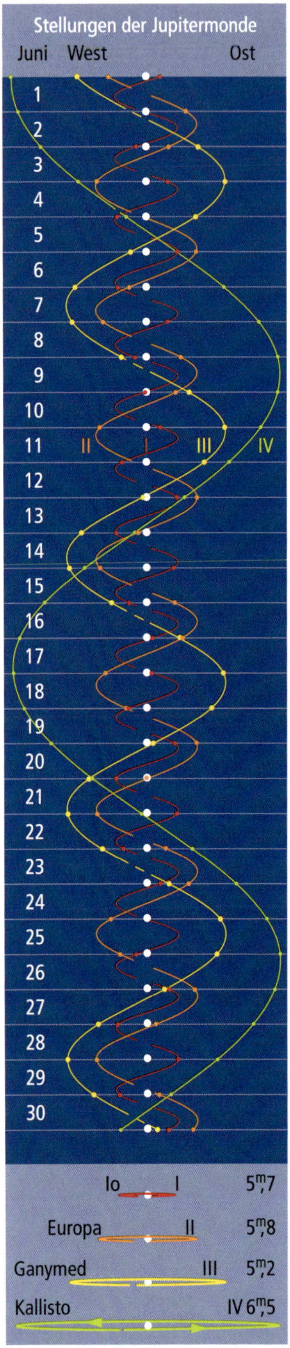

JUPITERMONDE

Tag	MEZ h m		Vorgang	
1.	1	59	I	SA
	3	15	I	DA
	4	13	I	SE
2.	1	58	III	VE
	2	50	I	BE
	4	04	III	BA
3.	3	44	II	SA
5.	3	08	II	BE
8.	3	53	I	SA
9.	2	47	III	VA
	4	47	I	BE
10.	1	53	I	DE
12.	3	09	II	VE
	3	14	II	BA
13.	1	18	III	DE
	4	54	IV	SA
16.	3	06	I	VA
17.	1	37	I	DA
	2	29	I	SE
	3	49	I	DE
18.	1	11	I	BE
19.	3	06	II	VA
20.	2	35	III	DA
21.	0	52	II	SE
	1	04	II	DA
	3	35	II	DE
23.	5	00	I	VA
24.	2	09	I	SA
	3	32	I	DA
	4	23	I	SE
25.	3	06	I	BE
27.	0	52	III	SA
	3	58	III	SE
28.	0	51	II	SA
	3	28	II	SE
	3	41	II	DA
30.	0	22	II	BE
	1	05	IV	SE

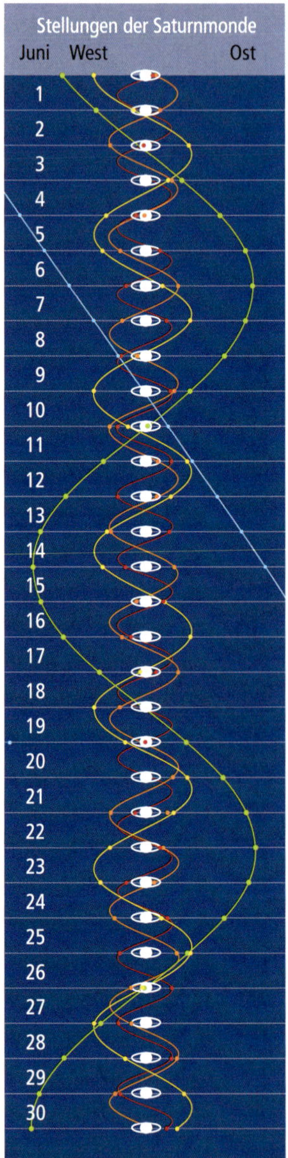

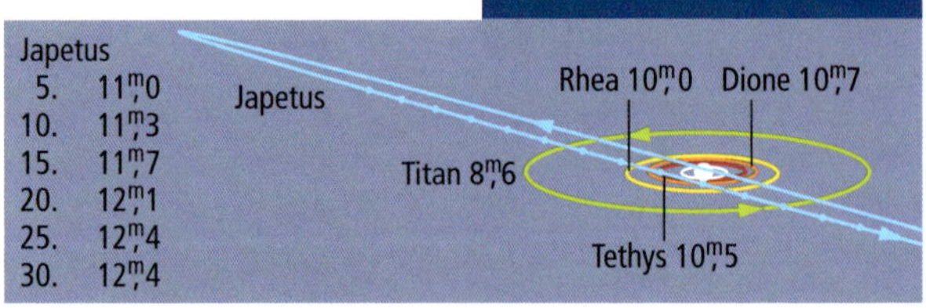

zunächst fast nicht von der Stelle kommt. Unter sehr günstigen Bedingungen kann der bläuliche Planet zu Monatsende mit geeigneter Optik (lichtstarkes Fernglas oder Teleskop) aufgespürt werden. Am 30. geht der $7\overset{m}{,}9$ helle Neptun um 23^h40^m auf und kulminiert am nächsten Morgen um 5^h32^m (= 6^h32^m MESZ). Frühestens eineinhalb Stunden nach seinem Aufgang lohnt es sich, nach dem sonnenfernsten Planeten Ausschau zu halten. Die Morgendämmerung setzt zu Monatsende bereits um 2^h25^m ein.

PLANETOIDEN UND ZWERGPLANETEN

VESTA (4), rechtläufig im Wassermann, verzögert gegen Ende Juni merkbar ihren Lauf (siehe Abb. 8.3 auf Seite 181). Sie steigert abermals ihre Helligkeit um $0\overset{m}{,}4$ und erreicht Ende Juni $6\overset{m}{,}8$. Sie geht am 1. um 1^h06^m (= 2^h06^m MESZ) auf und am 30. schon um 23^h31^m. Die Vesta-Kulminationen erfolgen am 1. um 6^h02^m, am 15. um 5^h20^m und am 30. bereits um 4^h29^m (= 5^h29^m MESZ).

PERIODISCHE STERNSCHNUPPENSTRÖME

Um den 13. Juni ist das zweite Maximum des **SCORPIUS-SAGITTARIUS**-Stromes zu erwarten. Der Ausstrahlungspunkt oder Radiant liegt bei γ Sagittarii. Der Strom ist während des ganzen Monats aktiv. Wegen der geringen Höhe des Radianten sind Beobachtungen in unseren Breiten schwierig. Die beste Beobachtungszeit sind die Stunden um Mitternacht. Bei diesem Strom sind langsam fliegende Meteore (um 26 Kilometer pro Sekunde) zu registrieren.

Am 7. und 8. Juni kann man nach den **LIBRIDEN** Ausschau halten. Der Radiant dieses Stromes liegt in der Waage.

Im letzten Junidrittel sind die **JUNI-BOOTIDEN** zu erwarten. Ihre Aktivitäten sind von Jahr zu Jahr sehr unterschiedlich. Sie sind Trümmer des Kometen 7P/Pons-Winnecke. Sie sind seit 1916 bekannt. In den Jahren 1998 und 2004 gab es mehrere Stunden lange Maxima mit bis zu hundert Sternschnuppen pro Stunde, die zwischen dem 23. und 28. Juni auftraten. Ursache dafür sind Teilchen, die sich recht konzentriert in der Nähe einer 2:1-Resonanz zum Jupiterumlauf befinden, also die doppelte Umlaufzeit von Jupiter haben. Man sollte in den kurzen Nächten nach eventueller Aktivität Ausschau halten, auch wenn Modellrechnungen für 2022 keine hohen Raten erwarten lassen. Der Radiant dieser mit 18 km/s sehr langsam in die Atmosphäre eindringenden Objekte befindet sich weit im Norden des Bootes.

Von den **JUNI-DRACONIDEN** liegen derzeit keine Anzeichen vor, obgleich sie bis vor etwa 30 Jahren wiederholt um den 16. Juni beobachtet wurden.

Zwischen dem 24. Juni und dem 1. Juli tauchen die **CORVIDEN** auf, deren Radiant im Sternbild Rabe liegt. Am 26. Juni erreicht die Corvidenaktivität ihr Maximum.

KONSTELLATIONEN UND EREIGNISSE

Datum	MEZ	Ereignis
3.	1^h	Merkur im Stillstand, anschließend rechtläufig
5.	15	Saturn im Stillstand, anschließend rückläufig
11.	14	Venus bei Uranus, Venus $1\overset{\circ}{,}6$ südlich
16.	16	Merkur in größter westlicher Elongation (23°)
18.	13	Mond bei Saturn, Mond $4\overset{\circ}{,}3$ südlich
20.	18	Mond bei Neptun, Mond $3\overset{\circ}{,}5$ südlich
21.	10^h14^m	**Sonne im Sommerpunkt, Sommersonnenwende**
21.	14	Mars im Perihel
21.	15	**Mond bei Jupiter**, Mond $2\overset{\circ}{,}7$ südlich, **Abstand $5\overset{\circ}{,}6$ um 1^h am 22.**
22.	19	**Mond bei Mars**, Mond $0\overset{\circ}{,}9$ südlich, **Abstand $3\overset{\circ}{,}6$ um 2^h am 23.**
24.	23	Mond bei Uranus, Mond $0\overset{\circ}{,}05$ südlich
26.	9	**Mond bei Venus**, Mond $2\overset{\circ}{,}7$ nördlich, **Abstand $2\overset{\circ}{,}1$ um 4^h**
27.	9	Mond bei Merkur, Mond $3\overset{\circ}{,}9$ nördlich
29.	0	Neptun im Stillstand, anschließend rückläufig

Der Fixsternhimmel

Der Große Wagen hat den Meridian durchschritten und befindet sich im Abstieg. Ihm gegenüber findet man das Himmels-W, die Kassiopeia, nahe dem Horizont. Kassiopeia und Großer Wagen sind bei uns zirkumpolar, das heißt, sie gehen niemals unter.

Der Bootes mit dem kräftig leuchtenden Arktur (α Bootis) steht unübersehbar hoch im Süden. Der Ochsentreiber oder Rinderhirt beherrscht die Himmelsszene. Er gilt als Leitsternbild des Frühsommers.

Schon in der Antike war Arktur als Bärenwächter bekannt. Die Polynesier nannten Arktur Stern der Freude, denn sie benutzten ihn als Navigationsstern. In der Südsee kulminiert Arktur hoch am Firmament. Der auffällige Komet Donati zog 1858 in weniger als 1° an Arktur vorbei. Mit $0^{m}{,}05$ scheinbarer Helligkeit gehört Arktur zu den zehn hellsten Sternen des Firmaments. Arktur ist ein roter Riesenstern in 37 Lichtjahren Entfernung (Spektraltyp K2, Leuchtkraftklasse III). Als metallarmer Stern gehört er zur Population II. Seine Gesamtleuchtkraft übertrifft die unserer Sonne um das 215-Fache, wobei die meiste Energie im infraroten Spektralbereich abgestrahlt wird. Im Visuellen ist Arktur 113-mal leuchtkräftiger als unsere Sonne. Mit 35 Millionen Kilometer Durchmesser ist Arktur 25-mal größer als unsere Sonne. Seine Masse wurde früher auf vier Sonnenmassen geschätzt. Neue Bestimmungen ergeben aber nur 1,4 Sonnenmassen.

Mit einer hohen Eigenbewegung von $2''{,}29$ pro Jahr zählt Arktur zu den Schnellläufern. Er verschiebt seine Position unter den Fixsternen in 800 Jahren um einen Vollmonddurchmesser. In Abb. 6.5 links ist Arkturs Wanderweg im Laufe von 10 000 Jahren dargestellt.

Die Westhälfte des Firmaments wird noch von den Frühlingssternbildern geprägt. Weit im Westen ist der Löwe zu sehen. Sein großes Sternentrapez steht schräg zum Horizont, so als ob sich diese Raubkatze auf eine imaginäre Beute stürzen wollte.

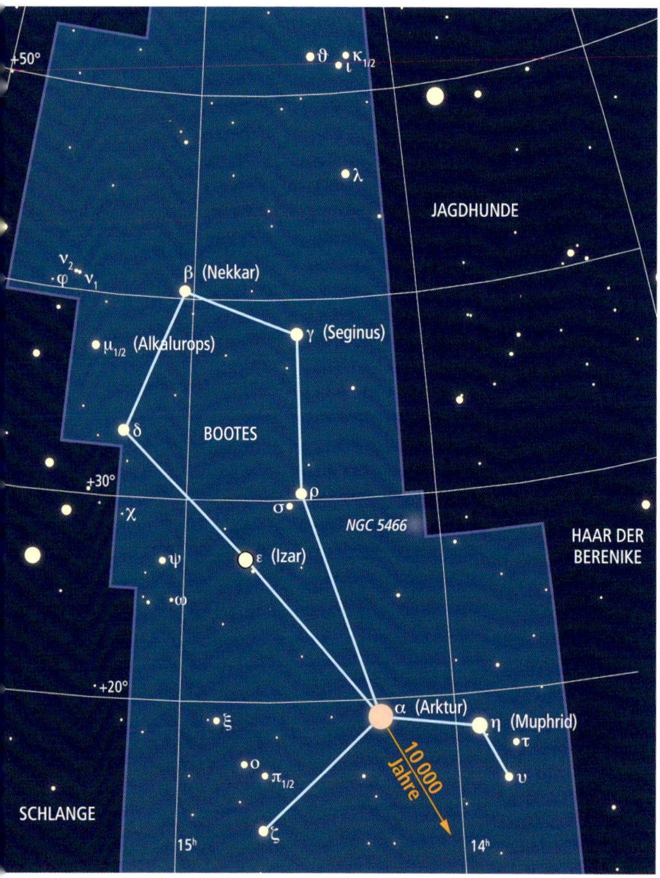

6.5 Das Sternbild Bootes mit dem hellen Stern Arktur.

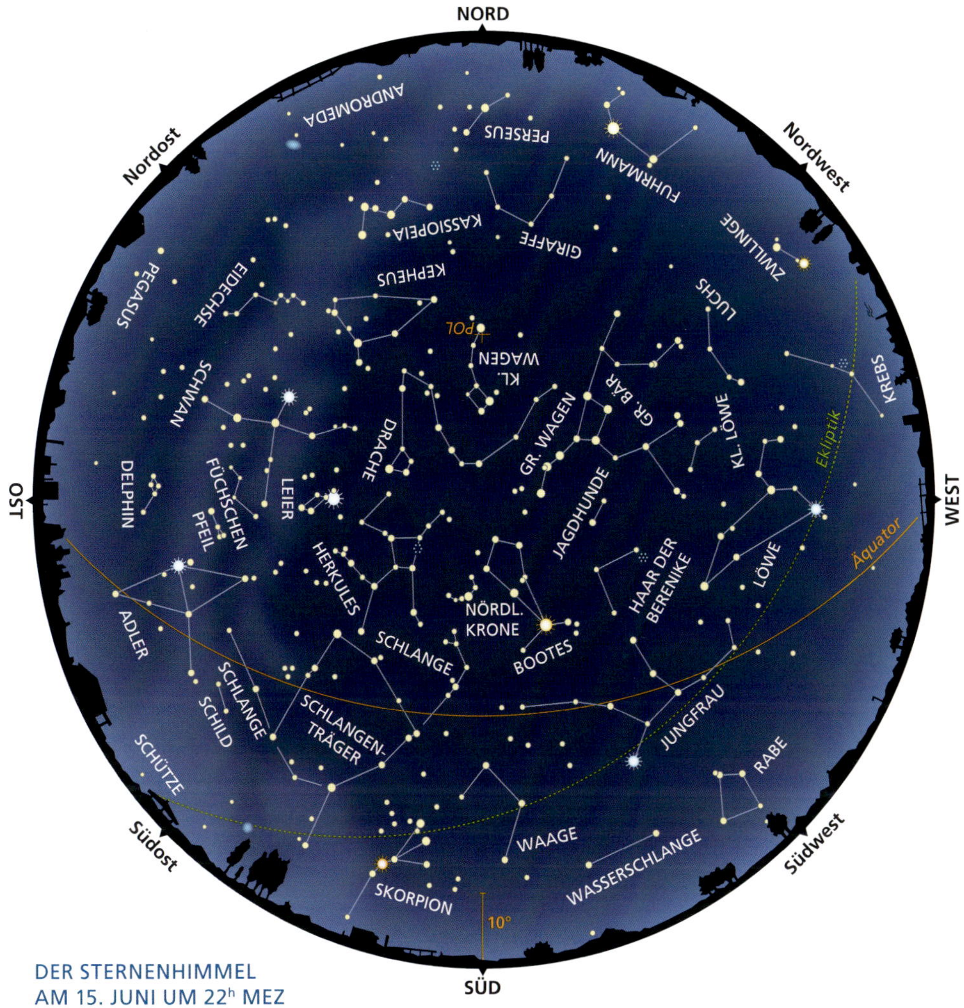

DER STERNENHIMMEL AM 15. JUNI UM 22^h MEZ

Die Sternkarte ist auch gültig für:

	MEZ	MESZ
15. 2.	6^h	
1. 3.	5	
15. 3.	4	
1. 4.	3	4^h
15. 4.	2	3
1. 5.	1	2
15. 5.	0	1
1. 6.	**23**	**24**
15. 6.	**22**	**23**
30. 6.	**21**	**22**

Das Feld im Südwesten gehört der Jungfrau. Ihr Hauptstern Spica strahlt in einem bläulichen Licht. Mit 260 Lichtjahren Entfernung ist Spica einer der weiter entfernten Sterne erster Größe. Der Jungfrau folgt im Tierkreis die Waage.

Arktur, Spica und Regulus im Löwen bilden das Frühlingsdreieck. Noch ist es hoch im Südwesten zu sehen.

In der östlichen Himmelshälfte hingegen kündigt sich die heiße Jahreszeit an. Das Sommerdreieck ist inzwischen vollständig aufgegangen. Es setzt sich aus folgenden drei Sternen zusammen: Wega in der Leier, Deneb im Schwan und Atair im Adler. Auf der Verbindungslinie Arktur – Wega findet man die Nördliche Krone und den Herkules. Sie stehen gegenwärtig

6.6 Der rote Riesenstern Arktur im Vergleich mit unserer Sonne.

recht hoch über dem Horizont und sind daher leicht zu erkennen. Dies gilt natürlich nur, wenn der Himmelshintergrund einigermaßen dunkel ist, was leider heutzutage immer seltener der Fall ist. Südlich des Herkules dehnt sich der Schlangenträger mit der Schlange aus, die nun inzwischen zur Gänze über dem Horizont ist.

Tief im Südosten schleppt sich gerade der Skorpion über die Horizontlinie. Sein tiefroter Hauptstern Antares wird gelegentlich mit dem Planeten Mars verwechselt. Denn Antares steht ebenfalls nahe der Ekliptik und gleicht in der Farbe dem roten Planeten. Jedoch funkelt Antares meist infolge der Luftunruhe, während Mars in ruhigem Licht strahlt.

Wer im Gebirge bei dunklem Himmel und guter Durchsicht beobachtet, kann den allerdings noch horizontnahen sommerlichen Teil der Milchstraße erspähen. Ihr Lichtband zieht sich von Südosten durch die Sternbilder Adler – Schwan – Kassiopeia – Perseus nach Norden.

DAS STERNBILD SCHÜTZE (SAGITTARIUS)

Dem Namen nach ist der Schütze fast jedem geläufig, denn in den Zeitungshoroskopen taucht er regelmäßig auf.

Das Sternbild Schütze ist Mitglied des Tierkreises. Alle Sternbilder, durch die die Ekliptik (scheinbare Sonnenbahn) zieht, gehören zum Tierkreis. So wandert die Sonne vom 18. Dezember bis 20. Januar durch das Sternbild Schütze, das nicht mit dem gleichnamigen Tierkreiszeichen zu verwechseln ist.

Im Schützen erreicht die Sonne auch ihren Jahrestiefststand (für uns Bewohner der Nordhalbkugel der Erde). Man spricht vom Wintersolstitium, weil anschließend die Sonne wieder zum Himmelsäquator hochklettert. Der Winterpunkt der Ekliptik liegt ziemlich genau zwischen den beiden Gasnebeln M 8 (Lagunennebel) und M 20 (Trifidnebel). Der Winterpunkt lag nicht immer im Schützen. Durch die Präzession der Erdachse ist er 120 v. Chr. aus dem Sternbild Steinbock in das Sternbild Schütze eingewandert. Erst im Jahre 2270 wird der Winterpunkt das Sternbild Schütze wieder verlassen und in das Tierkreissternbild Schlangenträger wechseln. Zur Wintersonnenwende wird dann die Sonne im Schlangenträger stehen.

Wie durch alle dreizehn Tierkreisbilder wandern außer der Sonne auch der Mond und die Planeten durch den Schützen. Zurzeit hält sich der ferne Zwergplanet Pluto im Schützen auf. Wegen seiner südlichen Position und dem Fehlen von Sternen erster Größenklasse ist der Schütze bei uns kein auffälliges Sternbild. Die helleren Sterne sind zweiter und dritter Größe. Die zentralen Partien des Schützen sind durchaus markant und einprägsam, vor allem in südlicheren Gebieten wie in Mesopotamien, wo der Ursprung des Fabelwesens „Schütze" zu suchen ist.

Bei den Sumerern sah man hier Nergal (oder Nerigal), den starken König des Krieges (rund 2000 v. Chr.). Nergal war ein seltsames Wesen mit einem pferdeähnlichen Unterleib, vier Füßen und zwei Schwänzen. Der Oberkörper hatte menschenähnliche Gestalt, besaß allerdings zwei Köpfe: Einen, dessen Blick nach vorne gerichtet war, der andere sah nach hinten. Außerdem hatte Nergal zwei Flügel sowie einen gespannten Bogen samt Pfeil als drohende Waffe. Die Babylonier, die nach den Sumerern das Gebiet zwischen Euphrat und Tigris bewohnten, übernahmen dieses bogenschießende Wesen, wobei es sogar eine Zeitlang die Stadtgottheit von Babylon, Marduk, repräsentiert haben soll. Die Gottheit Marduk wurde allerdings zumindest in späterer Zeit eindeutig Jupiter zugeschrieben. Auch bei den Hindus sah man vor rund 3000 Jahren in diesem Sternbild einen Reiter mit einem Pferd. Die Gestalt hieß Acvini. Später wurde in Indien ein Elefant mit Stoßzähnen daraus.

6.7 Das Sternbild Schütze, in dem sich viele offene und kugelförmige Sternhaufen sowie galaktische Nebel finden. Aufnahme von Bernhard Hubl.

Auch die Ägypter übernahmen das babylonische Wesen, halb Mensch, halb Ross. Die ursprüngliche ägyptische Vorstellung war jedoch die eines Ibis oder Sperbers. Die Doppelköpfigkeit von Nergal hat sich aber lange erhalten. So findet man im Tierkreis von Denderah den Schützen mit zwei Häuptern, einem Löwenkopf und einem menschlichen Kopf.

Die babylonische Version vom Bogenschützen war weit verbreitet und wurde auch von den Griechen übernommen. Sie nannten dieses Bild Τοξευτής, eben der Bogenschütze. Bei Aratos findet man Τόξον, der Bogen, Arcus bei Cicero, Kaman in Persien, türkisch Yai, syrisch Keshta, hebräisch Kesheth, alles Bezeichnungen für Bogenwaffe. Novidius spricht von Joash, König von Israel, der „Pfeile aus dem Fenster ostwärts schießt".

Bei den Römern findet sich auch die Bezeichnung Semivir, der halbe Mann, als Hinweis auf den Minotaurus. Die griechische Benennung mit Βελοχράτωρ ist nicht gesichert. Sie bedeutet so viel wie Pfeileherrscher.

Die klassische Mythologie erkennt im Schützen den Zentauren Χείρων (griech., Cheiron, röm.: Chiron). Die Zentauren waren Fabelwesen, halb Mensch, halb Stier, später Pferd. Die Zentauren stammen ursprünglich vom wilden, ungebärdigen Helden Ixion, der die Liebe der Hera erringen will. Der eifersüchtige Götterboss Zeus sendet jedoch eine Wolke namens Nephele. Ixion, in höchster Erregung und ungebremster Gier, stürzt sich auf Nephele, die Wolkengöttin. Aus ihrer Verbindung entsteht ein Wesen, halb Mensch, halb Pferd, der erste Zentaur. Dieser Urzentaur war ein wildes Wesen, das alle Stuten im Peliongebirge schwängerte und so das Geschlecht der Zentauren hervorbrachte. Der Sage nach waren die Zentauren gewalttätige, grimmige, ungezügelte und gierige Gesellen, die ihre Triebe voll auslebten und doch nie zu be-

200 °C auf 800 °C zu. Am 20. Dezember, dem letzten Tag dieses Höllentrips, schmelzen die Gebirge, die Temperatur überschreitet 2000 °C, flüssiges Magma bedeckt die Erdoberfläche. In den letzten zwölf Stunden wird die Roche-Grenze der Sonne passiert, die Gezeitenkräfte beginnen, die Erde zu zerreißen. Bald nach Mittag an diesem Tag stürzen die Trümmerstücke der Erde mit der enormen Geschwindigkeit von 2 223 720 Kilometer pro Stunde in die Sonne und verdampfen augenblicklich. Nichts bleibt von der Erde übrig, nichts erinnert mehr an die ehemalige Existenz der Menschheit.

Glücklicherweise gibt es solch einen übermächtigen Dämon nicht, der die Erde anhalten könnte. Aber welches Schicksal erwartet die Erde längerfristig? Was wissen wir von unserem Lebensraum?

FRÜHE ERKENNTNISSE

In einer fernen Vergangenheit glaubten die Menschen, auf einer Scheibe zu leben, über der sich der Himmel mit seinen Gestirnen wie eine riesige Kuppel wölbt. Sonne, Mond und Sterne umkreisten demnach die Erdscheibe. Die eitle Menschheit war der trügerischen Ansicht, sie lebe im Zentrum der Welt und alles drehe sich um sie. Doch schon in der Antike erkannte man: Die Erde ist eine riesige Kugel, die sich permanent dreht, weshalb das Auf- und Untergehen der Gestirne vorgespiegelt wird.

Der bedeutende Gelehrte der Antike, Aristoteles von Stagyra (384–322 v. Chr.) führte mehrere Beweise für die Kugelgestalt der Erde an. Die im Altertum wohl präziseste Messung des Erdumfanges führte Eratosthenes von Alexandria (276–194 v. Chr.) durch. Zur Sommersonnenwende stand die Sonne im weiter südlich gelegenen Syene (dem heutigen Assuan) im Zenit, während im nördlicheren Alexandria Säulen und Obelisken noch kurze Schatten warfen. Daraus schloss er, dass die Sonne noch sieben Grad südlich des Zenits stand. Sieben Grad sind fast ein

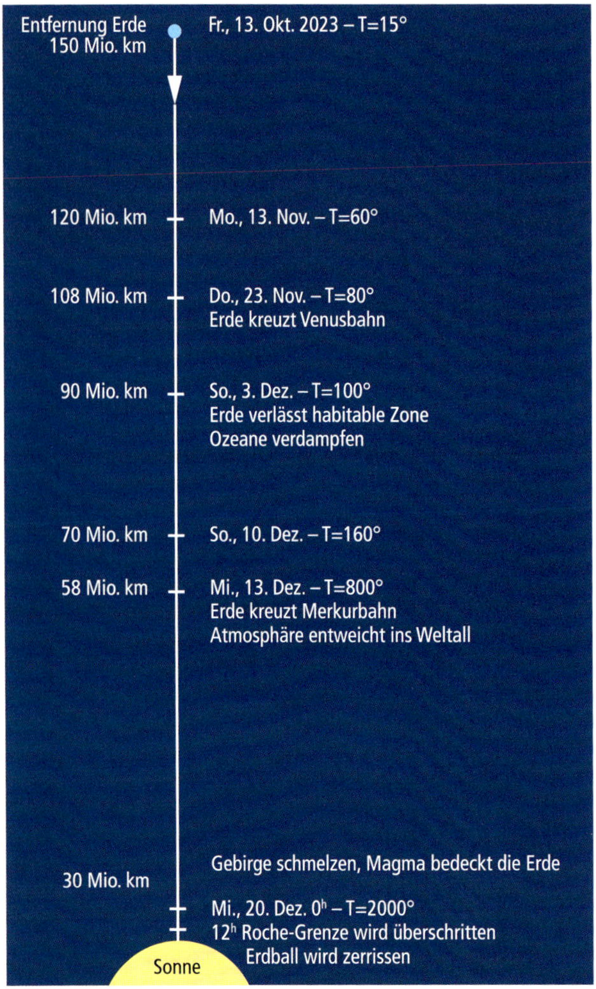

6.9 Sturz der Erde in die Sonne – Zeitskala

6.10 Die Erde rast mit 108 000 Kilometer pro Stunde durch das Weltall, dies entspricht dem 8½-Fachen ihres Durchmessers.

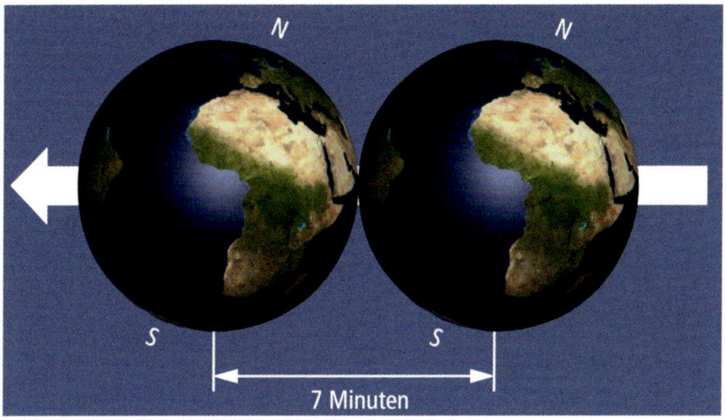

Fünfzigstel eines vollen Kreises. Also muss der Erdumfang 50-mal länger sein als die Entfernung Alexandria – Syene, die zu 800 Kilometer bestimmt wurde. Daraus folgt ein Erdumfang von 50 × 800 = 40 000 Kilometer – das ist ein erstaunlich genaues Ergebnis.

Es gab auch Gelehrte, die darauf hinwiesen, dass nicht die Erdkugel im Mittelpunkt der Welt stehe, sondern die Sonne. Die Erde hingegen umrundet in einem Jahr die Sonne. Der erste, von dem man weiß, dass er diese Ansicht vertrat, war Aristarch von Samos (320–250 v. Chr.): „... die Sonne nimmt die Mitte des Weltalls ein, die rotierende Erde aber umkreist sie in weiter Bahn im Laufe eines Jahres" erklärte er. Schon die Pythagoräer hatten behauptet, die Erde wandere um das Zentralfeuer, das aber niemand jemals gesehen hatte. Aristarch aber sah die Sonne als Zentralfeuer an. Zudem beschrieb er die Erdbahn als „schrägen Kreis". Er kannte somit die Neigung der Ekliptik zum Himmelsäquator.

Aus der Tatsache, dass die Fixsterne keine Positionsveränderungen im Laufe eines Jahres zeigen, schloss er zutreffend, dass das Weltall riesig sein müsse. Die Sterne sind so weit weg, dass keine parallaktischen Verschiebungen zu beobachten sind. Mehr als 2000 Jahre vergingen, bis die erste Fixsternparallaxe gemessen wurde. Auch bestimmte Aristarch die relativen Größen von Sonne, Mond und Erde. Die Sonne sah er als wesentlich größer an als die Erde. Somit erschien es ihm plausibel, dass die Erde um die Sonne kreist und nicht umgekehrt. Zu seiner Zeit war der geniale Gelehrte nicht besonders geachtet. Aristarch wurde 264 v. Chr. sogar in Alexandria, wo er forschte, der Gottlosigkeit angeklagt. Die religiösen Eiferer haben daraus nichts gelernt. Noch 1800 Jahre später wurde Galilei mit demselben Vorwurf konfrontiert und in einem Inquisitionsprozess verurteilt.

Erst viele Generationen später wurden Aristarchs im wahrsten Sinne des Wortes bahnbrechende Erkenntnisse gewürdigt. Ihm zu Ehren wurde der hellste Krater des Mondes zwischen dem Oceanus Procellarum und dem Mare Imbrium nahe Kap Heraklit nach ihm benannt. Krater Aristarch ist bereits in einem Fernglas gut zu erkennen.

JAHRHUNDERTELANGER IRRTUM

Es stellt einen Rückschritt in der Erforschung des Weltalls dar, wenn Claudios Ptolemaios (120–190 n. Chr.) ein halbes Jahrtausend später die Erde wieder in den Mittelpunkt der Welt stellte und die Planeten auf ineinander verschachtelten Kreisen laufen sah. Im Ptolemäischen Weltsystem laufen die Planeten auf Kreisen, den Epizyklen, deren Mittelpunkt auf einem Kreis, dem Deferenten, um die feststehende Erde läuft. Lediglich Sonne und Mond bewegen sich auf einfachen Kreisen um die Erde, da sie sich niemals rückläufig zeigen. Da mit dieser Konstruktion die Planetenbewegungen nur unzureichend beschrieben werden konnten, setzte man auf die Epizyklen weitere Epizyklen drauf.

Jahrhundertelang hielt man an der Epizykeltheorie fest. Das Ptolemäische Weltsystem mit der Erde im Zentrum des Planetensystems wurde erst durch Nikolaus Kopernikus (1473–1543) abgelöst. In seinem Werk „De revolutionibus orbium coelestium" stellt er die Sonne in den Mit-

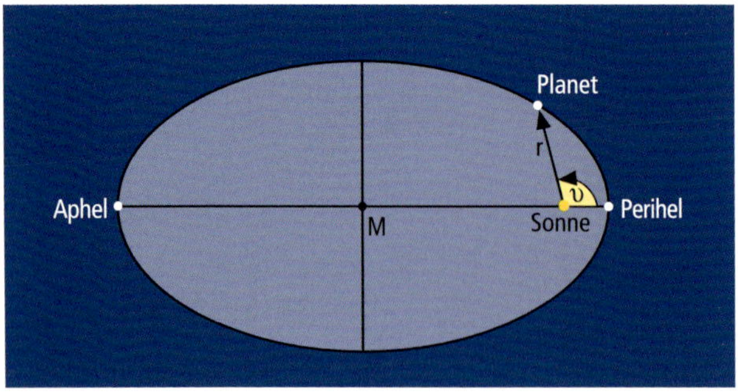

6.11 Planeten laufen auf Ellipsen um die Sonne. Die wahre Anomalie ist der Winkel Perihel – Sonne – Planet. Für einen fiktiven Planeten, der mit gleichförmiger Winkelgeschwindigkeit läuft, ist dies die mittlere Anomalie.

telpunkt der Welt und lässt die Erde sowie die anderen Planeten auf Kreisen um die Sonne laufen. Nur der Mond kreist nach Kopernikus um die Erde.

Allerdings bereiteten die Kreisbahnen der Planeten Probleme. Die Berechnung der Planetenpositionen ergaben erhebliche Differenzen zu den tatsächlichen Örtern der Planeten am Firmament.

Des Rätsels Lösung fand Johannes Kepler (1571–1630). Aufgrund genauer Positionsmessungen des Mars durch Tycho Brahe (1546–1601) erkannte Kepler: Die Planeten laufen auf Ellipsen um die Sonne, die in einem Brennpunkt der jeweiligen Ellipsenbahn steht (1. Kepler-Gesetz). Der Radiusvektor (Verbindungslinie Sonne – Planet) überstreicht in gleichen Zeiten gleiche Flächen (2. Kepler-Gesetz). Daraus folgt: In Sonnennähe laufen Planeten schneller als in Sonnenferne. Schließlich gibt es einen Zusammenhang zwischen den Entfernungen der Planeten von der Sonne und ihren Umlaufzeiten: Die Quadrate der Umlaufzeiten verhalten sich wie die Kuben (dritten Potenzen) der großen Halbachsen der Ellipsenbahnen (3. Kepler-Gesetz). Kepler fand seine nach ihm benannten drei Gesetze der Planetenläufe rein empirisch. Die dynamische Erklärung lieferte schließlich Isaac Newton (1643–1727) mit seinem Gravitationsgesetz.

Danach ziehen Massen einander an. Die Kraft, die zwei Massen aufeinander ausüben, ist proportional dem Produkt beider Massen und umgekehrt proportional dem Quadrat ihres Abstandes. Die Sonne zieht die Planeten an, die sich durch ihre Umlaufbewegung in einem dynamischen Gleichgewicht befinden. Anziehungskraft und Fliehkraft halten einander die Waage. So rast die Erde mit rund 30 Kilometer pro Sekunde, das sind 108 000 Kilometer pro Stunde, Geschwindigkeit um die Sonne. Dabei legt sie in einer Stunde das 8½-Fache ihres Durchmessers zurück.

DIE BAHNEN DER PLANETEN

Nach den Keplerschen Planetengesetzen läuft auch die Erde auf einer Ellipsenbahn um die Sonne. Die große Halbachse der Erdbahnellipse misst gerundet 149,6 Millionen Kilometer. Diese Strecke wird als Astronomische Einheit (AE) bezeichnet. Mit 0,0167 ist die numerische Exzentrizität hingegen relativ klein. Das bedeutet, die Erdbahn erscheint fast kreisförmig. Im sonnennächsten Bahnpunkt, dem Perihel, kommt die Erde bis auf 147 Millionen Kilometer an die Sonne heran. In Sonnenferne, dem Aphel, trennen 152 Millionen Kilometer die Erde von der Sonne. Ihr Perihel durcheilt die Erde Anfang Januar, während sie sich Anfang Juli in Sonnenferne aufhält. Gemäß dem 2. Kepler-Gesetz beträgt die Geschwindigkeit der Erde im Perihel 109 000 Kilometer pro Stunde. Im Aphel hingegen ist sie mit 105 000 Kilometer pro Stunde am langsamsten.

Der genaue Zeitpunkt, wann die Erde ihr Perihel und wann ihr Aphel passiert, variiert von Jahr zu Jahr. Denn genau genommen beschreibt nicht der Mittelpunkt der Erde eine Keplerbahn um die Sonne, sondern der Schwerpunkt des Systems Erde – Mond. Da der Mond nur 1/81 der Erdmasse besitzt, liegt dieser Schwerpunkt stets innerhalb der Erdkugel, im Mittel etwa 1600 km unterhalb des sublunaren Punktes auf der Erdoberfläche. Bei der Berechnung der Apsidenpassagen, also der Durchgänge durch das Perihel und durch das Aphel, muss somit auch die Mondphase berücksichtigt werden. Denn der Erdmittelpunkt pendelt beim Lauf um die Sonne um den Schwerpunkt Erde – Mond. Doch nicht nur das. In erster Linie wirken die massereichen Planeten Jupiter (318 Erdmassen) und Saturn (95 Erdmassen) sowie die nahe Venus (0,815 Erdmassen) mit ihren Gravitationskräften auf die Erde ein, sie „stören" den Erdlauf um die Sonne. Dies gilt ganz allgemein für alle Planeten, Planetoiden, Kometen und Meteoroide, die sich im Sonnensystem bewegen.

Die acht Planeten unseres Sonnensystems – Merkur, Venus, Erde, Mars, Jupiter, Saturn, Uranus und Neptun laufen alle in kreisähnlichen Ellipsen um die Sonne, die nur geringe Neigungen zur Erdbahnebene aufweisen. Der Umlauf des Schwerpunktes Erde – Mond um die Sonne spannt die Ekliptikebene auf. Sie ist die Grundebene des Sonnensystems. Mit 7° ist die Bahn des Merkur noch am stärksten zur Ekliptik geneigt. Auch ist die numerische Exzentrizität der Merkurbahn mit 0,206 die größte aller Planetenbahnen. Im Perihel beträgt die Sonnendistanz von Merkur nur 46 Millionen Kilometer (= 0,31 AE), im Aphel trennen Merkur 70 Millionen Kilometer (= 0,47 AE) von der Sonne.

Sechs Größen beschreiben die Bahn eines Planeten, sie werden Bahnelemente genannt. Die große Halbachse (a) und die numerische Exzentrizität (e) geben Größe und Form der Bahn an. Liegt e nahe bei Null, so ist die Bahn kreisähnlich. Bei Kometen ist e meist nahe 1, die Kometenbahnen sind parabelähnlich. Die Lage der Bahn im Raum wird durch drei Winkel festgelegt: die Neigung (i) zur Ekliptik, die Länge des aufsteigenden Knotens (Ω) und die Länge des Perihels (ϖ). Die Länge des aufsteigenden Knotens gibt die Entfernung des Schnittpunktes, an dem der Himmelskörper von der Süd- auf die Nordseite der Ekliptik wechselt, vom Frühlingspunkt an. Der Frühlingspunkt ist der Nullpunkt sowohl der ekliptikalen als auch der äquatorialen Him-

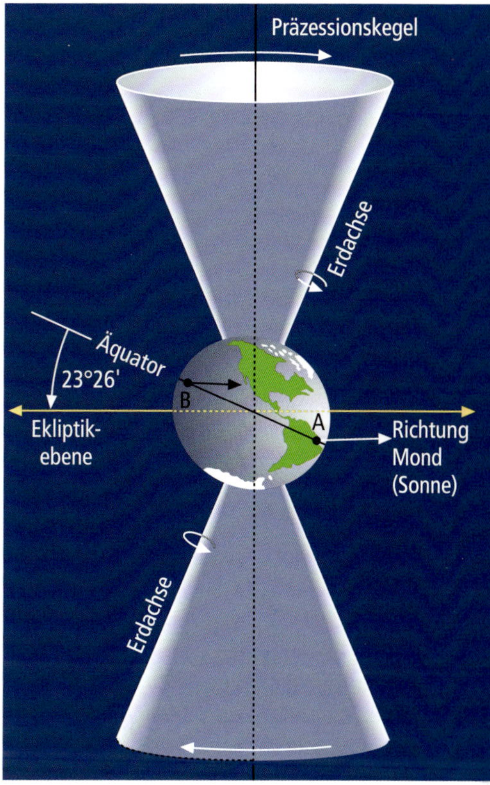

6.12 Infolge der Erdpräzession wandert der Frühlingspunkt in knapp 26 000 Jahren durch alle Tierkreissternbilder.

melskoordinaten und der Schnittpunkt der aufsteigenden Ekliptik (scheinbare Sonnenbahn) mit dem Himmelsäquator. Passiert die Sonne den Frühlingspunkt, so wechselt sie von der südlichen auf die nördliche Hemisphäre des Himmels.

Als fünftes Bahnelement gibt die Länge des Perihels (ϖ) den Winkelabstand des sonnennächsten Bahnpunktes vom Frühlingspunkt an. Schließlich ist noch anzugeben, wo sich ein Planet zu einem bestimmten Zeitpunkt befindet. Man gibt entweder die Länge (L) des Planeten an, also seine Entfernung vom Frühlingspunkt, oder die sogenannte mittlere Anomalie (M). Sie ist der

6.13 Schon in der Antike erkannte man: Die Erde ist eine Kugel.

Winkel Perihel – Sonne – Planet. Dabei nimmt man einen fiktiven Planeten, der sich mit gleichförmiger Geschwindigkeit um die Sonne bewegt. Die mittlere Länge ist somit die Summe aus L = M + ϖ (mittlere Länge = mittlere Anomalie plus Länge des Perihels).

Würden die Planeten sich nicht gegenseitig gravitativ beeinflussen, sondern nur der Schwerkraft der Sonne unterliegen, so würden sie ihre Ellipsenbahnen ziehen ohne Änderung der Bahnelemente (bis auf 2). Doch die Planeten wirken aufeinander ein, sie „stören" einander, wie Himmelsmechaniker sich auszudrücken belieben. Dadurch ändern sich die Bahnelemente. Die „Störungen" rufen kurz- und langperiodische Variationen der Bahnelemente hervor aber auch säkulare, also permanent fortschreitende Änderungen. Die Berechnung der Planetenbahnen ist daher ein mühseliges Geschäft, vor allem in früheren Zeiten, als es noch keine leistungsfähigen Computer gab. Statt der mittleren Bahnelemente muss man Bahnelemente berechnen, die für den Zeitraum gelten, für den man die Planetenpositionen berechnen will. Diese aktualisierten Bahnparameter nennt man oskulierende Bahnelemente. Sie entsprechen einer Kepler-Ellipse, die sich am besten an die jeweils aktuelle Bahn anpasst. Die Bezeichnung „oskulierend" geht auf das lateinische Wort „osculum" zurück, was Küsschen heißt. So wie man sich beim Küssen anschmiegt, schmiegt sich die mit oskulierenden Bahnelementen berechnete Ellipse an die instantane reale Planetenbahn an.

Himmelsmechaniker, die sich der Mühe unterzogen, die langfristigen periodischen und säkularen Änderungen der Bahnelemente zu kalkulieren, stellten fest, dass das Planetensystem nicht stabil ist. Nach längstens 100 000 Jahren kracht es in sich zusammen. Nach dieser Zeit haben sich die Störterme derart aufgeschaukelt, dass weitere Berechnungen keine sicheren Ergebnisse liefern. Die großen Halbachsen der Planetenbahnen sind säkularen Änderungen ausgesetzt. Sie schrumpfen oder wachsen zu enormen Größen an, bevor sie wieder kleiner werden. Zum Ende spiralisieren sich die Planeten in die Sonne hinein. Das Schicksal der Erde schien besiegelt, nämlich ein unaufhaltsamer Sturz in die Sonne.

Vor diesem Ungemach rettete die Erde der hochbegabte Himmelsmechaniker Pierre Simon de Laplace (1749–1827), denn ihm war das geologische Alter der Erde von mehr als vier Milliarden Jahren bekannt. Offensichtlich stürzt das Planetensystem nicht alle 100 000 Jahre in sich zusammen. Laplaces Vorgänger und Kollegen meinten, da müsse ein Deus ex machina, Gott höchstpersönlich eingreifen und den Planeten immer wieder einmal einen Schubs geben. Laplace mochte sich jedoch nicht mit dieser Vorstellung anfreunden. Er machte sich daran, das Theoriegebäude der Himmelsmechanik völlig neu zu entwerfen. Danach unterliegen die großen Halbachsen der Planetenbahnen nur periodischen und keinen säkularen Änderungen. Das System bleibt für sehr lange Zeit stabil (siehe Monatsthema November „Marquis de Laplace – Retter des Sonnensystems" auf Seite 243). Ausführliche Rechnungen mit modernen Hochleistungscomputern ergaben, dass in einem Zeitraum von 250 Mio. Jahren die Länge der großen Halbachse der Erdbahn nur zwischen 149 593 383 Kilometer (= 0,99997 AE) und 149 602 359 Kilo-

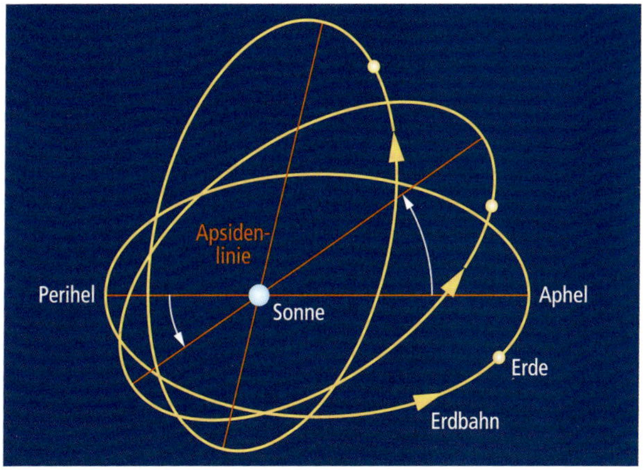

6.14 Drehung der Erdbahnellipse in 111 270 Jahren.

meter (= 1,00003 AE) variiert. Laplace wurde somit glänzend bestätigt.

UNTERSCHIEDLICHE JAHRESLÄNGEN

Die Erde läuft in einem Jahr um die Sonne. Bis sie wieder in der gleichen Position relativ zu den Fixsternen steht, vergehen $365{,}256\,363^d$, das sind 365 Tage, sechs Stunden, neun Minuten und zehn Sekunden. Diese Zeitspanne wird siderisches Jahr genannt. Die für die Jahreszeiten maßgebliche Jahreslänge bezieht sich jedoch auf den Zeitraum zwischen zwei aufeinander folgenden Passagen der Sonne durch den Frühlingspunkt. Infolge der Erdpräzession kommt der Frühlingspunkt der Sonne in einem Jahr rund 50″ entgegen, denn er bewegt sich rückläufig durch die Sternbilder des Tierkreises. Diese Zeitspanne ist mit 365,2422 Tagen oder 365^d5^h und 49^m kürzer als ein siderisches und wird tropisches Jahr genannt.

Als Finsternisjahr bezeichnet man die Zeitspanne zwischen zwei aufeinanderfolgenden Passagen der Sonne durch denselben Mondbahnknoten. Mit $346{,}620\,080^d = 346^d14^h52^m55^s$ ist es relativ kurz, denn die Mondbahnknoten kommen der Sonne entgegen. Pro Jahr wandern die Mondbahnknoten 19°21′ rückläufig durch den Tierkreis.

Die rückläufige Bewegung des Frühlingspunktes – also entgegengesetzt dem Lauf von Sonne und Mond – ist eine direkte Folge der Präzession des Erdkreisels.

Ein Wort zu den Begriffen rechtläufig (prograd) und rückläufig (retrograd). Die Hauptdrehrichtung des Sonnensystems erfolgt vom Nordpol der Ekliptik gesehen in mathematisch positivem Sinn, also entgegengesetzt dem Uhrzeigersinn. Dies ist die prograde Dreh- und Laufrichtung. Läuft ein Planet (gelegentlich) scheinbar in die andere Richtung als der Hauptdrehsinn, dann ist er rückläufig.

Die Erdachse ist um 23,°4 zur Senkrechten auf der Erdbahnebene (Ekliptikebene) geneigt. Da die Erde keine exakte Kugel ist, sondern ein abgeplattetes Rotationsellipsoid, üben Mond und Sonne ein Drehmoment auf die Erde aus. Kurz, sie versuchen, die Erdachse aufzurichten. Entsprechend den Kreiselgesetzen weicht die Erdachse rechtwinklig aus und beschreibt in knapp 26 000 Jahren einen doppelten Kegelmantel. Dieser Zeitraum wird Platonisches Jahr genannt. Der Frühlingspunkt wandert in einem Platonischen Jahr durch alle Tierkreissternbilder. Auch die Polarsterne wechseln, da die Himmelspole ebenfalls Kreise um die Ekliptikpole beschreiben.

Die Zeitspanne von zwei aufeinanderfolgenden Passagen der Erde durch ihr Perihel beträgt im Mittel $365{,}259\,635^d$, das sind 365 Tage, 6 Stunden, 13 Minuten und 52 Sekunden. Dies wird als anomalistisches Jahr bezeichnet. Es ist um 4^m45^s länger als ein siderisches Jahr, denn das Perihel läuft der Erde gewissermaßen um ein Stück davon. Pro Jahr rückt das Perihel der Erdbahn um 11,″647 vor. Die Erdbahn bleibt also nicht raumfest, sondern dreht sich relativ zu den Fixsternen. Pro julianischem Jahrhundert (= 36 525 Tage) dreht sich die Apsidenlinie (= Verbindungsstrecke Perihel – Aphel) prograd um 19′24,″7344 weiter. Der relativistische Anteil beträgt dabei

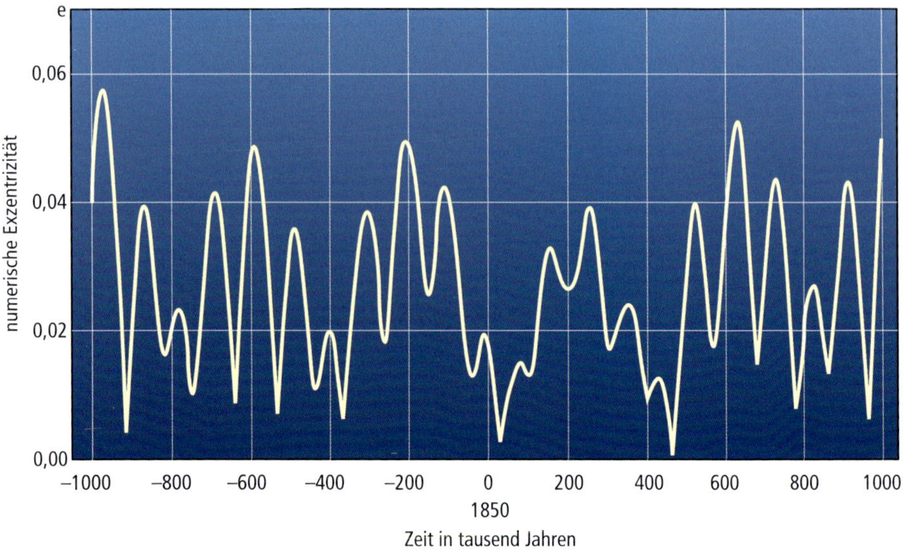

6.15 Variation der numerischen Exzentrizität der Erdbahn in zwei Millionen Jahren. Angabe in Tausenden Jahren (200 = 200 000 Jahre).

nur 0,″025. Eine volle Umdrehung der Apsidenlinie erfolgt somit in 111 270 Jahren. Dieser Zeitraum wird als Euklidisches Jahr bezeichnet.

Frühlingspunkt und Erdbahnperihel laufen also entgegengesetzt durch den Tierkreis. Alle 20 934 Jahre treffen sie aufeinander, jeweils nach einem Pythagoreïschen Jahr. Ein Pythagoreïsches Jahr entspricht somit der tropischen Umlaufzeit des Erdbahnperihels und dauert 1/(1/25 785 + 1/111 270) = 20 934 Jahre. Platonisches, Euklidisches und Pythagoreïsches Jahr werden auch die drei „Großen Jahre" genannt.

VERÄNDERLICHE BAHNELEMENTE

Die Großen Jahre beeinflussen auch das irdische Klima. Gegenwärtig befindet sich die Erde im Nordwinter Anfang Januar in Sonnennähe und Anfang Juli in Sonnenferne, wenn die Nordhalbkugel Sommer hat. In rund 10 500 Jahren wird die Erde sich dann im Nordwinter in Sonnenferne und im Nordsommer in Sonnennähe befinden.

Hinzu kommen die periodischen Variationen der Erdbahnexzentrizität. Zurzeit beträgt die Differenz zwischen Perihel- und Apheldistanz der Erde von der Sonne fünf Millionen Kilometer. Gegenwärtig nimmt die Erdbahnexzentrizität langsam ab. Im Jahr 29 500 erreicht sie ihr nächstes Minimum mit 0,0023. Die Differenz zwischen Periheldistanz und Apheldistanz von der Sonne wird dann nur knapp 700 000 Kilometer betragen statt fünf Millionen wie heute. In 100 000 Jahren wird die Exzentrizität der Erdbahnellipse mit 0,06 ein Maximum erreichen. Im Perihel wird die Erde dann bis auf 140 Millionen Kilometer an die Sonne herankommen und im Aphel 158 Millionen Kilometer von ihr entfernt sein. Die Differenz zwischen Sonnennähe und Sonnenferne wird dann 18 Millionen Kilometer erreichen, was klimatisch nicht ganz unbedeutend sein wird beziehungsweise in der Vergangenheit war. Die Hauptperiode der Variation der Erdbahnexzentrizität beträgt rund 100 000 Jahre. In 465 000 Jahren wird die Exzentrizität ein besonders tiefes Minimum mit 0,0006 aufweisen. Die Erdbahn wird dann fast genau einem Kreis entsprechen. Die Apsidendifferenz wird dann lediglich 180 000 Kilometer betragen, das ist die halbe Entfernung Erde–Mond. Klimatisch wird sich dies nicht auswirken.

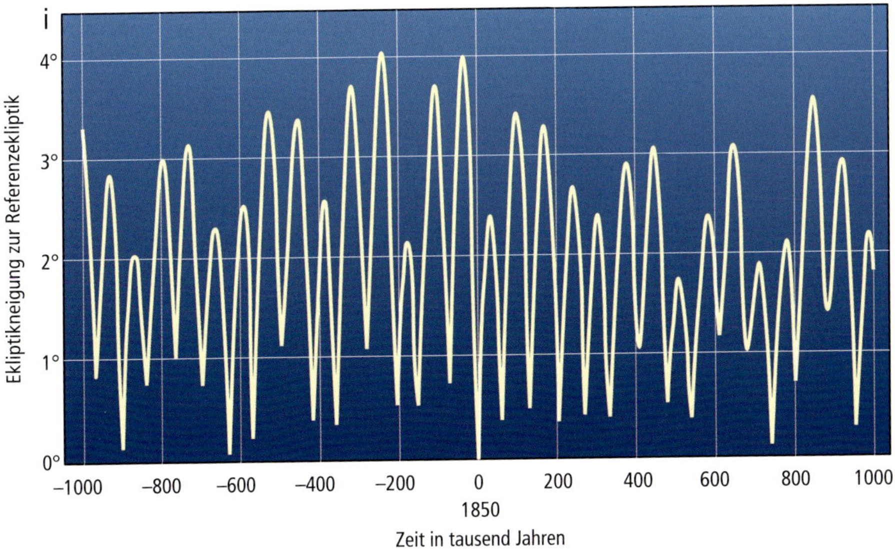

6.16 Variation der Neigung der Ekliptik relativ zur Lage der Ekliptik im Jahre 1850 in zwei Millionen Jahren. Angabe in Tausenden Jahren (400 = 400 000 Jahre).

Die Berechnung der oskulierenden Bahnelemente erfolgt über Polynome. Zum Beispiel kalkuliert man die aktuell gültige numerische Exzentrizität über das Polynom

$e_A = e_0 + e_1 \times T + e_2 \times T^2 + e_3 \times T^3 + e_4 \times T^4 + e_5 \times T^5 + \dots$

Dabei ist e_0 die mittlere Exzentrizität zum Ausgangszeitpunkt beziehungsweise Datum (JD_0). Die $e_1 \dots e_n$ sind einzelne Argumente zur Kalkulation der oskulierenden Elemente für gewünschte Zeitpunkte. T gibt die Zeitspanne an, die vom Ausgangszeitpunkt bis zum gewählten Zeitpunkt vergeht, gemessen in Julianischen Jahrhunderten:

$T = (JD - JD_0) / 36\,525$

wobei JD_0 das Julianische Datum des Startzeitpunktes und JD das gewünschte Datum angibt.

Beispiel: Am 1. Januar 2020 ($JD_0 = 2\,458\,849{,}5$) betrug die Exzentrizität der Erdbahn $e_0 = 0{,}016\,748\,8$. In 5000 Jahren wird sie näherungsweise $e_A = 0{,}016\,748\,8 - 0{,}000\,042\,036\,54 \times 50 = 0{,}014\,646\,97$ betragen. Näherungsweise deshalb, weil bei diesem Beispiel die höheren Glieder vernachlässigt wurden.

Auch die Neigung der Erdachse zur Senkrechten auf der Erdbahnebene spielt für die globale Klimaentwicklung eine wesentliche Rolle. Stünde die Erdachse senkrecht auf der Erdbahnebene, so gäbe es keine Jahreszeiten. Je stärker die Erdachse geneigt ist, desto größer ist der Unterschied zwischen Winter und Sommer in den Polarregionen.

Zurzeit beträgt die Neigung der Erdachse zur Erdbahnachse und damit die Schiefe der Ekliptik als Winkel zwischen Äquatorebene und Erdbahnebene 23°26′10″ mit abnehmender Tendenz. Mit einer Periode von 41 000 Jahren schwankt die Neigung zwischen 21°55′ und 24°18′ (siehe Abb. 6.16 oben).

Auf die Auswirkungen auf das globale Erdklima und die Entstehung der Eiszeiten durch die Variation der Erdbahnelemente und der schwankenden Neigung der Erdachse hat als Erster der Mathematiker, Geophysiker und Bauingenieur Milutin M. Milankowitsch (1879–1958) hingewiesen (siehe *Kosmos Himmelsjahr 2012*, Seite 147: „Variable Erdbahn“).

Die Erdbahnebene, deren Schnittlinie mit der Himmelssphäre die Ekliptik oder scheinbare Sonnenbahn ist, wird als Basis für das astronomische Koordinatensystem des Sonnensystems genommen. Beispielsweise werden die Neigung der Planeten-, Kleinplaneten- und Kometenbahnen stets relativ zur Ekliptik angegeben. Doch die Erdbahnebene eignet sich nur bedingt als Fundamentalebene des Sonnensystems. Denn durch die gravitativen Einflüsse der großen Planeten, also den Störungen, schwankt die Ekliptikebene. Man gibt daher die aktuelle Lage der Ekliptik relativ zu einer mittleren Ekliptik an. Als mittlere Ekliptik nimmt man die Lage der Ekliptik im Jahr 1850 oder auch 2000. Dies ist jedoch unbefriedigend, vor allem für Kalkulationen über einen Zeitraum von mehreren Millionen Jahren.

Seit dem Jahr 2003 wird daher das International Celestial Reference System (ICRS) verwendet. Als Basis wird die Invariable Ebene des Sonnensystems genommen, die die Ekliptikebene als Fundamentalebene abgelöst hat. Der Gesamtdrehimpulsvektor des Sonnensystems steht senkrecht auf der Invariablen Ebene, die durch das Baryzentrum des Sonnensystems geht.

Da der Drehimpuls (= Trägheitsmoment mal Winkelgeschwindigkeit) eines Systems konstant bleibt, wenn keine äußere Kraft auf es einwirkt, so bleibt auch die Invariable Ebene raumfest, da die Sterne so gut wie keinen Einfluss auf die Bewegungen der Körper im Sonnensystem ausüben.

Während fast die gesamte Masse des Sonnensystems in der Sonne selbst steckt, so tragen zu 98 % des Gesamtdrehimpulses die großen Planeten Jupiter (60 %), Saturn (25 %), Neptun (8 %) und Uranus (5 %) bei. Die restlichen zwei Prozent gehen auf das Konto der terrestrischen Planeten Merkur, Venus, Erde und Mars sowie der Sonne.

Der Drehimpulsvektor (er deutet nach Norden, da das Sonnensystem im mathematisch positiven Sinne rotiert, also entgegengesetzt dem Uhrzeigerlauf) zeigt permanent unverändert auf einen Punkt am Himmelsgewölbe mit den Koordinaten $\alpha = 18^h15^m25^s$ und $\delta = 66°59'28''$ (J2000.0). Der Nordpol des ICRS liegt somit im Sternbild Drache nahe dem Stern ω Draconis. Anfang 2000 betrug die Neigung der Invariablen Ebene zur Ekliptik 1°35′14″ und der aufsteigende Knoten lag bei 107°36′31″ ekliptikaler Länge. Die Neigung schwankt dabei von fast 0° bis etwa 3°.

Der Ekliptiknordpol wandert in rund 71 000 Jahren einmal um den invariablen Nordpol, wobei manchmal die Pole einander sehr nahekommen, dann wieder bis 3° Abstand voneinander erreichen. Die durch die Planetenstörungen hervorgerufene Wanderung des Frühlingspunktes beträgt pro Jahr 0,″12. Diese erfolgt entgegengesetzt der Lunisolarpräzession von 50,″37 pro Jahr.

Die Schiefe der Ekliptik variiert durch die gravitativen Einflüsse der Planeten. Gegenüber der Referenzekliptik (fixed ecliptic) von 1850 schwankt sie zwischen 2° und 4°. Im Jahr 38 300 v. Chr. betrug die Neigung der damaligen Ekliptik 4°00′ gegenüber der Referenzekliptik und wird 34 100 n. Chr. 2°23′ erreichen. Die Knotenlinie (Verbindungsstrecke der Schnittpunkte der instantanen Ekliptik mit der Referenzekliptik) wandert rückläufig mit 47″ pro Jahrhundert. Dies ergibt einen vollen Umlauf in 2 757 445 Jahren.

DIE GRENZEN DER PROGNOSEN

Präzise Planetenpositionen, sogenannte Ephemeriden, lassen sich mit Hilfe der oskulierenden Bahnelemente nur auf wenige tausend Jahre in die Vergangenheit und Zukunft berechnen. Für Zeiträume von mehreren Millionen Jahren muss man die Geschwindigkeits- und Beschleunigungsvektoren und deren Variationen numerisch integrieren, kurz rechnerisch aufsummieren. Auch diese Methode kommt an ihre Grenzen. Bei Zeitspannen über 100 Millionen Jahren liefern die Ephemeridenrechnungen keine verlässlichen Planetenpositionen mehr. Man kann dann nicht mehr den Ort der Erde in ihrer Bahn angeben oder wann beispielsweise Mars in Opposition zur Sonne kommt.

Laplace hat aber gezeigt, dass auch langfristig die mittleren Abstände der Planeten von der Sonne nur geringe Variationen zeigen und sich nicht aufsummieren. Das Sonnensystem bleibt stabil, die Erde wird nicht in die Sonne stürzen!

Oder vielleicht doch? Nach Albert Einstein nähert sich die Erde langfristig der Sonne in einer Spiralbahn, bis sie schließlich in ihre Gluthölle stürzt und verdampft. Gemäß der Allgemeinen Relativitätstheorie strahlt die Erde Gravitationswellen ab, sie verliert dadurch an kinetischer Energie. Allerdings ist die Abstrahlung vergleichsweise gering, etwa eine Milliarde Joule (≙ 280 kWh) pro Jahr. Bis die kinetische Energie der Erde durch Gravitationsstrahlung aufgebraucht ist, vergehen rund 250 Billiarden ($= 25 \times 10^{16}$) Jahre oder rund 200 Millionen Mal das heutige Weltalter von gerade 14 Milliarden Jahren! Nach menschlichem Ermessen ist das eine Ewigkeit.

Und doch wird die Sonne der Erde schon viel früher ein feuriges Ende bereiten. Daran führt kein Weg vorbei. Denn in fünf Milliarden Jahren wird sich die Sonne zu einem roten Riesenstern aufblähen und mehr als hundert Mal so groß wie heute werden. Bis dahin wird die Sonne durch einen immer stärker werdenden Sonnenwind erheblich an Masse verlieren. Als Folge davon wird wegen der geringeren Schwerkraft die Bahn der Erde nach Außen driften. Sie wird dann etwa dort verlaufen, wo heute die Marsbahn liegt. Ob die Erde dann in das „rote Vakuum" der enorm aufgeblähten Sonne stürzt oder knapp außerhalb die sterbende Sonne umrundet, kann heute noch nicht mit Sicherheit entschieden werden. Schwierig ist es, die Gezeitenwirkungen auf die sich aufblähende Sonne zu kalkulieren.

Schon nach ein bis zwei Milliarden Jahren wird die Oberflächentemperatur der Erde so hoch sein, dass die Ozeane verdampfen. Bald darauf wird auch die Erdatmosphäre ins Weltall diffundieren. Doch dann wird es längst kein Leben mehr auf der Erde geben. Bereits nach 500 bis 800 Millionen Jahren werden die Temperaturen so ansteigen, dass höher entwickelte Lebewesen nicht mehr existieren können. Dem Hitzetod durch die Sonne kann die Menschheit nicht entgehen, selbst wenn die Erde erst Milliarden Jahre später in die Sonne stürzt und verglüht. Das Ende der Erde bleibt jedoch für das Universum mit seinen Trillionen Sternen und Planeten ein völlig bedeutungsloses Ereignis.

Juli 2022

- Mit 152 Millionen Kilometer Abstand befindet sich die Erde am 4. in Sonnenferne.
- Venus hält ihre Stellung als Morgenstern.
- Mars verlagert seine Aufgänge in die Zeit vor Mitternacht.
- Jupiter erscheint am späten Abend am Osthimmel.
- Saturn wird zum Planeten der gesamten Nacht.
- Merkur bleibt unsichtbar.

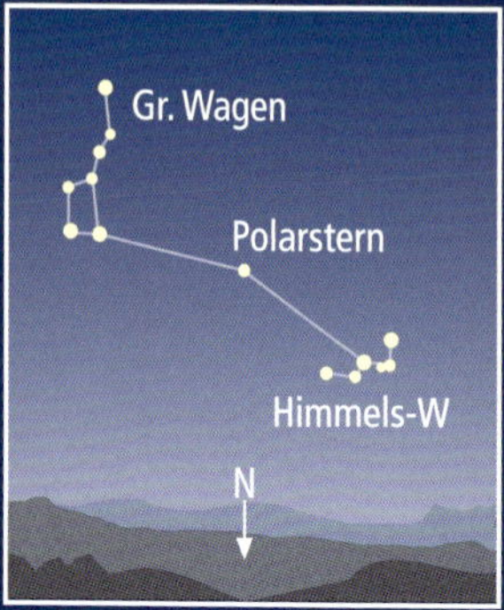

Großer Wagen und Himmels-W Anfang Juli um 22 Uhr MEZ

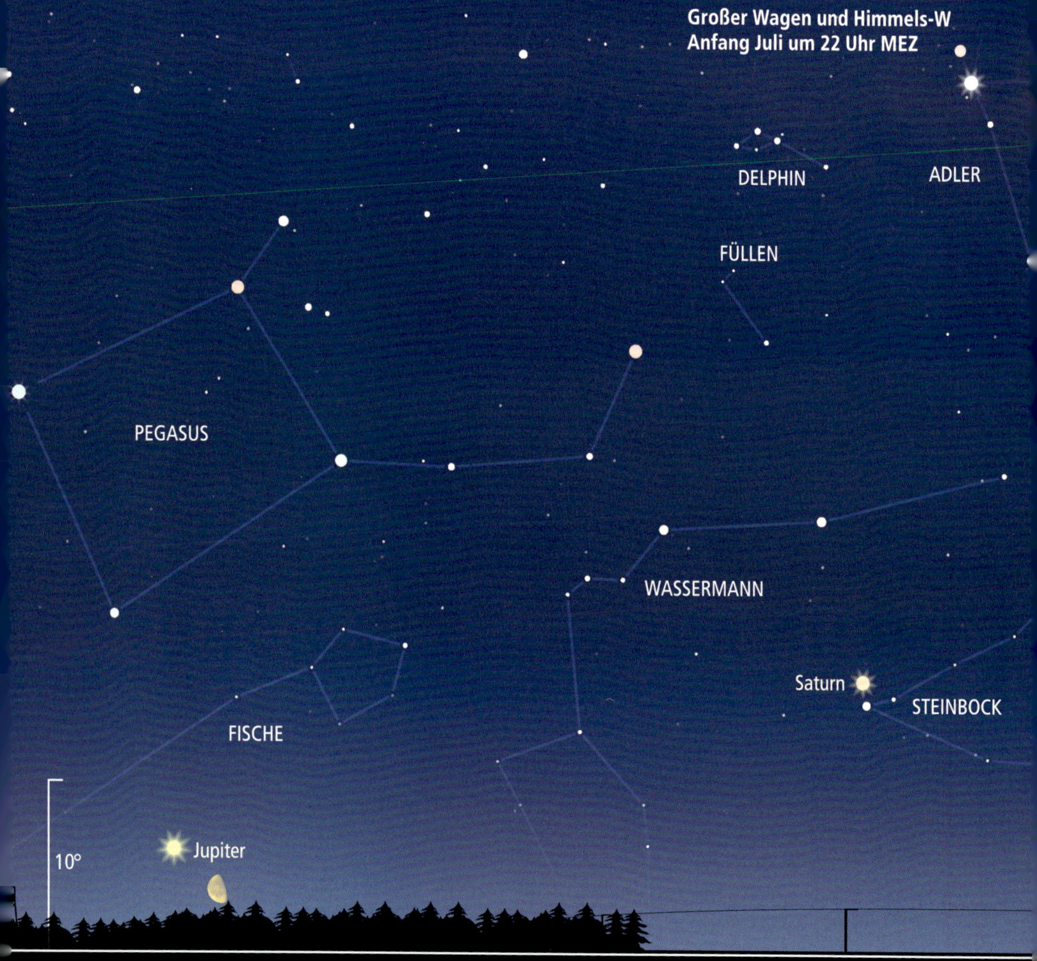

7.1 Himmelsanblick gegen 23^h30^m MEZ (= 0^h30^m MESZ) am 18. (19.) Juli. Über dem Osthorizont sind Saturn und Jupiter zu sehen, neben dem der abnehmende Halbmond steht

1 Fr

2 Sa

3 So

4 Mo Erde in Sonnenferne

5 Di

6 Mi

7 Do Erstes Viertel

8 Fr

9 Sa

10 So

11 Mo

12 Di

13 Mi Vollmond

14 Do

15 Fr Mond bei Saturn – Mitternacht

16 Sa

17 So

18 Mo

19 Di Mond bei Jupiter – morgens

20 Mi Letztes Viertel

21 Do

22 Fr Mond bei Mars – morgens

23 Sa

24 So

25 Mo

26 Di Mond bei Venus – morgens

27 Mi

28 Do Neumond

29 Fr

30 Sa

31 So

SONNE – STERNBILDER

21.7. 3^h:
Sonne tritt in das Sternbild Krebs

22.7. 21^h:
Sonne tritt in das Tierkreiszeichen Löwe

Julianisches Datum am
1. Juli, 1^h MEZ: 2459761,5

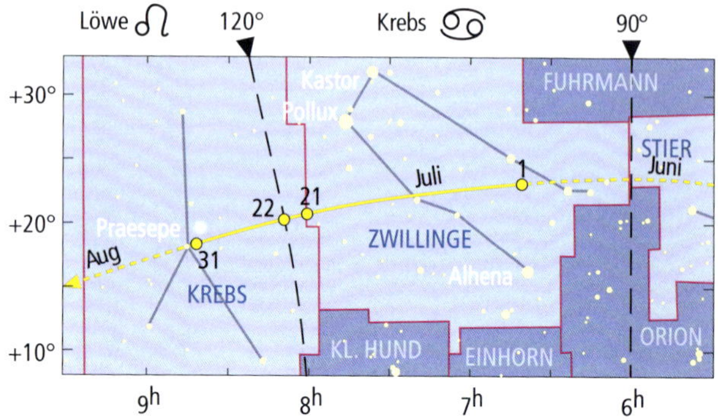

SONNENLAUF

Tag	Dämmerg. Anfang	Aufgang MEZ	Kulmination	Untergang MEZ	Dämmerg. Ende	Mittagshöhe	Zeitgleichg.	Rektaszension	Deklination
	h m	h m	h m	h m	h m	°	m	h m	°
1.	2 26	4 15	12 24	20 32	22 21	63,1	–4	6 38	+23,1
5.	2 31	4 18	12 25	20 31	22 17	62,8	–5	6 55	+22,8
10.	2 38	4 22	12 25	20 28	22 12	62,2	–5	7 16	+22,3
15.	2 46	4 27	12 26	20 24	22 04	61,5	–6	7 36	+21,6
20.	2 55	4 33	12 26	20 19	21 56	60,6	–6	7 56	+20,8
25.	3 05	4 40	12 26	20 13	21 46	59,6	–6	8 16	+19,8
31.	3 17	4 48	12 26	20 04	21 34	58,2	–6	8 39	+18,4

TAGES- UND NACHTSTUNDEN

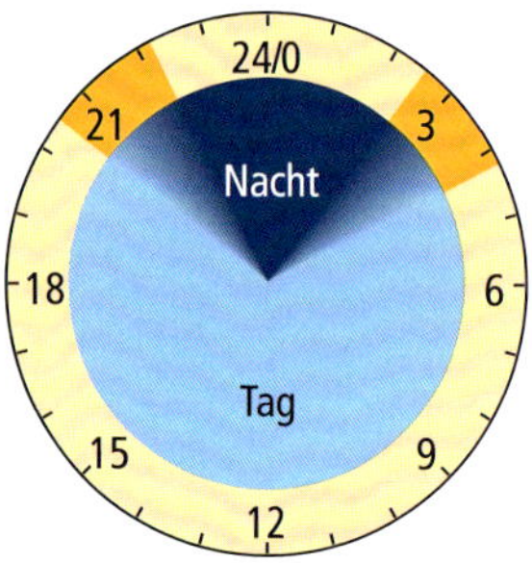

5. Juli

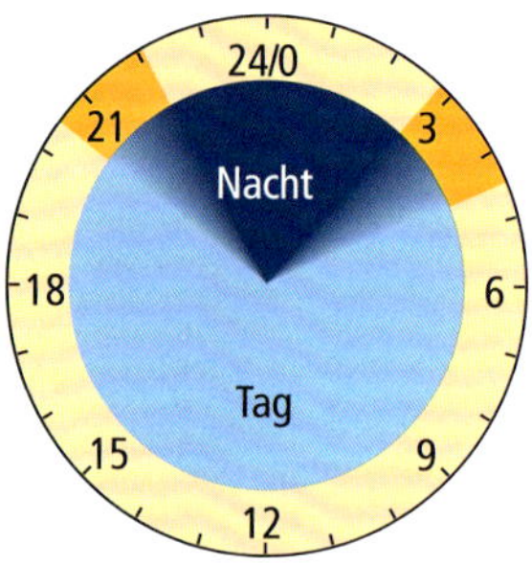

15. Juli

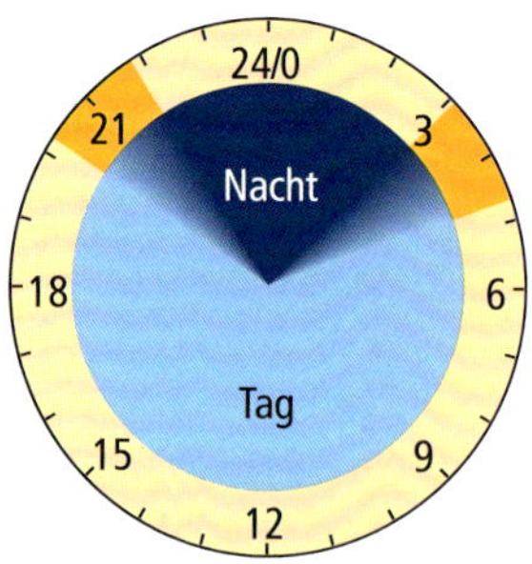

25. Juli

MONDLAUF

Datum	Aufg. MEZ	Kulmination	Unterg. MEZ	Rektaszension	Deklination	Sterne und Sternbilder	Phase	MEZ
	h m	h m	h m	h m	°			
Fr 1.	5 55	14 22	22 35	8 10	+24,9	Pollux		
Sa 2.	7 04	15 09	22 58	9 01	+22,2	Krebs, Krippe	Größte Nordbreite	
So 3.	8 14	15 54	23 17	9 50	+18,6	Löwe, Regulus		
Mo 4.	9 26	16 37	23 33	10 37	+14,1	Löwe, Regulus		
Di 5.	10 37	17 20	23 48	11 23	+ 9,0	* Löwe		
Mi 6.	11 50	18 03	–	12 08	+ 3,4	* Jungfrau		
Do 7.	13 05	18 48	0 02	12 54	– 2,5	Jungfrau	**Erstes Viertel**	$3^h 14^m$
							Libration Ost	
Fr 8.	14 24	19 36	0 17	13 42	– 8,4	Spica		
Sa 9.	15 47	20 28	0 35	14 33	–14,1	Waage	Absteigender Knoten	
So 10.	17 14	21 26	0 58	15 28	–19,2	* Waage		
Mo 11.	18 39	22 29	1 29	16 28	–23,4	Antares		
Di 12.	19 56	23 35	2 13	17 33	–26,1	Schlangenträger		
Mi 13.	20 56	–	3 15	18 41	–26,9	Schütze, Nunki	**Vollmond**	$19^h 38^m$
							Erdnähe 357/33,′4	10^h
Do 14.	21 39	0 42	4 34	19 49	–25,7	Schütze		
Fr 15.	22 10	1 46	6 02	20 54	–22,6	Steinbock	Größte Südbreite	
Sa 16.	22 32	2 45	7 31	21 55	–18,1	Steinbock		
So 17.	22 50	3 38	8 56	22 50	–12,6	* Wassermann		
Mo 18.	23 06	4 26	10 17	23 42	– 6,6	Wassermann		
Di 19.	23 21	5 12	11 34	0 30	– 0,5	Walfisch	Libration West	
Mi 20.	23 36	5 56	12 48	1 17	+ 5,4	Fische	**Letztes Viertel**	$15^h 19^m$
Do 21.	23 53	6 40	14 01	2 04	+11,0	Widder		
Fr 22.	–	7 25	15 13	2 51	+15,9	Widder	Aufsteigender Knoten	
Sa 23.	0 13	8 11	16 23	3 39	+20,1	* Stier, Plejaden		
So 24.	0 38	8 58	17 31	4 28	+23,5	* Stier, Hyaden		
Mo 25.	1 11	9 48	18 32	5 19	+25,7	* Stier, Alnath		
Di 26.	1 53	10 38	19 24	6 12	+26,9	Zwillinge	Erdferne 406/29,′4	11^h
Mi 27.	2 45	11 29	20 06	7 05	+26,7	Zwillinge		
Do 28.	3 47	12 19	20 38	7 58	+25,4	Pollux	**Neumond Nr. 1232**	$18^h 55^m$
Fr 29.	4 54	13 07	21 03	8 49	+22,9	Krebs, Krippe	Größte Nordbreite	
Sa 30.	6 05	13 52	21 23	9 38	+19,4	Löwe		
So 31.	7 17	14 37	21 40	10 26	+15,1	Löwe, Regulus		

DER MOND WANDERT AN SATURN VORBEI

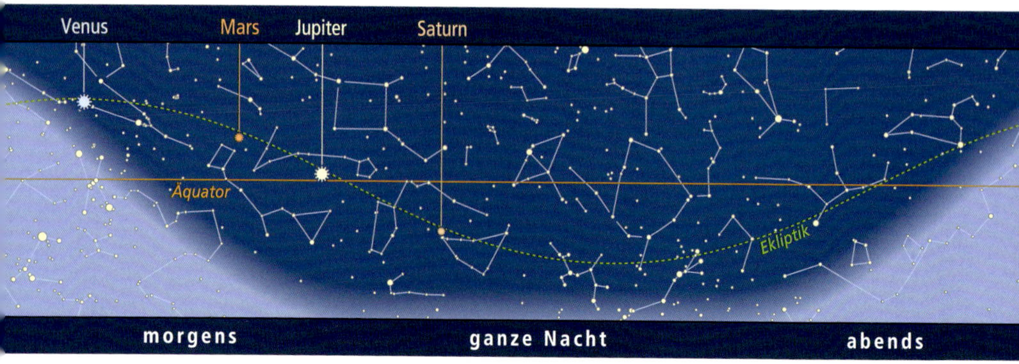

MERKUR eilt der Sonne rechtläufig nach und überholt sie zur Monatsmitte. Am 16. steht er in oberer Konjunktion mit ihr. Bis Monatsende wächst der östliche Winkelabstand Merkurs von der Sonne auf knapp 16° an. Dies reicht allerdings nicht für eine Abendsichtbarkeit, zumal Merkur sich südlicher als die Sonne im Tierkreis aufhält. Am 31. geht Merkur um 20^h47^m (= 21^h47^m Sommerzeit) unter. Der Sonnenuntergang erfolgt am Monatsletzten um 20^h04^m. Bevor es dunkel genug ist, um Merkur sichtbar werden zu lassen, hat ihn bereits der Horizontdunst verschluckt. Merkur zeigt sich im Juli nicht.

Sein Perihel durcheilt der flinke Planet am 10., wobei ihn 46

7.2 Heliozentrischer Anblick des Planetensystems im dritten Jahresviertel 2022. Eingetragen sind im linken Teil die Positionen der inneren Planeten für den 1. Juli (7), 1. August (8), 1. September (9) und 1. Oktober (10). Der rechte Teil zeigt das äußere Planetensystem samt einigen Planetoiden zu Anfang und Ende des dritten Jahresviertels. Die Pfeile deuten die Richtungen zu den ferneren Planeten sowie zum Frühlingspunkt an.

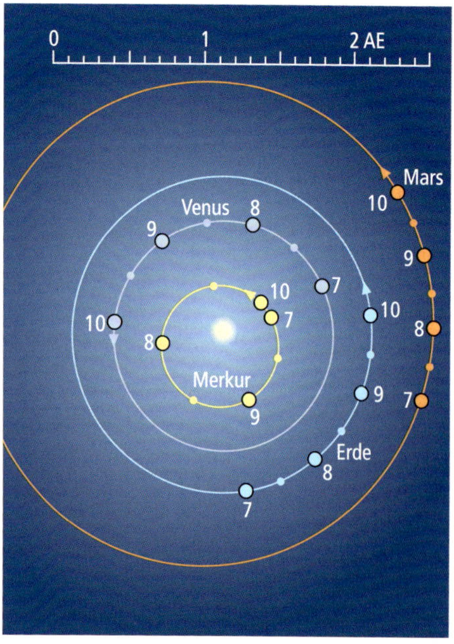

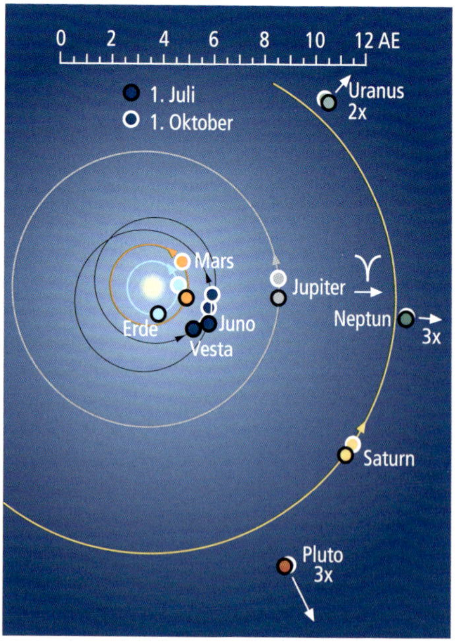

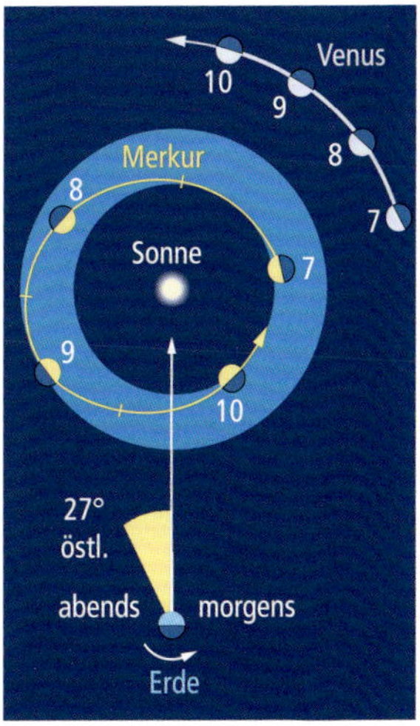

7.3 Heliozentrische Bewegungen von Merkur und Venus *relativ* zur Erde. In den dicker ausgezogenen Bahnteilen sind die Planeten beobachtbar. Die Zahlen geben die Positionen jeweils zum Monatsersten an. Östlicher Winkelabstand bedeutet Abendsichtbarkeit; westliche Elongation: Planet steht am Morgenhimmel.

Millionen Kilometer (= 0,308 AE) von der Sonne trennen. Dies entspricht einer Lichtlaufzeit von zwei Minuten und 33 Sekunden.

VENUS hält ihre Stellung am Morgenhimmel. Sie wandert rechtläufig durch den Stier und streift den nordöstlichen Bereich des Orion. Am 2. zieht sie $4^{\circ}{,}2$ nördlich an Aldebaran (α Tauri) vorbei, der aber in der hellen Morgendämmerung freiäugig nicht sichtbar ist. Am 18. wechselt Venus in die Zwillinge. Am 18. geht sie nur 36′ südlich am Sommerpunkt der Ekliptik vorbei. Die Venushelligkeit bleibt konstant bei $-3^{m}{,}9$. Die Venusaufgänge verspäten sich während des Monats um 25 Minuten. Geht Venus am 1. um $2^{h}26^{m}$ auf, so erfolgt ihr Aufgang am 31. erst um $2^{h}51^{m}$ (= $3^{h}51^{m}$ Sommerzeit). Das Venusscheibchen schrumpft auf 11″ scheinbaren Durchmesser, der Beleuchtungsgrad nimmt auf mehr als 90 % zu. Der Morgenstern erscheint im Teleskop als kleines, fast voll beleuchtetes Scheibchen.

MARS wandert rechtläufig durch die Fische und wechselt am 8. in das Sternbild Widder. Die Marshelligkeit steigt weiter an und erreicht Ende Juli $0^{m}{,}2$. Seine Aufgänge verlagert Mars in die Zeit vor Mitternacht. Am 1. übersteigt Mars die östliche Horizontlinie um $0^{h}41^{m}$ (=$1^{h}41^{m}$ Sommerzeit), am 15. geht er um $0^{h}06^{m}$ auf und am 31. bereits um $23^{h}24^{m}$.

Der abnehmende Halbmond besucht den roten Planeten in der Nacht vom 21. auf 22. Juli. Um 1^{h} morgens ist der Mond $4^{\circ}{,}2$ nördlich von Mars zu sehen.

Vom 30. Juli bis 3. August passiert Mars den fernen Uranus $1^{\circ}{,}4$ südlich (siehe auch Abb. 7.4 oben sowie Planetenlauf im August auf Seite 179). Am 21. beginnt auf der Nordhalbkugel des Mars der Winter.

JUPITER bremst seine rechtläufige Bewegung im Nordteil des Cetus (Walfisch) an der Grenze zu den Fischen stark ab und

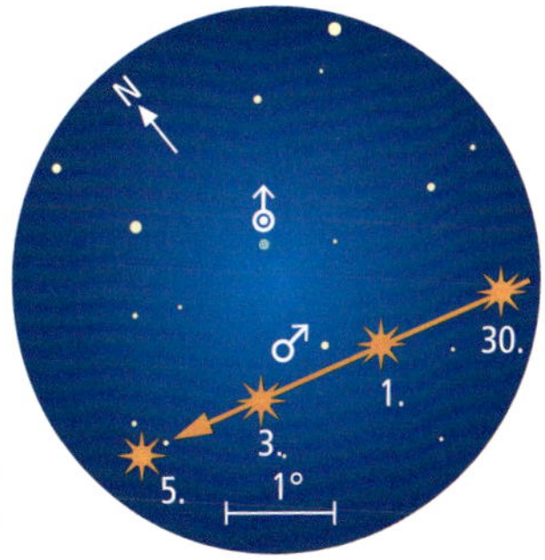

7.4 Mars begegnet Uranus Anfang August. Fernglasanblick gegen 3^{h} MEZ (= 4^{h} MESZ).

kommt am 29. zum Stillstand. Damit setzt er zu seiner Oppositionsschleife an. Anschließend wandert der Riesenplanet rückläufig durch den Tierkreis, anfangs allerdings recht langsam (siehe Abb. 9.3 auf Seite 199). Die kommende Opposition macht sich auch an einer Helligkeitssteigerung des Jupiters um $0^{m}{,}3$ auf $-2^{m}{,}7$ bemerkbar.

Der Riesenplanet verlagert seine Aufgänge in die späten Abendstunden. Am 1. geht er um $0^{h}02^{m}$ auf, am 15. um $23^{h}05^{m}$ und am 31. bereits um $22^{h}03^{m}$ (=$23^{h}03^{m}$ Sommerzeit). Am 19. erhält Jupiter Besuch vom abnehmenden Mond (siehe Abb. 7.1 auf Seite 156). Der scheinbare Äquatordurchmesser wächst auf $45''{,}1$ an, der Poldurchmesser auf $42''{,}2$.

SATURN beschleunigt seine rückläufige Wanderung im Sternbild Steinbock. An dem $1^{\circ}{,}4$ südlicher stehenden Deneb Algedi (δ Aqr) kann man gut seine Bewegung studieren. Er nähert sich seiner Opposition zur Son-

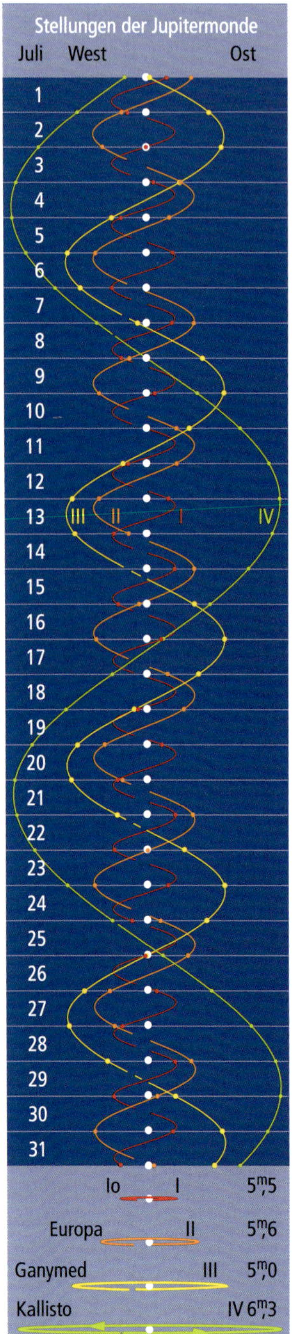

JUPITERMONDE

Tag	MEZ h m	Vorgang	
2.	1 23	I	VA
3.	0 45	I	SE
	2 06	I	DE
5.	3 28	II	SA
7.	0 13	II	VE
	0 26	II	BA
	2 56	II	BE
8.	0 36	III	BA
	3 19	III	BE
9.	3 16	I	VA
10.	0 25	I	SA
	1 47	I	DA
	2 39	I	SE
11.	1 21	I	BE
14.	0 11	II	VA
	2 49	II	VE
	2 59	II	BA
15.	1 56	III	VE
16.	0 33	II	DE
17.	2 19	I	SA
	3 39	I	DA
	23 39	I	VA
18.	3 12	I	BE
19.	0 19	I	DE
21.	2 47	II	VA
22.	2 52	III	VA
23.	0 33	II	SE
	0 35	II	DA
	3 02	II	DE
25.	1 33	I	VA
	3 06	IV	VA
	4 35	IV	VE
	22 42	I	SA
	23 58	I	DA
26.	0 52	III	DE
	0 55	I	SE
	2 09	I	DE
	23 30	I	BE
30.	0 33	II	SA
	3 02	II	DA
	3 08	II	SE
31.	23 40	II	BE

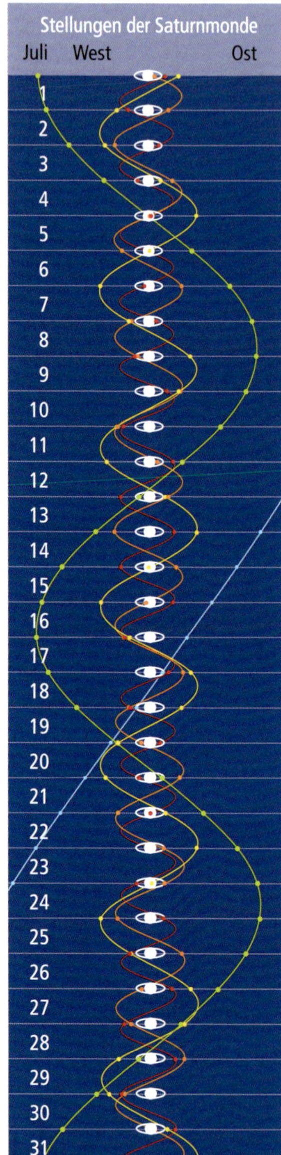

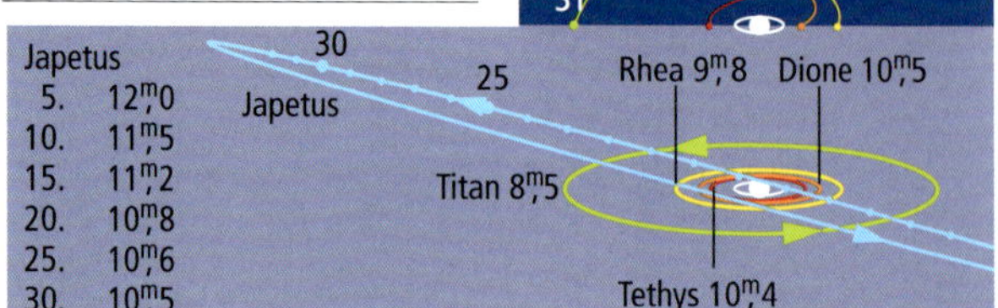

ne, die er Mitte August erreicht (siehe Abb. 8.2 auf Seite 179). Saturn wird zum Planeten der gesamten Nacht. Geht er am 1. um $22^{h}37^{m}$ (= $23^{h}37^{m}$ Sommerzeit) auf und am 15. um $21^{h}41^{m}$, so erfolgt sein Aufgang am 31. schon um $20^{h}36^{m}$. Dies ist nur gut eine halbe Stunde nach Sonnenuntergang. Saturn steigert seine Helligkeit von $0\overset{m}{,}6$ auf $0\overset{m}{,}4$. In der Nacht vom 15. auf 16. zieht der noch recht volle, aber bereits abnehmende Mond rund 4° südlich am Ringplaneten vorbei (siehe Grafik „Mondlauf" auf Seite 159).

URANUS kann unter günstigen Sichtbedingungen ab der Monatsmitte am Morgenhimmel tief im Osten mit ausreichender Optik (Teleskop oder Fernglas auf stabilem Stativ) aufgefunden werden. Der grünliche Planet wandert langsam durch das Sternbild Widder und bremst seine ohnehin langsame Bewegung merklich ab (siehe Abb. 11.3 auf Seite 236). Am 1. geht der $5\overset{m}{,}8$ lichtschwache Planet um $1^{h}17^{m}$ (= $2^{h}17^{m}$ MESZ) auf, am 15. um $0^{h}23^{m}$ und am 31. schon um $23^{h}18^{m}$. Jeweils eine Stunde nach seinem Aufgang kann man mit Aussicht auf Erfolg nach dem grünlichen Planeten Ausschau halten.

Am 22. passiert die Sichel des abnehmenden Mondes den fernen Uranus. Gegen 3^{h} morgens befindet sich der Mond $1\overset{\circ}{,}9$ südwestlich von Uranus. Vom 31. Juli bis 3. August wandert Mars etwa $1\overset{\circ}{,}3$ südlich an Uranus vorbei (siehe Abb. 7.4 auf Seite 161).

NEPTUN wandert rückläufig durch die Fische. In der zweiten Nachthälfte kann man mit Aussicht auf Erfolg nach dem achten und sonnenfernsten Planeten Ausschau halten. Neptun verlagert seine Aufgänge in die späten Abendstunden. Am 1. erfolgt der Aufgang des nur $7\overset{m}{,}9$ hellen, bläulichen Planeten um $23^{h}36^{m}$, am 15. um $22^{h}40^{m}$ und am 31. schon um $21^{h}37^{m}$ (= $22^{h}37^{m}$ MESZ).

Die Neptunkulminationen verfrühen sich von $5^{h}28^{m}$ zu Monatsbeginn auf $3^{h}29^{m}$ Ende Juli. Wie häufig schon erwähnt: Neptun ist kein Objekt für das bloße Auge. Ein Teleskop oder lichtstarkes Fernglas ist auf alle Fälle erforderlich, um Neptun zu erkennen. Bis Monatsende steigert sich die Neptunhelligkeit ein wenig auf $7\overset{m}{,}8$.

PLANETOIDEN UND ZWERGPLANETEN

PLUTO, der Zwergplanet, steht am 20. frühmorgens in **Opposition** zur Sonne. Er wandert rückläufig im Sternbild Schütze als lichtschwaches Sternchen von nur $14\overset{m}{,}3$ scheinbarer Helligkeit zur Opposition.

Der prominente Zwergplanet mit der Kleinplanetennummer 134 340 geht am Oppositionstag um $20^{h}21^{m}$ (= $21^{h}21^{m}$ MESZ) auf, passiert um $0^{h}25^{m}$ den Meridian und geht um $4^{h}28^{m}$ am nächsten Morgen unter. Um den extrem lichtschwachen Pluto zu finden, sollen die Aufsuchkärtchen Abb. 7.5 auf Seite 164 helfen. Die

KONSTELLATIONEN UND EREIGNISSE

Datum	MEZ	Ereignis
4.	8^{h}	Erde im Aphel (Sonnenferne), Abstand Erde – Sonne 152,098 Millionen Kilometer
10.	23	Merkur im Perihel
15.	21	**Mond bei Saturn**, Mond $4\overset{\circ}{,}0$ südlich, **Abstand $4\overset{\circ}{,}8$ um 23^{h}**
16.	21	Merkur in oberer Konjunktion mit der Sonne
18.	2	Mond bei Neptun, Mond $3\overset{\circ}{,}3$ südlich
19.	2	**Mond bei Jupiter**, Mond $2\overset{\circ}{,}2$ südlich, **Abstand $2\overset{\circ}{,}7$ um 4^{h}**
20.	3	**Pluto in Opposition** zur Sonne
21.	18	**Mond bei Mars**, Mond $1\overset{\circ}{,}1$ nördlich, **Abstand $4\overset{\circ}{,}2$ um 1^{h} am 22.**
22.	7	**Mond bei Uranus**, Mond $0\overset{\circ}{,}2$ nördlich, **Abstand $1\overset{\circ}{,}9$ um 3^{h}**
26.	15	**Mond bei Venus**, Mond $4\overset{\circ}{,}2$ nördlich, **Abstand $5\overset{\circ}{,}6$ um 4^{h}**
29.	13	Jupiter im Stillstand, anschließend rückläufig
29.	22	Mond bei Merkur, Mond $3\overset{\circ}{,}6$ nördlich

Tanzende Eier

An klaren Sommerabenden leuchtet über unseren Köpfen ein strahlend heller, bläulichweißer Stern, genannt Wega. Mit Arktur gehört Wega zu den beiden hellsten Sternen des Nordhimmels. Wega bildet einen Eckstern des Sommerdreiecks, zu dem noch Deneb und Atair gehören. Wega ist der Hauptstern der Leier, α Lyrae genannt. Außer Wega gehört noch ein kleiner, aber auffälliger Sternenrhombus sowie der Vierfachstern $\varepsilon_{1,2}$ Lyr zur Leier. Ein Stern im Rhombus der Leier gehört zu den bestuntersuchten Himmelsobjekten. Er hat im Sternatlas *Uranometria* von Johannes Bayer aus dem Jahre 1603 die Bezeichnung β Lyrae erhalten. Die Araber nannten ihn Sheliak, die Harfe. Der Name Sheliak für β Lyr wurde von der „Working Group of Star Names" der IAU am 21. August 2016 in die offizielle Liste der Sternnamen aufgenommen.

Sheliak ist ein Stern knapp dritter Größenklasse. Dem aufmerksamen Beobachter fällt schon mit bloßen Augen, auf alle Fälle aber im Fernglas auf, dass β Lyr alle 13 Tage einen Helligkeitseinbruch erleidet, sein Licht nimmt um etwa eine Größenklasse ab. Sheliak war einer der ersten Sterne, bei denen ein Lichtwechsel erkannt wurde. Er zählt somit zu den veränderlichen Sternen.

Der Lichtwechsel von β Lyr wurde erstmals von dem genialen Amateurastronomen John Goodricke im August 1784 entdeckt. Goodricke wurde am 17. September 1764 in Groningen (Niederlande) geboren. Infolge einer fiebrigen Infektion verlor er schon als Kleinkind völlig sein Gehör und blieb dadurch auch stumm. Seine Eltern zogen mit ihm nach York in England, wo John die Braidwood-Akademie besuchte, Großbritanniens erste Schule für taubstumme Kinder. Schon bald wurde seine Begabung für Mathematik entdeckt. Anschließend besuchte er die Warrington-Akademie, eine progressive Anstalt.

Sein Nachbar Nathaniel Pigott und dessen Sohn Edward, beide aktive Amateurastronomen, weckten in John das Interesse am Sternenhimmel. Der elf Jahre ältere Edward wird sein Mentor. Beide beobachten Algol (β Perseï). Goodricke bestimmt die Periode von Algol und vermutet, dass ein dunkler Körper regelmäßig vor der Algolsonne vorbeizieht, was dessen Helligkeitsabfall bewirkt. John benutzt ein kleines Fernglas, um Sterne und vor allem Kometen zu beobachten. Er korrespondiert mit Herschel und beobachtet den neu entdeckten Uranus, von dem beide noch vermuten, er sei ein Komet. Seine Beobachtungen von Algol schickt er an Anthony Shepherd, Plumian Professor in Cambridge. Dabei äußert er auch die Vermutung, dass es Planeten auch außerhalb des Sonnensystems gäbe.

Nachdem John Goodricke im August 1784 Sheliak als Veränderlichen erkannt hatte, entdeckt

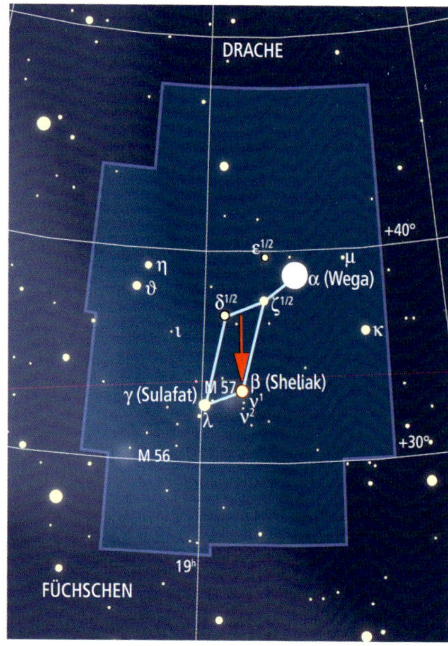

7.9 Karte des Sternbildes Leier. Der Pfeil deutet auf den Veränderlichen β Lyrae. Als Vergleichssterne dienen γ ($3^{\mathrm{m}},2$) und ζ ($4^{\mathrm{m}},1$) Lyrae.

er nur einen Monat später den Lichtwechsel von δ Cepheï. Auch weist er darauf hin, dass der Lichtwechsel von δ Cep andere Ursachen haben müsse als diejenigen von Algol und Sheliak. Denn bei δ Cep erfolgt der Anstieg zum Helligkeitsmaximum viel schneller als der folgende Abfall. Die Lichtkurve von δ Cep ist zeitlich asymmetrisch (siehe Abb. 11.8 auf Seite 245 im *Kosmos Himmelsjahr 2021*).

Anfang April 1786 wurde Goodricke Fellow der britischen Royal Society und mit der Verleihung der Copley-Medaille geehrt. Leider hat er sich nur kurz dieser hohen Auszeichnung erfreuen können. Nur zwei Wochen nach seiner Ehrung starb Goodricke, noch keine 22 Jahre alt, an den Folgen einer Lungenentzündung, die er sich in einer kalten Beobachtungsnacht geholt hatte. Ihm zu Ehren wurde der Planetoid (3116) Goodricke benannt. Entdeckt wurde der Kleinplanet Goodricke am 11. Februar 1983 von Edward Bowell auf der Anderson Mesa Station des Lowell-Observatoriums in Flagstaff, Arizona (USA). Der nur knapp acht Kilometer große Planetoid läuft in 3,33 Jahren in einem mittleren Abstand von 2,23 AE um die Sonne.

EIN BESONDERER DOPPELSTERN

Die Lichtkurve von β Lyrae zeigt einen sinusähnlichen Verlauf. Zu keiner Zeit leuchtet Sheliak in konstantem Licht. Kaum ist das Maximum erreicht, sinkt die Helligkeit wieder ab. Nach einem Hauptminimum folgt in rund sechseinhalb Tagen ein Nebenminimum. In maximalem Licht erreicht β Lyrae eine Helligkeit von $3\overset{\mathrm{m}}{,}2$. Alle 13 Tage sinkt seine Helligkeit auf $4\overset{\mathrm{m}}{,}2$ bis $4\overset{\mathrm{m}}{,}4$ ab. Im Nebenminimum geht seine Helligkeit um eine halbe Größenklasse auf $3\overset{\mathrm{m}}{,}8$ zurück. Der Bonner Astronom Friedrich Wilhelm Argelander (1799–1875) fertigte zahlreiche Lichtkurven von Sheliak an und kam 1859 zu dem Schluss, bei β Lyr handele es sich um einen engen bedeckungsveränderlichen Stern. Zwei Sonnen kreisen hier fast in der Ebene des Visionsradius (Sehstrahls) umeinander und bedecken sich dabei gegenseitig. Bis heute ist allerdings nicht sicher geklärt, ob es sich um vollständige oder partielle Bedeckungen handelt.

Der russische Astronom Aristarch Apollonowitsch Belopolsky (1854–1934) gewann als einer der Ersten brauchbare Spektren von β Lyrae und erkannte, dass Sheliak ein spektroskopischer

7.10 Die Lichtkurve von β Lyrae

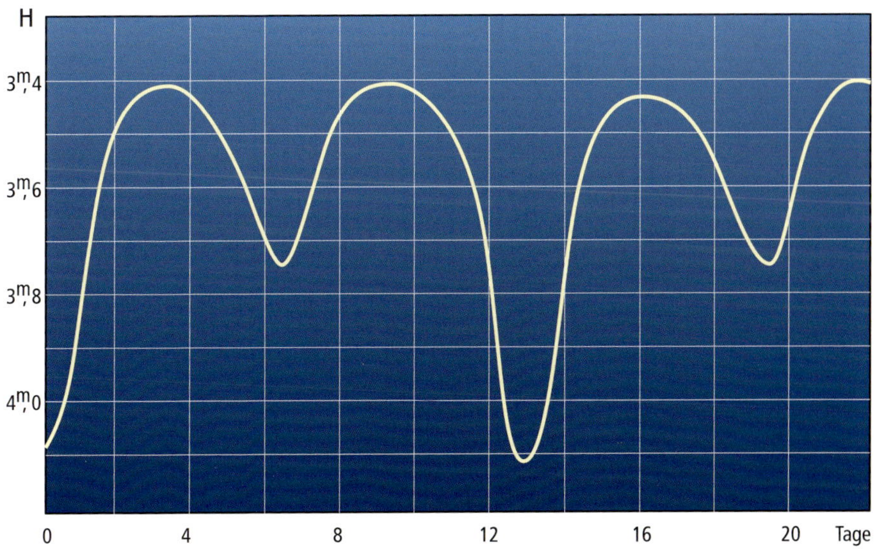

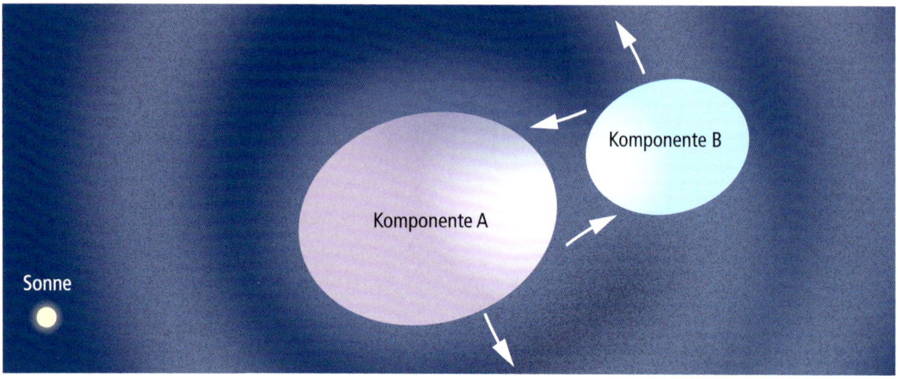

7.11 Schematische Darstellung der beiden Komponenten von β Lyrae.

Doppelstern ist. Belopolsky gewann die Spektren 1888 am Observatorium Pulkowo in St. Petersburg.

Zwei Sonnen kreisen in knapp zwei Wochen so nahe umeinander, dass sie nicht mehr kugelförmig sind, sondern durch die Gezeitenkräfte ellipsoidisch verformt. Wie zwei riesige Eier tanzen die Sheliaksonnen umeinander, wobei sie einander ihre schmalen Seiten zukehren. Dabei rotieren sie doppelt gebunden, zeigen einander also stets die gleichen Seiten.

Sheliak ist der Prototyp enger spektroskopischer Bedeckungsveränderlicher, der sogenannten Beta-Lyrae-Variablen (Typ-Bezeichnung: EB stars von engl. Eclipsing Binaries). EB-Sterne sind halbgetrennte Systeme. Diese Benennung bezieht sich auf die Tatsache, dass ein Stern sein Roche-Volumen ausfüllt. Sein Kompagnon reißt durch seine Schwerkraft Materie in einem Strom an sich.

Dem Bedeckungsveränderlichen überlagert ist die durch die Eiform hervorgerufene Helligkeitsvariation. Einmal sind die Breitseiten der Sterne der Erde zugekehrt, nach einem Viertelumlauf blickt man auf die schmalen Seiten der eiförmigen Sonnen. Hinzu kommt, dass die einander zugekehrten Seiten eine höhere Oberflächentemperatur aufweisen und damit heller sind als die voneinander abgekehrten Seiten (siehe Abb. 7.11 oben). Dies macht sich auch im Spektraltyp bemerkbar: Komponente A hat einen Spektraltyp B6 auf der dem Begleiter zugekehrten Seite, jedoch B8 auf der gegenüberliegenden. Doch dies ist nicht alles an Besonderheiten. Von der Komponente A strömt permanent Materie mit 300 Kilometer pro Sekunde auf Stern B, der gewissermaßen gefüttert wird. Pro Jahr sammelt die Komponente B etwa zwei Hunderttausendstel (2×10^{-5}) Sonnenmassen an Materie auf. Beide Sterne laufen auf fast exakt kreisförmigen Bahnen um ihren gemeinsamen Schwerpunkt (numerische Exzentrizität: $e = 0{,}024$). Ihr gegenseitiger Abstand beträgt dabei nur 35 Millionen Kilometer (= 0,234 AE), das sind etwa 25 Sonnendurchmesser oder nicht einmal die Entfernung Merkur – Sonne.

Die Materie, die von Stern A auf seinen Nachbarn abgegeben wird, stürzt dabei nicht direkt auf den Stern B. Wegen des enormen Drehimpulses hat sich eine gewaltige und sehr dichte Akkretionsscheibe um den Stern B gebildet, der von ihr fast vollständig verdeckt wird. Daher ist es auch schwierig festzustellen, wann genau eine Bedeckung beginnt und wann sie endet.

Die Akkretionsscheibe trägt etwa 20 Prozent zur Gesamthelligkeit bei. Hinzu kommt, dass infolge der hohen Rotationsgeschwindigkeit der Akkretionsscheibe in der Bahnebene Materie abgeschleudert wird und sich in Spiralform um das Sheliak-System windet.

Die IAU rief im Jahr 1959 zur „Internationalen β-Lyrae-Kampagne“ auf. Im Sommer 1959 widmeten sich zahlreiche Observatorien einer intensiven Beobachtung von Sheliak. Die Akkretionsscheibe um die Komponente B wurde aber erst 1963 entdeckt. Aus ihr schießen zwei Strahlen (Jets) senkrecht zur Umlaufebene heraus. Die Akkretionsscheibe erzeugt im Spektrum von β Lyr charakteristische Emissionslinien.

Selbst in großen Teleskopen ist Sheliak nicht als Doppelstern aufzulösen. Erst 2008 gelang es, mit dem CHARA-Interferometer die Doppelstruktur zu erkennen. CHARA steht für **C**enter for **H**igh **A**ngular **R**esolution **A**stronomy und setzt sich aus sechs Spiegelteleskopen von je einem Meter Apertur zusammen. Sie sind auf dem Gelände des Mt.-Wilson-Observatoriums in Kalifornien (USA) verteilt. Jedes Teleskop liefert ein leicht unterschiedliches Bild von einem Stern. Durch evakuierte Röhren werden die einzelnen Bilder auf ein Mikron genau zusammengeführt. CHARA arbeitet als optisches Interferometer und erreicht eine Auflösung, die einem äquivalenten Spiegelteleskop von 330 Meter Objektivdurchmesser entspricht Die Auflösung erreicht somit 0,″000 02, das sind 20 Mikrobogensekunden.

Mit Hilfe dieses optischen Interferometers gelang es, ein Bild der beiden eiförmigen Sheliak-Sonnen zu erhalten (siehe Abb. 7.12 rechts).

Die Akkretionsscheibe ist ein elektrisch leitendes, heißes Gas, auch als Plasma bezeichnet. Dabei entsteht ein gewaltiges Magnetfeld, in dessen Folge zwei riesige Gasstrahlen (Jets) senkrecht zur Akkretionsscheibe ins Weltall schießen. Intensive Emissionslinien lassen erkennen, dass der Begleiter noch in der ausgedehnten Atmosphäre von der Komponente A kreist. Beide Sterne kurven gewissermaßen in einer gemeinsamen Gashülle umeinander.

Durch den Massentransfer von ein bis zwei Hunderttausendstel (10^{-5}) Sonnenmasse pro Jahr verändert sich das gemeinsame Trägheitsmoment der tanzenden Eier. Da der Drehimpuls weitgehend konstant bleibt – abgesehen vom Massenverlust durch die Jets – ändert sich die Winkelgeschwindigkeit, was in einer Periodenänderung zu bemerken ist. Pro Jahr nimmt die Periode zwischen 9 und 20 Sekunden zu. Dies geschieht manchmal auch sprunghaft, da der Massenaustausch nicht gleichförmig verläuft. Im Moskauer *Generalkatalog der Veränderlichen Sterne* von 1958 wird als Periode 12,9079 Tage angegeben. 1970 wurde die Periode von β Lyr zu 12,9081 Tagen bestimmt. Schließlich erreichte sie 2000 schon 12,9406 Tage und nahm bald auf 12,9414 Tage zu.

Im Jahr 2020 vermerkt die AAVSO (**A**merican **A**ssociation of **V**ariable **S**tar **O**bservers) eine Periodenlänge von 12,94187 Tagen für die Epoche 2020 Januar 2,74.

SHELIAK SELBST BEOBACHTEN

Zwei weitere nahe Sterne begleiten β Lyrae, sie sind schon in einem Fernglas als visuelle Begleiter zu sehen. Komponente C ist ein 7^m heller, spektroskopischer Doppelstern in 47″ Distanz mit einer Periode von 4,348 Tagen (Positionswinkel 149°), 80-facher Sonnenleuchtkraft und Spektraltyp B7 V.

7.12 Die beiden Komponenten von β Lyrae wurden von CHARA aufgelöst.

BETA LYRAE IN ZAHLEN

Namen:	Sheliak, β Lyrae, Tsan Tae	
Katalognummern:	fl10 Lyr / BD + 33°3223 / FK5 705	
	HD 174 638 / SAO 67451 – 2 / HR7106 / HIP 92 420	
	AAVSO 1846+33 / ADS 11745	
	WDS J18501+3322	
Koordinaten (J2000.0)	$\alpha = 18^h50^m04\overset{s}{.}8$ / $\delta = +33°21'46''$	
Scheinbare Helligkeit:	$3\overset{m}{.}2 - 4\overset{m}{.}4$ (var., EB-Prototyp)	
Spektraltyp:	A: B6 – B8 II	B: B7 V
Trigonometrische Parallaxe:	$\pi = 0\overset{''}{.}0034$	
Entfernung	960 ± 50 LJ = 294 ± 15 pc	
Eigenbewegung pro Jahr:	$\mu_\alpha = -0\overset{''}{.}0019$	$\mu_\delta = 0\overset{''}{.}0035$
Radialgeschwindigkeit:	–19 km/s	
Absolute Helligkeit:	$-3\overset{M}{.}82$	

Physische Daten	**A**	**B**
Leuchtkräfte:	26 000 $L_\odot$	6500 $L_\odot$
Durchmesser:	19 $D_\odot$	15 $D_\odot$
Massen:	13 $M_\odot$	3 $M_\odot$
Oberflächentemperatur:	30 000 K	13 000 K
Alter:	23 Millionen Jahre	
Periode in Tagen:	12,9414 (J2020.0)	
Bahnneigung:	i = 92°	
Exzentrizität:	e = 0	
Distanz A – B:	$35 \cdot 10^6$ km ≙ 25 $D_\odot$	

In 86″ steht ein 9^m heller Stern vom Spektraltyp G5 (Positionswinkel 19°). Beide Sterne sind physische Begleiter von β Lyrae. (Anmerkung: Manchmal werden die Komponenten von β Lyr in der Literatur mit Aa und Ab bezeichnet, die Komponente C hingegen als „B".)

Die Astrometrie-Raumsonde Gaia hat etwa hundert Hauptreihensterne in der Umgebung von β Lyr gefunden, die sich in annähernd gleicher Entfernung befinden und eine gemeinsame Raumbewegung (Geschwindigkeit und Richtung) aufweisen.

Sheliak ist ein ideales Beobachtungsobjekt für Einsteiger in die Astronomie sowie für Gelegenheitsbeobachter. Einmal ist β Lyr unter guten Sichtverhältnissen schon mit bloßen Augen zu sehen, auf alle Fälle aber in einem Fernglas und sei es nur ein Operngucker. Zum anderen fällt eine Helligkeitsabnahme von einer Größenklasse leicht auf. Schließlich tritt das Hauptminimum alle 13 Tage ein, man muss nicht Monate warten wie bei langperiodischen Bedeckungsveränderlichen. Als Vergleichssterne bieten sich γ Lyrae mit $3\overset{m}{.}2$ und ζ Lyrae mit $4\overset{m}{.}1$ an. Um das Maximum erscheinen β Lyr und γ Lyr etwa gleich hell. Im Hauptminimum leuchtet Sheliak etwa so hell wie ζ Lyr. Da das Sternbild Leier in unseren Breiten außerdem fast zirkumpolar ist, kann man Sheliak die meiste Zeit des Jahres am Abendhimmel beobachten. Am günstigsten sind die Beobachtungen in den Monaten Juni bis September, da die Leier zur abendlichen Beobachtungsstunde um 22^h relativ hoch steht, im Juli und August sogar in Zenitnähe.

August 2022

- Saturn kommt am 14. im Sternbild Steinbock in Opposition zur Sonne und ist die gesamte Nacht sichtbar.
- Venus kann noch am Morgenhimmel gesehen werden.
- Merkur kann in südlichen Gefilden zu Monatsende kurz am Abendhimmel erspäht werden.
- Mars verlegt seine Aufgänge in die späten Abendstunden.
- Jupiter wird zum Planeten der gesamten Nacht.

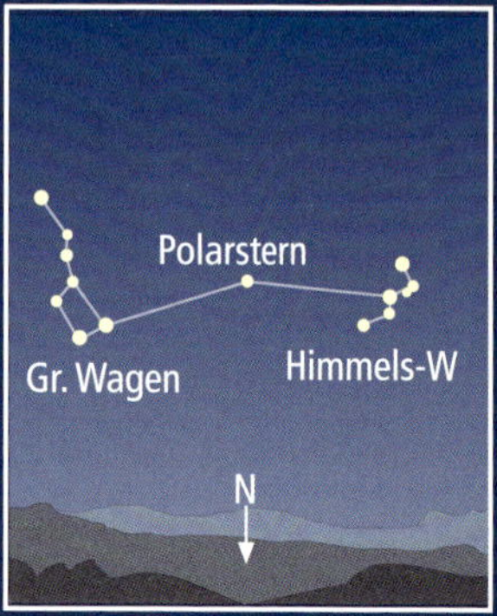

Großer Wagen und Himmels-W Anfang August um 22 Uhr MEZ

8.1 Anblick des Osthimmels am 14. August gegen 22^h MEZ (= 23^h MESZ). Die Riesenplaneten Jupiter und Saturn beherrschen die Szene. Der abnehmende Mond hält sich neben Jupiter auf

1 Mo	Schweizer Bundesfeier
2 Di	
3 Mi	
4 Do	
5 Fr	Erstes Viertel
6 Sa	Mond bedeckt δ Scorpii (Dschubba) – abends
7 So	
8 Mo	
9 Di	
10 Mi	
11 Do	
12 Fr	**Vollmond** Sternschnuppen Perseïden im Maximum, Mond bei Saturn – morgens
13 Sa	
14 So	Saturn in Opposition – ganze Nacht
15 Mo	Liechtensteiner Staatsfeiertag Mond bei Jupiter – morgens
16 Di	
17 Mi	
18 Do	
19 Fr	Letztes Viertel Mond bei Mars – morgens
20 Sa	
21 So	
22 Mo	
23 Di	
24 Mi	
25 Do	
26 Fr	Mond bei Venus – morgens
27 Sa	**Neumond**
28 So	
29 Mo	
30 Di	
31 Mi	

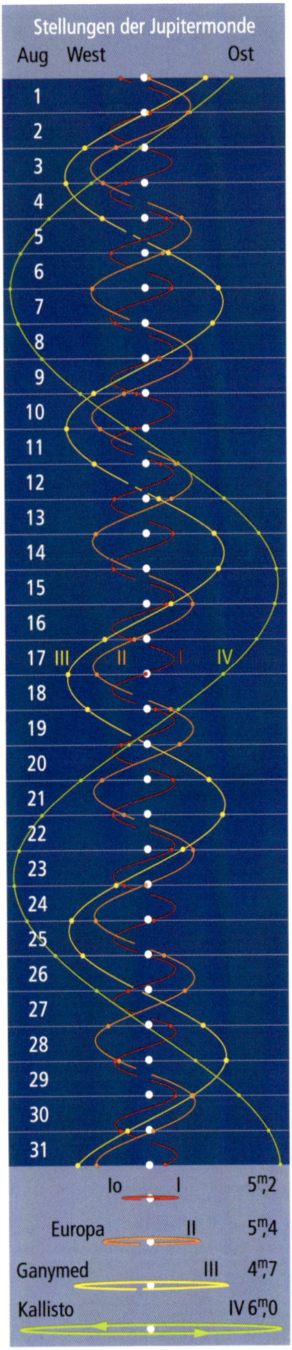

JUPITERMONDE

Tag	MEZ h	m	Vorgang	
1.	3	27	I	VA
	23	58	III	SE
2.	0	36	I	SA
	1	47	I	DA
	1	59	III	DA
	2	49	I	SE
3.	1	19	I	BE
	22	26	I	DE
6.	3	08	II	SA
8.	2	05	II	BE
9.	0	57	III	SA
	2	30	I	SA
	3	36	I	DA
	3	57	III	SE
	23	49	I	VA
10.	3	07	I	BE
	22	03	I	DA
	22	31	IV	VE
	23	12	I	SE
11.	0	14	I	DE
12.	21	52	III	BE
14.	23	55	II	VA
16.	21	35	II	SE
	23	25	II	DE
17.	1	43	I	VA
	22	52	I	SA
	23	50	I	DA
18.	1	06	I	SE
	2	01	I	DE
	23	20	I	BE
19.	21	56	III	VE
	22	49	III	BA
20.	1	21	III	BE
22.	2	32	II	VA
23.	21	36	II	SA
	23	18	II	DA
24.	0	10	II	SE
	1	43	II	DE
	3	38	I	VA
25.	0	47	I	SA
	1	36	I	DA

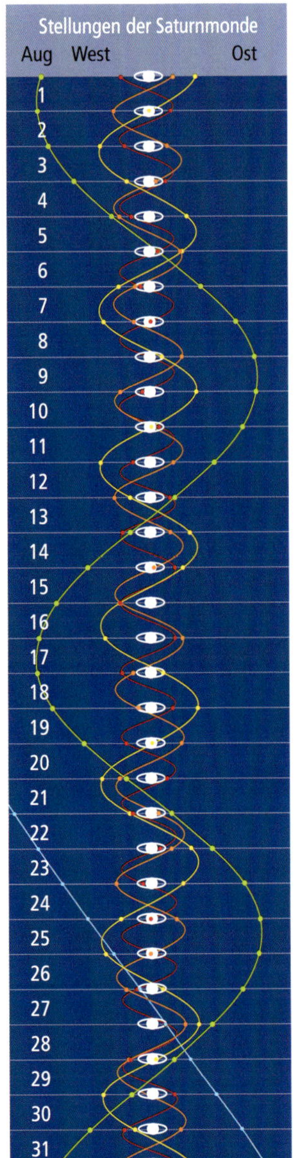

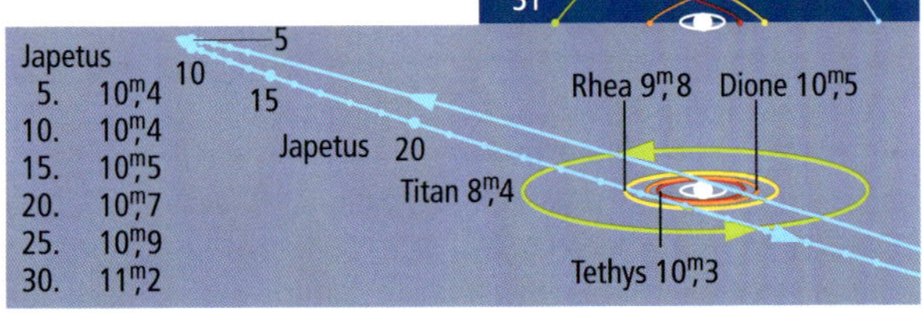

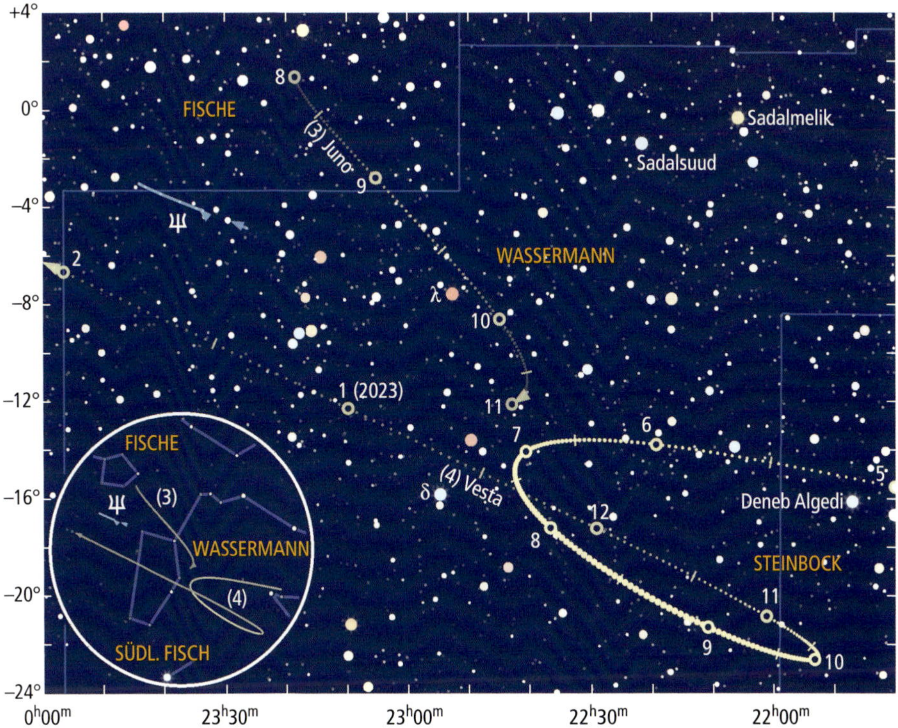

8.3 Die scheinbaren Bahnen der Kleinplaneten (3) Juno und (4) Vesta im Gebiet der Sternbilder Wassermann und Fische. Die Zahlen geben die Positionen zum jeweiligen Monatsersten an (10 = 1. Oktober).

Minuten zurück. Von der Sonne ist Saturn zur Opposition 1476 Millionen Kilometer (= 9,87 AE) entfernt.

JUPITERMONDE

Tag	MEZ	Vorgang	
	h m		
25.	3 01	I	SE
	3 48	I	DE
	22 06	I	VA
26.	1 06	I	BE
	21 29	I	SE
	22 14	I	DE
	22 57	III	VA
27.	1 55	III	VE
	2 14	III	BA
	4 45	III	BE
31.	0 11	II	SA
	1 35	II	DA
	2 45	II	SE
	4 00	II	DE

Schon in einem guten Fernglas ist Titan, der größte Saturnmond, zu erkennen.

URANUS bremst seine rechtläufige Wanderung im Sternbild Widder ab und kommt am 24. zum Sillstand. Damit beginnt seine Oppositionsperiode. Anschließend wandert er kaum merklich rückläufig durch den Widder (siehe Abb. 11.3 auf Seite 236).

Seine Aufgänge verlagert der lichtschwache Planet in die späten Abendstunden. Der Uranusaufgang erfolgt am 1. um 23^h14^m und am 15. um 22^h19^m. Am 31. geht der $5\overset{m}{,}7$ helle, grünliche Planet schon um 21^h16^m (= 22^h16^m MESZ) auf. Erst eine Stunde nach seinem Aufgang lohnt es sich, mit Fernglas oder Teleskop nach Uranus Ausschau zu halten. Am 1. passiert der rötliche Mars $1\overset{\circ}{,}3$ südlich den fernen Uranus (siehe Abb. 7.4 auf Seite 161).

NEPTUN beschleunigt seine rückläufige Wanderung und wechselt am 18. wieder aus den Fischen in den Wassermann (siehe Abb. 9.5 auf Seite 202). Der

Bernhard Hubl

8.8 Der Kugelsternhaufen M 15 im Pegasus

Atlas für Himmelsbeobachter). M 15 ist 35 000 Lichtjahre entfernt. Die Koordinaten: $\alpha = 21^h30^m.0$ und $\delta = +12°10'$. Erfahrene Beobachter mögen noch die Galaxie NGC 7331 im Pegasus aufsuchen. Im Vierzöller erscheint der nur 10^m helle Spiralnebel lediglich als länglicher Lichtfleck. Man gehe von η Peg ($2^m.9$) aus. NGC 7331 liegt an der nördlichen Grenze des Pegasus zur Eidechse (Lacerta). Seine Entfernung misst rund 50 Millionen Lichtjahre.

Ein schönes, aber wenig bekanntes Fernglasobjekt ist der offene Sternhaufen IC 4665 im Sternbild Schlangenträger (Ophiuchus). Er ist leicht zu finden und selbst in einem kleinen Fernglas gut zu sehen. Er steht etwa 1° Nord-Nordost von β Ophiuchi ($2^m.8$). Mit insgesamt $4^m.5$ scheinbarer Helligkeit kann er sogar unter sehr guten Sichtbedingungen mit bloßen Augen erkannt werden. Mit rund fünf Dutzend Sternen ist er nicht sehr sternreich. Die Sterne sind in einem Bereich von etwa 50′ Durchmesser verstreut, weshalb es sich nicht lohnt, ihn mit einem Fernrohr zu beobachten. Man gewinnt dann keineswegs den Eindruck, einen offenen Sternhaufen vor sich zu haben.

Entdeckt wurde IC 4665 bereits 1745 von dem Schweizer Astronomen Jean-Philippe Loys de Chéseaux (1718–1751). Unabhängig von ihm sah ihn 1782 auch Johann Elert Bode, Direktor der Berliner Sternwarte. Ein Jahr später haben ihn auch Wilhelm und Caroline Herschel aufgefunden. Obwohl schon früh aufgespürt, fehlt er in vielen Katalogen. Erst 1908 wurde er in den *Index Catalogue* aufgenommen.

IC 4665 setzt sich aus heißen, jungen Sternen (meist Spektraltyp B) zusammen, deren Alter auf nur 40 Millionen Jahre geschätzt wird. Seine Entfernung wurde zu 1100 Lichtjahren ermittelt. Seine Koordinaten lauten: $\alpha = 17^h46^m.3$ und $\delta = +5°44'$ (J2000.0).

Empfehlenswert ist auch ein Blick auf den offenen Sternhaufen NGC 6124 in der Südwestecke des Skorpions. Wegen seiner südlichen Position ($\delta = -41°$) ist er nichts für Beobachter in Mitteleuropa. Wer aber in der Karibik, auf den Kapverden oder Seychellen Urlaub macht, für den lässt sich der sternreiche Haufen mit visueller Helligkeit von $5^m.8$ schon mit einem Fernglas einwandfrei erkennen. Visuell erscheint sein Durchmesser 25′ groß, bei Aufnahmen zählt man seine Sterne in einem Bereich von 40′ Durchmesser. Sein wahrer linearer Durchmesser beträgt 20 Lichtjahre.

NGC 6124 liegt im Bereich der Milchstraße, weshalb etliche Dunkelwolken in seiner Umgebung liegen. Auch wird die Helligkeit seiner Sterne auf dem 1700 Lichtjahre langen Weg zu uns von drei dazwischenliegenden Staubwolken erheblich abgeschwächt. Auch im Haufen selbst ist ein Staubband zu erkennen. Die Position von NGC 6124 ist in der Sternkarte S21 im Atlas von Karkoschka eingetragen.

Ein leicht zu trennender Doppelstern, der auch einen schönen Farbkontrast zeigt, ist η Cassiopeiae. Ein gelber, $3^m.5$ heller Stern hat einen tiefroten, $7^m.4$ hellen Begleiter in $13''.5$ Distanz. Beide Komponenten umkreisen einander in 480 Jahren. Mit 19 Licht-

8.9 Der offene Sternhaufen IC 4665 im Schlangenträger

Capella Observatory/Stefan Binnewies, Josef Pöpsel

jahren Entfernung zählt das Sternenpärchen zu den Nachbarn unserer Sonnen ($\alpha = 0^h49^m{,}1$ / $\delta = +57°49'$). Auch γ im Delphin ist relativ leicht zu trennen. Ab etwa 8 cm Öffnung (Dreizöller) sieht man zwei Lichtpünktchen, die in $9{,}''0$ Abstand stehen. Die Komponenten sind $4^m{,}4$ und $5^m{,}0$ hell. 100 Lichtjahre trennen uns von γ Delphini.

Schon 20 cm Öffnung sollte man einsetzen, um ζ Herculis (SAO 65485) zu trennen. Er wurde schon 1782 von Wilhelm Herschel als Doppelstern erkannt. Die Umlaufzeiten der $3^m{,}0$ und $5^m{,}4$ hellen Komponenten beträgt nur 34,5 Jahre. Im Jahre 2002 waren beide Komponenten nur $0{,}''7$ auseinander. In diesem Jahr beträgt die Separation $1{,}''2$ bei einem Positionswinkel von etwa 160°. Die größte Distanz wird mit $1{,}''5$ im Jahre 2025 erreicht werden. Die Entfernung von ζ Her misst 35 Lichtjahre ($\alpha = 16^h41^m{,}3$ / $\delta = +31°36'$).

8.10 Das Sternbild Schlangenträger mit dem offenen Sternhaufen IC 4665

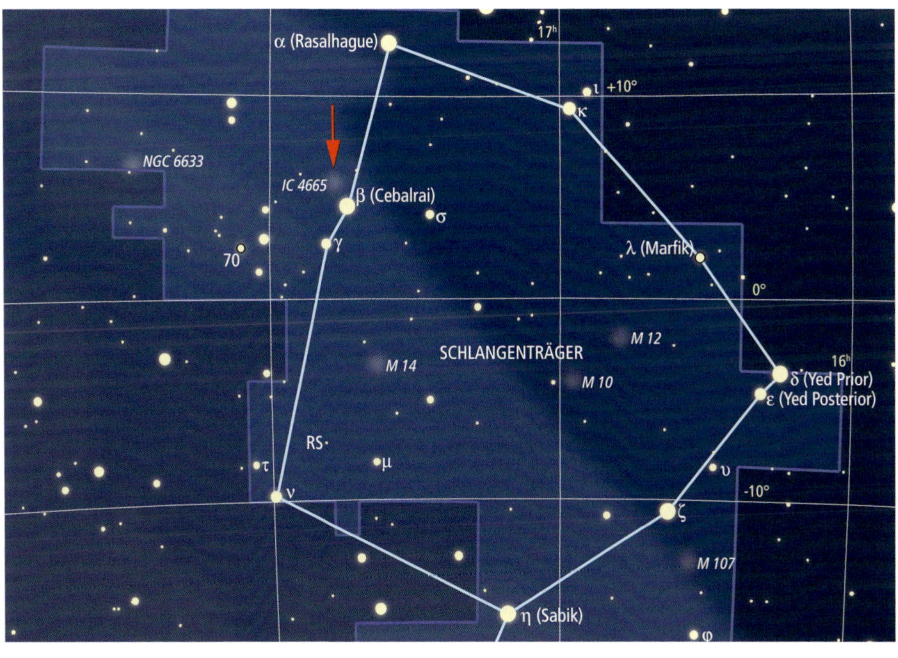

Galaxien – Geburtsstätten der Sterne

8.11 Die Triangulum-Galaxie im Sternbild Dreieck, ein spiralförmiges Milchstraßensystem. Aufnahme von Martin Gertz/Sternwarte Welzheim.

Galaxien sind die Bausteine des Universums. Die Bezeichnung Galaxie geht auf das Griechische zurück und bedeutet so viel wie Milchstraße, oder besser: Milchstraßensystem. Unsere Sonne und die vielen anderen Sterne, die man am nachtdunklen Firmament sieht, gehören zu unserer Milchstraße, der Galaxis. Aussehen und Form der Galaxis kann man nur indirekt ermitteln, denn unsere Sonne und mit ihr die Planeten sitzen mitten in der Galaxis, nicht im Zentrum, sondern mehr am Rande. Daher sieht man das Band der Milchstraße über den Nachthimmel ziehen. Insgesamt beherbergt die Galaxis rund 400 Milliarden Sonnen. Sie hat die Form einer riesigen Diskusscheibe mit rund 100 000 Lichtjahren Durchmesser. Viele ähnliche Galaxien wie etwa der Andromedanebel oder die Triangulum-Galaxie zeigen eine Spiralform. Auch unser Milchstraßensystem würde von weit außerhalb als Spiralnebel erscheinen. Edwin P. Hubble hat die Milchstraßensysteme nach ihrem Aussehen in drei Gruppen eingeteilt: in Spiralnebel, in Balkenspiralen und in elliptische Galaxien. Daneben gibt es noch viele kleinere Galaxien mit unregelmäßigen Formen, die irregulären Milchstraßensysteme. Sie werden auch Zwerggalaxien genannt. Die Bezeichnung Spiralnebel hat sich erhalten, obwohl es sich um Sternsysteme handelt und nicht um Gasnebel. Aber rein optisch erscheinen sie als Nebelfleckchen am Himmel. Nur in sehr großen Teleskopen lassen sie sich in Einzelsterne auflösen und auch nur die näheren unter ihnen.

Große Galaxien enthalten Hunderte von Milliarden Sternen, kleinere und kleinste nur wenige Milliarden bis nur einige Millionen Sterne. Diese Zwerggalaxien sind im Kosmos in der Überzahl. Viele große Galaxien verleiben sich mit Hilfe ihrer Schwerkraft Zwerggalaxien ein und werden dabei immer größer. Die Großen fressen die Kleinen – typischer Galaxienkannibalismus. Auch große Galaxien kollidieren miteinander und verschmelzen zu riesigen elliptischen Milchstraßensystemen. Doch woher kommen die vielen Sterne, die die Galaxien bilden?

Nach vielen Schöpfungsmythen wären alle Sterne gleichzeitig zu Beginn der Welt erschaffen worden. Doch dem ist nicht so. Die Sternentstehung ist ein Prozess, der längst noch nicht beendet ist. Auch heute noch flammen neue Sterne auf. Es gibt Sternentstehungsnester wie beispielsweise der große Nebel (M 42) im Sternbild Orion. Im Fernglas erkennt man eine Fülle bläulichweißer Sterne.

Sie sind junge, heiße Sterne, wobei „jung" bedeutet, sie sind nur wenige Millionen Jahre alt. Unsere Sonne hingegen leuchtet schon seit rund 4500 Millionen Jahren. Doch es gibt noch ältere Sterne, die bereits vor mehr als zehn Milliarden Jahren entstanden sind. In alten Zeiten war der Sternentstehungsprozess noch viel ergiebiger als heute. So langsam aber geht der Vorrat an Baumaterial Wasserstoff zu Ende.

8.12 Der Virgo-Galaxienhaufen in 65 Millionen Lichtjahren Entfernung. Aufnahme: M. Weigand.

AUFKLAREN NACH DEM URKNALL

Vor knapp 14 Milliarden Jahren trat das Universum in Form einer unvorstellbar gewaltigen Explosion, dem Urknall oder Big Bang, gewissermaßen ins Dasein. Der primordiale (ursprüngliche) extrem heiße und dichte Feuerball dehnte sich rasch aus und kühlte dabei ab. Nach 380 000 Jahren wurde das Weltall durchsichtig. Den Rest des überheißen Feuerballs (10^{32} K), der heute nur noch drei Kelvin (3° über dem absoluten Nullpunkt) warm ist, kann man als kosmische Hintergrundstrahlung (Cosmic Microwave Background – CMB) registrieren, die aus allen Richtungen gleichmäßig einfällt (siehe auch Monatsthema Januar „Gab es den Urknall wirklich?" auf Seite 48).

Nach knapp 400 000 Jahren war die Temperatur unter 3000 K gesunken. Protonen und Alphateilchen fingen sich Elektronen ein und wurden zu neutralen Atomen. Man spricht vom Zeitalter der Kombination (manchmal auch von Rekombination, was aber nicht zutrifft, denn davor waren niemals Elektronen an Protonen gebunden). Dabei wurde das Universum durchsichtig. Die Photonen (Lichtquanten) konnten sich ungehin-

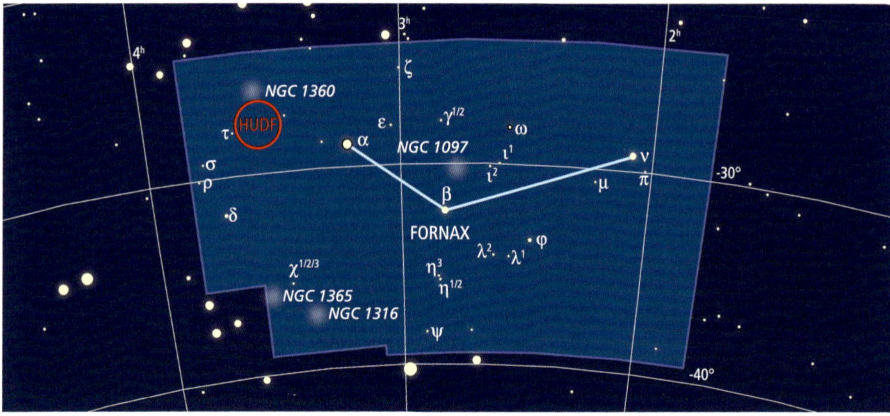

8.13 Lage des HUDF im Sternbild Fornax.

dert ausbreiten und wurden nicht mehr an hochenergetischen Elektronen gestreut, ähnlich wie beim Morgennebel, wenn das Licht von den winzigen, schwebenden Wassertröpfchen gestreut wird und uns den Blick auf die weitere Umgebung versperrt. Mit zunehmender Tagestemperatur verdunsten die Nebeltröpfchen, unser Blick kann in die Ferne schweifen.

Mit zunehmender Expansion und fallender Temperatur wurden auch die Photonen immer energieärmer, also langwelliger. Nach wenigen Millionen Jahren gab es fast keine Photonen mehr mit Wellenlängen des sichtbaren Lichtes – nur noch Photonen im Radiofrequenzbereich, die man heute noch als kosmische Hintergrundstrahlung mit speziellen Detektoren registrieren kann.

Kurzum, wenige Millionen Jahre nach dem heißen Start herrschte absolute Finsternis im Universum, es war zappenduster, nicht einmal unsere Hand vor den Augen hätte man sehen können. Es gab aber weder uns noch Planeten noch Sterne und damit auch keine Galaxien.

DIE WIRKUNG DER DUNKLEN MATERIE

Langsam, doch unaufhaltsam formte die Schwerkraft Klumpen von Urmaterie und bereitete so die Voraussetzungen für die Bildung der ersten Sterne. Dass die Materie sich überhaupt so weit verdichten konnte, dass erstmals Sterne aufleuchteten, verdanken wir der bis heute weitgehend mysteriösen „Dunklen Materie". Denn der thermische Druck, der bei Verdichtungen auftritt, hätte eine weitere Materiekonzentration verhindert. Doch die Dunkle Materie koppelt weder elektromagnetisch noch unterliegt sie der starken Wechselwirkung, sie spürt keinen thermischen Druck, weshalb sie gewissermaßen als Kondensationskeim wirken kann. Sie macht sich allein durch ihre Schwerkraftwirkung bemerkbar.

Die Dunkle Materie überwand den thermischen Druck und bildete kugelrunde Wolken mit rund 100 000 Sonnenmassen, die zu kollabieren begannen. Dabei wurde der thermische Druck noch durch einen Kühleffekt verringert. Im Dunklen Zeitalter entstanden nicht nur atomarer Wasserstoff (H), sondern auch etwas molekularer Wasserstoff (H_2) etwa im Verhältnis 1000 : 1. H_2 wirkte als Kühlmittel bei vergleichsweise niedriger Temperatur. Beide Effekte – Schwerkraftwirkung der Dunklen Materie und Kühlwirkung von H_2 – führten zum Kollaps der primordialen Klumpen, wobei sie gleichzeitig in Portionen von einigen Sonnenmassen fragmentierten.

Rund 200 Millionen Jahre nach dem Big Bang flammten die ersten Sterne auf – es wurde Licht, das Dunkle Zeitalter ging zu Ende. Die ersten Sterne der Population III waren wahre Monster mit extrem großen Massen und enormer Leuchtkraft, allerdings auch von außerordentlich kurzer Lebensdauer. Nur zwei bis drei Millionen Jahre leuchtete ein Pop-III-Stern mit millionenfacher Sonnenleuchtkraft, dann zerriss ihn eine gigantische Explosion vollständig. Dies ist deutlich kürzer als ein Tausendstel der Lebenszeit unserer Sonne.

Die ersten Sterne bildeten zunächst kleine Gruppen, die sich allmählich zu Zwerggalaxien entwickelten. Im weitere Verlauf verschmolzen viele zu großen Galaxien. Noch heute besitzen große Galaxien Dutzende von Zwerggalaxien, die als Satelliten um die großen Milchstraßensysteme kreisen. Über kurz oder lang stürzen sie allerdings in die großen Galaxien hinein. Auch in der Galaxis finden sich Spuren von Zwerggalaxien, die sich unsere Milchstraße einverleibt hat.

Die Milchstraßensysteme bilden heute ganze Haufen. So gehört unsere Milchstraße, die Andromeda-Galaxie (M 31), die Triangulum-Galaxie (M 33) und Maffei 1 sowie einige Dutzend Zwerggalaxien zur Lokalen Milchstraßengruppe, die einen Raum von vier Millionen Lichtjahren Durchmesser einnimmt. Zu den benachbarten Galaxienhaufen zählen der Virgo-Haufen in 65 Millionen Lichtjahren Entfernung mit etwa 2700 Galaxien sowie der Coma-Haufen im Sternbild Haar der Berenike in 300 Millionen Lichtjahren Distanz und der Herkules-Galaxienhaufen in 500 Millionen Lichtjahren Entfernung.

Die Galaxienhaufen bilden noch größere Strukturen, die sogenannten Superhaufen. Unsere Lokale Gruppe mit der Galaxis zählt samt dem Virgo-Haufen sowie einem weiteren Dutzend von Galaxienhaufen zum Virgo-Superhaufen mit einem Durchmesser von 150 Millionen Lichtjahren.

Es gibt aber keine Haufen von Superhaufen. Auf noch größere Skalenlängen von einigen hundert Millionen Lichtjahren zeigt die Materieverteilung im Kosmos ein honigwabenartiges Aussehen. Die Galaxienhaufen und -superhaufen bilden riesige Mauern oder Wände, die gewaltige Leerräume von 100 bis 300 Millionen Lichtjahren Durchmesser umschließen. Diese honigwabenartige Struktur geht auf die Frühzeit des Universums zurück. Die noch aus den primordialen Quantenvakuumfluktuationen stammenden Dichteschwankungen wurden durch die inflationäre Phase zwischen 10^{-35} und 10^{-33} Sekunden zu riesigen Dimensionen aufgebläht.

NASA, ESA, R. Windhorst (Arizona State University) und H. Yan (Spitzer Science Center, Caltech)

8.14 Das Hubble-Ultra-Deep-Field (HUDF) im Sternbild Fornax mit rund 10 000 Galaxien.

DER TIEFSTE BLICK IN DAS UNIVERSUM

Will man die Sternentstehung und die Entwicklung der Galaxien untersuchen, so muss man in die Ferne blicken. Denn ein Blick in die Tiefen des Kosmos ist gleichzeitig ein Blick in eine ferne Vergangenheit. So hat das Hubble-Weltraumteleskop, das ungestört von der irdischen Lufthülle vom Weltraum aus beobachtet, einen tiefen Blick in das Universum und damit in seine Vergangenheit geworfen.

In einem ausgesuchten Feld weitab dem Lichtband unserer Milchstraße im Sternbild Fornax

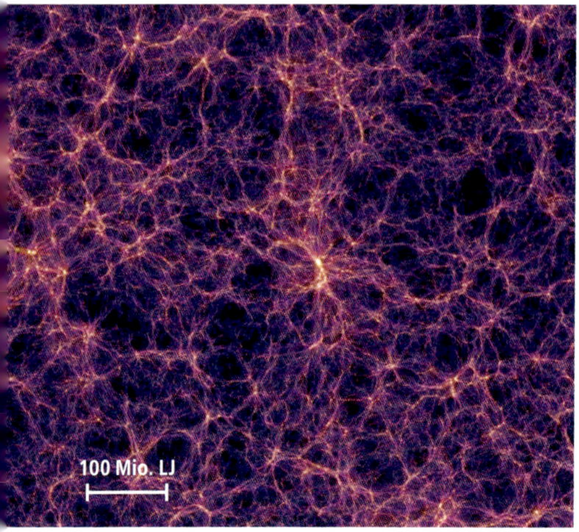

MPA/Springel et al.

8.15 Die Materieverteilung zeigt auf großen Skalenlängen von einigen hundert Millionen Lichtjahren eine honigwabenartige Struktur. Riesige Wände (Walls) aus Galaxienhaufen und -superhaufen umschließen gewaltige Leerräume (Voids). Ergebnis einer Computersimulation.

(nach Nicolas L. de Lacaille: Fornax Chemica – chemischer Ofen) wurde ein Gebiet von einem Zehntel der Vollmondfläche mit insgesamt 600 Stunden Belichtungszeit sowohl im sichtbaren Licht (visueller Spektralbereich) als auch im Ultravioletten sowie im infraroten Bereich aufgenommen. Dabei wurden insgesamt etwa 10 000 Galaxien erfasst, die nur etwa 600 Millionen bis fast eine Milliarde Jahre nach dem Urknall entstanden sind. Sie zählen damit zu den allerersten Galaxien nach dem Urknall, die je beobachtet wurden. Dieses Hubble-Ultra-Deep-Field (HUDF), wie es die Astronomen nennen, wurde zusätzlich mit dem ALMA-Radioteleskop-Array mit hoher Auflösung beobachtet. ALMA, im Norden Chiles gelegen, setzt sich aus 66 schüsselförmigen Radioteleskopen zusammen, die interferometrisch gekoppelt sind. ALMA ist das Akronym für **A**tacama **L**arge **M**illimeter/submillimeter **A**rray (siehe auch Monatsthema „ALMA und SKA – Radioteleskope der Superlative" auf Seite 227 im *Kosmos Himmelsjahr 2014*). Zweck der Übung war es, die Häufigkeit von molekularem Wasserstoff (H_2) in den Galaxien festzustellen. Denn H_2-Wolken sind der Baustoff für neue Sterne. Aus dem Vorkommen von H_2 kann man auf die Sternentstehungsrate schließen. Direkt beobachtet wurde dabei die Emissionslinie bei 1,2 mm Wellenlänge des Kohlenmonoxids (CO), dessen Häufigkeit mit H_2 korreliert ist: Je mehr CO vorhanden ist, desto häufiger bilden sich neue Sterne.

Das Verhältnis der Menge an molekularem Wasserstoff zur Sternentstehungsrate scheint in allen Galaxien konstant zu sein. Inzwischen müsste die Sternbildung allerdings zum Abschluss gekommen sein, denn der Wasserstoffvorrat reicht nur für etwa 500 Millionen Jahre. Dem ist Beobachtungen zufolge aber nicht so. Die Sternentstehungsrate erreichte vier Milliarden Jahre nach dem Big Bang ihr Maximum. Wenn aber das Wasserstoffgas nach einer halben Milliarde Jahren verbraucht wäre, dann müsste es wesentlich weniger Sterne geben und die Neuproduktion käme spätestens eine Milliarde Jahre nach dem Urknall zu einem Ende.

Des Rätsels Lösung: Die Dunkle Materie, die nach dem Big Bang in etwa gleichmäßig im Raum verteilt war, konzentrierte sich in riesigen Halos um die Galaxien. Durch ihre Schwerkraft zog sie immer mehr intergalaktischen Wasserstoff in die Galaxien hinein. Die Galaxien wurden somit gewissermaßen aufgetankt.

DAS ENDE DES GOLDENEN ZEITALTERS

Allerdings taucht hierbei ein neues Problem auf. Der Wasserstoff zwischen den Galaxien, also im intergalaktischen Raum, ist ein Plasma mit Temperaturen von über einer Million Grad und teils erheblich mehr. Er ist vollkommen ionisiert. Bei diesen hohen Temperaturen leuchtet er schwach im Röntgenlicht. Dies wurde auch vom Röntgensatellit Chandra beobachtet. Dieses Wasserstoff-Plasma ist für Sternbildung viel zu heiß. Sterne entstehen aus kühlen Molekülwolken neutraler Wasserstoffmoleküle (H_2). Irgendwie muss das Plasma abgekühlt werden, um molekularen Wasserstoff zu bilden.

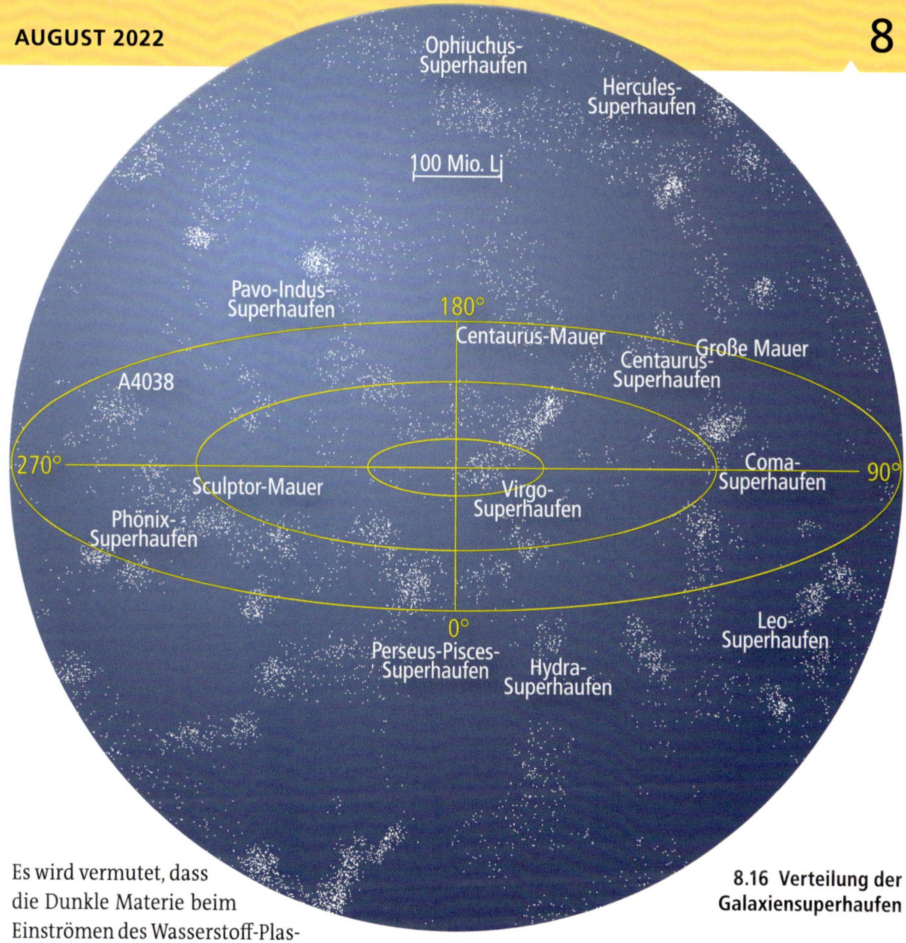

8.16 Verteilung der Galaxiensuperhaufen

Es wird vermutet, dass die Dunkle Materie beim Einströmen des Wasserstoff-Plasmas in die Galaxien dieses abkühlt. Letztendlich bildet der Wasserstoff Moleküle von je zwei H-Atomen. Im ersten Schritt entstehen neutrale Wasserstoffatome, indem die Protonen Elektronen einfangen. Ein Teil des atomaren neutralen Wasserstoffs dringt tiefer in die Galaxien ein, wobei er sich weiter abkühlt und Moleküle bildet. Wie genau dieser Kühlprozess vor sich geht, ist allerdings im Detail noch nicht geklärt.

Seit etwa zehn Milliarden Jahren ist die Sternentstehungsrate rückläufig. Durch die inzwischen beschleunigte Expansionsrate des Universums nimmt die Dichte des intergalaktischen Gases ebenso ab wie die der Dunklen Materie. Zwar wird durch die Winde heißer, massereicher Sterne der intergalaktische Raum mit Materie aufgefüllt, allerdings zeigt die Nettobilanz, dass der hereinströmende Wasserstoff erheblich mehr Masse in die Galaxien einbringt als durch Sternwinde abgegeben wird.

Der Vorrat an Wasserstoffmolekülwolken nimmt durch Sternbildung weiterhin ab. Durch die abnehmende Dichte des intergalaktischen Plasmas fließt immer weniger Baustoff in die Galaxien – der Nachschub versiegt allmählich. In etwa zehn Milliarden Jahren wird die Entstehung neuer Sterne zum Erliegen kommen. Das „Goldene Zeitalter" der Sterne geht seinem Ende entgegen. Nur noch rote Zwergsterne glimmen noch eine Zeitlang vor sich hin. In einer sehr fernen Zukunft werden nur noch Schwarze Löcher, Neutronensterne und zu Schwarzen Zwergen vollkommen erkaltete Weiße Zwerge neben extrem langwelliger elektromagnetischer Strahlung und Neutrinos das Universum bevölkern. Im Weltall wird es dann für immer dunkel bleiben.

September 2022

- Am 23. tritt um 2^h04^m MEZ die Herbst-Tagundnachtgleiche ein.
- Jupiter steht am 26. im Sternbild Fische in Opposition zur Sonne. Der Riesenplanet ist die gesamte Nacht am Sternenhimmel vertreten.
- Venus zieht sich vom Morgenhimmel zurück. Merkur bleibt unsichtbar.
- Mars geht am späten Abend auf und wird deutlich heller.
- Saturn ist von abends bis nach Mitternacht zu sehen. Vom Morgenhimmel zieht sich der Ringplanet zurück.

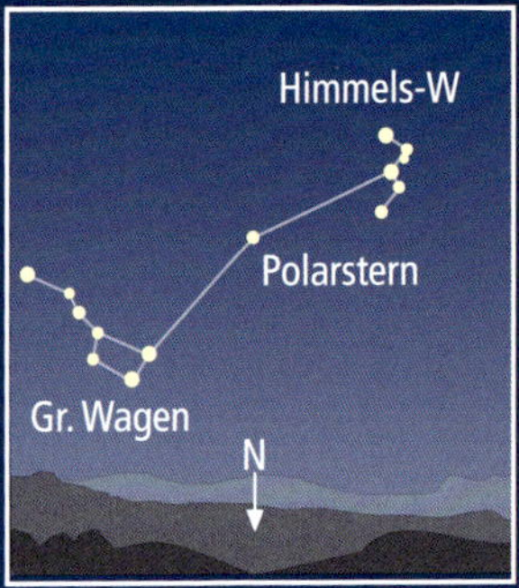

Großer Wagen und Himmels-W Anfang September um 22 Uhr MEZ

9.1 Anblick des Osthimmels am 11. September gegen 20^h MEZ (= 21^h MESZ). Saturn und Jupiter sind im Steinbock und den Fischen zu sehen. Jupiter hat Besuch vom noch fast vollen Mond.

1 Do	
2 Fr	
3 Sa	Erstes Viertel
4 So	
5 Mo	
6 Di	
7 Mi	
8 Do	
9 Fr	
10 Sa	Vollmond
11 So	Mond bei Jupiter – abends
12 Mo	
13 Di	
14 Mi	Mond bedeckt Uranus – abends
15 Do	

16 Fr	Mond bei Mars – Mitternacht
17 Sa	Letztes Viertel
18 So	
19 Mo	
20 Di	
21 Mi	
22 Do	
23 Fr	Herbstbeginn
24 Sa	
25 So	Neumond
26 Mo	Jupiter in Opposition – ganze Nacht
27 Di	
28 Mi	
29 Do	
30 Fr	

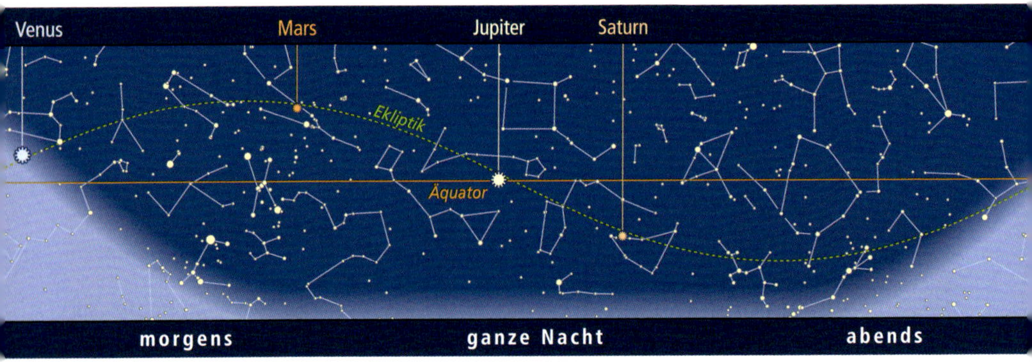

MERKUR hat seine größte östliche Elongation gerade hinter sich. Am 9. wird er stationär und steuert anschließend rückläufig auf die Sonne zu, die ihm entgegenkommt. Am 23. wird schließlich die untere Konjunktion erreicht, Merkur überholt die Erde auf der Innenbahn. Damit wechselt er die Seiten und geht in den folgenden Wochen vor der Sonne auf. Anfang nächsten Monats beginnt seine einzige Morgensichtbarkeit in diesem Jahr. Im September zeigt er sich noch nicht am Morgenhimmel. Die Begegnung mit Venus am 26. bleibt für das bloße Auge unbeobachtbar.

VENUS zieht sich vom Morgenhimmel allmählich zurück und wird gegen Monatsende unsichtbar. Die Aufgänge des $-3^{m}{,}9$ hellen Morgensterns verspäten sich im Laufe des Monats um fast eineinhalb Stunden.

Venus wandert durch das Sternbild Löwe und zieht am 5. nur 48′ nördlich an Regulus (α Leonis) vorbei. Regulus ist in der Morgendämmerung nur im Fernglas sichtbar. Die Begegnung mit Merkur am 26. entgeht uns. Am 1. erfolgt der Venusaufgang um 4^h15^m, am 15. um 4^h57^m und am 30. um 5^h43^m (= 6^h43^m Sommerzeit). Im letzten Septemberdrittel beendet Venus ihre Morgensternperiode. Im Teleskop zeigt sich das nur 10″ große Venusscheibchen voll beleuchtet.

Am 4. September eilt Venus durch das Perihel ihrer Bahn, wobei ihr Sonnenabstand 107,5 Millionen Kilometer (= 0,718 AE) beträgt.

MARS verzögert seinen rechtläufigen Spurt durch das Sternbild Stier, ein Hinweis auf die bevorstehende Opposition zur Sonne. Am 9. passiert er den orangen Aldebaran (α Tauri) in $4^{\circ}{,}3$ nördlichem Abstand (siehe Abb. 6.3 auf Seite 137). In der Nacht vom 16. auf 17. wandert der abnehmende Halbmond an Mars $2^{\circ}{,}9$ nördlich vorbei (siehe Mondlaufgrafik auf Seite 197).

Die Marshelligkeit steigt weiterhin deutlich an und erreicht $-0^{m}{,}6$ am 30. des Monats. Aldebaran mit $0^{m}{,}9$ kann als Vergleichsstern benutzt werden, um die Helligkeit des roten Planeten mit ihm zu vergleichen. Deutlich heller als Mars ist noch Sirius im Großen Hund mit $-1^{m}{,}5$ sowie Jupiter mit $-2^{m}{,}9$.

Am 1. geht Mars um 22^h09^m (= 23^h09^m Sommerzeit) auf, am 15. um 21^h36^m und am Monatsletzten um 20^h56^m.

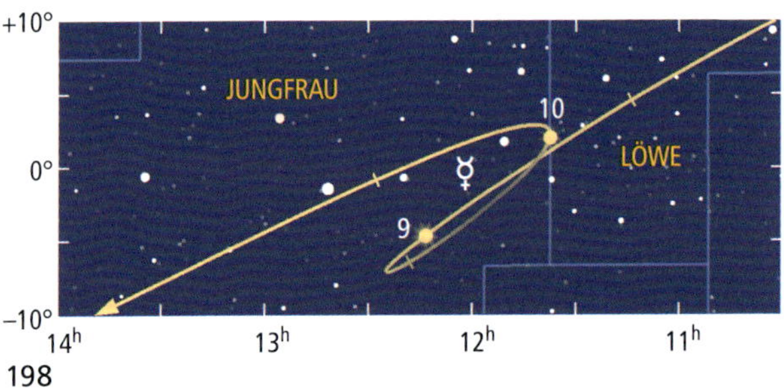

9.2 Konjunktionsschleife von Merkur im Gebiet der Sternbilder Jungfrau und Löwe. Die Zahlen geben die Merkurposition zum jeweiligen Monatsersten an (10 = 1. Oktober).

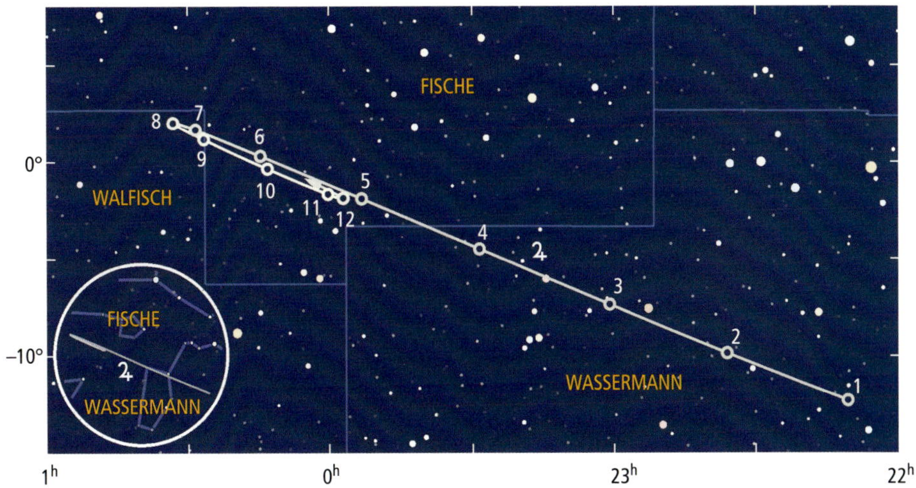

9.3 Die scheinbare Bahn von Jupiter im Gebiet der Sternbilder Wassermann, Fische und Walfisch im Jahr 2022. Die Zahlen geben die Planetenposition zum jeweiligen Monatsbeginn an (5 = 1. Mai).

Der Marsscheibchendurchmesser wächst auf 12″0 an.

JUPITER beschleunigt seine rückläufige Bewegung durch das Sternbild Fische (siehe Abb. 9.3 oben). Am 26. kommt er schließlich in **Opposition** zur Sonne. Mit -2^m9 scheinbarer Helligkeit ist der Riesenplanet Glanzpunkt am Nachthimmel.

Zur Opposition überschreitet Jupiter wieder den Himmelsäquator – diesmal rückläufig von Nord nach Süd.

Zur Opposition hat Jupiter seine günstigste Beobachtungsposition erreicht. Er befindet sich die gesamte Nacht hindurch über dem Horizont, erreicht die geringste Entfernung von der Erde und damit seine maximale Helligkeit und seinen größten scheinbaren Durchmesser. Am 1. geht der Riesenplanet um 19^h54^m (= 20^h54^m Sommerzeit) auf und am 15. um 18^h57^m. Am Tag der Opposition, dem 26., erfolgt der Jupiteraufgang bereits um 18^h11^m (= 19^h11^m Sommer-

KONSTELLATIONEN UND EREIGNISSE

Datum	MEZ	Ereignis
4.	21^h	Venus im Perihel
8.	12	Mond bei Saturn, Mond 3°9 südlich
9.	21	Merkur im Stillstand, anschließend rückläufig
10.	20	Mond bei Neptun, Mond 3°0 südlich
11.	16	**Mond bei Jupiter**, Mond 1°8 südlich, **Abstand 3°0 um 20^h**
14.	24	**Mond bei Uranus**, Mond 0°8 nördlich, **Abstand 0°1 um 23^h, Uranusbedeckung** (siehe Seite 201)
16.	23	**Neptun in Opposition** zur Sonne
17.	3	**Mond bei Mars**, Mond 3°6 nördlich, **Abstand 2°9 um 0^h**
23.	2^h04^m	**Sonne im Herbstpunkt, Tagundnachtgleiche**
23.	8	Merkur in unterer Konjunktion mit der Sonne
25.	6	Mond bei Venus, Mond 2°8 nördlich
25.	9	Mond bei Merkur, Mond 6°7 nördlich
26.	2	Merkur bei Venus, Merkur 4°2 südlich
26.	21	**Jupiter in Opposition** zur Sonne

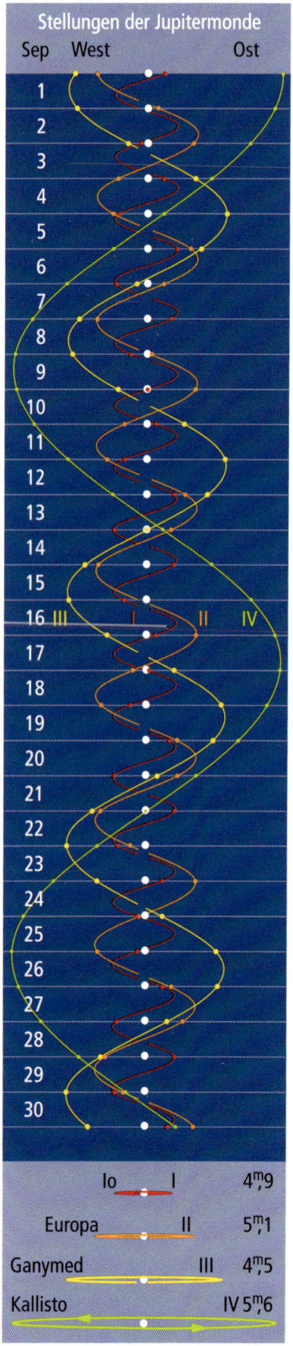

JUPITERMONDE

Tag	MEZ h	m	Vorgang	
1.	2	41	I	SA
	3	21	I	DA
	22	17	II	BE
2.	0	00	I	VA
	2	50	I	BE
	21	10	I	SA
	21	47	I	DA
	23	24	I	SE
	23	59	I	DE
3.	2	58	III	VA
	21	16	I	BE
6.	20	00	III	SE
	21	52	III	DE
7.	2	46	II	SA
	3	50	II	DA
8.	4	36	I	SA
	21	06	II	VA
9.	0	34	II	BE
	1	55	I	VA
	4	34	I	BE
	23	05	I	SA
	23	32	I	DA
10.	1	19	I	SE
	1	44	I	DE
	20	23	I	VA
	23	00	I	BE
11.	20	10	I	DE
13.	21	05	III	SA
	22	39	III	DA
14.	0	00	III	SE
	1	10	III	DE
15.	23	44	II	VA
16.	2	50	II	BE
	3	49	I	VA
17.	0	59	I	SA
	1	16	I	DA
	3	14	I	SE
	3	28	I	DE
	21	12	II	SE
	21	36	II	DE
	22	17	I	VA

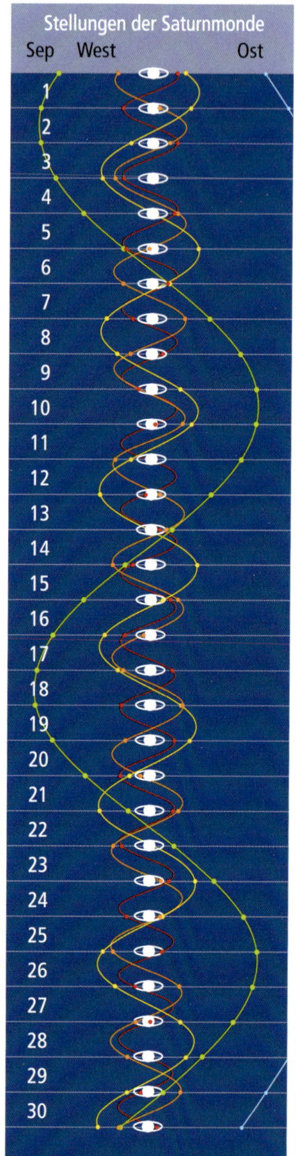

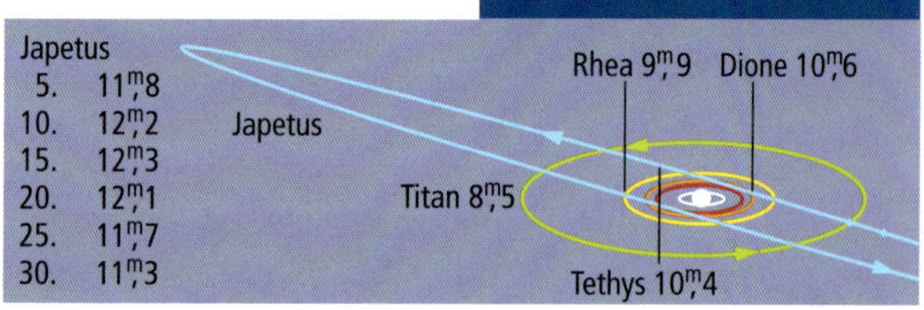

JUPITERMONDE

Tag	MEZ h m	Vorgang	
18.	0 44	I	BE
	19 28	I	SA
	19 42	I	DA
	21 42	I	SE
	21 54	I	DE
21.	1 06	III	SA
	1 54	III	DA
	4 00	III	SE
	4 26	III	DE
23.	2 22	II	VA
	5 05	II	BE
24.	2 54	I	SA
	2 59	I	DA
	5 09	I	SE
	5 12	I	DE
	21 15	II	SA
	21 23	II	DA
	23 47	II	SE
	23 50	II	DE
25.	0 12	I	VA
	2 27	I	BE
	21 23	I	SA
	21 25	I	DA
	23 37	I	SE
	23 38	I	DE
26.	20 54	I	VE
28.	5 08	III	DA
	5 08	III	SA
30.	4 52	II	BA

zeit). In der Oppositionsnacht kulminiert der Riesenplanet um 0^h14^m und geht morgens um 6^h16^m unter. Seine geringste Distanz von der Erde erreicht Jupiter am 26. um 3^h morgens mit 591 Millionen Kilometer (= 3,951 AE). Damit ist Jupiter viermal weiter von der Erde entfernt als die Sonne, dies ist eine der geringsten Oppositionsdistanzen von der Erde. Das Licht von Jupiter ist 33 Minuten zur Erde unterwegs. Von der Sonne ist Jupiter zur Opposition 741 Millionen Kilometer (= 4,953 AE) entfernt. Im Fernrohr zeigt sich Jupiter als ovales Scheibchen mit Streifen und Bändern. Wegen seiner schnellen Rotation von einer Umdrehung in knapp zehn Stunden ist Jupiter deutlich abgeplattet.

Der scheinbare Äquatordurchmesser beträgt am Oppositionstag fast 50″, der Poldurchmesser aber nur $46\overset{\prime\prime}{,}7$.

Am Abend des 11. sieht man den noch immer fast voll beleuchteten Mond $3\overset{\circ}{,}0$ südlich vom Riesenplaneten (siehe Abb. 9.1 auf Seite 194).

SATURN, rückläufig im Steinbock, stand Mitte des Vormonats in Opposition zur Sonne. Mit Einbruch der Dunkelheit kann der Ringplanet im Südosten gesehen werden. Vom Morgenhimmel zieht sich Saturn zurück. Am 1. geht Saturn um 3^h57^m (= 4^h57^m Sommerzeit) unter, am 15. um 2^h57^m und am 30. schon um 1^h54^m.

Die Saturnhelligkeit geht leicht um $0\overset{m}{,}1$ auf $0\overset{m}{,}5$ zurück. Damit zählt der Ringplanet immer noch zu den hellsten Gestirnen der Nacht.

Am 8. zieht der fast volle Mond bei seinem monatlichen Rundlauf an Saturn vorbei.

Die jährliche scheinbare Saturnbahn findet man in Abb. 8.2 auf Seite 179.

URANUS verlagert seine Aufgänge in die frühen Abendstunden. Der sonnenferne Planet wandert rückläufig durch den Widder (siehe Abb. 11.3 auf Seite 236).

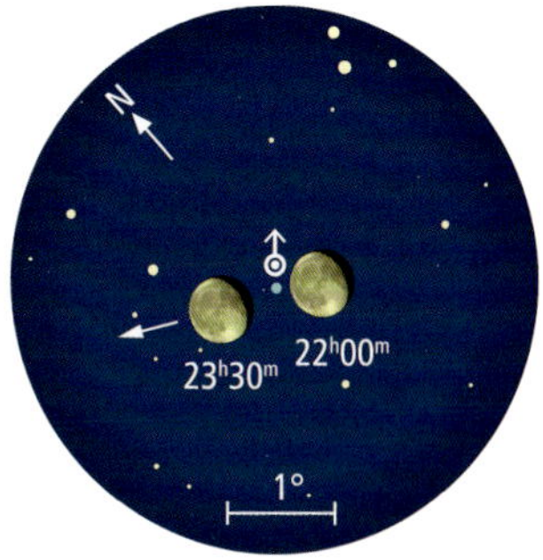

9.4 Uranusbedeckung durch den abnehmenden Mond am 14. September. Fernglasanblick um 22^h00^m und um 23^h30^m MEZ bei 5° Gesichtsfelddurchmesser.

Am 1. geht der grünliche Planet um 21^h12^m (= 22^h12^m MESZ) auf, am 15. um 20^h17^m und am 30. bereits um 19^h17^m. Die beste Zeit, den nur $5\overset{m}{,}7$ hellen Uranus aufzustöbern, ist die Stunde um seine Meridianpassage. Sie erfolgt am 15. um 3^h49^m und am 30. bereits um 2^h49^m. Zu Monatsanfang hat zur Uranuskulmination allerdings bereits die nautische Morgendämmerung begonnen.

Am 14. kommt es zu einer Bedeckung des Uranus durch den Mond, die in Mitteleuropa beobachtet werden kann (siehe Abb. 9.4 oben). Sie erfolgt in der Zeit von 22^h00^m bis 23^h20^m. Die genannten Zeiten sind ortsabhängig (siehe Tabelle „Sternbedeckungen“ auf Seite 290). Der Eintritt erfolgt am hellen Mondrand, weshalb man frühzeitig Uranus aufsuchen sollte, was wegen der geringen Höhe nicht einfach ist. Der Austritt ist jedoch leicht zu verfolgen (mit geeigneter Optik natürlich).

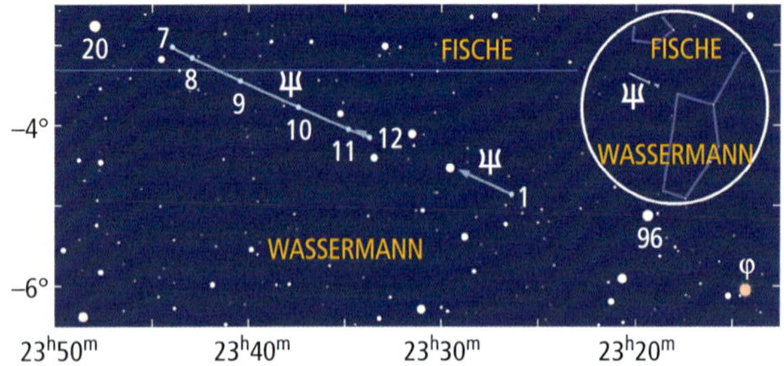

9.5 Scheinbare Bahn des Planeten Neptun in den Sternbildern Wassermann und Fische im Januar und vom 1. Juli bis Ende 2022.

NEPTUN, rückläufig im Sternbild Wassermann, kommt in der Nacht vom 16. auf 17. in **Opposition** zur Sonne. An diesem Tag geht der mit $7^{m}{,}8$ recht lichtschwache Planet um 18^h31^m (= 19^h31^m Sommerzeit) auf und kulminiert in der Oppositionsnacht um 0^h17^m. Am Morgen geht er schließlich um 6^h02^m unter. Bis Monatsende verfrüht sich seine Meridianpassage auf 23^h20^m und sein Untergang auf 5^h09^m (= 6^h09^m Sommerzeit).

Um Neptun zu finden, benutze man das Aufsuchkärtchen Abb. 9.5 oben.

Im Teleskop zeigt Neptun ein winziges, bläuliches Planetenscheibchen von nur 2,″4 scheinbarem Durchmesser. Einzelheiten sind allerdings nicht zu erkennen.

Zur Opposition ist Neptun 4325 Millionen Kilometer (= 28,91 AE) von der Erde entfernt. Das Licht von Neptun braucht demnach vier Stunden und 27 Sekunden, um die Erde zu erreichen.

Von der Sonne trennen Neptun am Oppositionstag 4475 Millionen Kilometer (= 29,91 AE).

PLANETOIDEN UND ZWERGPLANETEN

JUNO (3) kommt am 7. im Sternbild Wassermann in **Opposition** zur Sonne. Am Monatsanfang noch $8^{m}{,}1$ hell. erreicht sie zur Opposition eine scheinbare Helligkeit von $7^{m}{,}9$. Sie kann damit in einem lichtstarken Fernglas gefunden werden, wobei die Aufsuchkarte Abb. 8.3 auf Seite 181 hilfreich sein kann.

Am 7. geht Juno um 18^h30^m auf. In der Oppositionsnacht erfolgt ihr Meridiandurchgang um 0^h14^m (= 1^h14^m MESZ) und ihr Untergang morgens um 6^h02^m.

Bis 15. verfrüht sich ihre Kulmination auf 23^h36^m. Ende September passiert Juno den Meridian schon um 22^h28^m (= 23^h28^m MESZ) und geht um 3^h55^m unter. Bis 30. sinkt ihre Helligkeit auf $8^{m}{,}3$ deutlich ab. Den geringsten Abstand von der Erde mit 194 Millionen Kilometer (= 1,30 AE) nimmt sie am 17. ein. Zur Opposition beträgt ihre Sonnendistanz 347 Millionen Kilometer (= 2,31 AE).

VESTA (4) hat ihre Opposition zur Sonne gerade hinter sich. Sie bremst ihre rückläufige Wanderung durch den Wassermann stark ab und kommt Ende September fast zum Stillstand. Bei ihrer rückläufigen Bewegung überschreitet sie am 16. die Grenze zum Steinbock. In ihm gibt sie bis Ende Oktober ein kurzes Gastspiel, bis sie wieder rechtläufig in den Wassermann zurückkehrt (siehe Abb. 8.3 auf Seite 181).

Die Vestahelligkeit geht stark zurück und beträgt zu Monatsende nur noch $6^{m}{,}7$.

Vesta kulminiert am 1. um 23^h47^m, am 15. um 22^h41^m und am 30. schon um 21^h32^m (= 22^h32^m). Am 1. geht Vesta um 4^h05^m unter und am 30. bereits um 1^h46^m (= 2^h46^m MESZ).

PERIODISCHE STERNSCHNUPPENSTRÖME

Schon in der Nacht zum 1. September erreichen die **ALPHA-AURIGIDEN** ihr Maximum. Es handelt sich um recht schnelle Sternschnuppen – um die 65 Kilometer pro Sekunde. Der Radiant liegt nahe Kapella im Fuhrmann. Seit ihrer Entdeckung 1935 gab es wiederholt erhöhte Raten. Zuletzt wurden 2007 kurzfristig im Maximum mehr als hundert Meteore beobachtet. Der Ursprungskomet C/1911 N1 (Kiess) wird erst wieder in mehr als 2000 Jahren ins innere Sonnensystem gelangen. Die Teilchen, die zu den hohen Raten führten, befinden sich auf weit engeren Umlaufbahnen als der Komet.

Die **EPSILON-PERSEÏDEN** treten ebenfalls im September auf. Zum Maximum am 9. werden etwa zehn Meteore pro Stunde erwartet. In manchen Jahren wurden erhöhte Raten beobachtet, so 2008 und 2013, wo im Maximum bis zu dreißig Sternschnuppen gezählt wurden. Für 2022 gibt es keine vorausberechneten Höhepunkte, aber mit Überraschungen ist zu rechnen.

Die **SÜD-TAURIDEN** tauchen vom letzten Septemberdrittel bis Ende November auf. Ihr Radiant liegt im Stier. Der Tauriden-Strom geht wahrscheinlich auf den Kometen 2P/Encke zurück. Das wenig ausgeprägte Maximum fällt auf den 10. November. Die Objekte sind um 30 Kilometer pro Sekunde schnell, haben also mittlere Geschwindigkeiten.

Ein relativ neuer Strom sind die **DELTA-AURIGIDEN**, dessen Radiant im Fuhrmann nahe δ Aurigae zu finden ist. Es sind schnelle, aber seltene Objekte. Ihre Geschwindigkeit liegt bei 60 km/s. Sie erscheinen vom 17. September bis etwa 9. Oktober, wobei das wenig ausgeprägte Maximum um den 3. Oktober eintritt. Nur etwa fünf Meteore sind pro Stunde zu erwarten.

Der Fixsternhimmel

Die Szenerie der Sommersternbilder hat sich inzwischen deutlich nach Westen verschoben. Der Skorpion mit dem hellen, roten Antares ist gar schon untergegangen, während im Osten der Aufmarsch der Herbststernbilder beginnt.

Den Helligkeitsschwerpunkt bestimmt nach wie vor das Sommerdreieck mit Wega, Deneb und Atair. Der Schwan mit dem schönen Sternenhintergrund der Milchstraße steht nun fast genau im Scheitelpunkt oder Zenit. Neben dem Adler stößt man im Meridian auf das kleine, aber einprägsame Sternbild Delphin. Es wird in erster Linie durch einen kleinen Sternenrhombus mit einem zusätzlichen angehängten Stern gebildet.

Tief im Süden kulminiert gerade der Steinbock, ein nicht besonders auffälliges Tierkreisbild, aber dennoch gut auszumachen. Gegenwärtig leuchtet Saturn im Sternbild Steinbock. Flankiert wird der Steinbock von seinen ausgedehnten und lichtschwachen Tierkreiskollegen Schütze im Westen und Wassermann im Osten.

Günstige Beobachtungsbedingungen vorausgesetzt, kann man südlich des Steinbocks in südlichen Breiten bei sehr klarer Luft sogar das Sternbild Mikroskop (lat.: Microscopium) erspähen. Das Mikroskop ist ein neuzeitliches Sternbild des Südhimmels und wurde von dem französischen Astronomen Nicolas Louis de Lacaille (1713–1762) eingeführt.

Wesentlich deutlicher ist tief im Süden noch ein recht heller Stern zu erkennen, nämlich Fomalhaut im Südlichen Fisch (lat.: Piscis Austrinus) mit einer scheinbaren Helligkeit von $1\overset{m}{,}17$. Der Name Fomalhaut (α Piscis Austrini) stammt aus dem Arabischen und bedeutet so viel wie „Maul des Fisches". Die Entfernung von Fomalhaut beträgt 25 Lichtjahre. Er ist ein weißer Hauptreihenstern (Spektraltyp A3, Leuchtkraftklasse V) mit 1,7-fachem Sonnendurch-

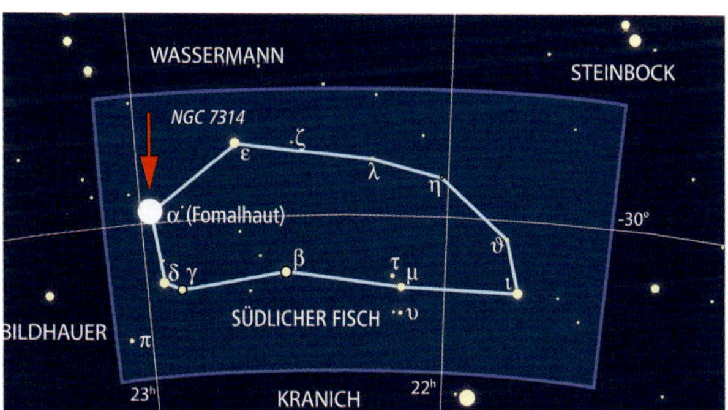

9.6 Das Sternbild Südlicher Fisch mit dem Stern Fomalhaut (α Piscis Austrini).

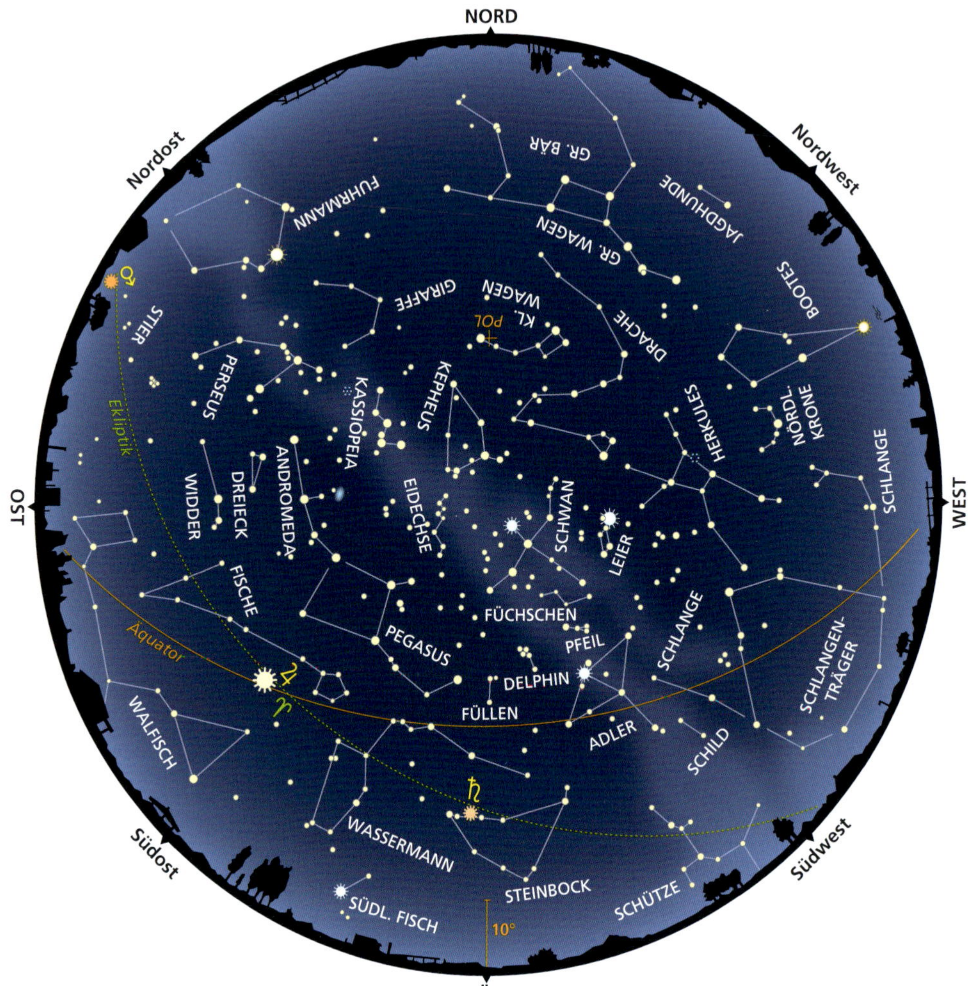

DER STERNENHIMMEL AM 15. SEPTEMBER UM 22h MEZ

Die Sternkarte ist auch gültig für:

	MEZ	MESZ
15. 7.	2^h	3^h
1. 8.	1	2
15. 8.	0	1
1. 9.	**23**	**24**
15. 9.	**22**	**23**
30. 9.	**21**	**22**
15.10.	20	21
31.10.	19	
15.11.	18	

messer und 2,1 Sonnenmassen. Seine Oberflächentemperatur beträgt 8200 °C. Fomalhaut ist mit 200 Millionen Jahren noch recht jung. In einer Milliarde Jahre wird er über das Stadium eines Roten Riesen zu einem Weißen Zwerg werden.

Das Pegasusquadrat hat sich den Osthimmel erobert. Der Pegasus ist das Leitsternbild des Herbsthimmels. Der antiken Mythologie nach ist der Pegasus das geflügelte Pferd der Dichter. An die Nordostecke des Pegasusvierecks schließt sich die Sternenkette der Andromeda an. Die Andromeda ist der Sage nach die unglückliche Tochter des Königspaares Kassiopeia und Kepheus. Der Andromeda folgt halbhoch im Nordosten der Perseus, strahlender Held und Erretter der Andromeda. Im Perseus findet man Algol (β Perseï), den Teufelsstern – ein bekannter Bedeckungsveränderlicher und Prototyp der Klasse der Algol-Variablen. Im Osten fällt das kleine Sternbild Widder auf, das im Wesentlichen aus drei Sternen besteht, die ein stumpfwinkliges Dreieck bilden. Der Hauptstern, α Arietis, heißt Hamal, was arabisch so viel wie Lamm bedeutet. Davon leitet sich auch unser deutsches Wort Hammel ab.

Im Südosten ist das ausgedehnte, aber lichtschwache Tierkreissternbild Fische aufgetaucht. In ihm liegt in unserer Zeit der Frühlingspunkt. Im Herbst stehen die Fische der Sonne genau gegenüber. Geht die Sonne im Westen unter, so steigen die Fische über dem Osthorizont empor, was als akronyktischer Aufgang bezeichnet wird. In den Fischen strahlt zurzeit der Riesenplanet Jupiter.

VERÄNDERLICHE STERNE

Algol-Minima		β-Lyrae-Minima		δ-Cepheï-Maxima		Mira-Helligkeit	
15.	5^h15^m	6.	10^h N	4.	2^h	1.	4^m
18.	2 04	12.	21 H	9.	11	10.	4
20.	22 53	19.	9 N	14.	19	20.	4
23.	19 41	25.	20 H	20.	4	30.	5
				25.	13		
				30.	22		

DAS STERNBILD LEIER (LYRA)

Die Leier ist ein kleines, aber sehr markantes sowie leicht zu findendes Sternbild, gehört doch ihr Hauptstern Wega (α Lyrae) mit Sirius, Kanopus, Toliman und Arktur zu den hellsten Fixsternen des Himmels. Die strahlende, blauweiß funkelnde Wega steht am abendlichen Sommerhimmel bei uns hoch über unseren Köpfen und bildet mit Deneb im Schwan sowie Atair im Adler das bekannte Sommerdreieck.

Neben der strahlenden Wega findet sich ein kleiner Sternenrhombus, der der Leier ihre charakteristische, leicht einprägsame Figur verleiht. Außerdem ist noch ε Lyr zu sehen, den sehr gute Augen als Doppelstern erkennen, zumindest erscheint er ihnen länglich.

Nach der klassischen griechischen Sage ist die Leier das Musikinstrument Apollos. Erfunden hat sie Hermes, der flinke Götterbote und Beschützer der Diebe. Er war Sohn des Göttervaters Zeus und seiner heimlichen Geliebten, der schöngelockten Nymphe Maja, die einst in den Wäldern Arkadiens lebte und nach der ein Stern im Sternhaufen der Plejaden benannt ist. Hermes wurde eines frühen Morgens in einer Höhle des Kyllenen-Gebirges geboren. Wie bei Göttern üblich, wächst er schnell heran, und bereits gegen Mittag

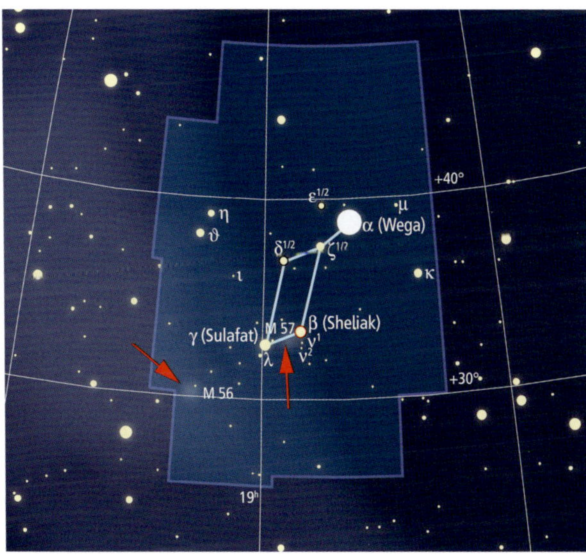

9.7 Das Sternbild Leier mit dem Ringnebel M 57 und dem Kugelsternhaufen M 56.

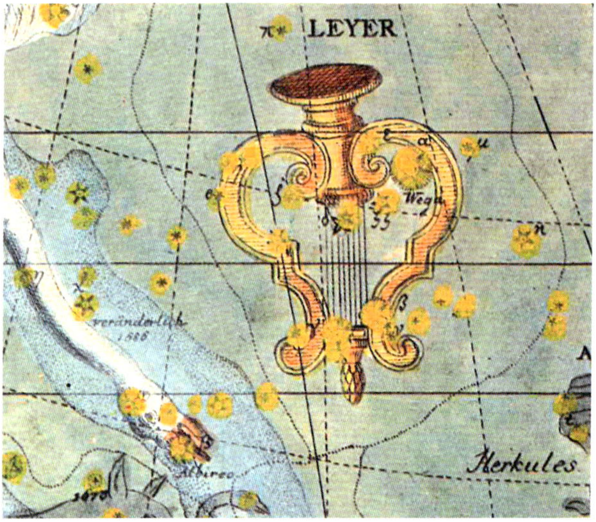

9.8 Figürliche Darstellung des Sternbildes Leier (lat.: Lyra) in dem Sternatlas von Johann Elert Bode aus dem Jahre 1782.

verlässt er die Höhle, um von der Weide Apollos Rinder zu stehlen. Vor der Höhle trifft Hermes jedoch auf eine Schildkröte. Er tötet sie und nimmt sie aus, reinigt den Panzer und spannt sieben Saiten aus Schafsdarm über ihn. Bald schlägt er mit seinen Stäbchen gegen die Saiten und das neugeschaffene Instrument erfüllt die Höhle mit lieblichen Tönen. Nun aber macht sich Hermes endgültig auf den Weg und entwendet fünfzig Rinder, die seinem Halbbruder Apollo gehören. Als dieser ihn zur Rede stellt, versucht Hermes ihn zu besänftigen, indem er ihm sein eben erfundenes Saiteninstrument schenkt. Apollo ist hell begeistert von diesem Instrument, mit dem er die Welt durch frohe Klänge beglückt. Später vermacht er die Leier seinem Sohn Orpheus, der die Zahl der Saiten auf neun erhöht, entsprechend der Zahl der Musen. Die Sage berichtet dann weiter über die Heldentaten des Sängers Orpheus, über seine Teilnahme am Argonautenzug und seinem Besuch in der Unterwelt, wo er sogar Persephone, die Gattin des Pluto, mit seiner Musik bezaubert. Nach dem Tode von Orpheus wird die Leier zur ewigen Erinnerung unter die Sterne versetzt, wo sie noch heute bewundert werden kann.

Bei Cicero findet man die Bezeichnung Lyra Mercurialis. Der Beiname bezieht sich auf Hermes (römisch: Mercurius). In griechischen Quellen findet man die Bezeichnungen Κιθάρα und Φόρμιγξ. Der zweite Name ist älter und steht für das erste Saiteninstrument der hellenischen Barden.

Die Perser nannten dieses Sternbild Sanji Rumi, was Leier heißt. Bei den Teutonen sprach man von Harapha (die Harfe) und die Juden sahen hier die Harfe König Davids. Im christlichen Sternbilderhimmel glaubte man hier die Wiege des Hei-

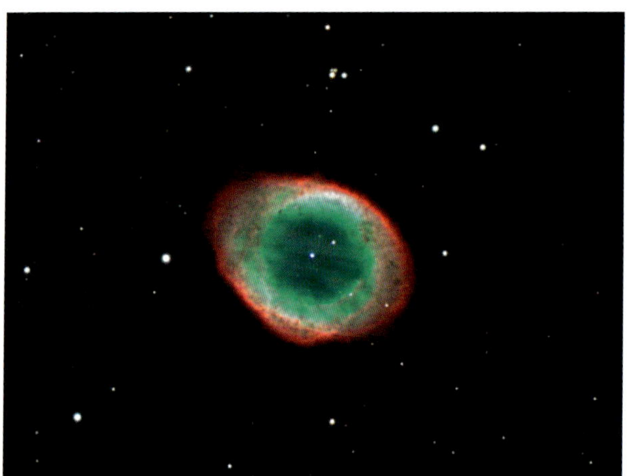

9.9 Der Ringnebel M 57 in der Leier. Aufnahme des Capella Observatory.

lands (Praesepe Salvatoris) zu erkennen.

Bei den Arabern findet man verschiedene Bezeichnungen für die Leier: Albegala von Al Baghl, das Maultier, sowie Al Jwazz, die Gans (nach Al Sufis Sternverzeichnis).

Al Nasr al Waki wieder heißt der zupackende, herabstürzende Steinadler im Gegensatz zum fliegenden Adler (Sternbild Aquila), Al Nasr al Tair. Auch indische Quellen sprechen von einem Adler. Das arabische Wort Waki ist auf den hellsten Stern der Leier übergegangen, der nun Wega (englische Bezeichnung: Vega) heißt.

Die Wega strahlt als Stern 0. Größe ein intensives bläuliches Licht aus (Spektraltyp A0 V) und ist 25 Lichtjahre von uns entfernt. Bei den Babyloniern hieß sie Dilgan, was Botschafter des Lichtes bedeutet. Die alten Ägypter nannten sie Maat (der Geier), schon zu einer Zeit, als sie noch nahe dem Himmelsnordpol stand, also 12000 bis 11000 Jahre vor unserer Zeitrechnung. Bei den Chinesen hieß α Lyr Shih Ching, das Buch der Lieder.

Der Stern β Lyrae trägt die Bezeichnung Sheliak, was sich vom Arabischen Al Shilyak ableitet und so viel wie Harfe heißt. Sheliak ist 880 Lichtjahre entfernt. John Goodricke entdeckte 1784 die Veränderlichkeit von β Lyr. Die Helligkeit von β Lyr schwankt zwischen $3\overset{m}{,}3$ und $4\overset{m}{,}2$. Die Minima-Zeiten von β Lyr sind in der monatlichen Rubrik „Veränderliche Sterne" im *Himmelsjahr* angegeben.

Heute stellt dieser Stern den Prototyp einer eigenen Klasse von Bedeckungsveränderlichen (β-Lyrae-Sterne) dar, deren Komponenten einander recht nahe umkreisen und in eine gemeinsame Gashülle eingebettet sind.

Die Leier beherbergt eine Reihe interessanter Objekte: $\varepsilon_{1,2}$ Lyrae, den berühmten Vierfachstern, den bekannten Ringnebel M 57 (zwischen den Sternen β und γ Lyr), M 56, einen kugelförmigen Sternhaufen, und RR Lyrae, den Prototyp einer Klasse von Pulsationsvariablen, die bei der Entfernungsbestimmung von Kugelhaufen eine wichtige Rolle spielen.

Was ist eine Hill-Sphäre?

Die Erde läuft in einem Jahr um die Sonne. Der Mond umrundet die Erde alle vier Wochen. Beide wandern gemeinsam um die Sonne. Oder, etwas präziser ausgedrückt: Der Schwerpunkt des Systems Erde – Mond beschreibt eine Kepler-Ellipse um unser Tagesgestirn. Die Bewegung der Erde um die Sonne und der Mondlauf um die Erde lassen sich in erster Näherung mit einer Kepler-Ellipse beschreiben. Das Zwei-Körper-Problem lässt sich recht einfach lösen, die Bahnen sind leicht berechenbar. Schwierig wird die Angelegenheit erst, wenn drei Körper einander anziehen. Auf den Mond wirkt nicht nur die Schwerkraft der Erde, auch die Sonne zieht ihn mit ihrer gewaltigen Masse an. Daher ist die Beschreibung der exakten Mondbahn kompliziert. Die Sonne stört gewissermaßen den Lauf des Mondes (siehe Monatsthema „Wer stört den Mond?" im *Kosmos Himmelsjahr 2020* auf Seite 245).

Die Sonne ist zwar sehr viel massereicher als die Erde, aber wegen ihrer großen Distanz kann die Erde den Mond mit ihrer Schwerkraft an sich fesseln. Die Anziehungskraft nimmt mit dem Quadrat der Entfernung ab. Und der Mond ist 400-mal näher an der Erde als an der Sonne. Was wäre aber, wenn der Mond weiter von der Erde entfernt wäre? Zurzeit wächst der Mondabstand pro Jahr um knapp vier Zentimeter. Dies ist recht wenig, summiert sich aber langfristig. In einer Milliarde Jahre wird die mittlere Mondentfernung von der Erde um 40000 Kilometer angewachsen sein. Bis zu welcher Distanz kann die Erde noch ihren Mond an sich fesseln, bevor die Sonne ihr den Trabanten entreißt?

Anders gefragt: Bis zu welcher Entfernung ist die Gravitationswirkung der Erde wirkungsvoller als die der Sonne? Wie groß ist die Einflusssphäre, in der die Erde Himmelskörper an sich

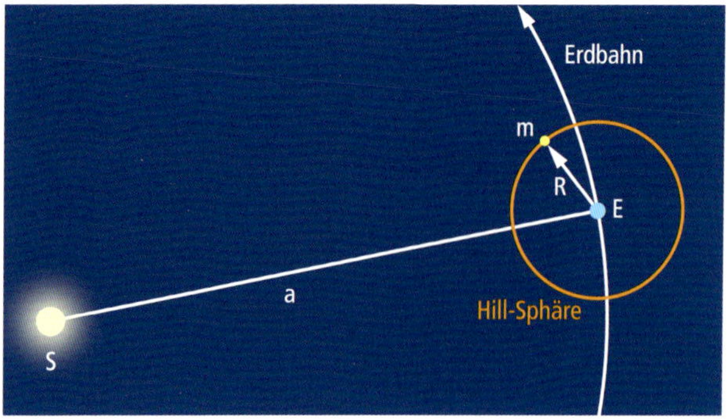

9.10 Zur Definition der Hill-Sphäre: R – Hillradius, a – Entfernung Sonne – Erde, S – Sonne, E – Erde und m – Mond.

binden kann? Ganz allgemein ist die Frage zu lösen: Kreist eine Masse m um eine erheblich größere Masse M und bindet dabei die Masse m ein Objekt an sich, das um sie kreist, wie groß ist dabei die Einflusssphäre der Masse m, um ein Objekt an sich zu binden? Im praktischen Fall ist das Problem zu lösen: Bis zu welcher Entfernung kann der um die Sonne laufende Planet Monde an sich fesseln? Dieser Bereich wird Hill-Sphäre genannt nach dem bedeutenden Himmelsmechaniker namens Hill an der Wende vom 19. zum 20. Jahrhundert. Manchmal spricht man auch vom Hill-Raum.

BEGNADETER WISSENSCHAFTLER

Den Radius der nach ihm benannten Hill-Sphäre berechnete George William Hill. Er erblickte am 3. März 1838 in New York City als Sohn von John William Hill und seiner Frau Catherine, geborene Smith, das Licht dieser Welt. Als George acht Jahre alt war, zogen seine Eltern als Farmer nach West Nyack im Staate New York. Von 1855 bis 1859 besuchte George Hill das Rutgers College, wo er schon frühzeitig großes Interesse für Mathematik zeigte. Unter anderem las er mit großer Begeisterung die Werke des Schweizer Mathematikers Leonhard Euler. Nach Besuch des Colleges studierte Hill an der renommierten Harvard Universität Mathematik und Astronomie. Nach Abschluss seiner Studien wurde er vom US Nautical Almanac Office, damals noch in Cambridge, Massachusetts, angeworben.

Große Anerkennung erwarb sich Hill mit der definitiven Bahnbestimmung des Kometen Donati (C/1858 L1) aus 383 (!) Einzelbeobachtungen.

Dies war eine ungeheure Rechenleistung zu einer Zeit, als es weder Taschenrechner noch Computer gab. Zeit seines Lebens Junggeselle, widmete er sich voll der Himmelsmechanik. Er entwickelte neue Verfahren zur Berechnung von Venustransiten, die zu seinen Lebzeiten am 9. Dezember 1874 und am 6. Dezember 1882 stattfanden. Die darauffolgenden ereigneten sich erst 2004 und 2012. Im 20. Jahrhundert gab es keinen Venustransit.

Unsterblichen Ruhm erlangte Hill aber durch die Entwicklung seiner Mondtheorie zur Beschreibung der komplizierten Mondbewegung. Die Hillsche Mondtheorie wurde 1877 publiziert. Dabei bemerkte Simon Newcomb, Direktor des Nautical Almanac Office: „Hill ist der größte lebende Meister in dem anspruchsvollsten und schwierigsten Gebiet der Astronomie."

Der Nachfolger von Hill auf seinem Posten im Nautical Almanac Office, das inzwischen nach Washington, D.C., umgezogen war, hieß Ernest William Brown (1866–1938). Brown komplettierte die Hillsche Mondtheorie, weshalb man heute von der Hill-Brown-Mondtheorie spricht. Brown führte auch die Zählung der Lunationen ein, jeweils beginnend mit Neumond. Die Lunation Nr. 1 begann mit dem Neumond am 17. Januar 1923. Die Lunation Nr. 1000 begann mit dem Neumond vom 25. Oktober 2003. Mit dem Neumond am 2. Januar 2022 startete die Lunation Nr. 1225.

Speziell widmete sich Hill dem Drei-Körper-Problem und der Ephemeridenrechnung. Unter anderem untersuchte er die Störungen der beiden großen und massereichen Planeten Jupiter und Saturn. Nicht nur ihre großen Massen, sondern auch ihre Quasi-Resonanzen führen zu erheblichen Störtermen. Fünf Jupiterumläufe sind fast genau zwei Saturnumrundungen. Somit überholt Jupiter alle 20 Jahre den Saturn. Zuletzt war dies am 21. Dezember 2020 der Fall. Die nächste große Konjunktion beider Riesenplaneten findet am 31. Oktober 2040 statt. Quasi-Resonanz deshalb, weil zwischen zwei großen Konjunktionen nicht exakt 20 Jahre vergehen, sondern im Mittel 19,877 Jahre.

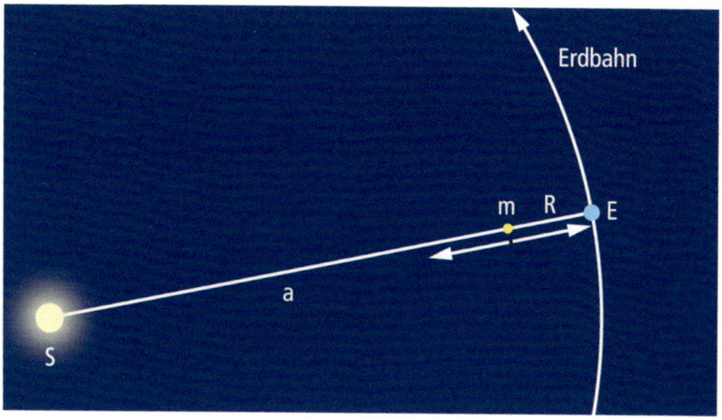

9.11 Die Erde E fesselt Mond m an sich, während die Sonne S versucht, ihr den Mond m zu entreißen. Ob ihr das gelingt, hängt vom Abstand a (Erde – Sonne) und vom Hillradius R ab.

Die Hillschen Tabellen zur Berechnung der im *The American Ephemeris and Nautical Almanac* (heute *The Astronomical Almanac*) verzeichneten Ephemeriden wurden am Nautical Almanac Office noch bis 1960 verwendet.

Von 1894 bis 1896 war Hill President of the American Mathematical Society. 1887 erhielt er die Gold Medal of the Royal Astronomical Society, 1909 wurde ihm die Bruce Medal of the Astronomical Society of the Pacific, ebenfalls in Gold, verliehen. Ferner wurde er in zahlreiche königliche Akademien aufgenommen.

SCHWERKRAFTEINFLUSS DER PLANETEN

Hill berechnete die gravitative Einflusssphäre eines Planeten. Ihr Radius R wird bestimmt durch den Abstand a der umlaufenden Masse m (Planet) von der Zentralmasse M (Sonne). Der Radius ergibt sich aus dem Abstand a multipliziert mit der dritten Wurzel aus dem Verhältnis der Planetenmasse m zur dreifachen Sonnenmasse M. In einer Formel ausgedrückt: $R = a \times (m/3M)^{1/3}$.

Dies gilt allerdings nur für Kreisbahnen. Bei Kepler-Bahnen, also Ellipsen, muss der Perihelabstand genommen werden. Die Formel lautet im Falle einer Ellipsenbahn:

$R = a \times (1 - e) \times (m/3M)^{1/3}$, wobei e die numerische Exzentrizität der Ellipse angibt. Die Massen der Monde und Satelliten gehen in die Formel nicht ein. Denn schon Galilei erkannte: Alle Körper fallen in einem Schwerefeld gleich schnell. In der Tabelle auf Seite 210 sind die Radien der Hill-Sphären für die großen Planeten und den Erdmond vermerkt.

Hill führte die Arbeiten von Édouard Albert Roche (1820–1883) und Joseph Louis de Lagrange (1736–1813) weiter. Die Rochesche Grenze gibt an, wie nahe ein Mond seinen Mutterplaneten gerade noch umkreisen kann, ohne durch die differenziellen Gezeitenkräfte zerrissen zu werden (siehe auch Monatsthema „Die Rochesche Grenze“ auf Seite 133 im *Himmelsjahr 1996*).

Der Hill-Radius der Erde beträgt fast ein Hundertstel der Astronomischen Einheit, das sind knapp 1,5 Millionen Kilometer. An der Grenze der Hill-Sphäre liegen auch die Librationspunkte L1 und L2, auch unter der Bezeichnung Lagrange-Punkte bekannt. L1 liegt 1,5 Millionen Kilometer in Richtung Sonne von der Erde entfernt, L2 befindet sich in gleicher Entfernung, aber in Opposition zur Sonne (siehe Abb. 9.12 auf Seite 210).

Raumsonden, die sich in den metastabilen Punkten L1 oder L2 befinden, laufen in der gleichen Zeit wie die Erde um die Sonne, nämlich in einem siderischen Jahr. Berechnet hat diese Librationspunkte, von denen es fünf gibt, der französische Himmelsmechaniker Lagrange (siehe

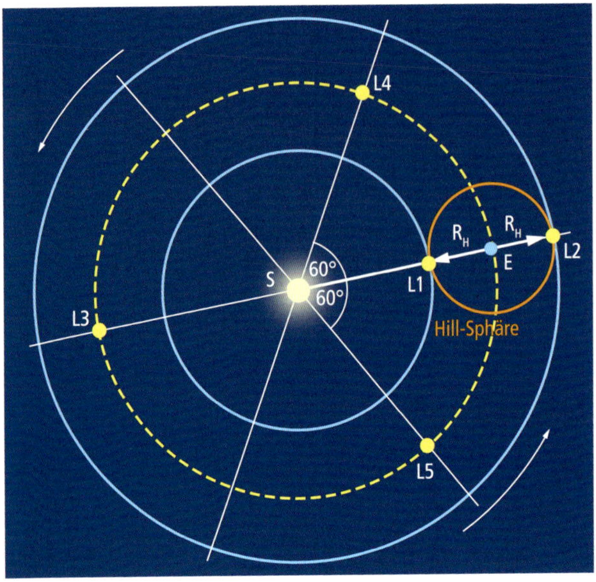

9.12 Die Lagrange-Punkte L1 bis L5. An der Grenze der Hill-Sphäre liegen die Punkte L1 und L2. R_H – Hillradius, S – Sonne, E – Erde.

auch Monatsthema „Die Punkte des Herrn Lagrange" auf Seite 224 im *Kosmos Himmelsjahr 2006*).

Der Hill-Radius der Erde mit knapp 1,5 Millionen Kilometer ist fast vier Mal so groß wie die Entfernung des Mondes von der Erde. Damit besteht keine Gefahr, dass die Sonne der Erde ihren Mond jemals entreißen könnte. Der Hill-Radius des Erdmondes liegt bei 58000 Kilometer. Ein Lunar Orbiter (Raumsonde in einer Bahn um den Mond) darf sich somit nicht weiter vom Mond entfernen, um nicht von der Erde dem Mond entrissen zu werden.

Mit fast 53 Millionen Kilometer ist der Hill-Radius des Jupiter so groß, dass alle der zahlreichen Jupitermonde vom Riesenplaneten festgehalten werden. Er entspricht fast der großen Halbachse der Merkurbahn. Einer der fernsten Jupitermonde ist S/2003 J2 mit einer großen Bahnhalbachse von 29541000 Kilometer. Dies sind 56% des Hill-Radius von Jupiter.

Die äußersten Jupitermonde laufen retrograd um den Riesenplaneten. Hier hat die Sonne mehr Mühe, einen solchen Trabanten zu entreißen. Im äußeren Bereich der Hill-Sphäre sind die Bahnen instabil und werden von der Sonne erheblich gestört. Für prograd laufende Monde sind die Bahnen nur für 50% des Hill-Radius stabil. Bei retrogradem Lauf beträgt die Stabilitätsgrenze etwa 70% des Hill-Radius.

DIE HILL-SPHÄREN DER PLANETEN

Planet	Große Bahnachse		e	Masse		Hill-Radius	
	AE	Mio. km		kg	Erde = 1	AE	Mio. km
Merkur	0,387	57,0	0,206	$0{,}33 \times 10^{24}$	0,055	0,00117	0,175136
Venus	0,723	108,2	0,0068	$4{,}87 \times 10^{24}$	0,815	0,00669	1,00269
Erde	1,000	149,598	0,0167	$5{,}973 \times 10^{24}$	1,000	0,00984	1,471489
Mars	1,524	227,9	0,093	$0{,}642 \times 10^{24}$	0,107	0,00681	1,018180
Jupiter	5,205	779	0,048	$18{,}99 \times 10^{26}$	317,83	0,35209	52,6719
Saturn	9,576	1432	0,055	$5{,}684 \times 10^{26}$	95,14	0,43483	65,0490
Uranus	19,28	2884	0,047	$0{,}869 \times 10^{26}$	14,54	0,46959	70,2496
Neptun	30,14	4509	0,010	$1{,}028 \times 10^{26}$	17,21	0,77818	116,4136
Mond		0,384400	0,0549	$7{,}350 \times 10^{22}$	1/81	9,2 Erdradien	0,058155

Sonnenmasse: $1{,}989 \times 10^{30}$ kg ≙ 333000 Erdmassen / e – numerische Exzentrizität

Die kleinste Hill-Sphäre hat Merkur mit einem Radius von 175 000 Kilometer. Er ist der Sonne am nächsten. Je weiter ein Planet von der Sonne entfernt ist, desto größer ist seine Hill-Sphäre. Die Radien betragen bei Saturn 65 Millionen Kilometer, bei Uranus 70 Millionen Kilometer und bei Neptun schon 116 Millionen Kilometer.

Damit es im Sonnensystem nicht zu Instabilitäten kommt, müssen die gegenseitigen Abstände der Planeten mindestens das Vierfache ihrer Hill-Sphäre betragen.

Mit seinem Tod am 16. April 1914 in West Nyack endete das erfolgreiche Schaffen des bedeutenden Himmelsmechanikers Georg William Hill. Ihm zu Ehren und zur Erinnerung wurde ein Mondkrater „Hill" getauft. Er liegt am Ostrand des Sinus Amoris, der Liebesbucht. Seine Koordinaten lauten: 20,°9 Nord und 40,°8 Ost.

Ferner wurde der Kleinplanet (1642) [1951 RU] nach Hill benannt. Er wurde am 4. September 1951 von Karl Reinmuth an der Heidelberger Sternwarte auf dem Königstuhl entdeckt. Planetoid Hill läuft in einem mittleren Abstand von 411 Millionen Kilometer (= 2,75 AE) in 1666 Tagen (rund 4,56 Jahre) um die Sonne. Seine Bahnneigung beträgt knapp 11°, die numerische Exzentrizität seiner Bahn misst 0,06672.

Damit kommt er im Perihel bis auf 384 Millionen Kilometer (= 2,5672 AE) an die Sonne heran. Im Aphel trennen ihn 439 Millionen Kilometer (= 2,9342 AE) von der Sonne.

Oktober 2022

- Am 25. findet eine partielle Sonnenfinsternis statt, die in Mitteleuropa beobachtbar ist.
- Merkur bietet eine Morgensichtbarkeit.
- Venus kommt am 22. in obere Konjunktion mit der Sonne und bleibt unbeobachtbar.
- Mars wird deutlich heller und ist fast die ganze Nacht über beobachtbar.
- Jupiter beherrscht den Nachthimmel. Vom Morgenhimmel zieht sich der Riesenplanet langsam zurück.
- Saturn ist Planet der ersten Nachthälfte.

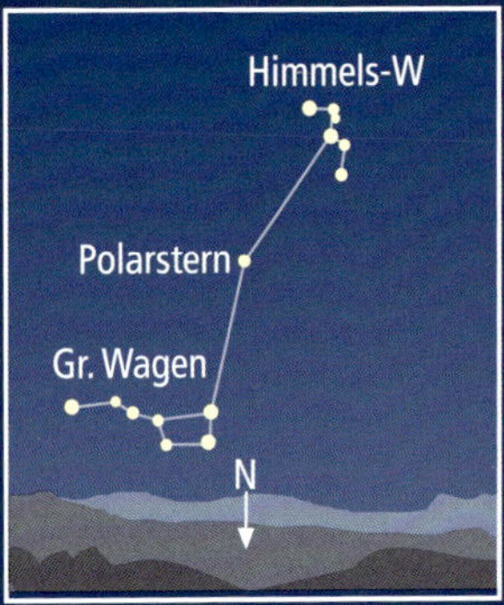

Großer Wagen und Himmels-W Anfang Oktober um 22 Uhr MEZ

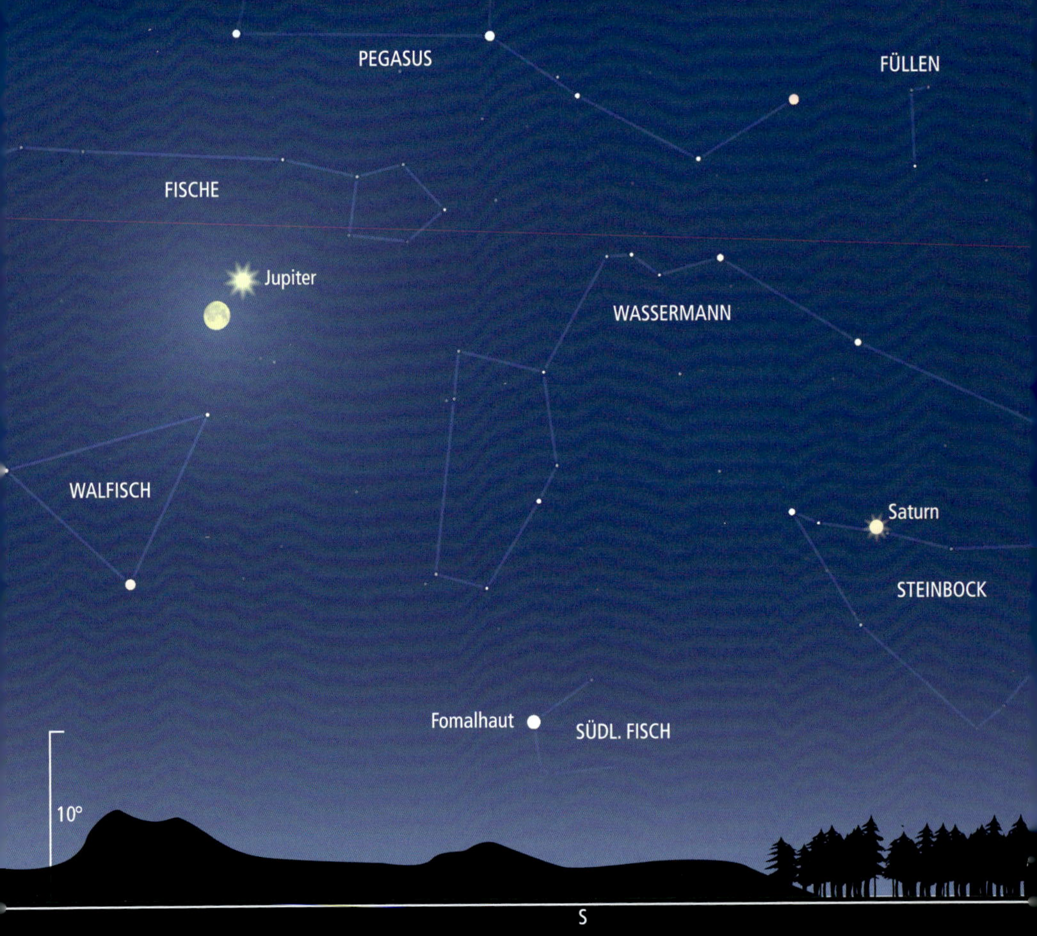

10.1 Himmelsanblick am 8. Oktober gegen 22^h MEZ (= 23^h MESZ). Über dem Südhorizont stehen

1	Sa	
2	So	
3	Mo	Tag der Deutschen Einheit Erstes Viertel
4	Di	
5	Mi	Mond bei Saturn – abends
6	Do	
7	Fr	
8	Sa	Mond bei Jupiter – abends
9	So	**Vollmond**
10	Mo	
11	Di	Merkur beste Morgensichtbarkeit
12	Mi	
13	Do	
14	Fr	
15	Sa	Mond bei Mars – morgens
16	So	
17	Mo	Letztes Viertel
18	Di	
19	Mi	
20	Do	
21	Fr	
22	Sa	
23	So	
24	Mo	Mond bei Merkur – morgens
25	Di	**partielle Sonnenfinsternis** **Neumond**
26	Mi	Österreichischer Nationalfeiertag
27	Do	
28	Fr	
29	Sa	
30	So	Ende der Sommerzeit
31	Mo	

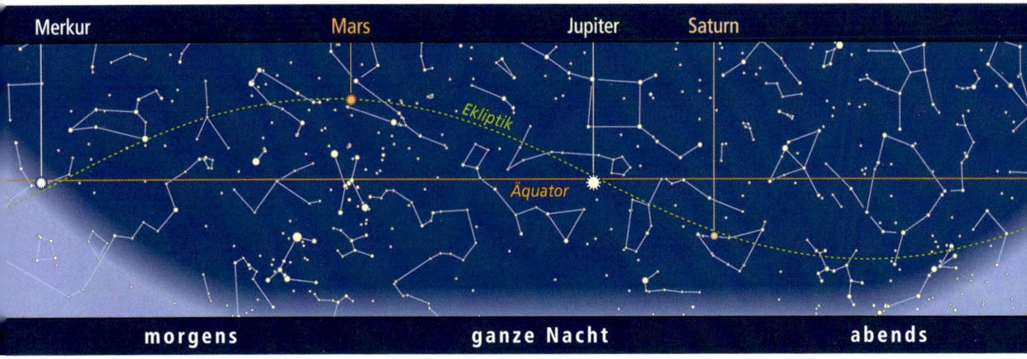

MERKUR bietet im Oktober die einzige passable Morgensichtbarkeit in diesem Jahr. Bereits am 8. erreicht der sonnennahe Planet seine größte westliche Elongation mit 17°59′ Winkelabstand von der Sonne. Sein maximaler Elongationswinkel fällt so klein aus, da er nur zwei Tage vorher durch sein Perihel läuft. Schon am 1. hat Merkur seine Rückläufigkeit beendet und ist nun wieder rechtläufig.

Unter guten Sichtbedingungen kann man ab dem 4. nach Merkur Ausschau halten. An diesem Tag geht der $0\overset{\mathrm{m}}{,}3$ helle Planet um $4^{\mathrm{h}}53^{\mathrm{m}}$ (= $5^{\mathrm{h}}53^{\mathrm{m}}$ Sommerzeit) auf. Etwa 20^{m} später sollte man ihn als fahlen, gelblichen Lichtpunkt knapp über dem Osthorizont erkennen.

10.2 Heliozentrischer Anblick des Planetensystems im letzten Jahresviertel 2022. Eingetragen sind im linken Teil die Positionen der inneren Planeten für den 1. Oktober (10), den 1. November (11), den 1. Dezember 2022 (12) und den 1. Januar 2023 (1). Der rechte Teil zeigt das äußere Planetensystem samt einiger Planetoiden zu Anfang und Ende des letzten Jahresviertels. Die Pfeile deuten die Richtungen zu den ferneren Planeten sowie zum Frühlingspunkt an.

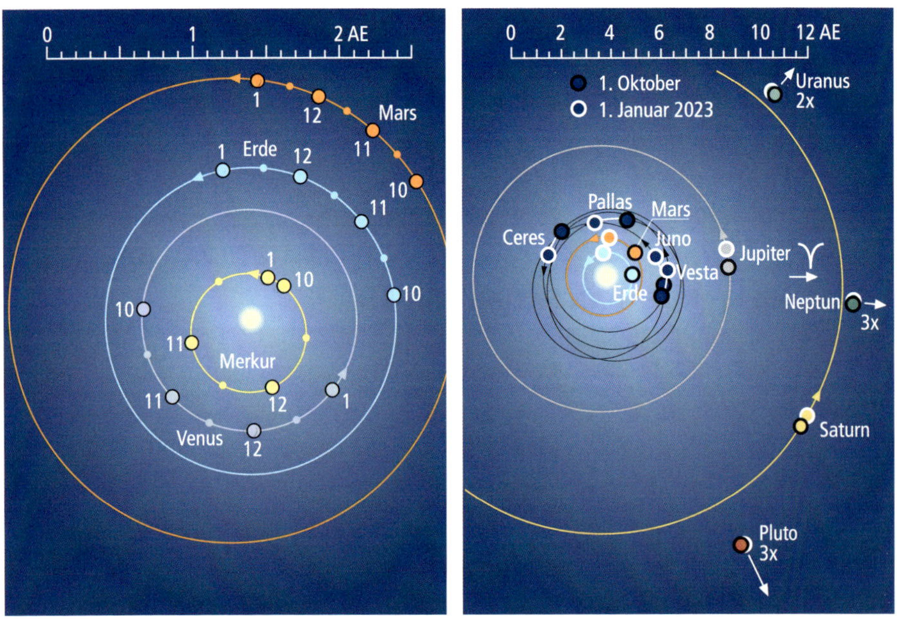

10.3 Heliozentrische Bewegungen von Merkur und Venus *relativ* zur Erde. In den dicker ausgezogenen Bahnteilen sind die Planeten beobachtbar. Die Zahlen geben die Positionen jeweils zum Monatsersten an. Östlicher Winkelabstand bedeutet Abendsichtbarkeit; westliche Elongation: Planet steht am Morgenhimmel.

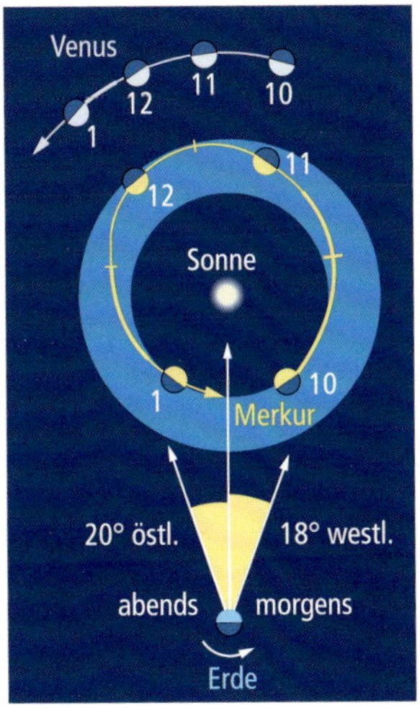

Die günstigste Beobachtungsperiode sind die Tage vom 10. bis 16. Oktober. Vom 4. bis 10. nimmt die Merkurhelligkeit kräftig um eine ganze Größenklasse zu. Am 10. steigt der $-0{,}^{m}7$ helle Merkur um 4^h51^m (= 5^h51^m Sommerzeit) über die östliche Horizontlinie (siehe auch Abb. 10.4 und 10.5 unten). Damit ist Merkur noch um $0{,}^{m}2$ heller als am Tag der größten westlichen Elongation. Bis 16. nimmt die Helligkeit nochmals auf $-0{,}^{m}9$ zu, der Merkuraufgang verspätet sich nur wenig auf 5^h13^m. Letztmals wird man Merkur am 19. erspähen können. An diesem Tag geht der inzwischen $-1{,}^{m}0$ helle Planet um 5^h28^m (= 6^h28^m Sommerzeit) auf. Am 8. zieht Merkur $0{,}^{\circ}8$ nördlich an Zavijava (β Vir; $3{,}^{m}6$) vorbei. Den Herbstpunkt passiert der flinke Planet am 11. in $1{,}^{\circ}7$ nördlichem Abstand. Am 14. eilt er $1{,}^{\circ}0$ nördlich an Zaniah (η Vir; $3{,}^{m}9$) vorbei und begegnet anschließend am 18. Porrima (γ Vir; $2{,}^{m}7$) $0{,}^{\circ}8$ südlich.

Am 8. zeigt sich das $7{,}''1$ große Merkurscheibchen halb beleuchtet, die Dichotomie tritt ein. Danach schrumpft es, der Beleuchtungsgrad nimmt zu. Am Tag der größten westlichen Elongation, also am 8., ist Merkur 143 Millionen Kilometer (= 0,956 AE) von der Erde entfernt.

VENUS hat ihre Morgensternperiode beendet. Sie läuft der Sonne im Tierkreis nach. Am 22. holt sie die Sonne im Sternbild

10.4 Stellung von Merkur über dem Osthorizont zu den angegebenen Daten jeweils eine Stunde vor Sonnenaufgang. Die Pfeile geben die Bewegungen von Merkur und Sonne während der nächsten halben Stunde an.

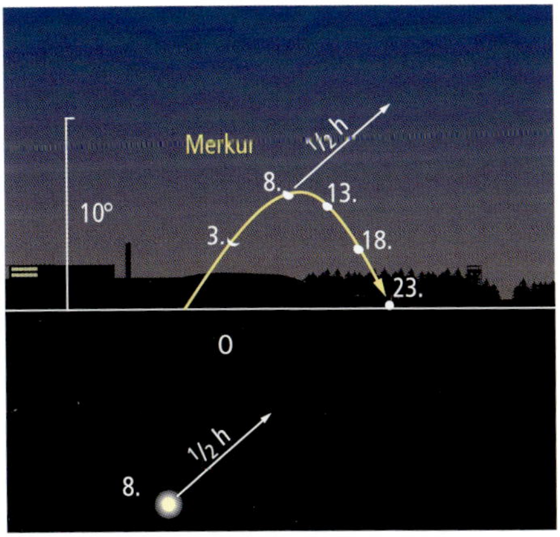

10.5 Sichtbarkeitsdiagramm für Merkur. Es gilt genau für 50° nördlicher Breite und 10° östlicher Länge. Dunkelgelbe Fläche: unter günstigen Sichtbedingungen kann man Merkur mit bloßen Augen erkennen, hellgelbe Fläche: Merkur ist leicht zu sehen.

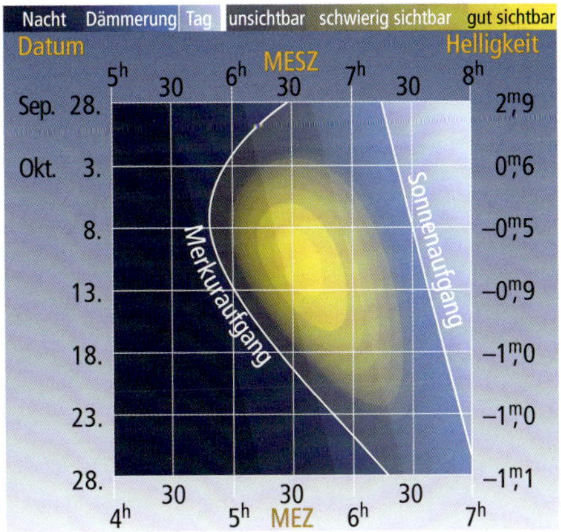

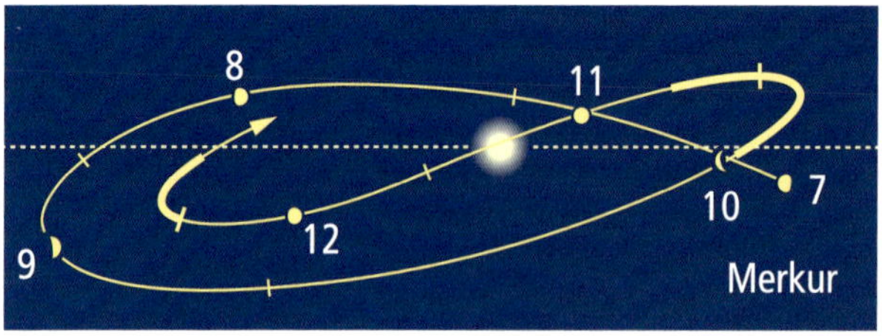

10.6 Scheinbare Merkurbahn relativ zur Sonne von Juli bis Dezember 2022.

Jungfrau schon nahe der Grenze zur Waage ein. An diesem Tag steht sie in oberer Konjunktion mit der Sonne. Von der Erde aus betrachtet steht Venus somit hinter der Sonne – allerdings nicht exakt. Sie wandert nämlich rund ein Grad nördlich – dies entspricht dem doppelten Sonnendurchmesser – an der Sonne vorbei. Am Tag der oberen Konjunktion erreicht Venus ihren größten Abstand von der Erde. Sie ist dann 257 Millionen Kilometer (= 1,718 AE) von uns entfernt.

KONSTELLATIONEN UND EREIGNISSE

Datum	MEZ	Ereignis
1.	16^h	Merkur im Stillstand, anschließend rechtläufig
5.	17	**Mond bei Saturn**, Mond $4^{\circ}{,}1$ südlich, **Abstand $4^{\circ}{,}8$ um 20^h**
6.	22	Merkur im Perihel
8.	4	Mond bei Neptun, Mond $3^{\circ}{,}1$ südlich
8.	19	**Mond bei Jupiter**, Mond $2^{\circ}{,}1$ südlich, **Abstand $2^{\circ}{,}7$ um 22^h**
8.	19	Pluto im Stillstand, anschließend rechtläufig
8.	22	**Merkur in größter westlicher Elongation** (18°)
12.	8	**Mond bei Uranus**, Mond $0^{\circ}{,}8$ nördlich, **Abstand $1^{\circ}{,}8$ um 5^h**
15.	6	**Mond bei Mars**, Mond $3^{\circ}{,}6$ nördlich, **Abstand $3^{\circ}{,}2$ um 4^h**
22.	22	Venus in oberer Konjunktion mit der Sonne
23.	10	Saturn im Stillstand, anschließend rechtläufig
24.	17	**Mond bei Merkur**, Mond $0^{\circ}{,}4$ nördlich, **Abstand $5^{\circ}{,}2$ um 6^h15^m**
25.	12	**Partielle Sonnenfinsternis** – in Europa beobachtbar (siehe Seite 26)
25.	13	Mond bei Venus, Mond $0^{\circ}{,}003$ südlich
30.	12	Mars im Stillstand, anschließend rückläufig

MARS bremst seine rechtläufige Bewegung im Sternbild Stier stark ab und kommt Ende Oktober zum Stillstand. Am 30. setzt er zu seiner Oppositionsschleife an. Danach wandert er rückläufig durch den Tierkreis, was zunächst recht langsam erfolgt (siehe Abb. 6.3 auf Seite 137).

Die Marshelligkeit nimmt von $-0^{m}{,}6$ auf $-1^{m}{,}2$ kräftig zu. Nur noch Jupiter ($-2^{m}{,}8$) und Sirius ($-1^{m}{,}5$) übertreffen den roten Planeten an Glanz.

Mars geht am 1. um 20^h53^m (= 21^h53^m Sommerzeit) auf und am 15. schon um 20^h10^m. Am 31. erfolgt der Aufgang des roten Planeten um 19^h08^m, die Kulmination um 3^h23^m, sein Untergang erst um 11^h33^m. Bis auf die erste Nachtstunde nach Ende der nautischen Dämmerung ist Mars ein Planet der gesamten Nacht.

JUPITER hat seine Opposition zur Sonne gerade hinter sich. Der Riesenplanet wandert rückläufig durch das Sternbild Fische und passiert am 28. den Frühlingspunkt $1^{\circ}{,}6$ südlich (siehe Abb. 9.3 auf Seite 199). Auffällig strahlt Jupiter nach wie vor am Nachthimmel, auch wenn Mars ihm Konkurrenz zu machen versucht. Die Jupiterhelligkeit geht nur unmerklich um $0^{m}{,}1$ auf $-2^{m}{,}8$ zurück. Damit ist Jupiter immer noch gut eineinhalb Größenklassen heller als Mars am Monatsende.

Vom Morgenhimmel zieht sich der Riesenplanet allmählich zurück. Am 1. geht Jupiter um 5^h57^m (= 6^h57^m Sommerzeit) unter und am 15. um 4^h52^m. Am

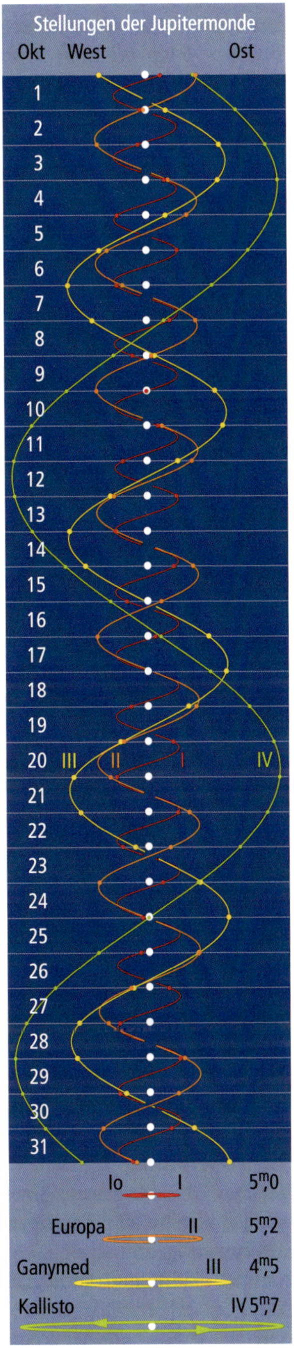

JUPITERMONDE

Tag	MEZ h m	Vorgang	
1.	4 43	I	DA
	4 50	I	SA
	18 40	III	BA
	21 57	III	VE
	23 36	II	DA
	23 50	II	SA
2.	1 59	I	BA
	2 03	II	DE
	2 22	II	SE
	4 20	I	VE
	23 09	I	DA
	23 18	I	SA
3.	1 22	I	DE
	1 32	I	SE
	20 25	I	BA
	20 53	II	VE
	22 49	I	VE
4.	19 48	I	DE
	20 01	I	SE
8.	21 55	III	BA
9.	1 49	II	DA
	1 58	III	VE
	2 25	II	SA
	3 42	I	BA
	4 17	II	DE
10.	0 53	I	DA
	1 14	I	SA
	3 06	I	DE
	3 28	I	SE
	20 14	II	BA
	22 08	I	BA
	23 31	II	VE
11.	0 43	I	VE
	19 19	I	DA
	19 43	I	SA
	21 32	I	DE
	21 57	I	SE
12.	19 12	I	VE
16.	1 11	III	BA

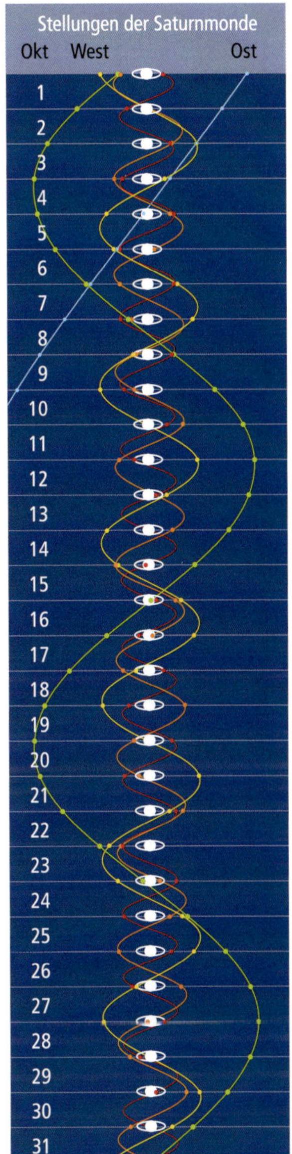

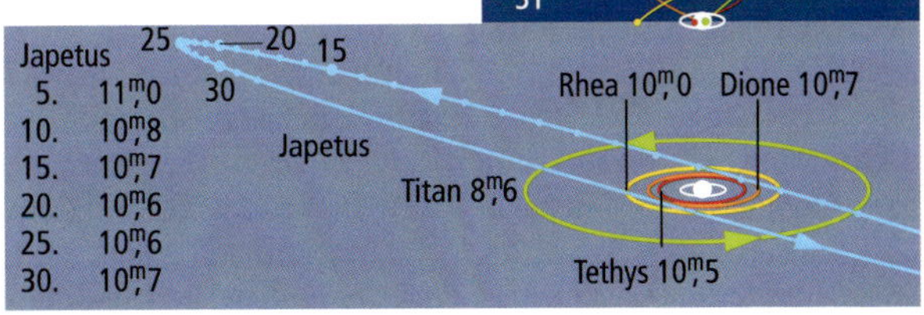

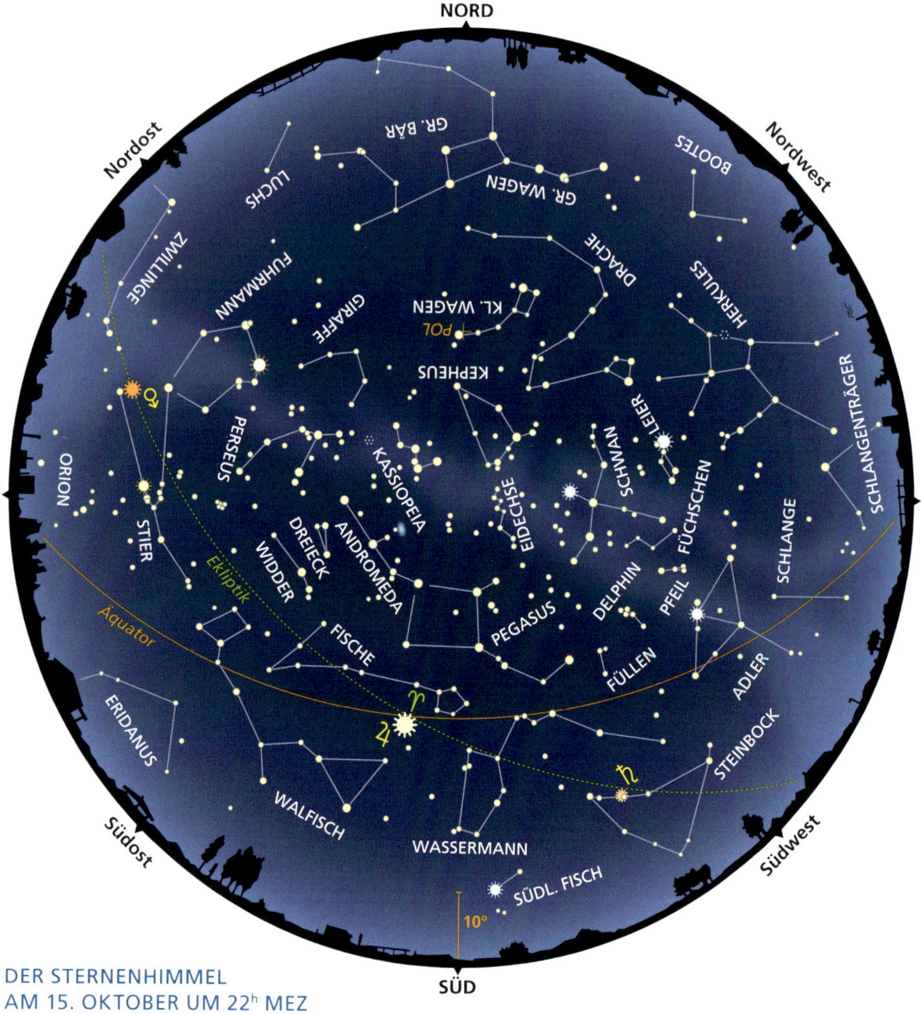

DER STERNENHIMMEL
AM 15. OKTOBER UM 22^h MEZ

Die Sternkarte ist auch gültig für:

	MEZ	MESZ
1. 8.	3^h	4^h
15. 8.	2	3
1. 9.	1	2
15. 9.	0	1
1.10.	**23**	**24**
15.10.	**22**	**23**
31.10.	**21**	
15.11.	20	
30.11.	19	
15.12.	18	

gens. Wer prüfen will, wie gut die Durchsicht des Himmels ist und wie stark irdisches Streulicht stört, sollte regelmäßig versuchen, die Sterne des Kleinen Wagens zu erkennen. In Abb. E.3 auf Seite 12 findet man die Sterne des Kleinen Wagens mit Helligkeitsangaben. Wer ein wenig systematisch beobachten will, kann an jedem Beobachtungsabend notieren, welche Sterne des Kleinen Wagens ohne Mühe freiäugig zu sehen sind und welche eben nicht.

Das Pegasusquadrat hat den Meridian erreicht. Dieses markante Sternenviereck ist kaum zu übersehen. Man nennt es auch Herbstviereck, analog zum Sommerdreieck oder Wintersechseck. Der Pegasus gehört zu den leicht erkennbaren Sternbildern, die man auf Anhieb findet.

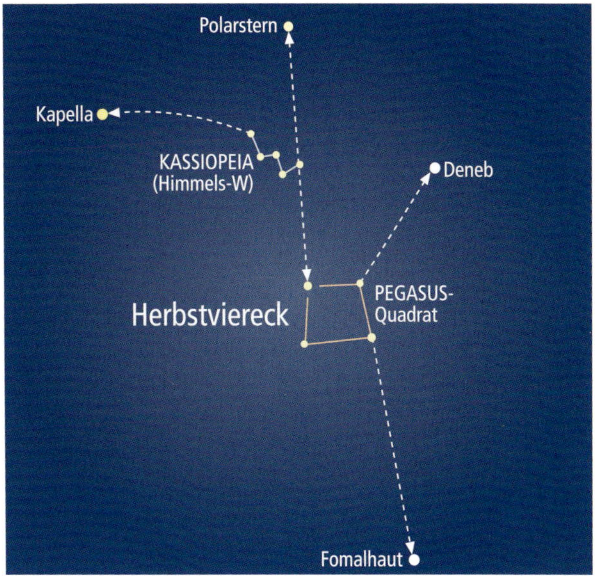

10.7 Vom Herbstviereck (Pegasusquadrat) ausgehend findet man schnell die Kassiopeia, den Polarstern, Deneb und Fomalhaut, Hauptstern des Sternbildes Südlicher Fisch.

Die vier Sterne des Herbstvierecks heißen Markab, Scheat, Algenib und Sirrah, wobei Sirrah selbst nicht mehr zum Pegasus gehört, sondern schon der erste Stern der Andromeda (α Andromedae) ist, die aus einer Kette von vier Sternen gebildet wird. In der Andromeda entdeckt man bei guten Sichtverhältnissen ein wenig nördlich des Sterns Mirach (β Andromedae) den berühmten Andromedanebel (Katalogbezeichnung: M 31). Die Andromedagalaxie ist unsere Nachbarmilchstraße. Das Licht der etwa 400 Milliarden Sterne dieser Galaxie ist 2,5 Millionen Jahre unterwegs, bis es die Erde erreicht. M 31 ist das fernste Himmelsobjekt, das man mit bloßem Auge sehen kann.

Südlich der Andromeda steht das Tierkreisbild Widder. Zwischen Widder und Andromeda hat das kleine Sternbild Dreieck (lat.: Triangulum) seinen Platz. Östlich der Andromeda ist ihr Retter zu finden, der strahlende Held Perseus. Im Perseus steht der Bedeckungsveränderliche Algol, ein ideales Übungsobjekt für diejenigen Sternfreunde, die sich der Beobachtung veränderlicher Sterne widmen wollen. Die Lichtminima von Algol sind jeweils in der Rubrik „Veränderliche Sterne" vermerkt.

Den Südosten nimmt der ausgedehnte Walfisch (lat.: Cetus) ein, mit dem berühmten veränderlichen Stern Mira Ceti. Seine Helligkeit schwankt in rund 330 Tagen zwischen dritter und neunter Sterngröße. Das heißt, zeitweise ist Mira überhaupt nicht zu sehen. Entdeckt wurde Mira im Jahre 1596 von dem ostfriesischen Landpfarrer David Fabricius. Er nannte diesen Stern Mira Stella, was seltsamer oder verwunderlicher Stern heißt.

Im Osten hat sich der Fuhrmann (lat.: Auriga) mit der hel-

10.8 Die Andromedagalaxie (M 31) – unsere Nachbarmilchstraße. Aufnahme von Lucas und Stefan Binnewies.

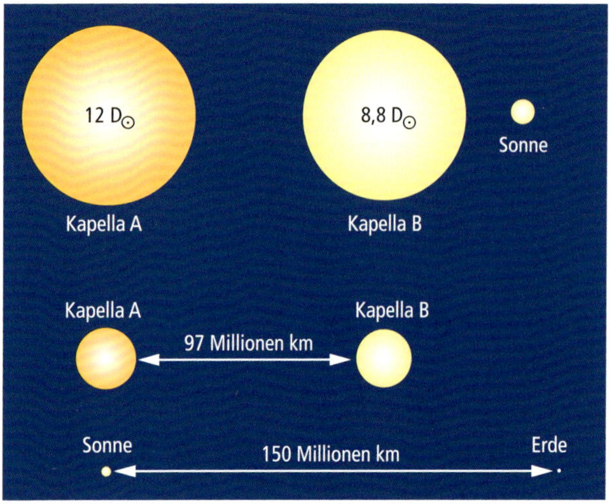

10.9 Die beiden Kapellasonnen im Vergleich mit unserer Sonne

len, gelblichen Kapella (α Aurigae) breitgemacht. Kapella gehört mit $0^{\mathrm{m}}{,}1$ zu den hellsten Sternen des Himmels. Die Entfernung von Kapella misst 42 Lichtjahre.

Kapella besteht aus zwei einzelnen Riesensonnen, die einander in 104 Tagen umkreisen. Ihr gegenseitiger Abstand entspricht der Distanz Sonne – Venus. Wegen dieser geringen Distanz kann Kapella auch in großen Teleskopen nicht in zwei einzelne Lichtpünktchen aufgelöst werden (Separation: $\rho = 0{,}''04$). Sie ist ein sogenannter spektroskopischer Doppelstern. Beide Komponenten sind gelbe Riesensterne der Leuchtkraftklasse III (Spektraltyp A: G2 und B: G6) mit 80-facher beziehungsweise 50-facher Sonnenleuchtkraft. Tief im Osten ist bereits der Stier mit dem hellen, rötlichen Aldebaran und dem Siebengestirn, den Plejaden, aufgegangen. Der Stier ist ein erster Vorbote des kommenden Winters. In ihm strahlt in diesem Herbst hell der Planet Mars, der kurz vor seiner Opposition steht.

Als kulminierendes Tierkreisbild ist der Wassermann (lat.: Aquarius) zu nennen. Ebenfalls durch den Meridian wandert tief im Süden der Südliche Fisch. Von seinen Sternen ist nur Fomalhaut gut zu sehen, während die übrigen meist vom Horizontdunst verschluckt werden.

Für versierte Beobachter sei ein lichtschwaches Sternbild genannt, das gerade den Meridian passiert und zenitnah steht: die Eidechse (lat.: Lacerta). Um die Eidechse zu identifizieren, sollte man ein lichtstarkes Fernglas mit geringer Vergrößerung benutzen.

Was geschah mit Uranus?

Unser Sonnensystem mit Sonne, Planeten, Monden, Kleinplaneten, Kometen und Meteoroiden bildete sich vor 4,54 Milliarden Jahren aus einer gewaltigen, rotierenden Scheibe aus interstellarem Gas und Staub. Die positive Drehrichtung dieser präsolaren Scheibe blieb in den meisten Körpern des Sonnensystems erhalten. Sowohl die Rotation der Sonne als auch der Lauf der Planeten um sie und der meisten Planetoiden sowie der Monde erfolgt vom Nordpol der Erdbahnebene her betrachtet entgegengesetzt dem Uhrzeigersinn, fachlich gesprochen im mathematisch positiven Drehsinn. Auch die Planeten rotieren fast alle in gleicher Richtung. Nur Venus und Uranus drehen sich entgegen dem Uhrzeigersinn, also mathematisch negativ. Die Rotationsachsen von Merkur, Venus und Jupiter stehen fast senkrecht auf ihren Bahnebenen. Die Achsen von Erde, Mars, Saturn und Neptun sind zwischen 23° und 29° zur Senkrechten auf der jeweiligen Planetenbahn geneigt. Nur Uranus zeigt eine Besonderheit: Seine Rotationsachse ist um

98° zur Senkrechten auf seiner Bahnebene geneigt. Dies ist einzigartig im Sonnensystem. Mal wälzt, dann wieder schraubt sich Uranus gewissermaßen entlang seiner Bahn. In den 1980er-Jahren war der Südpol von Uranus der Sonne und der Erde zugekehrt. Zu Beginn des 21. Jahrhunderts sah man auf den Uranusäquator. Im Jahre 2029 wird man auf den Uranusnordpol blicken (siehe Abb. 10.12 auf Seite 226).

Für Verwirrung sorgt manchmal die Festlegung von Nord- und Südpol eines Planeten. Ursprünglich galt die „Rechte-Hand-Regel": Zeigen die gekrümmten Finger der rechten Hand in Rotationsrichtung, so deutet der gestreckte Daumen die Richtung nach Norden an. Im Jahre 1982 hat jedoch die International Astronomical Union (IAU) festgelegt, dass stets derjenige Drehpol der Nordpol eines Planeten sein soll, der auf der nördlichen Seite der Erdbahnebene (Ekliptikebene) liegt, oder – inzwischen genauer – sich auf der Nordseite der Invariablen Ebene des Sonnensystems befindet (siehe auch *Kosmos Himmelsjahr 2020*, Seite 149, Kasten „Die Invariable Ebene unseres Sonnensystems").

Andererseits hat die IAU Working Group on Cartographic Coordinates and Rotational Elements of the Planets and Satellites im Jahre 2009 beschlossen, dass die „Rechte-Hand-Regel" für Zwergplaneten sowie deren Satelliten, Planetoiden und Kometen wiederum gilt. Um Konfusion mit den Begriffen „Nord" und „Süd" im Vergleich mit den Planeten zu vermeiden, hat man festgelegt, die Pole als „Positiver" und „Negativer" Pol zu bezeichnen. Danach hat Pluto keinen Nord- und keinen Südpol mehr, sondern einen positiven und einen negativen Pol (siehe Tabelle „Rotationselemente der Planeten" auf Seite 228).

NASA/JPL

10.10 **Der Planet Uranus – aufgenommen von der Raumsonde Voyager 2. Bildbearbeitung: Erich Karkoschka.**

GENEIGTE ROTATIONSACHSEN DER PLANETEN

Die gängige Vorstellung ist, dass die Neigungen der Planetenachsen durch Kollisionen hervorgerufen wurden. In der Frühphase des Sonnensystems ging es recht turbulent zu. Zusammenstöße von Planetesimalen und Protoplaneten waren in der ersten Milliarde Jahre an der Tagesordnung. Die Astronomen sprechen von einem „heavy bombardment" – einem schweren beziehungsweise heftigen Bombardement. So soll die junge Erde von einem Protoplaneten von etwa Marsgröße getroffen worden sein. Dieser Impaktor hat sogar einen Namen bekommen: Theia. Er traf die Erde nicht zentral, sondern seitlich – gewissermaßen ein Streifschuss. Dabei wurde Material aus der Erde herausgeschlagen und Theia wurde zerlegt. Ein Teil des Materials entfernte sich, ein anderer bildete zunächst einen Ring aus Gesteinsbrocken um die Erde, aus dem sich später unser Mond formte. Als Folge des Zusammenpralls kippte die Erde zur Seite. Seither nimmt die Erdachse einen Winkel von rund 23,°5 zur Senkrechten auf der Ekliptikebene ein, wobei die Neigung leichten Schwankungen unterliegt. Ähnlich erging es wohl auch den Planeten Mars, Saturn und Neptun. Interessant ist dabei, dass alle vier Planeten nach Kollisionen mit Protoplaneten ähnliche Kippwinkel aufweisen. Doch wie steht es mit Uranus?

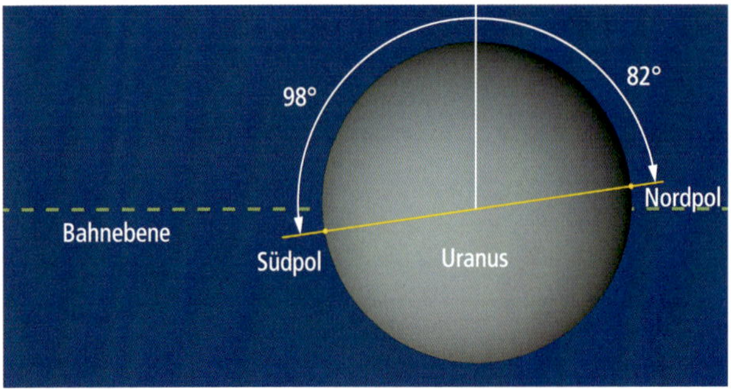

10.11 Die Rotationsachse von Uranus ist um 98° (nach IAU-Definition 82°) zur Senkrechten auf seiner Bahnebene gekippt.

Er muss einen besonders heftigen Schlag erhalten haben, der ihn praktisch umwarf. Auch muss dieser kosmische Hieb in sehr früher Zeit erfolgt sein, noch vor Bildung der Uranusmonde. Denn die fünf großen Monde Miranda, Ariel, Umbriel, Titania und Oberon laufen fast exakt in der Äquatorebene von Uranus. Auch die 13 Uranusringe liegen in der Ebene des Uranusäquators. Sie sind allerdings viel später entstanden, ihr Alter wird auf 800 Millionen Jahre geschätzt. Immerhin sind sie damit noch achtmal älter als die Saturnringe. Doch es kamen Zweifel auf, ob ein einzelner Impakt Uranus zum Umkippen brachte. Ein zentraler Stoß hätte entweder eine Zerstörung des Uranus bewirkt oder beide Körper wären miteinander verschmolzen. Die Rotationsachse hätte bei einem zentralen Stoß nur minimal ihre Richtung geändert.

10.12 Infolge der Achsenneigung von 98° wälzt beziehungsweise schraubt sich Uranus entlang seiner Bahn. Die Pole liegen jeweils für 42 Jahre im Dunkeln. Ebenso lange dauert der Polartag. Der Südpol war 1986 der Sonne zugekehrt. 2028 wird der Nordpol voll im Sonnenlicht liegen.

DIE ENTSTEHUNG VON URANUS

Wie Modellrechnungen zeigen, war Uranus bei seiner Entstehung von einer großen Scheibe aus primordialem Material umgeben, das etwa die dreifache Masse aller Uranusmonde enthielt.

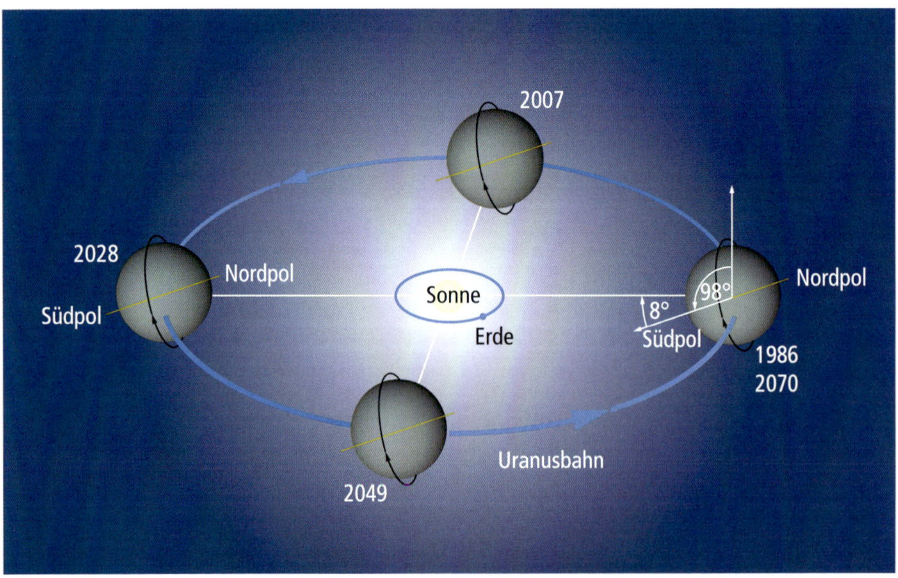

10.13 Uranus, aufgenommen mit dem 10-m-Keck-I-Teleskop auf dem Mauna Kea im infraroten Licht.

Lawrence Sromovsky, University of Wisconsin-Madison/W.W. Keck Observatory

Wenn aber aus den Bruchstücken des Impaktors und dem von Uranus ausgeschlagenen Material sich die Monde gebildet haben sollten, dann müssten die Uranustrabanten erheblich mehr an Masse aufweisen. Nicht nur das: Auch seine Monde sollten Uranus viel näher umkreisen als sie es tatsächlich tun. Ferner hätte sich die Uranusrotationsgeschwindigkeit signifikant geändert.

Uranus und Neptun sind einander ähnlich, was Masse, Durchmesser und Rotationsgeschwindigkeit betrifft. Uranus ist mit einem Äquatordurchmesser von 51 118 Kilometer, dies ist das Vierfache des Erddurchmessers, der drittgrößte Planet unseres Sonnensystems. Nur Jupiter und Saturn übertreffen ihn an Größe. Neptun ist mit 49 424 Kilometer Äquatordurchmesser nur eine Spur kleiner als Uranus. Andererseits übertrifft Neptun, was seine Masse betrifft, den Uranus, dessen Masse 14,54 Erdmassen oder $8{,}685 \times 10^{25}$ Kilogramm beträgt. Die Neptunmasse enthält 17,2 Erdmassen oder $10{,}28 \times 10^{25}$ Kilogramm. Somit hat Neptun mit 1,67 g/cm^3 auch eine etwas höhere Dichte als Uranus mit 1,27 g/cm^3. Nach Saturn ist Uranus der Planet mit der geringsten Dichte. Dies lässt den Schluss zu, dass Uranus einen dicken Eismantel um einen vergleichsweise kleinen Felsenkern besitzt. Auch die Rotationszeiten von Uranus und Neptun sind ähnlich. Uranus dreht sich in 17^h14^m einmal um sich selbst, Neptun braucht dafür 15^h58^m. Ihre Abplattungen sind ebenfalls ähnlich: Sie beträgt bei Uranus 0,03, bei Neptun ist sie mit 0,026 eine Spur geringer.

Während die fünf großen Uranusmonde – im Abstand von Uranus aufgezählt Miranda, Ariel, Umbriel, Titania und Oberon – Uranus in der Äquatorebene prograd umkreisen und aus Material nach dem Zusammenprall geformt wurden, ist der einzige große Neptunmond Triton nicht aus dem Neptunmaterial entstanden, sondern ein eingefangener Zwergplanet, denn Triton läuft retrograd um Neptun. Außerdem liegt die Tritonbahn nicht in der Äquatorebene von Neptun, sondern ist um 157° zu ihr geneigt. Neptunäquator und Tritonbahn schließen einen Winkel von 23° ein.

Eine andere Modellrechnung geht davon aus, dass in der Entstehungsphase des Uranus die massereiche Scheibe in Wechselwirkung mit dem rotierenden Proto-Uranus trat und damit seine Achsenneigung beeinflusste. Diese und ähnliche Überlegungen zeigen, dass ein solcher Mechanismus maximal einen Neigungswinkel von 70° erklären kann, keinesfalls 98°.

Durch immer bessere Höchstleistungsrechner ist es gelungen, mit Rechenprogrammen zur Simulierung von N-Körpersystemen die Vorgänge, die zum Umkippen der Uranusrotationsachse führten, weitgehend realistisch zu simulieren. Die Simulationsrechnungen wurden unter anderem am Institute for Computational Cosmology der Durham University in England (UK) durchgeführt.

ROTATIONSELEMENTE DER PLANETEN UND PLUTO

Objekt	a [AE]	U [d/a]	i	Rot [d/h/m]	ε	Nordpol (J2000.0) α	δ	Con	Südpol (J2000.0) α	δ	Con
☿ Merkur	0,39	88^{d}	7,°0	$58^{d}15^{h}36^{m}$	0,°03	$18^{h}44^{m}02^{s}$	+61°24′36″	Dra	$6^{h}44^{m}02^{s}$	−61°24′36″	Dor
♀ Venus	0,72	225^{d}	3,°4	$-243^{d}00^{h}29^{m}$	177,°5	$18^{h}11^{m}02^{s}$	+67°09′36″	Dra	$6^{h}11^{m}02^{s}$	−67°09′36″	Dor
♁ Erde	1,00	$365{,}256^{d}$	0,°0	$23^{h}56^{m}$	23,°4	–	+90°00′00″	UMi	–	−90°00′00″	Oct
♂ Mars	1,52	687^{d}	1,°8	$24^{h}37^{m}$	25,°2	$21^{h}10^{m}43^{s}$	+52°52′34″	Cyg	$9^{h}10^{m}43^{s}$	−52°53′24″	Vel
♃ Jupiter	5,21	$11{,}9^{a}$	1,°3	$09^{h}50^{m}$	3,°1	$17^{h}52^{m}14^{s}$	+64°30′00″	Dra	$5^{m}52^{m}14^{s}$	−64°30′00″	Dor
♄ Saturn	9,58	$29{,}5^{a}$	2,°5	$10^{h}14^{m}$	26,°7	$02^{h}42^{m}24^{s}$	+83°32′24″	Cep	$14^{h}42^{m}24^{s}$	−83°32′24″	Aps
⛢ Uranus	19,28	$84{,}1^{a}$	0,°8	$-17^{h}14^{m}$	97,°8	$17^{h}09^{m}14^{s}$	−15°10′48″	Oph	$5^{h}09^{m}14^{s}$	+15°10′48″	Ori
♆ Neptun	30,14	$165{,}5^{a}$	1,°8	$15^{h}58^{m}$	29,°6	$19^{h}57^{m}26^{s}$	+43°21′36″	Cyg	$7^{h}57^{m}26^{s}$	−43°21′26″	Pup
☉ Sonne	–	–	–	$25^{d}09^{h}$	7,°25	$19^{h}04^{m}31^{s}$	+63°52′12″	Dra	$7^{h}04^{m}31^{s}$	−63°52′12″	Car
						Positiver Pol			**Negativer Pol**		
♇ Pluto	39,88	247,°7	17,°0	$-06^{d}09^{h}18^{m}$	–	$08^{h}51^{m}58^{s}$	−06°09′36″	Mon	$20^{h}51^{m}58^{s}$	+06°09′36″	Aql

a – große Halbachse / U – Umlaufzeit / a, d, h, m, s – Jahre, Tage, Stunden, Minuten, Sekunden / i – Bahnneigung zur Ekliptik / Rot – Rotationsdauer / ε – Achsenneigung zur Senkrechten auf der Umlaufbahn / Con – Sternbild. Anmerkung: Nach IAU-Definition ist der Nordpol derjenige Rotationspol, der auf der nördlichen Seite der Ekliptik liegt. Danach gilt für Venus ε = 2,°5 und für Uranus ε = 82,°2.

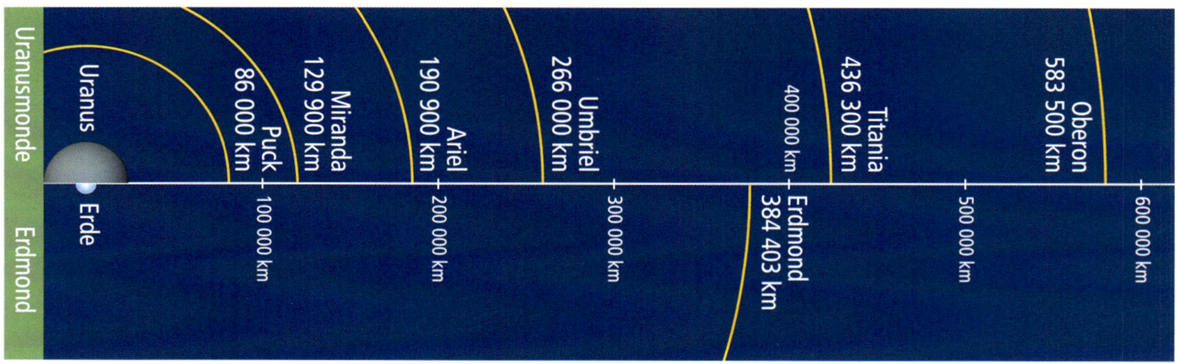

10.14 Abstände der fünf großen Uranusmonde Miranda, Ariel, Umbriel, Titania und Oberon sowie Puck.

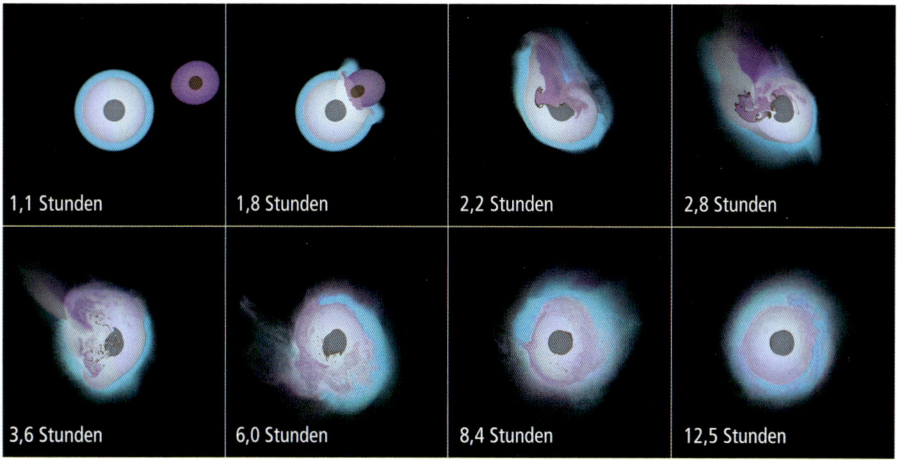

10.15 N-Körper-Simulation einer Kollision: Uranus wird von einem weiteren Protoplaneten seitlich getroffen. Blau: Eis, Violett: Gas, Grau: Gestein. (Quelle: Jacob Kegerreis, Institute for Computational Cosmology, Durham University).

ZUSAMMENPRALL IN DER FRÜHZEIT

Der Einschlagkörper bestand höchstwahrscheinlich zum überwiegenden Teil aus Eis (Wassereis, gefrorenes Methan und Ammoniak). Mit einer angenommenen Relativgeschwindigkeit von 20 km/s (= 72000 km/h) kollidierte dieser Impaktor mit dem Proto-Uranus. Im Gegensatz dazu bestand Theia, der der Erde einen Schlag versetzte, aus Gestein. Infolge der durch den Impakt verursachten gewaltigen Hitze verdampfte sowohl der Impaktor als auch ein Teil des eisigen Uranusmantels. Anschließend kühlte der Dampf ab und bildete Eiskörnchen, die teils ins Weltall entwichen, zu über 90% jedoch in Spiralen auf Uranus herabregneten. Ein vergleichsweise bescheidener Teil bildete die fünf großen und einige kleinere Monde des Uranus. Deshalb sind die Uranusmonde viel leichter als das ursprüngliche Entstehungsmodell ergab. Auch sind sie weiter von Uranus entfernt als die ersten Simulationsrechnungen zeigten. Sie wurden deshalb wieder verworfen. Die expandierende Dampfwolke dehnte sich sehr schnell aus. Das Eis, das nicht auf Uranus zurückfiel, verbreitete sich somit viel weiter nach außen. Damit wird verständlich, weshalb die großen Monde viel weiter entfernt Uranus umkreisen als nach dem alten Impaktmodell zu erwarten war. Danach müssten die Monde zehnmal näher Uranus umrunden.

Uranus ist mit −200 °C an der Ein-Bar-„Oberfläche“ (= 1000 hPa) viel kälter als der deutlich weiter von der Sonne entfernte Neptun, dessen Oberfläche −190 °C kalt ist. Beide Planeten besitzen einen ähnlichen Aufbau mit einer geschätzten Zentraltemperatur von 5000 °C. Uranus scheint jedoch einen dichten Mantel zu besitzen, der als Isolator wirkt und verhindert, dass die innere Wärme zur Oberfläche steigt.

Letztendlich ist noch manches Ungeklärte zu enträtseln. Bisher hat nur eine einzige Raumsonde Uranus besucht. Im Januar 1986 passierte Voyager 2 den siebenten Planeten in 80000 Kilometer Distanz. Eine neue Uranusmission scheint geboten. Die europäische Raumfahrtagentur plant, im Jahr 2030 eine Raumsonde auf den Weg zu Uranus und Neptun zu entsenden. Die NASA will ebenfalls eine Sonde zu Uranus schicken, die in seine Atmosphäre eintauchen soll. Dies ist im Rahmen des PICASSO-Programms (**P**lanetary **I**nstrument **C**oncepts for the **A**dvancement of **S**olar **S**ystem **O**bservations) vorgesehen.

November 2022

- Mars wird zum Planeten der gesamten Nacht. Seine Opposition steht unmittelbar bevor.
- Merkur und Venus bleiben unsichtbar.
- Jupiter ist Planet der ersten Nachthälfte.
- Saturn kann am Abendhimmel beobachtet werden.

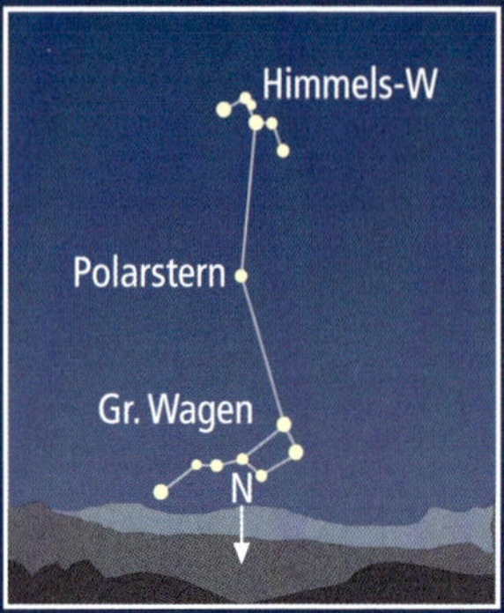

Großer Wagen und Himmels-W Anfang November um 22 Uhr MEZ

11.1 Anblick des Südhimmels am 4. November gegen 22h MEZ. Im Süden stehen Jupiter und der zunehmende Mond. Im Südwesten hält sich horizontnah Saturn auf.

1 Di	Allerheiligen Erstes Viertel Mond bei Saturn – Mitternacht
2 Mi	
3 Do	
4 Fr	Mond bei Jupiter – Mitternacht
5 Sa	
6 So	
7 Mo	
8 Di	Vollmond
9 Mi	
10 Do	
11 Fr	Mond bei Mars – abends
12 Sa	
13 So	
14 Mo	
15 Di	

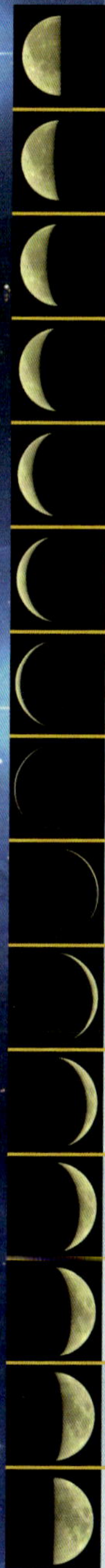

16 Mi	Buß- und Bettag Letztes Viertel
17 Do	
18 Fr	
19 Sa	
20 So	Totensonntag
21 Mo	
22 Di	
23 Mi	Neumond
24 Do	
25 Fr	
26 Sa	
27 So	1. Advent
28 Mo	
29 Di	
30 Mi	Erstes Viertel

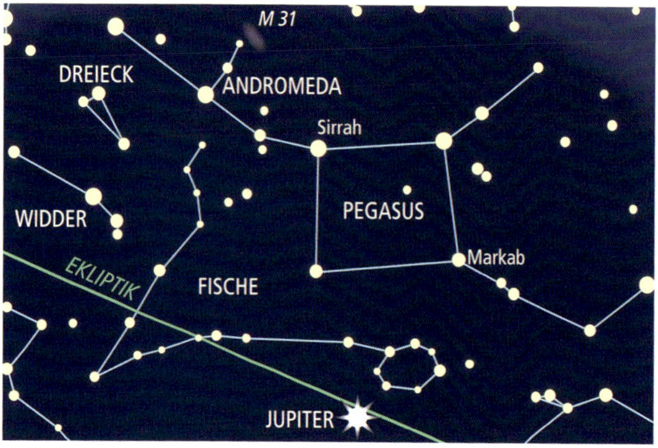

11.5 Die Sternbildergruppe Pegasus, Fische, Widder, Dreieck und Andromeda. Bei der westlichen Fischellipse steht Jupiter.

Auch die helle Wega ist gut im Nordwesten zu erkennen, während Atair im Adler nahe dem Westhorizont steht und kaum mehr auszumachen ist.

Hoch im Süden erspäht man die Sternbildergruppe Pegasus – Andromeda – Widder – Fische. Dies sind die typischen Herbstbilder, die nach wie vor den Abendhimmel zur Standardbeobachtungszeit dominieren.

Die beiden Fische ziehen gerade durch den Meridian. Sie sind schwer zu beobachten, denn sie sind recht lichtschwach. Allerdings sind sie allgemein bekannt, da sie Mitglieder des Tierkreises sind. Jetzt ist die Zeit günstig, einmal dieses Sternbild aufzusuchen, denn knapp südlich der kleinen, westlichen Fischellipse hält sich der helle Jupiter auf.

Zwischen dem Sternbild Dreieck und dem Pegasusquadrat findet sich die östliche Fischellipse, die allerdings nicht so ausgeprägt ist.

Den Südwestquadranten beherrscht der Wassermann. Auch er gehört wie die Fische zu den lichtschwachen Tierkreisbildern. Tief im Südwesten kann man Fomalhaut im Südlichen Fisch aufblitzen sehen.

Der Südostquadrant ist auch nicht sehr eindrucksvoll. Walfisch (lat.: Cetus) und der Fluss Eridanus füllen ihn aus. Dafür wird es im Osten lebendig, die Wintersternbilder drängen auf die Himmelsbühne: Fuhrmann, Stier, Orion und Zwillinge sorgen für helle Sterne am Osthimmel. Vom Wintersechseck fehlen nur noch Sirius im Großen Hund und Prokyon im Kleinen Hund.

OBJEKTE FÜR FELDSTECHER UND FERNROHR

Zu den prominenten Himmelsobjekten des Herbsthimmels zählt die Andromeda-Milchstraße, M 31 mit der Katalognummer. Sie ist das Paradebeispiel eines extragalaktischen Sternsystems. M 31 ist mit 2,5 Millionen Lichtjahren der uns nächste Spiralnebel. Zwar ist heute allgemein bekannt, dass Galaxien riesige Sternsysteme mit mehr als hundert Milliarden Sonnen sind, dennoch haben sich Bezeichnungen wie „Spiralnebel“ erhalten. Nicht weit von M 31 entfernt stößt man auf M 33 im Sternbild Triangulum, auch als Dreiecksnebel bekannt. M 33 ist deutlich kleiner als M 31, aber etwa gleich weit entfernt. Unsere Milchstraße, M 31 und M 33 sind die großen Mitglieder der Lokalen Milchstraßengruppe, zu der noch Dutzende Zwerggalaxien gehören wie die Magellanschen Wolken.

Der abendliche Herbsthimmel hält noch weitere Galaxien bereit, die auch einmal beobachtet werden sollten. Zu ihnen zählt M 77 im Cetus. Man findet diese aktive Galaxie knapp östlich von δ Ceti. Im Fernglas erscheint sie nur als winziges, kreisförmiges Fleckchen. Im Teleskop zeigt sich ein heller Kern, umgeben von einem lichtschwachen Saum. Die Gesamthelligkeit liegt bei 9^m, der scheinbare Durchmesser weist nur drei Bogenminuten auf, Hubble-Typ Sb. Allerdings erkennt man kaum eine Spirale bei visueller Beobachtung. M 77 gehört zur Klasse der Seyfert-Galaxien, deren Kern hell strahlt und dessen zentrale Helligkeit variiert. Heute zählt man diese Galaxien zu den AGN (Active Galactic Nuclei), Milchstraßensysteme mit einem aktiven Kern, aus dem intensive Röntgen- und UV-Strahlung kommt. Als zentraler Motor wirkt im Zentrum ein supermassereiches Schwarzes Loch mit einer gewaltigen Akkretionsscheibe. M 77 befindet sich in der respektablen Entfernung von 50 Millionen Lichtjahren. Entdeckt wurde M 77 schon im Herbst 1780 von Pierre Méchain und Charles Messier. Beide meinten, hier einen Sternhaufen, eingebettet in einen Gasnebel zu erkennen.

Als weitere Galaxie sei M 74 in den Fischen empfohlen. Sie zu erkennen erfordert schon einige Beobachtungserfahrung. Mit $9^{m}\!,5$ ist sie recht lichtschwach. Sie liegt knapp östlich von η Piscium. Man sollte nicht zu stark vergrößern, M 74 ist zwar eine Spirale, auf die man senkrecht sieht, aber in kleineren Instrumenten zeigt sich lediglich ein nicht sehr auffälliges kreisrundes Zentrum. Der scheinbare Durchmesser liegt bei 8′. Für Nutzer computergesteuerter Teleskope seien die Koordinaten von M 74 genannt: $\alpha = 1^{h}36^{m}\!,7$

11.6 Die Galaxie M 77, ein Sternsystem in 50 Millionen Lichtjahren Entfernung. Aufnahme: Capella Observatory.

11.7 Das Sternbild Cetus (Walfisch) mit der Position der aktiven Galaxie M 77.

11.8 Der wenig bekannte offene Sternhaufen M 103 im Sternbild Kassiopeia. Aufnahme von Bernhard Hubl.

und $\delta = +15°47'$ (J2000.0). Die Entfernung von M 74 wurde ursprünglich zu 30 Millionen Lichtjahren ermittelt. Neuere Untersuchungen lassen erkennen, dass diese Galaxie wohl nur etwas mehr als 25 Millionen Lichtjahre entfernt ist. M 74 findet man auf der Sternkarte E1 im *Atlas für Himmelsbeobachter* von Erich Karkoschka.

Ebenfalls für versierte Beobachter seien die beiden Galaxien NGC 772 und NGC 1156 im Sternbild Widder als Ziele vorgeschlagen. NGC 772 ist eine Balkenspirale und mit $10^{m}{,}3$ die hellste Galaxie im Widder. In kleineren Instrumenten sieht man nur ein ovales Nebelfleckchen mit einer Ausdehnung von $2' \times 3'$ im Durchmesser. Ab 25 cm Öffnung erkennt man auch die Randpartien. Gesamtgröße: $4'{,}8 \times 3'{,}8$. NGC 772 liegt weniger als 2° ost-südöstlich von γ Arietis ($3^{m}{,}9$) oder Mesarthim. Die Koordinaten lauten: $\alpha = 1^{h}59^{m}{,}3$ und $\delta = +19°00'$ (J2000.0). NGC 772 ist 120 Millionen Lichtjahre entfernt.

Die zweite Galaxie, NGC 1156 im Widder, ist mit $11^{m}{,}7$ noch lichtschwächer. Sie zählt zu den irregulären Milchstraßensystemen. Eine Spiralstruktur ist nicht zu erkennen. Um NGC 1156 zu finden, starte man bei 41 Arietis (Sternkarte E1 im Atlas von Karkoschka). Mit $3^{m}{,}6$ ist 41 Ari schnell entdeckt. Man schwenke das Teleskop 3° ost-südostwärts zu dem Sternenpaar 49 und 51 Ari. Südöstlich von diesem Sternpaar stößt man auf den Doppelstern 52 Arietis. NGC 1156 bildet ein gleichseitiges Dreieck mit 49/51 und 52 Ari, wobei die Galaxie die Südwestecke einnimmt. Die Ausdehnung dieser lichtschwachen Milchstraße misst lediglich $0'{,}9 \times 2'{,}3$. Ihre Entfernung beträgt etwa 25 Millionen Lichtjahre, die Koordinaten lauten: $\alpha = 2^{h}59^{m}{,}7$ und $\delta = +25°14'$ (J2000.0).

Als prominenter doppelter offener Sternhaufen sei h und χ im Perseus genannt, der zum Standardprogramm jeder Sternführung im Herbst gehört. Weniger bekannt ist M 103 in der Kassiopeia, ebenfalls ein offener Sternhaufen. Bereits in einem Fernglas ist M 103 ein wenig nordöstlich von Ruchbah (δ Cassiopeiae) als kleine Anhäufung von Sternen erkennbar. Im Teleskop sind rund 30 Einzelsterne auszumachen. Mit 7000 Lichtjahren Entfernung ist M 103 etwa gleich weit weg wie h und χ im Perseus. Es handelt sich um einen jungen Sternhaufen mit einem Alter von etwa 25 Millionen Jahren, der auch einen Teil der OB-Assoziation Nr. 8 in der Kassiopeia bildet.

Ein wenig bekannter offener Sternhaufen ist Cr 464 im Sternbild Giraffe (Camelopardalis) in Nachbarschaft zur Kassiopeia. Cr steht für Collinder, einem Katalog von 471 offenen Sternhaufen, den der schwedische Astronom Per Collinder im Jahre 1931 zusammengestellt hat. Als Abkürzung für die einzelnen Objekte in diesem Katalog wird „Cr" verwendet.

Collinder 464 ist bei uns zirkumpolar. Der Sternhaufen ist als solcher nicht unmittelbar zu erkennen, denn seine rund ein Dutzend Sterne von 6^{m} bis 7^{m} sowie etwa 60 Sterne von 8^{m} bis 9^{m} sind in einem elliptischen Feld von $2° \times 3°$ verstreut. Hinzu kommen einige Vordergrundsterne, die man rein optisch nicht von den Haufenmitgliedern unterscheiden kann. Es wird vermutet, dass Cr 464 durch die Gezeitenkräfte der Milchstraßenhauptebene in die Länge gezogen wurde. Mit 140 Lichtjahren Entfernung ist Cr 464 einer der nächsten offenen Sternhaufen.

Wer sein Instrument auf die Kassiopeia richtet, kann sich den schönen Doppelstern η Cassiopeiae vorknöpfen. Ein gelber, $3{,}^{m}5$ heller Stern (G0 V) hat in $13{,}''5$ Distanz (P = 323°) einen tiefroten (M0 V), mit $7{,}^{m}4$ vergleichsweise lichtschwachen Begleiter. Beide umrunden ihren gemeinsamen Schwerpunkt in 480 Jahren. Mit 19 Lichtjahren Entfernung zählt η Cas noch zu den Nachbarsternen unserer Sonne.

Schwierig zu trennen ist 36 Andromedae. Obwohl die Komponenten mit $6{,}^{m}1$ und $6{,}^{m}5$ ähnlich hell sind, so beträgt die Separation nur $1{,}''2$ (P = 337°).

Die Hauptkomponente leuchtet orange (K1 IV). Ihre Umlaufperiode beträgt 168 Jahre. Die Entfernung wurde zu knapp 400 Lichtjahren ermittelt. Die Koordinaten von 36 And lauten: $\alpha = 0^{h}55{,}^{m}0$ und $\delta = +23°38'$ (J2000.0).

Marquis de Laplace – Retter des Sonnensystems

Pierre-Simon de Laplace wurde am 23. März 1749[1] als Sohn eines begüterten Landwirtes und Weinhändlers in Beaumont-en-Auge (Normandie, Frankreich) geboren. Seine Mutter Marie-Anne, geb. Sochon, stammte aus einer reichen Landbesitzerfamilie. Seine Schwester Marie-Anne wurde bereits 1745 geboren. Nach dem Besuch der Schule des Benediktinerordens studierte er auf Wunsch seiner Eltern ab 1766 Theologie und Philosophie am Jesuitenkolleg in Caen. Dort erkannte man seine außerordentliche mathematische Begabung. Ohne einen Abschluss verließ er 1768 das Jesuitenkolleg und zog nach Paris, ausgestattet mit einer Empfehlung an den damals berühmtesten französischen Mathematiker Jean Baptiste le Rond d'Alembert (1717–1783). Auf Empfehlungsschreiben legte d'Alembert aber keinen Wert. Er stellte Pierre-Simon einige mathematische Aufgaben, die dieser innerhalb kurzer Zeit mit Bravour löste. D'Alembert war beeindruckt und verschaffte ihm 1771 eine Stelle an der Pariser Militärakademie. Mit nur 22 Jahren wurde Laplace Professor für Mathematik und lehrte seinen Studenten Geometrie, Trigonometrie, Grundzüge der Analysis und Statistik. Zu den

James Posselwhite

11.9 Pierre-Simon de Laplace (1749–1827)

Kadetten der Militärakademie gehörte auch ein gewisser Napoleon Bonaparte, den Laplace bei einer Prüfung gut benotete, was sich später für ihn als sehr nützlich erweisen sollte.

Am 15. Mai 1788 heiratete Laplace die erheblich jüngere Marie-Charlotte de Courty de

[1] Durch einen alten Abschreibfehler wird in der deutschsprachigen Literatur häufig der 28. März als sein Geburtstag angegeben. Offensichtlich wurde Ziffer 3 mit Ziffer 8 verwechselt.

11.10 Jean Baptiste de Rond d'Alembert (1717–1783)

Romanges (geb. 8. Oktober 1769 in Besançon, gest. 20. Juli 1862 in Paris). Sie gebar ihm 1790 einen Sohn, den späteren General Charles-Emile Laplace, der 85 Jahre alt wurde und kinderlos blieb. Die 1792 geborene Tochter Sophie-Suzanne Laplace wurde nur 21 Jahre alt. Sie starb 1813 bei der Geburt einer Enkelin im Kindbett. Somit hatte die Familie Laplace nur Nachkommen von Frauen.

Von 1770 bis 1773 verfasste Laplace mehr als ein Dutzend Publikationen zu Themen der Infinitesimalrechnung, Wahrscheinlichkeitsrechnung, Spieltheorie und Himmelsmechanik, die er an die Pariser Académie des sciences sandte. Seine Hoffnung, Mitglied der Akademie zu werden, erfüllte sich zunächst nicht. So trug er sich mit dem Gedanken, nach Berlin zu gehen. Er wandte sich an seinen Landsmann Joseph Louis de Lagrange (1736–1813), der sich damals in Berlin aufhielt, um mit seiner Hilfe eine Stellung in der Preußischen Akademie der Wissenschaften zu erlangen (siehe Monatsthema November „Die Punkte des Herrn Lagrange" im *Kosmos Himmelsjahr 2006*, Seite 224). Die Pläne zerschlugen sich jedoch, als er 1773 im Alter von 24 Jahren Adjunkt der Académie française wurde.

Laplaces Arbeiten sind außerordentlich vielfältig. So entwickelte er eine Theorie zur Entstehung des Sonnensystems. Danach bildete es sich aus einer rotierenden Gasscheibe, die aufgrund ihrer Eigenrotation einzelne Ringe abspaltet, aus denen sich später Planeten bilden. Ähnliche Gedanken hatte Immanuel Kant (1724–1804) in Königsberg (Ostpreußen). Nach Kant waren es chaotische Felsblöcke, aus denen die Planeten entstanden. Beide Hypothesen haben nicht allzu viel gemeinsam. Dennoch spricht man heute noch von der Kant-Laplaceschen Nebularhypothese.

Zu Zeiten der französischen Revolution flieht Laplace aus Paris nach Melun, 50 Kilometer südöstlich von Paris. Nachdem Robespierre am 28. Juli 1794 seinen Kopf unter der Guillotine verlor, kehrte Laplace nach Paris zurück. 1795 wird er Vorsitzender des Komitees für Maße und Gewichte, das für die Einführung des metrischen Systems (Kilogramm, Meter) sorgte. Nach der Machtergreifung Napoleons 1799 wurde Laplace Innenminister, ein Amt, das er nach wenigen Wochen niederlegte. Die Wissenschaft interessierte ihn mehr als die Niederungen des politischen Alltagsgeschäftes. 1803 wird Laplace Vizepräsident des Senats und schließlich dessen Kanzler. 1802 erhält er die Auszeichnung Grand Officier der Ehrenlegion und 1806 wurde er zum Count of the Empire (Reichsgraf) ernannt.

DIE PLANETENLÄUFE SIND BERECHENBAR

Seine erste große Arbeit zur Störungstheorie der Himmelskörper erschien in mehreren Abschnitten von Juli 1773 bis Dezember 1774. In ihr weist Laplace nach, dass die großen Halbachsen der Planetenbahnen, deren Exzentrizitäten und Neigungen zur Ekliptik nur kurz- und langperiodischen, nicht aber säkularen Variationen unterliegen. Damit bewies Laplace die Stabilität des Sonnensystems für lange Zeiträume. Es bedarf also keiner überirdischen Macht, die die Planeten von Zeit zu Zeit anschubst. Napoleon fragte Laplace, wo denn bei seinen Berechnungen Gott bliebe. Laplace antwortete: „Je n'avais pas besoin

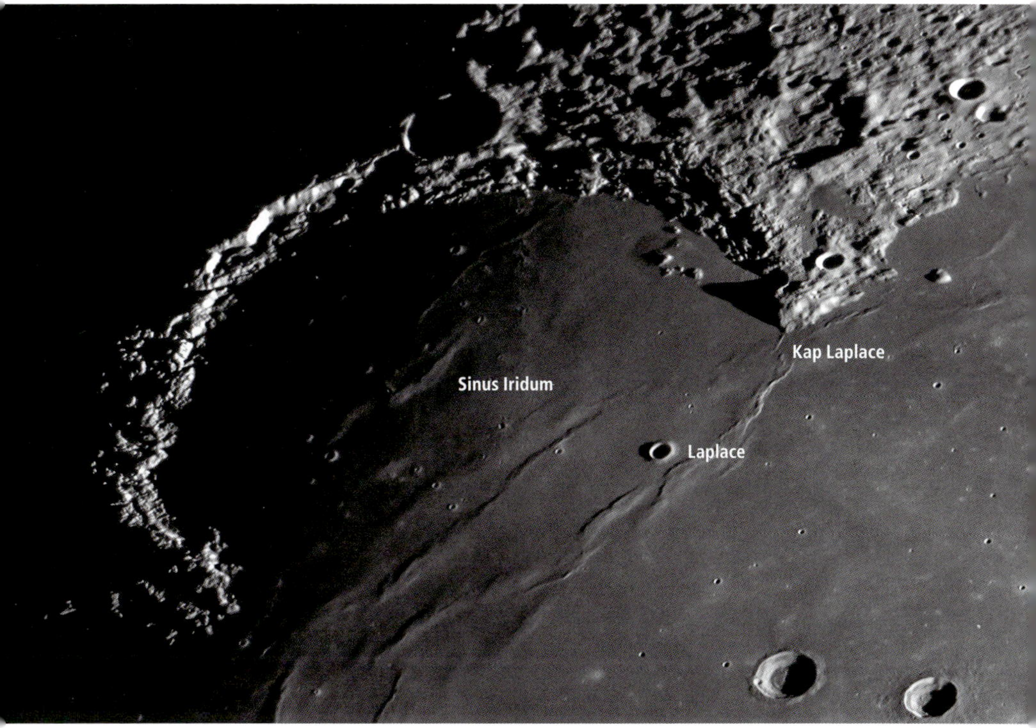

11.11 Die Regenbogenbucht Sinus Iridum auf dem Mond mit dem Kap Laplace (am rechten oberen Ende der Regenbogenbucht). Aufnahme von Mario Weigand.

de cette hypothèse-là“ (Ich brauchte diese Hypothese nicht). Er wurde daraufhin als Atheist angesehen. So geht es, wenn man Zitate aus dem Zusammenhang reißt. Mit seiner Arbeit rettete Laplace das Sonnensystem vor dem Kollaps. Denn kein Gott schubst die Planeten.

Im Jahre 1796 erscheint sein Werk „Exposition du système du monde“ (Vorstellung des Weltsystems), ein anspruchsvolles Buch, jedoch ohne mathematische Formeln. In seinem „Weltsystem“ trifft Laplace fünf grundsätzliche Feststellungen:

1. Die Planeten laufen alle in gleicher Richtung und nahezu in gleicher Ebene um die Sonne.
2. Die Satelliten der Planeten laufen im gleichen Drehsinn um die Planeten (wie die Planeten um die Sonne).
3. Planeten und deren Monde rotieren im gleichen Drehsinn um ihre Achsen.
4. Die numerischen Exzentrizitäten der Planetenbahnen sind relativ klein. Planetenbahnen sind somit kreisähnlich.
5. Kometen halten sich nicht an diese Regeln. Ihre Bahnen und Umlaufrichtungen sind beliebig.

Zu Zeiten von Laplace war die retrograde Rotation der Venus noch nicht bekannt, Uranus war noch nicht entdeckt, ebenso nicht der Neptunmond Triton, der Neptun retrograd umrundet. Auch die zahlreichen kleinen Jupiter- und Saturnmöndchen, die teils ebenfalls retrograd laufen, kannte man noch nicht. Von Jupiter waren nur die vier großen, hellen Monde bekannt und von Saturn nur der Riesenmond Titan.

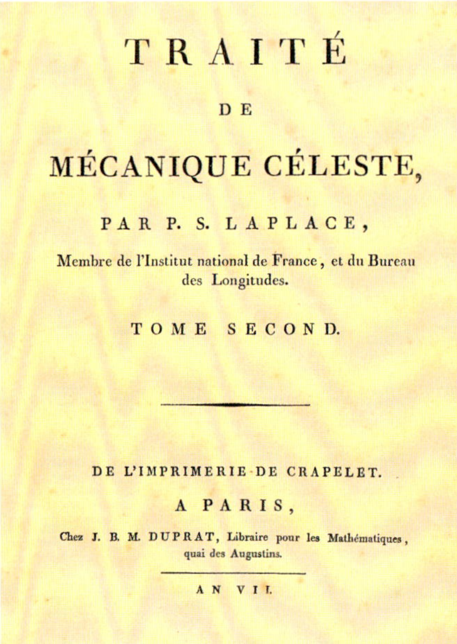
TRAITÉ

DE

MÉCANIQUE CÉLESTE,

PAR P. S. LAPLACE,

Membre de l'Institut national de France, et du Bureau des Longitudes.

TOME SECOND.

DE L'IMPRIMERIE DE CRAPELET.

A PARIS,

Chez J. B. M. DUPRAT, Libraire pour les Mathématiques, quai des Augustins.

AN VII.

11.12 Titelseite von Laplace' Hauptwerk *Traité de mécanique céleste*

Auch entwickelte Laplace eine Theorie zu den vier großen Jupitermonden, die „Laplace-Gesetze zur Bewegung der Jupitersatelliten".

Unsterblichen Ruhm aber erlangte Laplace durch sein fünfbändiges Hauptwerk „Traité de mécanique céleste" (Himmelsmechanik), dessen erste beide Bände 1799 erschienen, der fünfte Band schließlich 1805. Mit diesem Werk wurde die Disziplin „Himmelsmechanik" in der Wissenschaft eingeführt. Schon zu seinen Lebzeiten erhielt Laplace respektvoll den Spitznamen „Himmelsmechaniker". Seine himmelsmechanischen Arbeiten erreichten einen hohen Grad an Vollkommenheit.

Laplace war wohl mit John Michell (1724–1793) der Erste, der die Existenz von „Schwarzen Löchern", wie sie seit 1968 heißen, spekulativ vermutet hatte. Er meinte, es müsse Sterne geben, die so massereich und dicht sind, das nicht einmal Licht den Stern verlassen könne. Denn Laplace war von der Korpuskulartheorie des Lichts überzeugt, im Gegensatz zu Augustin Jean Fresnel (1788–1827), der die Wellennatur des Lichts propagierte.

Laplace entwickelte auch eine dynamische Theorie der Gezeiten. Seine Forschungen lieferten Erkenntnisse zur Figur der abgeplatteten Erde. Edmond Halley entdeckte bereits 1693 die säkulare Beschleunigung des Mondes: „The moon is faster now than in the past", schrieb er. Laplace fand die (eine) Ursache des Scheinphänomens. Infolge der Gezeitenreibung nimmt die Erdrotation an Geschwindigkeit ab, Drehimpuls wird auf den Mondlauf übertragen.

Laplace befasste sich auch mit physikalischen Fragestellungen. Er experimentierte 1780 mit Antoine Laurent de Lavoisier (1743–1794) mit einem Eiskalorimeter zum Verhalten und den Eigenschaften von Wärme und auch von Schall.

KENNT EIN „DÄMON" DAS GESCHEHEN IM VORAUS?

Eine Zeitlang war Laplace Direktor des Pariser Observatoriums. Doch er war viel mehr Mathematiker als observierender Astronom. Er führte den nach ihm benannten Differenzialoperator ein und leistete grundlegende Beiträge zur Wahrscheinlichkeitsrechnung. Unter anderem berechnete er, dass Einschläge von Kometen oder Planetoiden auf der Erde extrem selten sind, in langen Zeiträumen jedoch häufig vorkommen.

Laplace-Operator, Laplace-Transformation, Laplace-Gleichung, Laplace-Ebene, Laplace-Punkt sind mathematische Begriffe, die auf den großartigen Himmelsmechaniker zurückgehen.

Aufgrund seiner himmelsmechanischen Erfolge war Laplace zutiefst vom deterministischen Weltgeschehen überzeugt. Wahrscheinlichkeiten treten nur bei Mangel an genauer Kenntnis der Zustände auf, indem sich ein System befindet. Gäbe es einen überragenden Geist, dem die Ortskoordinaten und Beschleunigungskomponenten aller Teilchen und Körper im Universum bekannt wären und der über phänomenale Kalkulationsfähigkeiten verfügte, so könnte er das Weltgeschehen in Vergangenheit und für alle

Zukunft berechnen. Einen solchen Geist nennt man heute „Laplacescher Dämon". Ihn gibt es nicht und kann es nicht geben. Im Mikrokosmos, in der Welt der Elementarteilchen, gibt es nämlich keinen Determinismus. Erscheinungen und Vorgänge lassen sich nur mit einer gewissen Wahrscheinlichkeit vorhersagen. Die Zukunft ist unbestimmt. Die Gesetze der Quantenmechanik waren Laplace noch völlig unbekannt. Noch heute zerbrechen sich darüber nicht nur Philosophen den Kopf. Auch Albert Einstein waren die Regeln der Quantenwelt unheimlich. „Gott würfelt nicht", ist ein bekannter Satz des großen Physikers im 20. Jahrhundert.

Laplace erhielt zahlreiche Ehrungen und Auszeichnungen. Unter anderem wurde er 1822 zum Mitglied der American Academy of Arts and Sciences gewählt. Als die Bourbonen an die Macht kamen, ernannte ihn König Ludwig XVIII. im Jahre 1815 zum Pair de France und 1817 verlieh er ihm den Adelstitel Marquis, was im Deutschen etwa dem Markgrafen entspricht. Weitere Ehrungen erfolgten posthum. Das nördliche Kap der Regenbogenbucht (Sinus Iridum) auf dem Mond wurde Promontorium Laplace benannt. Auch der Kleinplanet (4628) wurde Laplace getauft. Planetoid Laplace wurde am 7. September 1986 von Eric W. Elst am Observatorium Rozhen nahe Chepelare, Smolnyani (Bulgarien) entdeckt. Er läuft in einer mittleren Entfernung von 396 Millionen Kilometer (= 2,6462 AE) in 1572 Tagen, das sind rund 4,3 Jahre, um die Sonne. Planetoid Laplace wandert damit zwischen der Mars- und der Jupiterbahn um die Sonne. Mit knapp 19 Kilometer Durchmesser ist „Laplace" ein recht kleiner Weltkörper.

Am 5. März 1827 starb der Schöpfer der Himmelsmechanik und Retter des Sonnensystems nach einem Kollaps in Paris. Seine letzten Worte sollen gewesen sein: „Was wir wissen, ist nicht sehr viel, was wir aber nicht wissen, dagegen ungeheuer".

Dezember 2022

- Die Sonne passiert am 21. um 22^h48^m MEZ den tiefsten Punkt ihrer Jahresbahn, der astronomische Winter beginnt.
- Mars kommt am 8. im Sternbild Stier in Opposition zur Sonne. Der rote Planet beherrscht mit seinem Glanz den Nachthimmel.
- Merkur bietet zum Jahresende eine bescheidene Abendsichtbarkeit.
- Venus beginnt im letzten Dezemberdrittel ihre Abendsternperiode.
- Jupiter glänzt hell am Abendhimmel.
- Saturn kann noch am frühen Abend gesehen werden.

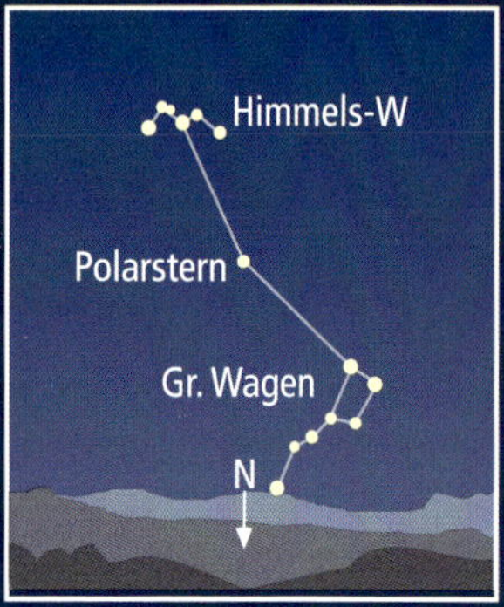

Großer Wagen und Himmels-W Anfang Dezember um 22 Uhr MEZ

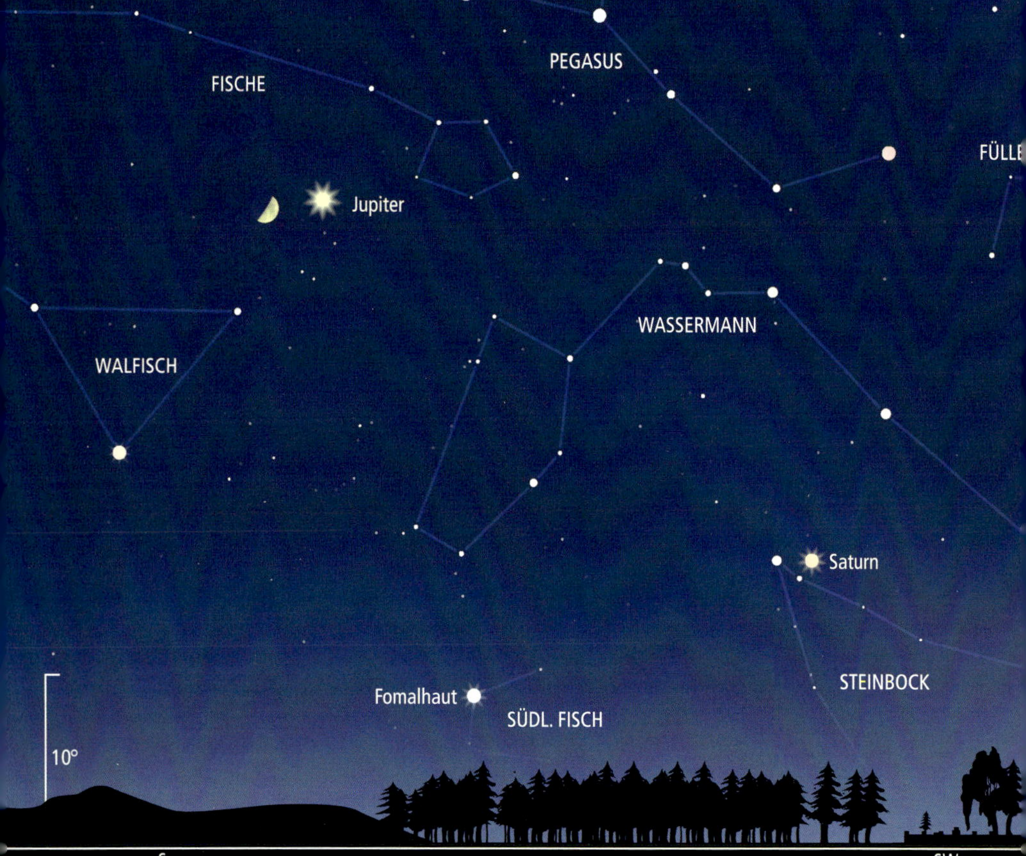

12.1 Himmelsanblick in südwestlicher Richtung am 29. Dezember gegen 18^h MEZ. Jupiter und Saturn beleben die Sternenszene. Zu Jupiter gesellt sich der zunehmende Halbmond.

1 Do	Mars in Erdnähe Mond bei Jupiter – Mitternacht
2 Fr	
3 Sa	
4 So	2. Advent
5 Mo	Mond bedeckt Uranus – abends
6 Di	
7 Mi	
8 Do	**Vollmond** Mond bedeckt Mars – morgens Mars in Opposition – ganze Nacht
9 Fr	
10 Sa	
11 So	3. Advent
12 Mo	
13 Di	Sternschnuppen Geminiden im Maximum
14 Mi	
15 Do	

16 Fr	Letztes Viertel
17 Sa	
18 So	4. Advent
19 Mo	
20 Di	
21 Mi	Winterbeginn
22 Do	
23 Fr	**Neumond** Merkur Abendsichtbarkeit
24 Sa	Heiliger Abend Mond bei Merkur – abends
25 So	1. Weihnachtstag
26 Mo	2. Weihnachtstag Mond bei Saturn – abends
27 Di	
28 Mi	
29 Do	Mond bei Jupiter abends
30 Fr	Erstes Viertel
31 Sa	Silvester

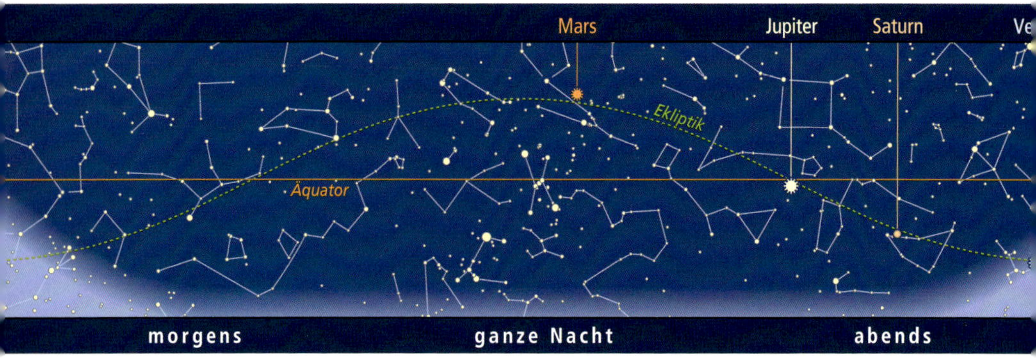

MERKUR bietet im letzten Monatsdrittel eine bescheidene Abendsichtbarkeit. Erfahrene Beobachterinnen und Beobachter können den schwierigen Planeten mit Unterstützung durch ein Fernglas vom 20. bis 26. tief am Südwesthorizont in der fortgeschrittenen Abenddämmerung aufstöbern. Am 20. geht der $-0\overset{\mathrm{m}}{,}6$ helle Merkur um $17^{\mathrm{h}}43^{\mathrm{m}}$ unter. Von 17^{h} bis etwa $17^{\mathrm{h}}20^{\mathrm{m}}$ kann man ihn finden – bei guten Sichtverhältnissen sogar mit bloßen Augen. Letztmals wird man Merkur am 26. aufspüren können. An diesem Tag geht der inzwischen $-0\overset{\mathrm{m}}{,}2$ helle Merkur um $17^{\mathrm{h}}51^{\mathrm{m}}$ unter (siehe Abb. 12.2 und Abb. 12.3 unten). Die Dichotomie (Halbmerkur) tritt am 24. ein, wobei das $7\overset{\prime\prime}{,}3$ große Merkurscheibchen im Teleskop wie ein kleiner Halbmond erscheint. Am 21. erreicht Merkur mit 20°08′ Winkelabstand seine größte östliche Elongation von der Sonne. Am 29. wird Merkur stationär und eilt anschließend rasch rückläufig auf die Sonne zu, mit der er am 7. Januar 20**23** in unterer Konjunktion zusammentrifft. Seine Konjunktionsschleife zieht Merkur im Sternbild Schütze (siehe Abb. 12.4 auf Seite 253).

12.2 Stellung von Merkur über dem Südwesthorizont, jeweils eine Stunde nach Sonnenuntergang zu den angegebenen Daten. Die Pfeile geben die Bewegungen von Merkur und Sonne während der letzten halben Stunde an.

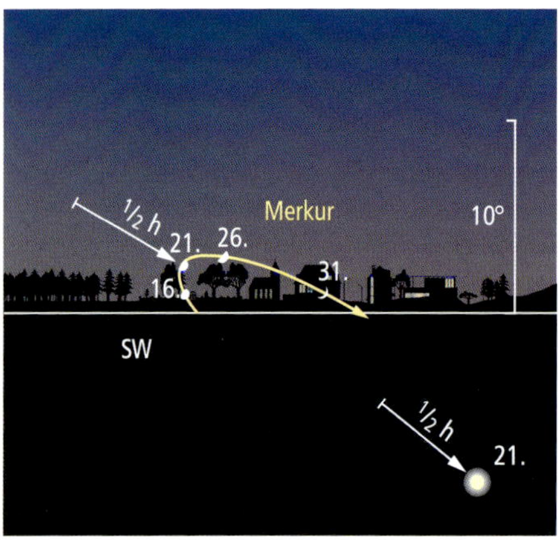

12.3 Sichtbarkeitsdiagramm für Merkur. Es gilt genau für 50° nördlicher Breite und 10° östlicher Länge. Dunkelgelbe Fläche: Unter günstigen Sichtbedingungen kann man Merkur mit bloßen Augen erkennen.

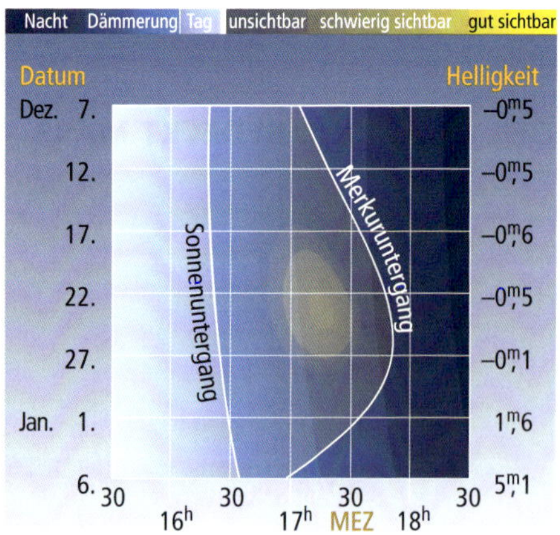

12.4 Konjunktionsschleife von Merkur im Sternbild Schütze.

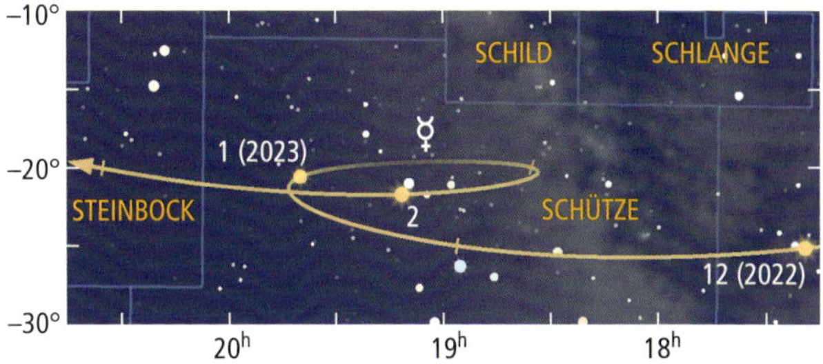

Am 29. kommt es zu einer Begegnung mit Venus, wobei sich Merkur 1°24′ nördlich von Venus aufhält. Diese Konjunktion der beiden inneren Planeten ist nur mit lichtstarker Optik zu beobachten, denn Merkur ist nur noch $0{,}^{m}4$ hell (siehe Abb. 12.7 unten rechts).

VENUS vergrößert allmählich ihren östlichen Winkelabstand von der Sonne. Im letzten Dezemberdrittel erscheint sie am Abendhimmel. Sie läutet damit zum Jahresende ihre Abendsternperiode ein. Allerdings ist sie als Abendstern noch nicht besonders auffällig. Bei freier Horizontsicht kann man unseren inneren Nachbarplaneten erstmals um den 20. tief am Südwesthorizont erspähen. An diesem Tag geht die $-3{,}^{m}9$ helle Venus um 17^h18^m unter. Bis Jahresende verspäten sich die Venusuntergänge auf 17^h45^m. Venus wechselt am 7. aus dem Schlangenträger in das Sternbild Schütze.

Im Teleskop zeigt sich das nur 10″ große Venusscheibchen voll beleuchtet. Am 26. passiert Venus das Aphel ihrer Bahn. Dabei trennen sie 109 Millionen Kilometer (= 0,728 AE) von der Sonne. Ihre größte östliche Elongation wird Venus am 4. Juni 2023 erreichen.

MARS steht am 8. im Sternbild Stier in **Opposition** zur Sonne. Bereits am 1. erreicht er mit 81,5 Millionen Kilometer (= 0,544 AE) seine geringste Entfernung von der Erde und am 7. seine maximale Helligkeit von $-2{,}^{m}0$. Die Lichtlaufzeit zur Erde beträgt 4,5 Minuten. Zwar ist die diesjährige Opposition nicht so günstig, was die Entfernung von der Erde angeht, dafür steht Mars extrem hoch am Firmament bei seiner Kulmination. In 50° Nord kulminiert er in 65° Höhe. Im Teleskop kann man Details auf dem 17,″2 großen Marsscheibchen ausmachen.

Mars zieht seine Oppositionsschleife im Stier. Seine rückläufige Wanderung wird an Aldebaran (α Tau) deutlich. Am 22. zieht er 8° nördlich am Hauptstern

12.5 Uranusbedeckung durch den Mond am 5. Dezember. Fernglasanblick um 17^h30^m und um 19^h00^m MEZ bei 5° Gesichtsfelddurchmesser.

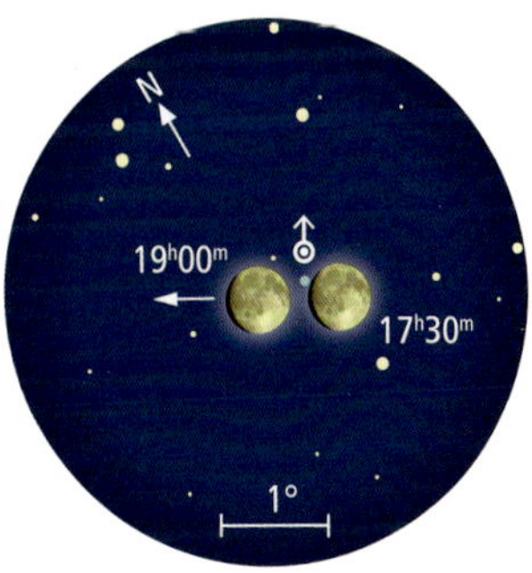

12.6 Bedeckung von Mars durch den Mond am 8. Dezember. Fernglasanblick um 5^h00^m und um 7^h30^m MEZ bei 5° Gesichtsfelddurchmesser.

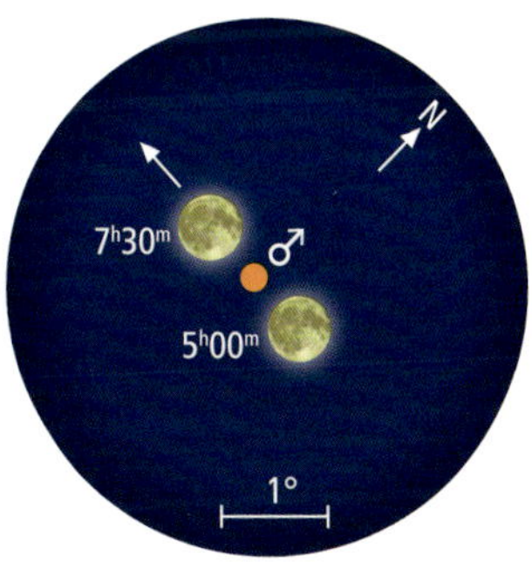

12.7 Begegnung von Merkur und Venus am Abend des 28./29. Dezember. Fernglasanblick gegen 17^h MEZ bei 5° Gesichtsfelddurchmesser.

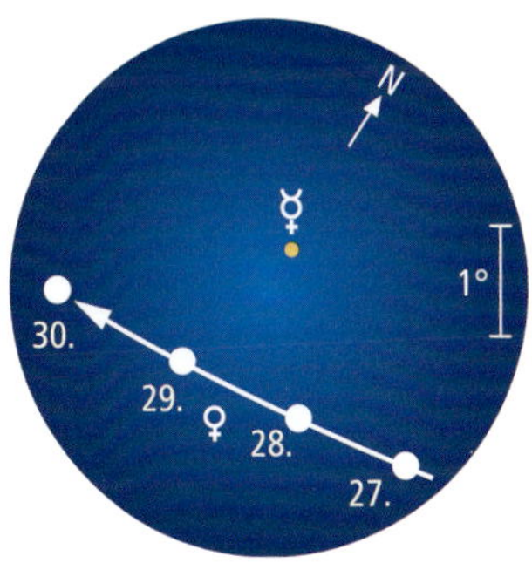

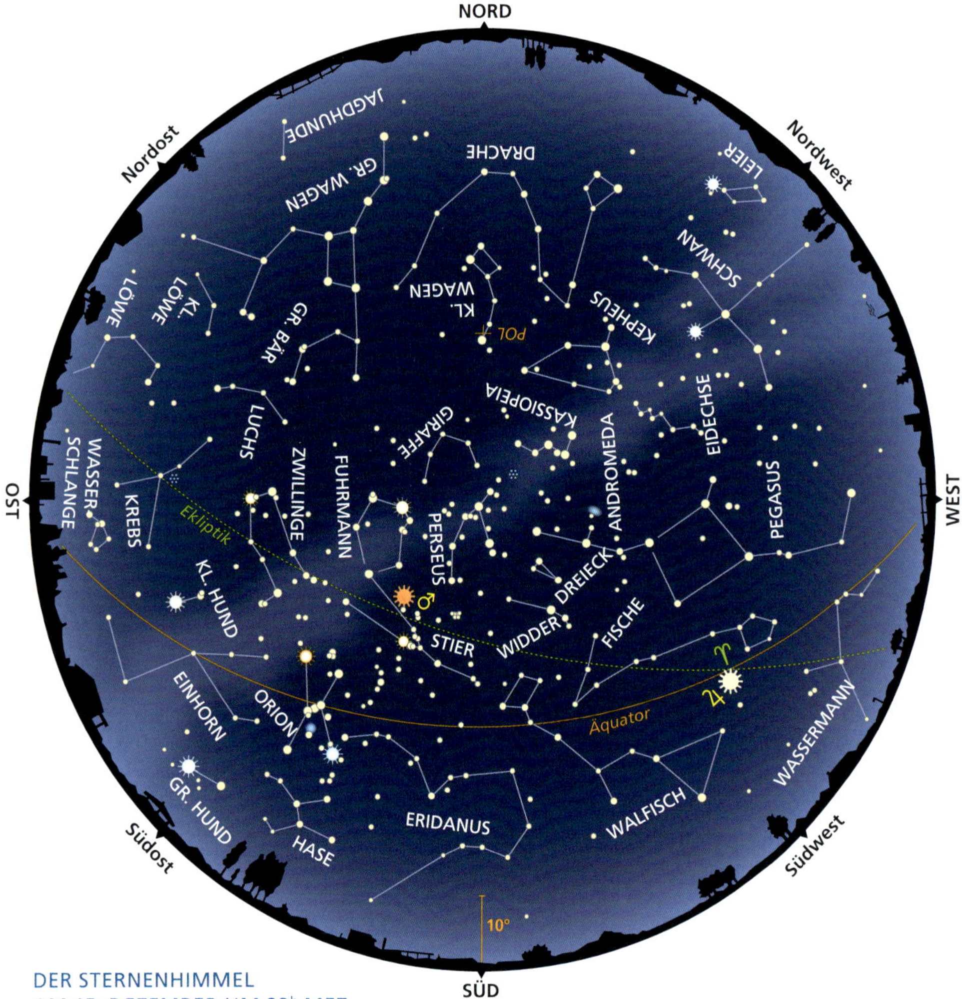

DER STERNENHIMMEL
AM 15. DEZEMBER UM 22h MEZ

Die Sternkarte ist auch gültig für:

	MEZ	MESZ
15. 9.	4h	5h
1.10.	3	4
15.10.	2	3
1.11.	1	
15.11.	0	
1.12.	**23**	
15.12.	**22**	
31.12.	**21**	
15. 1.	20	
31. 1.	19	

eck ist komplett erschienen. Es setzt sich aus den hellsten Sternen der sechs bekanntesten Wintersternbilder zusammen: Hoch im Südosten, fast im Zenit, steht die helle Kapella und bildet die Spitze des Wintersechsecks. Es folgen Aldebaran im Stier, Rigel im Orion, Sirius im Großen und Prokyon im Kleinen Hund sowie Pollux in den Zwillingen.

Obwohl Sirius noch tief im Südosten steht, funkelt er dennoch auffällig in einem bläulichweißen Licht. Sirius ist nämlich der hellste Fixstern des Firmaments überhaupt. Seine scheinbare Helligkeit beträgt −1,5 Größenklassen. Mit knapp neun Lichtjahren Entfernung ist Sirius der nächste der 20 hellsten Fixsterne des irdischen Firmaments, sieht man einmal von

12.8 Das Sternbild Großer Hund mit Sirius, dem hellsten Stern des irdischen Himmels.

Toliman ab, der nur 4,4 Lichtjahre entfernt, aber von Mitteleuropa wegen seiner südlichen Stellung nicht zu beobachten ist.

Ein wenig westlich vom Orion scheint eine sternleere Gegend zu sein. Hier schlängelt sich der Fluss Eridanus entlang. An unserem durch grelle künstliche irdische Lichter aufgehellten Himmel ist der Fluss Eridanus fast nicht zu erkennen. Von Mitteleuropa aus ist auch nur der nördliche Teil des Fluss Eridanus zu sehen.

Der Hauptstern Achernar (α Eridani) gehört mit $0^m{,}5$ zu den zehn hellsten Sternen des irdischen Firmaments. Mit –57° Deklination steht er aber so weit südlich, dass er in unseren Breiten nie aufgeht. Mit 143 Lichtjahren ist Achernar relativ weit von uns entfernt.

Der Fluss Eridanus entspringt bei Rigel im Orion. Er schlängelt sich zunächst westwärts in Richtung Cetus (Walfisch), windet sich dann in zwei großen Bögen südwärts und verschwindet anschließend bei uns unter dem Horizont. Die alten Ägypter sahen in dem Eridanus den Totenfluss, über den die Verstorbenen von einem Fährmann ins Jenseits übergesetzt wurden.

DAS STERNBILD PERSEUS (PERSEUS)

Im Dezember steht der Perseus zur Standardbeobachtungszeit 22^h hoch über unseren Köpfen direkt im Zenit. Jetzt ist die Zeit gekommen, wo man diese Sternenfigur leicht erkennen kann. Deutsche und internationale Bezeichnungen lauten gleich: Perseus, abgekürzt: Per, Genitiv: Perseï (sprich: Perse-i). Wegen seiner nördlichen Position zählt der Perseus in unseren Breiten noch zu den Zirkumpolarbildern.

Während im Allgemeinen die einzelnen Sternbilder ziemlich zusammenhanglos am Himmel angeordnet sind, gehört der Perseus zu einer Gruppe von fünf beieinander stehenden Bildern, die einen gemeinsamen mythologischen Ursprung besitzen. Zu ihnen zählen Kassiopeia, Kepheus, Andromeda, Perseus und Walfisch.

Der klassischen Sage nach wurde Perseus als Sohn des Götterbosses Zeus und der Danaë, der Urmutter der Hellenen, geboren. Einer uralten Weissagung nach sollte sein Großvater, Akrisios von Argos, von seinem Enkel getötet werden. Akrisios setzte daher Perseus mit seiner

VERÄNDERLICHE STERNE

Algol-Minima		β-Lyrae-Minima		δ-Cepheï-Maxima		Mira-Helligkeit	
10.	5^h40^m	6.	0^h N	4.	7^h	1.	7^m
13.	2 29	12.	11 H	9.	16	10.	8
15.	23 18	18.	23 N	15.	1	20.	8
18.	20 07	25.	10 H	20.	10	31.	9
		31.	21 N	25.	19		
				31.	3		

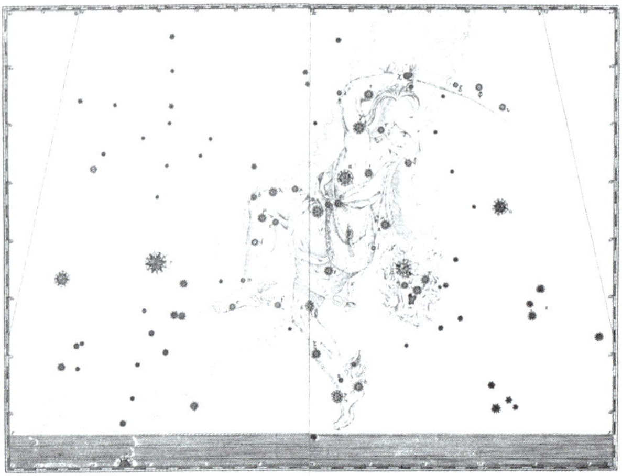

12.9 Figürliche Darstellung des Sternbildes Perseus im Sternatlas *Uranometria* von Johannes Bayer aus dem Jahre 1603.

Mutter auf dem Meer aus. Die Umhertreibenden strandeten schließlich auf der Insel Seriphos, deren Herrscher Polydektes beide gastlich aufnahm und Perseus großzog.

König Polydektes begehrte Danaë zur Frau und schickte Perseus deshalb weg, damit er im Kampf gegen die grauenvollen Gorgonen, drei Schwestern aus dem Geschlecht der Urweltdämonen, unsterblichen Ruhm erlange. Der Anblick der Gorgonen war nämlich so entsetzlich, dass jeder, der ihm ausgesetzt war, augenblicklich zu Stein erstarrte.

Von den guten Wünschen der Götter begleitet, besiegte Perseus die Gorgonen. Dabei schlug er der Medusa den Kopf ab, den statt Haare giftige Schlangen bedeckten. Auf dem Heimweg, den Perseus mit Hilfe von geflügelten Schuhen zurücklegte, die ihm der Götterbote Hermes (röm.: Merkur) geliehen hatte, tropfte Blut aus dem Gorgonenhaupt in den Sand der Sahara. Augenblicklich verwandelten sich die Blutstropfen in giftige Sandvipern. Nach mancherlei Abenteuern gelangte Perseus schließlich nach Äthiopien, wo er die an einen Felsen vor den Gestaden Äthiopiens angeschmiedete Andromeda in letzter Sekunde rettete. Andromeda sollte einem Meeresungeheuer, nämlich dem Cetus (lat., Walfisch) geopfert werden, um Äthiopien vor einer Sintflut zu bewahren. Die nämlich drohte der Meeresgott Poseidon den Äthiopiern an, da die eitle Kassiopeia seine Töchter, die Nereïden, beleidigte, indem sie behauptete, schöner als diese zu sein. Perseus eilt auf seinen Schuhen herbei und stößt das Schwert tief in den Leib des Cetus. Doch dieser bäumt sich auf und droht, Perseus zu verschlingen. Da holt Perseus das Gorgonenhaupt hervor und zeigt es dem Cetus, der vor Schreck augenblicklich zu Stein erstarrt. Der Cetus ist somit kein Walfisch im Sinne der Zoologie, sondern ein Ungeheuer mit Klauen und scharfen Zähnen.

Perseus zeugte mit Andromeda einen Sohn, der Perses getauft wurde. Nach dem griechischen Geschichtsschreiber Herodot gab der Sprössling dem Land Persien seinen Namen.

Im biblischen Sternbilderhimmel stellt dieses Himmelsareal David mit dem Kopf von Goliath dar. Nach Julius Schillers christlichem Sternbilderhimmel sieht man hier den Apostel Paulus mit einem Schwert und einem Buch.

In China hieß diese Sternenkonstellation Tien Yuen, das paradiesische Grundstück.

Nach Friedrich Wilhelm Argelander gehören 81 mit bloßen Augen sichtbare Sterne zum Perseus.

Im Perseus liegt auch der Ausgangspunkt des nach ihm benannten ergiebigsten Sternschnuppenstrom des Jahres, der Perseïden. Sie tauchen im ersten Augustdrittel auf. Ihr Radiant befindet sich nahe h und χ Perseï. Die Meteore der Perseïden werden im Volksmund auch Laurentius-Tränen genannt nach dem gleichnamigen Märtyrer, der am 10. August 258 n. Chr. auf glühendem Rost zu Tode gefoltert wurde.

Der Hauptstern α Perseï ($1\overset{m}{,}8$) wird Mirfak genannt und ist ein gelblicher Überriese in knapp 600 Lichtjahren Entfernung. Mirfak kommt aus dem Arabischen und bedeutet Ellbogen. Ein weiterer Name für α Per ist Algenib, was ebenfalls eine arabische Bezeichung ist und Seite oder Flanke heißt. Doch hier ist Vorsicht geboten: auch der Stern γ Pegasi wird Algenib genannt.

Berühmter als α ist β Perseï, besser bekannt als Algol. Der Name stammt vom arabischen Ras-al-ghul, was Haupt des Teufels heißt. Algol ist der Prototyp einer ganzen Klasse von Bedeckungsveränderlichen. Zwei Sterne kreisen umeinander und bedecken sich gegenseitig. Alle zwei Tage und 21 Stunden sinkt die Algol-Helligkeit innerhalb von fünf Stunden von $2\overset{m}{,}1$ auf $3\overset{m}{,}4$ ab, was mit bloßen Augen leicht zu verfolgen ist. In weiteren fünf Stunden steigt die Algol-Helligkeit wieder auf den ursprünglichen Wert an.

Die bei uns beobachtbaren Algol-Minima sind in der Rubrik „Veränderliche Sterne“ verzeichnet. Algol ist 93 Lichtjahre von uns entfernt.

ξ Perseï ($4\overset{m}{,}0$) ist ein extrem leuchtkräftiger, blauer Überriesenstern in 1500 Lichtjahren Entfernung. Sein Name Menkib kommt ebenfalls aus dem Arabischen und bedeutet Schulter.

Der Name Atik wurde ursprünglich ο Perseï ($3\overset{m}{,}8$) zugeordnet und heißt so viel wie Schlüsselbein. Manchmal wird damit auch der benachbarte Stern ζ Perseï ($2\overset{m}{,}9$) bezeichnet, der rund tausend Lichtjahre von uns entfernt ist. Die Bezeichnung „Schlüsselbein“ bezieht sich wohl auf beide Sterne, die diesen Körperteil des Perseus darstellen sollen.

Der Perseus liegt mitten in der sternreichen Gegend der nördlichen Milchstraße. Der galaktische Äquator zieht durch den nordöstlichen Teil des Perseus. So findet man zahlreiche offene Sternhaufen und galaktische

12.10 Das Sternbild Perseus

Nebel im Perseus. Prominent sind die beiden offenen Sternhaufen h und χ Perseï, die schon mit bloßen Augen als schwache Lichtfleckchen zu erspähen sind, auf alle Fälle aber mit dem Fernglas. Aber erst im Teleskop bei schwacher Vergrößerung und weitem Gesichtsfeld sind die beiden nebeneinanderstehenden Sternhaufen sehr beeindruckend. (Die Rede ist manchmal vom „Doppelsternhaufen". Dies ist irreführend und man sollte die Bezeichnung vermeiden. Denn es handelt sich nicht um einen Haufen von Doppelsternen, sondern um zwei eng benachbarte offene Sternhaufen.) h und χ Perseï sind rund 7200 Lichtjahre entfernt.

Ein schöner offener Sternhaufen für das Fernglas ist auch M 34 im Perseus. Er zeigt eine deutliche Konzentration zur Mitte hin. Die Sterne von M 34 sind etwa 1500 Lichtjahre von uns entfernt.

M 76 im Grenzgebiet zu Andromeda und Kassiopeia ist ein planetarischer Nebel in 3500 Lichtjahren Entfernung. Er wird auch als „Kleiner Hantelnebel" bezeichnet und ist recht lichtschwach. Um ihn zu sehen, sollte man eine Optik nicht unter 10 cm Öffnung benutzen.

Der ausgedehnte California-Nebel (NGC 1499) ist eine interstellare Gas- und Staubwolke im Perseus, etwas nördlich von ξ Per gelegen.

Zielpunkt Mars

NASA, ESA, das Hubble-Heritage-Team (STScI/AURA)

12.11 Mars, aufgenommen vom Weltraumteleskop Hubble.

Anfang Dezember dieses Jahres steht Mars, der rötlichgelbe Nachbarplanet der Erde, an erster Stelle im Beobachtungsprogramm aller Astronomie-Fans. Denn er kommt am 8. Dezember im Sternbild Stier in Opposition zur Sonne. Auch Laien wird der rötliche Lichtpunkt hoch am Nachthimmel auffallen. Die Sternkundigen wissen: Zur Opposition ist ein Planet die ganze Nacht über am Sternenhimmel vertreten. Er erreicht in dieser Stellung seine geringste Entfernung von der Erde, weshalb er mit maximaler Helligkeit leuchtet und das Planetenscheibchen seinen größten scheinbaren Durchmesser aufweist.

In Opposition stehen von der Erde aus gesehen Sonne und Mars einander genau gegenüber. Geht die Sonne im Westen unter, so geht Mars im Osten auf. Um Mitternacht erreicht er seine höchste Position über dem Südpunkt am Horizont und geht morgens im Westen unter. In Opposition bilden Sonne – Erde – Mars eine Linie mit der Erde in der Mitte.

Mars läuft in 687 Tagen einmal um die Sonne. Die schnellere Erde überholt den roten Planeten alle 780 Tage, das sind zwei Jahre, ein Monat und drei Wochen. Diese Zeitspanne wird synodische Periode oder Umlaufzeit genannt. In diesem zeitlichen Abstand folgt eine Opposition der vorigen. Die letzte Oppositionsstellung fand Mitte Oktober 2020 statt. Nach der diesjährigen erfolgt die nächste Marsopposition am 16. Januar 2025.

Nicht alle Marsoppositionen fallen gleich günstig aus. Gemeint ist damit, dass die Marsentfernungen von der Erde zur Opposition recht unterschiedlich sind. Diesmal beträgt die geringste Distanz 81,5 Millionen Kilometer

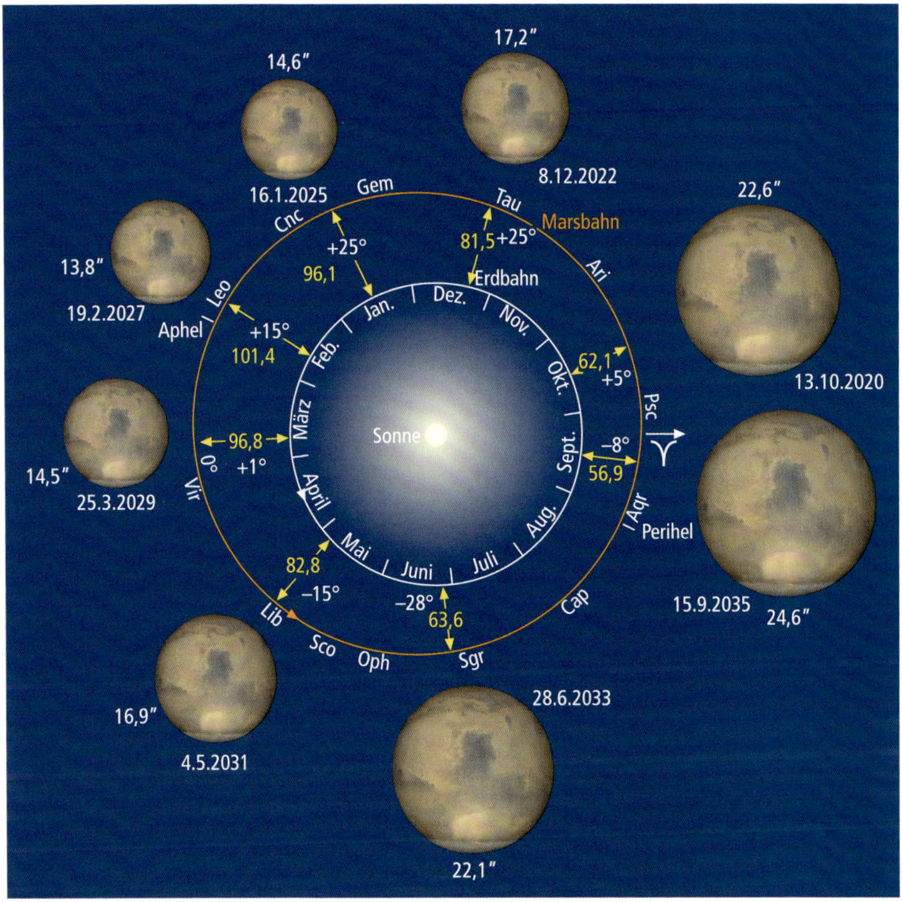

12.12 Die Marsoppositionen von 2020 bis 2035

(= 0,54 AE). Ende August 2003 kam die Erde bis auf 55,8 Millionen Kilometer (= 0,37 AE) an den roten Planeten heran. Zur Opposition am 19. Februar 2027 wird die geringste Marsentfernung 101,4 Millionen Kilometer (= 0,67 AE) betragen. Die Ursache für die unterschiedlichen Oppositionsentfernungen des Mars von der Erde ist in der stark elliptischen Marsbahn zu suchen. Nach der Merkurbahn weicht sie am stärksten von einer Kreisbahn ab. Im Perihel (sonnennächster Bahnpunkt) trennen Mars 207 Millionen Kilometer (= 1,38 AE) von der Sonne, während im Aphel (sonnenfernster Bahnpunkt) Mars von der Sonne 249 Millionen Kilometer (= 1,67 AE) entfernt bleibt. Überholt die Erde den roten Planeten, wenn er sich im Perihel befindet, so beträgt seine Oppositionsentfernung von der Erde 55,65 Millionen Kilometer (= 0,372 AE). Bei einer Aphelopposition bleibt die geringste Distanz bei 101,51 Millionen Kilometer (= 0,679 AE).

Wegen der elliptischen Bahnen von Erde und Mars fallen der exakte Oppositionstermin und die geringste Entfernung Erde – Mars nicht zusammen. Schon eine Woche vor der Opposition 2022 kommt die Erde am 1. Dezember bis auf 81,5 Millionen Kilometer an Mars heran. Mars

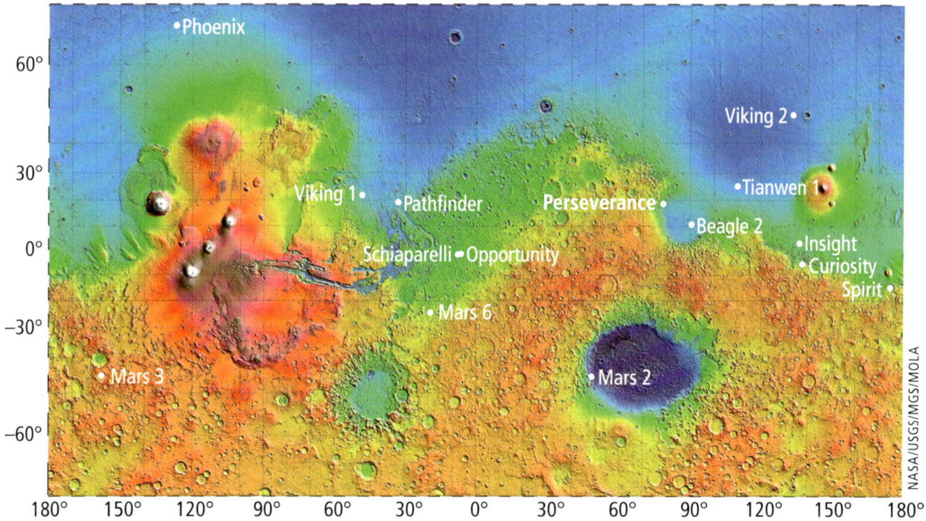

12.13 Karte der Marsoberfläche mit den Positionen der bisherigen Landesonden.

strahlt dann mit $-1{,}^{\mathrm{m}}9$ hell am Firmament. Zur Opposition am 8. Dezember ist Mars mit $-1{,}^{\mathrm{m}}8$ bereits etwas lichtschwächer.

Für irdische Beobachter günstig wirkt sich diesmal die nördliche Position von Mars im Sternbild Stier mit einer Deklination von $\delta = +25°$ aus. Bei der Opposition Ende Juli 2018 fiel die Erdannäherung an den roten Planeten mit 57,6 Millionen Kilometer zwar recht gering aus, mit −26° Deklination stand Mars in unseren Breiten aber recht tief am Himmel.

Mars hat nach Erfindung des Fernrohrs schon immer das besondere Interesse der Beobachter hervorgerufen. Zeigt er doch im Gegensatz zur mit Wolken verhangenen Venus eine Reihe von Details auf seiner Oberfläche wie helle und dunkle Gebiete sowie weiße Polkappen, die je nach Jahreszeit ihre Größe variieren. Mars besitzt einige Eigenschaften, die ihn als erdähnlichen Planeten auszeichnen. Die Neigung seiner Rotationsachse und die Länge eines Marstages haben fast die gleichen Werte wie die der Erde. Die Marsachse ist mit $25{,}^{\circ}2$ zur Bahnebene geneigt (Erde: $23{,}^{\circ}4$). Mars rotiert in $24^{\mathrm{h}}37^{\mathrm{m}}$ einmal um seine Achse (Erde: $23^{\mathrm{h}}56^{\mathrm{m}}$). Durch die Schrägstellung der Marsachse kommt es zu Jahreszeiten, die allerdings doppelt so lange dauern wie auf der Erde, denn ein Marsjahr ist 687 Tage lang, das sind fast zwei Jahre. So begann am 24. Februar 2022 auf der Marsnordhalbkugel der Herbst und am 22. Juli der Winter. Zur Opposition Anfang Dezember ist die Marsnordhalbkugel der Erde zugekehrt. Auch in großen Teleskopen lässt sich nicht allzu viel auf dem Mars ausmachen. Gelegentlich behindern sogar Staubstürme die Sicht. Erst zahlreiche Raumfahrtmissionen haben ein zutreffendes Bild von der eiskalten Wüstenlandschaft der Marsoberfläche geliefert.

Die bisher 25 erfolgreichen Marsmissionen haben unser Wissen vom roten Planeten enorm erweitert. Noch vor 70 Jahren spekulierte man ernsthaft, eine hochtechnisierte Zivilisation habe ihren wasserarmen Planeten mit einem Netzwerk von Kanälen überzogen. Manche fantasierten, kleine grüne Marsmännchen würden in ihren Untertassen die Erde besuchen.

GÜNSTIGSTE BAHN ZUM MARS

Nach wie vor ist das Interesse an der Erforschung des roten Planeten ungebrochen. Gleich drei Raumsonden machten sich im Sommer 2020 auf den Weg zum Mars. Nur alle 26 Monate öffnet sich das Startfenster für rund drei Wochen, um auf einer energiegünstigen Hohmann-Bahn den Zielpunkt Mars zu erreichen. Manche meinen, man wollte die Tatsache ausnutzen, dass sich Mars Mitte Oktober 2020 in Erdnähe befand. Doch die Entfernung Erde – Mars zum Startzeitpunkt spielt keine Rolle. Maßgebend für den Energieaufwand, den eine Reise zum Mars erfordert, ist der Abstand der Erde von der Sonne zum Startzeitpunkt und der Abstand des Mars von der Sonne beim Eintreffen am Ziel Mars. Denn diese Differenz der potenziellen Gravitationsenergie von Erde und Mars relativ zur Sonne bestimmt den Energieaufwand, der durch die Raketentriebwerke aufzubringen ist, um das Ziel Mars zu erreichen. Der energetisch günstigste Flug zum Mars erfolgt auf einer Hohmann-Bahn. Sie hat der Essener Ingenieur Ernst Friedrich Walter Hohmann (1880–1945) in seinem 1925 erschienenen Buch *Die Erreichbarkeit der Himmelskörper* beschrieben. Eine Hohmann-Bahn zum Zielpunkt Mars ist eine Kepler-Ellipse mit der Sonne in einem Brennpunkt, deren Perihel in der Erdbahn, deren Aphel aber in der Marsbahn liegt. Eine besonders energiegünstige Hohmann-Bahn ergibt sich, wenn Mars nahe seines Perihels von der Marssonde erreicht wird. Ein Flug von der Erde zum Mars dauert im Mittel 259 Tage, also knapp neun Monate.

Es ist nicht gleichgültig, wann der Start von der Erde erfolgt. Was nützt es, wenn das Raumschiff den Zielpunkt Aphel der Hohmann-Ellipse erreicht, sich also in der Marsbahn befindet, aber Mars nicht da ist? Der Startzeitpunkt muss so gewählt werden, dass Mars an der Stelle seiner Bahn angetroffen wird, an der die Hohmann-Bahn der Raumsonde die Marsbahn tangiert. Der Starttermin muss also entsprechend gewählt werden: Mars muss sich in seiner Bahn an derjenigen Position befinden, von der er in der gleichen Zeit zum gemeinsamen Zielpunkt läuft, in der das Raumschiff von der Erde zum Aphel der Hohmann-Ellipse fliegt. Da die Geschwindigkeit der Raumsonde ein wenig variiert werden kann, lässt sich der Starttermin innerhalb von knapp

NASA/JPL-Caltech

12.14 Marsaufnahme der Raumsonde Viking aus der Umlaufbahn. Deutlich ist das riesige Canyon-System der Valles Marineris auszumachen.

drei Wochen beliebig wählen. Diesen Zeitraum nennt man „Startfenster“. Nur alle 26 Monate öffnet sich ein solches Startfenster. Daher wurde im Sommer 2020 gleich von drei Raumfahrtunternehmen das damalige Startfenster genutzt. Es war vom 19. Juli bis 5. August 2020 geöffnet.

AKTUELLE MARS-MISSIONEN

Die arabische Marssonde Al-Amal („die Hoffnung“) wurde am 19. Juli 2020 vom japanischen Tanegashima Space Center gestartet. Diese Marsmission ist ein Projekt der Vereinigten Arabischen Emirate. Am 9. Februar 2021 erreichte Al-Amal ihr Ziel und schwenkte in eine Umlaufbahn um Mars ein. Sie soll bis mindestens Mitte 2023 die Atmosphäre und das Klima des Mars erforschen. Chinas nationale Raumfahrtbehörde (China National Space Administration) sandte am 23. Juli 2020 ihr Marsraumschiff Tianwen-1 (Frage an den Himmel) vom Kosmodrom Wenchang auf den Weg zum roten Planeten. Ihre ambitionierte Mission hatte ein Landemodul mit einem Rover an Bord. Tianwen-1 trat am 10. Feb-

NASA/JPL-Caltech/MSSS

12.15 Der Marsrover Perseverance, das bisher größte (3,0 × 2,7 × 2,2 Meter) und mit einer Tonne schwerste Marsauto.

ruar 2021 in einen Marsorbit ein. Am 15. Mai 2021 setzte der Lander auf dem Marsboden auf. Danach machte sich der Rover als sechstes Marsauto auf den Weg, um die Marslandschaften zu erkunden. Nach einem Wettbewerb wurde das chinesische Mondauto Zhurong (Feuergott) benannt.

Zahlreiche Forschungsaufgaben sind für Orbiter, Lander und Rover vorgesehen: Das Wettergeschehen auf der Marsoberfläche im Wandel der Jahreszeiten, die Ionosphäre und ihre Interaktion mit dem Sonnenwind sowie Stärke und Variation des Magnetfeldes werden permanent überwacht. Die planetologischen Verhältnisse auf der Marsoberfläche sollen untersucht werden: Woraus setzt sich das Marsgestein zusammen, welche Mineralien finden sich im Marsboden, in welcher Tiefe stößt man auf Wassereis (Permafrost), welche wechselvolle Geschichte hat die Oberfläche und die Atmosphäre des Mars im Laufe von mehr als vier Milliarden Jahren erlebt? Ferner soll das Schwerefeld des Marsglobus kartiert werden.

Schließlich machte sich am 30. Juli 2020 die NASA-Marssonde Perseverance (engl., Durchhaltevermögen) von Cape Canaveral aus auf den Weg zum roten Planeten. An Bord hatte die Sonde das bisher größte Marsauto (siehe Tafel „Marsverkehr" auf Seite 268) und erstmalig einen Helikopter.

Perseverance landete exakt wie geplant am 18. Februar 2021 im Krater Jezero in der Region Utopia Planitia am Rande der Hochebene Arabia Terra. Jezero liegt etwas nördlich des Marsäquators und hat rund 45 Kilometer Durchmesser. Neben einer Kamera, die interessante Objekte per Zoom-Objektiv in Nahaufnahme festhalten kann, verfügt der Rover auch über eine Panorama-Kamera für dreidimensionale Bilder. Ein eingebautes Mikrofon kann Windgeräusche aufnehmen. Ein Ultraviolett- und ein Röntgenspektrometer sorgt für chemische Analysen von Gesteinsproben. Ferner wird der Rover Gesteinsproben von sechs Zentimeter Länge und einem Zentimeter Durchmesser in Dosen sammeln, die in einer weiteren Mission (Start: 2026) verpackt vom Mars abgeholt und im Jahr 2031 zur Erde gebracht werden sollen. Die Suche nach Wasser in gefrorenem Zustand und nach Spuren organischer Substanzen sind weitere Aufgaben für den

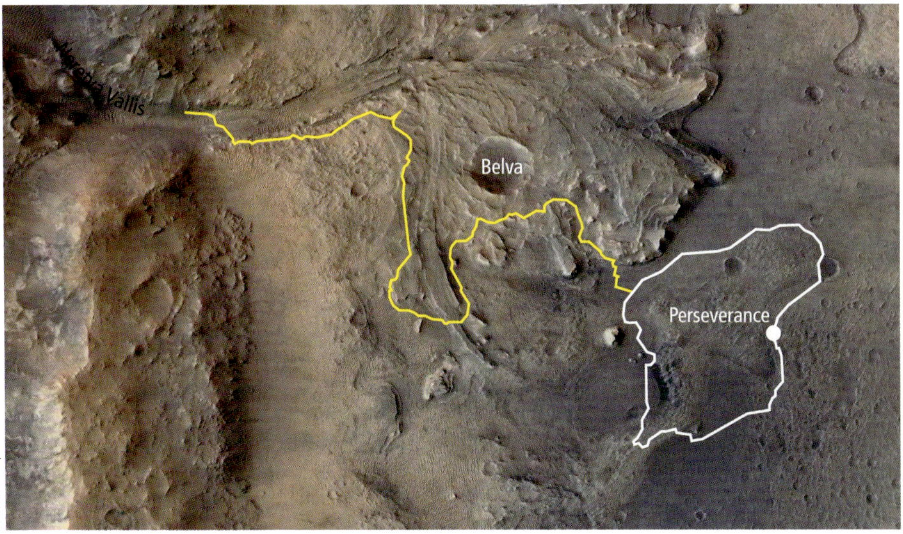

ESA/MarsExpress

12.16 Geplante Fahrtroute des Marsrovers Perseverance

Rover, dessen Räder gegenüber dem Vorgängermodell Curiosity erheblich verbessert wurden, denn dessen Räder hatten Probleme bereitet.

Die Erkundungsrouten des Rover sind bereits programmiert festgelegt. Der Rover wird weitgehend autonom seine Fahrten absolvieren.

MIT MENSCHEN ZUM MARS?

Wunschtraum der Marsenthusiasten ist freilich eine Reise von Menschen zum Mars. Wann jemals Astronautinnen und Astronauten ihre Füße auf den Marsboden setzen werden, weiß heute niemand. Ein Flug von Erdenbewohnern zum roten Planeten stellt jedenfalls enorme Herausforderungen an Mensch und Technik. Hauptproblem ist dabei die lange Missionsdauer ohne die Möglichkeit einer vorzeitigen Rückkehr zur Erde. Nicht nur für den Hinflug öffnet sich nur für kurze Zeit ein Startfenster. Auf dem Mars angekommen, müssen die Astronauten ein weiteres Startfenster abwarten, damit sie die Erde wieder antreffen, wenn ihr Raumschiff durch den sonnennächsten Punkt der Hohmann-Ellipse rast. Diese einschränkenden Bedingungen bestimmen die Länge der Marsexpedition. Für den Hinflug sind sieben Monate zu veranschlagen. Nach Ankunft beim Mars muss die Crew knapp 16 Monate warten, bis sich das Startfenster für den Rückflug öffnet, der dann nochmals sieben Monate dauert. Die gesamte Marsmission benötigt somit zweieinhalb Jahre.

Während die Reise zum Mond nur einige Tage in Anspruch nahm, müssen bei einer Marsexpedition ganz andere Forderungen an die Zuverlässigkeit und Sicherheit der Technik gestellt wer-

12.17 Der Helikopter Ingenuity der Marsmission Perseverance

NASA/JPL-Caltech/ASU

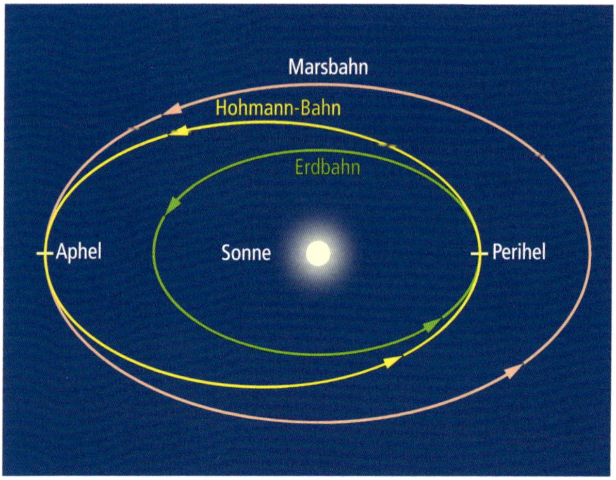

12.18 Eine Hohmann-Bahn von der Erde zum Mars ist die energiegünstigste Bahn.

den. Hinzu kommen die physischen und psychischen Belastungen für die Menschen bei einem solchen Langzeitflug. Zwar haben Menschen bereits viele Monate dauernde Langzeitflüge durchgeführt und bewiesen, dass biologische Probleme vor allem der Schwerelosigkeit (Muskelrückbildung, Kalziumabbau im Knochengerüst usw.) beherrschbar sind. Aus der Erdumlaufbahn ist jedoch in einem Notfall eine kurzfristige Rückkehr zur Erde möglich, nicht so beim Marsflug. Bereits kurz nach dem Zünden der Raketenmotoren, die das Raumschiff aus dem Erdorbit auf die Hohmann-Bahn zum Mars bringen, ist eine kurzfristige Rückkehr nicht mehr möglich. Die Erde schrumpft für die Astronauten bald zu einer leuchtenden Murmel und dann nur noch zu

MARSVERKEHR

Der Autoverkehr auf dem Mars nimmt zu. Sechs Rover kurvten und kurven über den staubtrockenen Marsboden. Ein siebenter soll bald folgen. Die ersten fünf wurden von der NASA (USA), der sechste von der VR China auf dem Mars abgesetzt. Den siebenten will die ESA (Europäische Union) 2023 beisteuern.

Jahr	Mission/Name	Ankunft	Landeplatz	Abmessungen	Masse	Höchstgeschwindigkeit	Anmerkungen
1997	Sojourner	4. Juli 1997	Ares Vallis	67 × 48 × 30 cm	11,5 kg	24 m/h	1 / 3
2004	Spirit	3. Januar 2004	Gusev-Krater	1,6 × 2,3 × 1,5 m	180 kg	135 m/h	2 / 4
2004	Opportunity	24. Januar 2004	Meridiani Planum	1,6 × 2,3 × 1,5 m	180 kg	135 m/h	2 / 5
2012	Curiosity	6. August 2012	Gale-Krater	2,9 × 2,7 × 2,2 m	899 kg	144 m/h	6
2021	Perseverance	18. Februar 2021	Jezero-Krater	3,0 × 2,7 × 2,2 m	1050 kg	144 m/h	
2021	Tianwen-1	23. April 2021	Utopia Planitia	2,0 × 1,7 × 0,8 m	240 kg	unbekannt	7
2023	Rosalind Franklin	10. Juni 2023	Oxia Planum	2,5 × 2,0 m	300 kg	100 m/Tag	

Anmerkungen:
1 – Mars Pathfinder-Mission
2 – Mars Exploration-Projekt
3 – Sojourner legte bis 27.9.1997 etwa 100 m zurück
4 – Spirit legte bis 22.3.2010 eine Strecke von 7,73 km zurück
5 – Opportunity hat bis 10.6.2018 eine Strecke von 45,16 km absolviert
6 – Curiosity ist noch unterwegs
7 – Der Rover Zhurong („Feuergott") landete am 15. Mai 2021 auf der Marsoberfläche

Die Marsrover sind neben Kameras mit zahlreichen Messgeräten bestückt: Thermometer, diverse Spektrometer, meteorologische Sensoren, Greifarme, um Bodenproben zu entnehmen, Magnetfeld-Instrument, Staubsensoren u. a.

Helikopter des Marsrovers Perseverance: Ingenuity („Raffinesse")
Solarbetrieben, Masse 1,8 kg (entspricht einem Gewicht von 0,68 kg auf Mars), doppelter Rotor 3000 U/min / Länge der Rotorblätter: 1,2 m / 6 Lithium-Ionen-Akkus / Kamera zur Erkundung der Fahrtroute für den Rover. Keine weiteren Messgeräte an Bord.

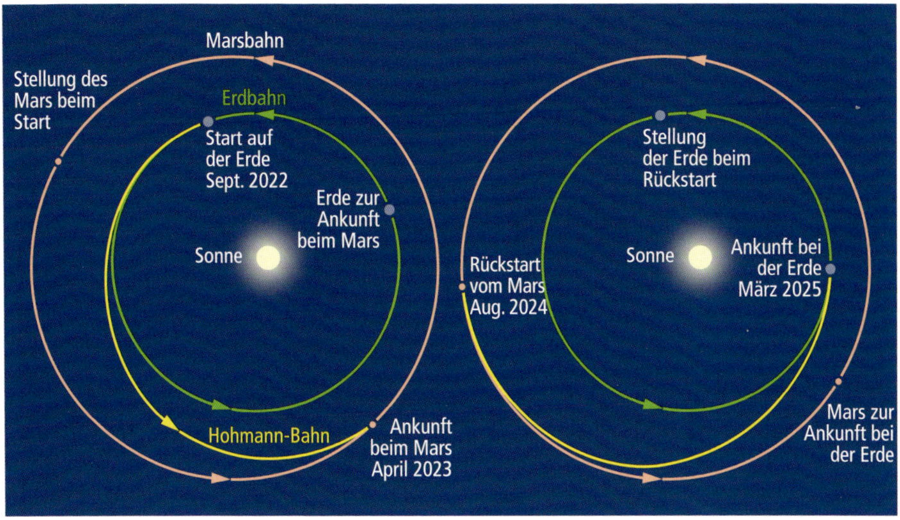

12.19 Ein Flug von der Erde zum Mars oder umgekehrt auf einer Hohmann-Bahn dauert etwa acht Monate.

einem hellen Lichtpunkt zusammen. Allein das Wissen, dass man ohne vorherige Rückkehrmöglichkeit über zwei Jahre auf Gedeih und Verderb der Technik des Raumschiffes ausgeliefert ist, stellt eine ungeheure psychische Belastung dar. Ebenso gigantisch wie noch viele zu lösende technische Probleme sind die vorsichtig geschätzten Kosten eines solchen wahrhaft kosmischen Unternehmens. Der bemannte Flug zum Mars ist deshalb auch bei Wissenschaftlern nicht unumstritten.

Viele vertreten nämlich die Ansicht, dass unbemannte Raumsonden, die Marsroboter absetzen und auch wieder mit Marsbodenproben zurückkehren können, die gleichen wissenschaftlichen Erkenntnisse zu einem Bruchteil des finanziellen Aufwandes einer Marsexpedition mit Menschen liefern können. Die technischen Anforderungen an eine Mission mit Menschen sind ungleich höher als an automatische Raumsonden, muss doch das sogenannte Restrisiko auf ein absolutes Minimum herabgedrückt werden. Die Zuverlässigkeit und die Sicherheit des gesamten komplexen Systems einer Marsexpedition mit Menschen muss auf ein extrem hohes Niveau gebracht werden, um zu vermeiden, dass das Unternehmen mit einer Katastrophe endet. Und hier liegt vielleicht der eigentliche Nutzen eines solchen Projektes: Man lernt dabei, auch hochkomplexe Technologien sicher zu beherrschen, das Zusammenwirken von Menschen und Apparaten sinnvoll zu koordinieren und leistet damit wohl einen gewaltigen kulturellen Beitrag.

Vielleicht bringt das Projekt eines bemannten Marsfluges uns auch einen kleinen Schritt weiter auf dem Weg zu einer geeinigten Menschheit.

Auf jeden Fall erscheint dieses Projekt wesentlich sinnvoller für die Entwicklung unserer Zivilisation zu sein als die militärische Hochtechnologie, die eines nicht mehr fernen Tages möglicherweise das abrupte Ende der Menschheit herbeiführen wird. Die Entwicklung von Protonen-, Quark- oder gar Gravitationsbomben erfordert mindestens die gleichen Kosten wie eine Reise von Menschen zum Mars.

Die Entscheidung zum Raumflug mit Menschen lässt sich letztlich wohl nicht rational begründen. Es scheint ein Gesetz der Evolution zu sein, dass der Mensch ständig strebend immer neue Freiräume erobert. Per aspera ad astra!

JÜRGEN TEICHMANN
KOSMOS
DER GEHEIMCODE DER STERNE
DIE GEBURT VON SPEKTROSKOPIE UND ASTROPHYSIK
EIN MEILENSTEIN der Astronomiegeschichte
Deutsches Museum

KOSMOS
WIE DER LÖWE AN DEN HIMMEL KAM
AUF DEN SPUREN DER STERNBILDER
Mit Sternkarten zur Himmelsbeobachtung
SUSANNE M. HOFFMANN
Auch als E-Book

Rüdiger Vaas
EINFACH
HAWKING!
GENIALE GEDANKEN
VERSTÄNDLICH ERKLÄRT
URKNALL
Schwarze Löcher
& Zeitreisen
KOSMOS

GILES SPARROW
KOSMOS
Die Geheimnisse
des Universums
in 21 Sternen
und drei Schwindlern

Hermann-Michael Hahn · Gerhard Weiland
DREHBARE KOSMOS-STERNKARTE XL
Durchmesser 34 cm
ca. €/D 29,–

„Die drehbare KOSMOS Sternkarte" im Großformat. Mit dem einzigartigen Planetenzeiger lassen sich die Positionen der Wandelsterne einstellen: er unterstützt so das sichere Finden und Bestimmen. Die ausführliche Anleitung beschreibt die Handhabung auch für Einsteiger einfach und gibt die Planetenstellungen der nächsten Jahre an. Mit Südsternhimmel auf der Rückseite.

Erich Karkoschka
STERNE FINDEN AM SÜDHIMMEL
96 Seiten
ca. €/D 16,99

Wo ist das berühmte Kreuz des Südens? Und welche anderen himmlischen Schätze gibt es zu entdecken? Erich Karkoschkas Sternführer hilft, die Sternbilder des Südens zu bestimmen, und gibt Hobbyastronomen Beobachtungstipps für die schönsten Fernglasobjekte. Dank seines einzigartigen Konzepts ist das Buch bereits ab den Urlaubsländern am Mittelmeer verwendbar.

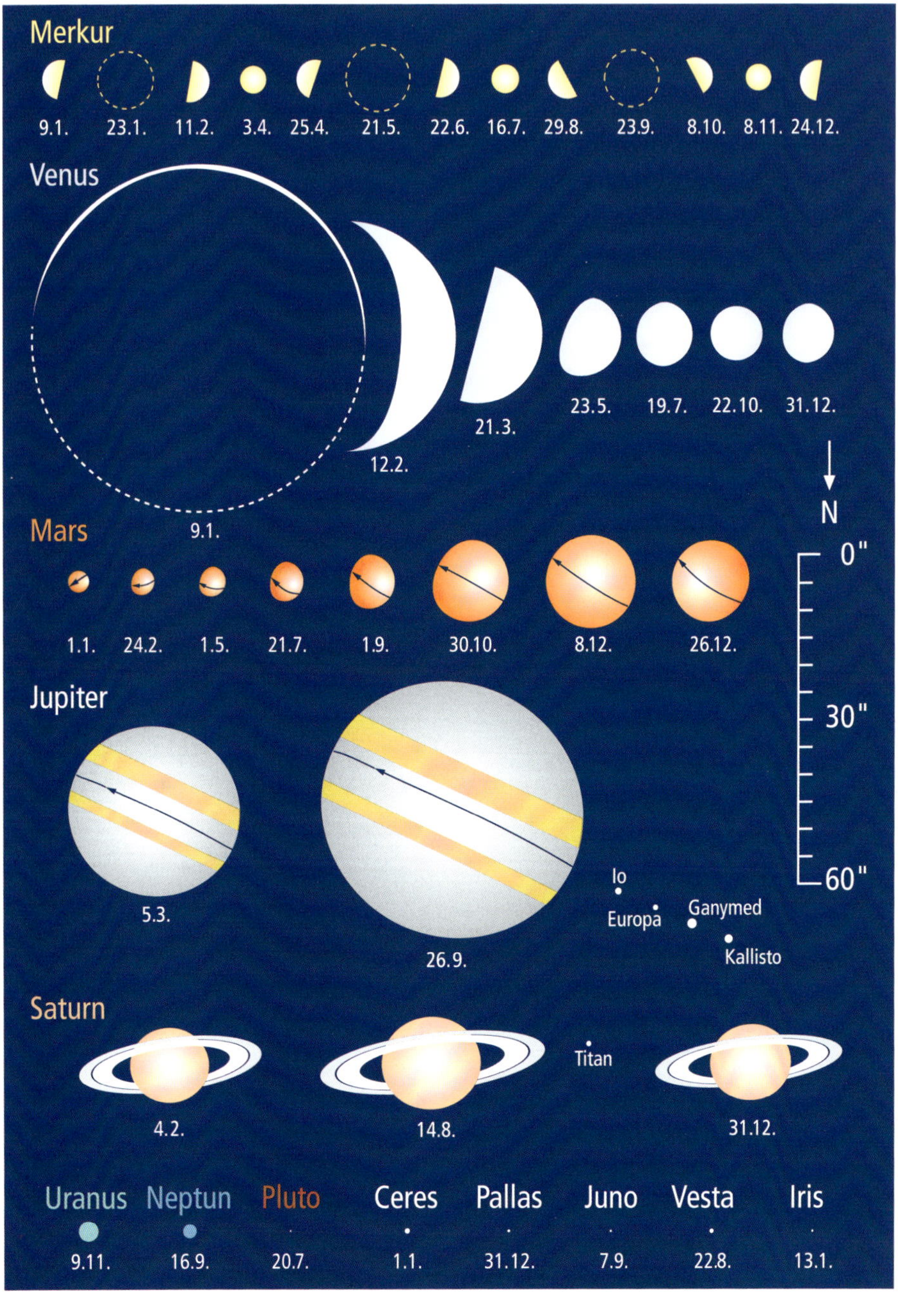

T.1 Die Größe der Planetenscheibchen im Jahre 2022. Man beachte den eingetragenen Maßstab in Bogensekunden. Anblick im umkehrenden Fernrohr (Norden unten, Osten rechts).

Planetensichtbarkeit

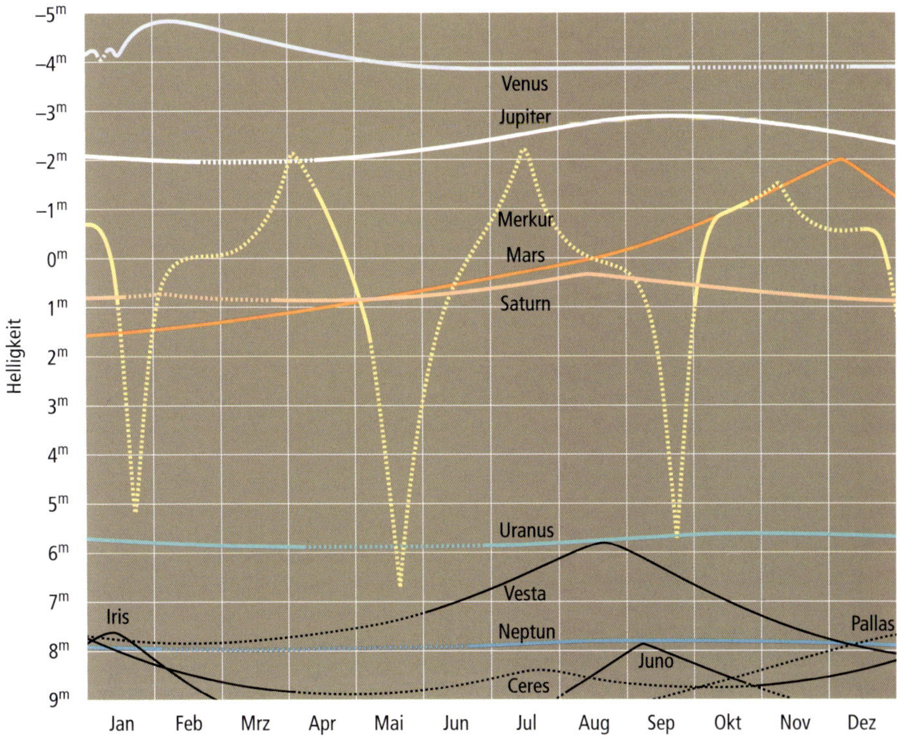

T.2 Die Helligkeiten der Planeten 2022.

T.3 Die Sichtbarkeiten der Planeten im Jahr 2022. M bedeutet Morgensichtbarkeit, A Abendsichtbarkeit.

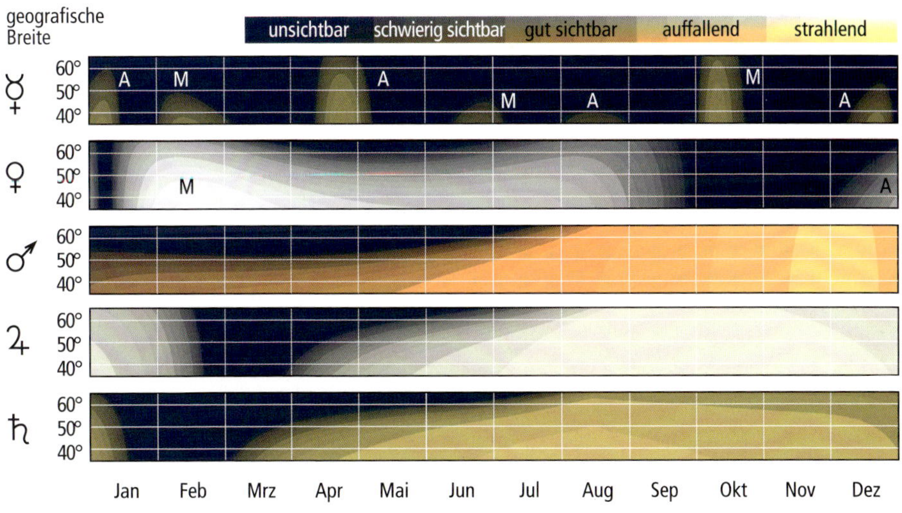

EKLIPTIKALE KOORDINATEN DES MONDES 2022

	JANUAR		FEBRUAR		MÄRZ		APRIL		MAI		JUNI	
Tag	Länge °	Breite °	Länge °	Breite °	Länge °	Breite °	Länge °	Breite °	Länge °	Breite °	Länge °	Breite °
1.	255,2	−1,3	308,5	−4,7	317,3	−5,0	7,7	−3,7	42,0	−0,9	86,8	+3,0
2.	270,3	−2,6	323,1	−5,0	331,5	−5,0	20,7	−2,7	54,2	+0,2	98,6	+3,8
3.	285,5	−3,6	337,4	−5,0	345,5	−4,7	33,5	−1,7	66,3	+1,3	110,5	+4,5
4.	300,5	−4,5	351,3	−4,6	359,2	−4,2	45,9	−0,6	78,3	+2,3	122,3	+4,9
5.	315,2	−5,0	4,7	−4,0	12,5	−3,4	58,1	+0,5	90,1	+3,3	134,3	+5,2
6.	329,5	−5,2	17,7	−3,2	25,4	−2,5	70,2	+1,6	102,0	+4,0	146,4	+5,2
7.	343,4	−5,0	30,3	−2,3	38,0	−1,4	82,0	+2,6	113,8	+4,7	158,8	+5,0
8.	356,7	−4,6	42,5	−1,3	50,3	−0,4	93,9	+3,4	125,8	+5,1	171,4	+4,6
9.	9,6	−4,0	54,5	−0,3	62,3	+0,7	105,7	+4,2	137,9	+5,3	184,4	+3,9
10.	22,1	−3,2	66,4	+0,8	74,2	+1,7	117,7	+4,7	150,3	+5,2	197,8	+2,9
11.	34,3	−2,3	78,1	+1,8	86,0	+2,7	129,8	+5,1	163,0	+5,0	211,6	+1,8
12.	46,3	−1,2	90,0	+2,7	97,9	+3,5	142,2	+5,2	176,0	+4,4	225,9	+0,6
13.	58,1	−0,2	101,9	+3,5	109,8	+4,2	155,0	+5,1	189,5	+3,6	240,6	−0,8
14.	69,9	+0,9	113,9	+4,2	122,0	+4,7	168,0	+4,7	203,4	+2,6	255,6	−2,1
15.	81,7	+1,9	126,2	+4,7	134,3	+5,0	181,5	+4,1	217,7	+1,3	270,8	−3,3
16.	93,6	+2,8	138,7	+4,9	147,0	+5,1	195,3	+3,2	232,4	0,0	286,0	−4,2
17.	105,5	+3,6	151,4	+5,0	160,0	+4,9	209,5	+2,0	247,2	−1,4	301,1	−4,9
18.	117,6	+4,3	164,4	+4,8	173,3	+4,4	223,8	+0,8	262,2	−2,6	315,9	−5,2
19.	129,9	+4,8	177,6	+4,3	186,8	+3,7	238,3	−0,6	277,1	−3,7	330,3	−5,1
20.	142,3	+5,0	190,9	+3,6	200,6	+2,8	252,8	−1,8	291,9	−4,6	344,2	−4,8
21.	154,9	+5,0	204,4	+2,6	214,5	+1,7	267,3	−3,0	306,4	−5,1	357,7	−4,2
22.	167,8	+4,8	218,1	+1,5	228,5	+0,4	281,7	−4,0	320,5	−5,3	10,7	−3,4
23.	180,8	+4,3	231,9	+0,4	242,6	−0,8	296,0	−4,7	334,3	−5,2	23,5	−2,5
24.	194,0	+3,6	245,8	−0,9	256,8	−2,0	310,0	−5,1	347,8	−4,8	35,9	−1,4
25.	207,4	+2,7	259,9	−2,1	270,9	−3,1	323,8	−5,3	1,0	−4,1	48,1	−0,3
26.	221,2	+1,5	274,2	−3,1	285,0	−4,0	337,4	−5,1	13,8	−3,3	60,1	+0,8
27.	235,2	+0,3	288,5	−4,0	299,1	−4,7	350,8	−4,6	26,4	−2,3	72,0	+1,8
28.	249,5	−0,9	302,9	−4,6	313,2	−5,1	3,9	−3,9	38,8	−1,2	83,8	+2,7
29.	264,1	−2,2	–	–	327,1	−5,1	16,8	−3,1	50,9	−0,1	95,6	+3,6
30.	278,8	−3,3	–	–	340,8	−4,9	29,5	−2,0	63,0	+1,0	107,5	+4,3
31.	293,7	−4,1	–	–	354,4	−4,4	–	–	74,9	+2,0	–	–

Koordinaten gelten für 1ʰ MEZ und sind geozentrische Werte.
Von Mitteleuropa aus steht der Mond etwa 0°7 südlicher.
Abstand der Mondbahn relativ zu helleren Sternen 2022:

Stern:	Hamal	Alcyone	Aldebaran	Alnath	Alhena	Pollux	Algieba	Regulus	Porrima
Länge:	37°7	60°0	69°8	82°6	99°1	113°2	149°6	149°8	190°2
Breite:	10,0	4,1	−5,5	5,4	−6,7	6,7	8,8	0,5	2,8
Mond:	12° südl.	4° südl.	7° nördl.	3° südl.	10° nördl.	3° südl.	4° südl.	4° nördl.	0°

T.4 Lage der Mondbahn im Tierkreis relativ zur Ekliptik von 180° bis 360° ekliptikaler Länge.

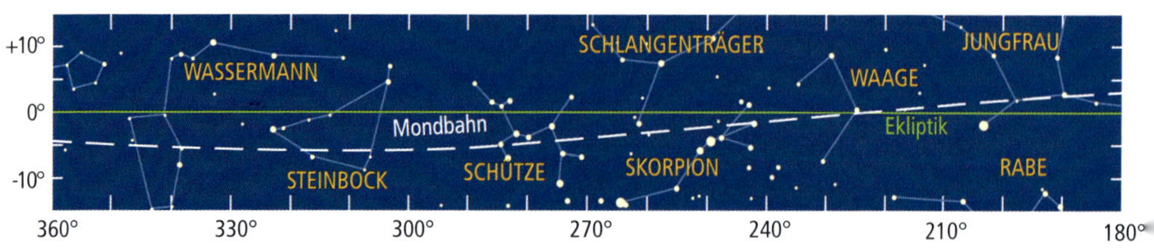

Tag	JULI Länge °	JULI Breite °	AUGUST Länge °	AUGUST Breite °	SEPTEMBER Länge °	SEPTEMBER Breite °	OKTOBER Länge °	OKTOBER Breite °	NOVEMBER Länge °	NOVEMBER Breite °	DEZEMBER Länge °	DEZEMBER Breite °
1.	119,3	+4,8	165,0	+4,5	213,4	+1,0	251,2	–2,4	304,6	–5,2	343,4	–4,5
2.	131,3	+5,0	177,5	+3,9	226,8	–0,1	265,2	–3,5	318,7	–5,3	357,0	–3,8
3.	143,3	+5,1	190,2	+3,1	240,4	–1,3	279,3	–4,3	332,7	–5,0	10,4	–2,8
4.	155,5	+4,9	203,2	+2,1	254,3	–2,5	293,5	–4,9	346,5	–4,4	23,4	–1,7
5.	167,9	+4,5	216,5	+1,0	268,5	–3,5	307,8	–5,2	0,2	–3,6	36,3	–0,6
6.	180,5	+3,9	230,0	–0,2	282,8	–4,3	322,1	–5,1	13,6	–2,6	48,9	+0,5
7.	193,4	+3,1	244,0	–1,4	297,4	–4,8	336,3	–4,8	26,8	–1,5	61,3	+1,6
8.	206,7	+2,1	258,3	–2,5	312,1	–5,1	350,4	–4,2	39,8	–0,3	73,6	+2,7
9.	220,4	+0,9	273,0	–3,6	326,8	–5,0	4,3	–3,3	52,5	+0,9	85,7	+3,5
10.	234,5	–0,4	287,9	–4,3	341,4	–4,5	18,0	–2,2	65,1	+2,0	97,8	+4,2
11.	249,1	–1,6	303,0	–4,8	355,7	–3,8	31,3	–1,1	77,4	+3,0	109,7	+4,8
12.	264,0	–2,8	318,0	–5,0	9,7	–2,9	44,3	+0,1	89,5	+3,8	121,6	+5,1
13.	279,2	–3,8	332,9	–4,8	23,2	–1,8	57,0	+1,3	101,5	+4,5	133,4	+5,2
14.	294,5	–4,6	347,5	–4,3	36,4	–0,7	69,4	+2,3	113,4	+5,0	145,3	+5,0
15.	309,6	–5,0	1,6	–3,6	49,2	+0,4	81,6	+3,3	125,2	+5,2	157,3	+4,7
16.	324,6	–5,0	15,2	–2,6	61,6	+1,5	93,6	+4,1	137,1	+5,3	169,5	+4,1
17.	339,1	–4,8	28,4	–1,6	73,7	+2,5	105,5	+4,7	149,1	+5,1	181,9	+3,4
18.	353,2	–4,2	41,1	–0,5	85,7	+3,4	117,3	+5,1	161,4	+4,6	194,6	+2,4
19.	6,8	–3,5	53,5	+0,6	97,6	+4,1	129,2	+5,2	173,9	+4,0	207,7	+1,3
20.	19,9	–2,5	65,7	+1,6	109,4	+4,7	141,3	+5,2	186,7	+3,1	221,3	+0,1
21.	32,6	–1,5	77,6	+2,6	121,4	+5,0	153,6	+4,9	199,9	+2,1	235,4	–1,2
22.	45,0	–0,4	89,4	+3,4	133,4	+5,1	166,1	+4,4	213,5	+0,9	249,9	–2,4
23.	57,1	+0,6	101,3	+4,1	145,6	+5,0	178,9	+3,7	227,6	–0,4	264,8	–3,5
24.	69,0	+1,7	113,1	+4,6	158,0	+4,7	192,1	+2,7	241,9	–1,7	279,9	–4,3
25.	80,9	+2,6	125,1	+4,9	170,7	+4,1	205,5	+1,6	256,6	–2,9	295,1	–4,9
26.	92,7	+3,4	137,2	+5,0	183,6	+3,3	219,3	+0,3	271,3	–3,9	310,2	–5,1
27.	104,5	+4,1	149,5	+4,9	196,8	+2,3	233,3	–0,9	286,1	–4,7	325,1	–5,0
28.	116,4	+4,6	161,9	+4,5	210,1	+1,2	247,4	–2,2	300,8	–5,1	339,5	–4,5
29.	128,4	+4,9	174,5	+3,9	223,6	0,0	261,7	–3,3	315,3	–5,2	353,6	–3,8
30.	140,4	+5,0	187,3	+3,1	237,3	–1,2	276,0	–4,2	329,5	–5,0	7,2	–2,9
31.	152,6	+4,9	200,3	+2,1	–	–	290,3	–4,9	–	–	20,4	–1,8

Mittlere Enfernung von der Erde: 384 401 km (356 400–406 700) Bahnneigung: 5°,0–5°,3
Länge des Perigäums: 253° (1.1.), 294° (31.12.)
Länge des aufsteigenden Knotens: 58° (1.1.), 39° (31.12.)

Spica	Zubenelgenubi	Dschubba	Acrab	Antares	Sabik	Nunki	Dabih	Deneb Algedi
203°,8	225°,1	242°,6	243°,2	249°,8	258°,0	282°,4	304°,0	323°,5
–2.1	0.3	–2.0	1.0	–4.6	7.2	–3.5	4.6	–2.6
4°nördl.	1° südl.	0°	3° südl.	2° nördl.	10° südl.	1° südl.	10° südl.	3° südl.

T.4 Lage der Mondbahn im Tierkreis relativ zur Ekliptik von 0° bis 180° ekliptikaler Länge.

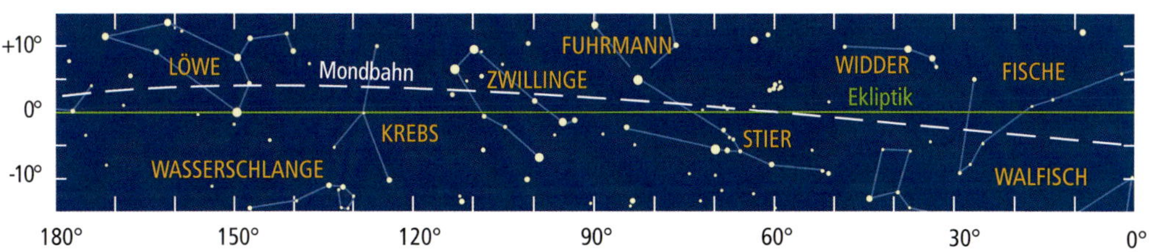

GEOZENTRISCHE EKLIPTIKALE KOORDINATEN DER SONNE UND DER GROSSEN PLANETEN 2022

		SONNE	MERKUR		VENUS		MARS		JUPITER		SATURN	
Datum		Länge °	Länge °	Breite °	Länge °	Breite °	Länge °	Breite °	Länge °	Breite °	Länge °	Breite °
Jan	1.	280,2	297,9	–1,8	293,2	+2,9	252,8	–0,1	330,2	–1,0	311,6	–0,8
	10.	289,4	308,3	–0,3	288,0	+5,0	259,2	–0,2	332,1	–1,0	312,6	–0,8
	20.	299,6	307,1	+2,6	282,7	+6,5	266,4	–0,3	334,2	–1,0	313,7	–0,8
	31.	310,8	295,2	+3,3	280,9	+6,8	274,4	–0,5	336,7	–1,0	315,0	–0,8
Feb	10.	320,9	295,9	+1,5	283,3	+6,2	281,7	–0,6	339,0	–1,0	316,2	–0,9
	20.	331,0	304,9	–0,2	288,7	+5,2	289,0	–0,7	341,4	–1,0	317,4	–0,9
	28.	339,1	315,0	–1,3	294,5	+4,3	295,0	–0,8	343,3	–1,0	318,4	–0,9
Mrz	10.	349,1	329,6	–2,1	303,0	+3,2	302,4	–0,9	345,7	–1,0	319,5	–0,9
	20.	359,0	346,2	–2,2	312,5	+2,1	309,9	–1,1	348,1	–1,0	320,6	–0,9
	31.	9,9	6,9	–1,4	323,7	+1,0	318,2	–1,2	350,8	–1,0	321,6	–0,9
Apr	10.	19,8	27,4	+0,1	334,4	+0,1	325,8	–1,3	353,1	–1,0	322,5	–1,0
	20.	29,6	46,6	+1,9	345,4	–0,7	333,3	–1,4	355,3	–1,0	323,3	–1,0
	30.	39,3	59,7	+2,7	356,6	–1,3	340,9	–1,5	357,5	–1,1	323,9	–1,0
Mai	10.	49,0	64,5	+1,8	8,0	–1,7	348,4	–1,6	359,5	–1,1	324,4	–1,0
	20.	58,7	61,4	–0,7	19,6	–1,9	355,9	–1,7	1,4	–1,1	324,7	–1,1
	31.	69,2	56,1	–3,4	32,4	–2,0	4,1	–1,7	3,3	–1,2	324,9	–1,1
Jun	10.	78,8	57,4	–4,0	44,2	–1,9	11,5	–1,8	4,8	–1,2	324,9	–1,1
	20.	88,3	65,7	–3,1	56,1	–1,7	18,8	–1,8	6,1	–1,2	324,7	–1,2
	30.	97,9	80,0	–1,2	68,0	–1,4	25,9	–1,8	7,1	–1,3	324,4	–1,2
Jul	10.	107,4	99,3	+0,7	79,9	–1,0	32,9	–1,8	7,8	–1,3	324,0	–1,2
	20.	117,0	120,7	+1,7	92,0	–0,6	39,8	–1,8	8,3	–1,4	323,4	–1,3
	31.	127,5	142,2	+1,5	105,3	–0,1	47,1	–1,7	8,4	–1,4	322,7	–1,3
Aug	10.	137,0	158,9	+0,5	117,5	+0,3	53,4	–1,6	8,2	–1,5	321,9	–1,3
	20.	146,6	172,8	–1,0	129,7	+0,7	59,4	–1,5	7,6	–1,5	321,2	–1,3
	31.	157,3	184,2	–2,8	143,3	+1,1	65,6	–1,3	6,7	–1,6	320,4	–1,3
Sep	10.	167,0	188,6	–4,0	155,6	+1,3	70,8	–1,2	5,6	–1,6	319,7	–1,3
	20.	176,7	183,4	–3,6	168,0	+1,4	75,4	–0,9	4,3	–1,6	319,1	–1,3
	30.	186,5	174,3	–0,7	180,5	+1,4	79,3	–0,7	3,0	–1,6	318,7	–1,3
Okt	10.	196,3	178,5	+1,6	193,0	+1,3	82,4	–0,4	1,7	–1,6	318,4	–1,3
	20.	206,2	193,2	+1,9	205,5	+1,1	84,4	0,0	0,5	–1,6	318,3	–1,3
	31.	217,2	211,7	+1,0	219,3	+0,8	85,2	+0,5	359,5	–1,6	318,3	–1,3
Nov	10.	227,2	228,0	–0,1	231,8	+0,5	84,4	+0,9	358,8	–1,5	318,5	–1,3
	20.	237,3	243,8	–1,1	244,3	+0,1	82,2	+1,4	358,5	–1,5	318,9	–1,3
	30.	247,4	259,2	–2,0	256,9	–0,3	78,8	+1,9	358,5	–1,4	319,5	–1,3
Dez	10.	257,6	274,2	–2,3	269,4	–0,7	75,0	+2,3	358,9	–1,4	320,1	–1,3
	20.	267,7	287,7	–1,8	282,0	–1,1	71,5	+2,6	359,6	–1,3	321,0	–1,2
	31.	278,9	293,8	+0,6	295,8	–1,4	68,8	+2,8	0,8	–1,3	322,0	–1,2

ENTFERNUNGEN VON DER ERDE 2022 — LÄNGEN

		SONNE	MERKUR	VENUS	MARS	JUPITER	SATURN	URANUS	NEPTUN	URANUS	NEPTUN
Datum		Mio. km	Mio. km	Mio. km	Mio. km	Mio. km	Mio. km	Mio. km	Mio. km	Länge °	Länge °
Jan	1.	147	171	41	350	833	1607	2873	4524	40,6	350,4
Feb	1.	147	107	51	324	877	1630	2949	4589	40,6	351,1
Mrz	1.	148	172	79	298	893	1619	3018	4621	41,2	352,1
Apr	1.	149	202	115	270	883	1574	3075	4618	42,6	353,3
Mai	1.	151	122	149	244	848	1508	3098	4579	44,2	354,2
Jun	1.	152	89	182	218	790	1431	3085	4512	46,0	354,9
Jul	1.	152	168	210	194	722	1367	3039	4437	47,4	355,1
Aug	1.	152	190	233	169	654	1329	2968	4369	48,4	354,8
Sep	1.	151	129	248	143	605	1331	2891	4330	48,6	354,1
Okt	1.	150	113	256	117	592	1371	2829	4330	48,0	353,3
Nov	1.	148	209	256	93	619	1440	2797	4370	46,9	352,6
Dez	1.	148	203	251	81	677	1513	2807	4437	45,7	352,3
	31.	147	115	241	95	747	1575	2854	4514	44,8	352,5
										Breite –0,4	–1,2

STERNZEIT UM 20^h MEZ = 21^h MESZ AUF 10° ÖSTLICHER LÄNGE

	JAN	FEB	MRZ	APR	MAI	JUN	JUL	AUG	SEP	OKT	NOV	DEZ
Tag	h m	h m	h m	h m	h m	h m	h m	h m	h m	h m	h m	h m
1.	2 26	4 28	6 18	8 20	10 19	12 21	14 19	16 21	18 24	20 22	22 24	0 22
2.	2 30	4 32	6 22	8 24	10 23	12 25	14 23	16 25	18 28	20 26	22 28	0 26
3.	2 34	4 36	6 26	8 28	10 27	12 29	14 27	16 29	18 32	20 30	22 32	0 30
4.	2 37	4 40	6 30	8 32	10 31	12 33	14 31	16 33	18 36	20 34	22 36	0 34
5.	2 41	4 44	6 34	8 36	10 35	12 37	14 35	16 37	18 39	20 38	22 40	0 38
6.	2 45	4 48	6 38	8 40	10 38	12 41	14 39	16 41	18 43	20 42	22 44	0 42
7.	2 49	4 52	6 42	8 44	10 42	12 45	14 43	16 45	18 47	20 46	22 48	0 46
8.	2 53	4 55	6 46	8 48	10 46	12 49	14 47	16 49	18 51	20 50	22 52	0 50
9.	2 57	4 59	6 50	8 52	10 50	12 53	14 51	16 53	18 55	20 54	22 56	0 54
10.	3 01	5 03	6 54	8 56	10 54	12 56	14 55	16 57	18 59	20 57	23 00	0 58
11.	3 05	5 07	6 58	9 00	10 58	13 00	14 59	17 01	19 03	21 01	23 04	1 02
12.	3 09	5 11	7 02	9 04	11 02	13 04	15 03	17 05	19 07	21 05	23 08	1 06
13.	3 13	5 15	7 06	9 08	11 06	13 08	15 07	17 09	19 11	21 09	23 12	1 10
14.	3 17	5 19	7 10	9 12	11 10	13 12	15 11	17 13	19 15	21 13	23 15	1 14
15.	3 21	5 23	7 13	9 16	11 14	13 16	15 14	17 17	19 19	21 17	23 19	1 18
16.	3 25	5 27	7 17	9 20	11 18	13 20	15 18	17 21	19 23	21 21	23 23	1 22
17.	3 29	5 31	7 21	9 24	11 22	13 24	15 22	17 25	19 27	21 25	23 27	1 26
18.	3 33	5 35	7 25	9 27	11 26	13 28	15 26	17 28	19 31	21 29	23 31	1 29
19.	3 37	5 39	7 29	9 31	11 30	13 32	15 30	17 32	19 35	21 33	23 35	1 33
20.	3 41	5 43	7 33	9 35	11 34	13 36	15 34	17 36	19 39	21 37	23 39	1 37
21.	3 44	5 47	7 37	9 39	11 38	13 40	15 38	17 40	19 43	21 41	23 43	1 41
22.	3 48	5 51	7 41	9 43	11 42	13 44	15 42	17 44	19 46	21 45	23 47	1 45
23.	3 52	5 55	7 45	9 47	11 45	13 48	15 46	17 48	19 50	21 49	23 51	1 49
24.	3 56	5 59	7 49	9 51	11 49	13 52	15 50	17 52	19 54	21 53	23 55	1 53
25.	4 00	6 02	7 53	9 55	11 53	13 56	15 54	17 56	19 58	21 57	23 59	1 57
26.	4 04	6 06	7 57	9 59	11 57	14 00	15 58	18 00	20 02	22 01	0 03	2 01
27.	4 08	6 10	8 01	10 03	12 01	14 03	16 02	18 04	20 06	22 04	0 07	2 05
28.	4 12	6 14	8 05	10 07	12 05	14 07	16 06	18 08	20 10	22 08	0 11	2 09
29.	4 16	–	8 09	10 11	12 09	14 11	16 10	18 12	20 14	22 12	0 15	2 13
30.	4 20	–	8 13	10 15	12 13	14 15	16 14	18 16	20 18	22 16	0 19	2 17
31.	4 24	–	8 17	–	12 17	–	16 18	18 20	–	22 20	–	2 21

Korrektur für andere östliche geografische Längen

Länge	4°	5°	6°	7°	8°	9°	11°	12°	13°	14°	15°	16°
Korr.	-24^m	-20^m	-16^m	-12^m	-8^m	-4^m	$+4^m$	$+8^m$	$+12^m$	$+16^m$	$+20^m$	$+24^m$

Korrektur für andere Uhrzeiten derselben Nacht (Datumswechsel um Mitternacht)

MEZ	18^h	19^h	21^h	22^h	23^h	0^h	1^h	2^h	3^h	4^h	5^h	6^h
MESZ	19^h	20^h	22^h	23^h	0^h	1^h	2^h	3^h	4^h	5^h	6^h	7^h
Korr.	-2^h00^m	-1^h00^m	$+1^h00^m$	$+2^h00^m$	$+3^h00^m$	$+4^h01^m$	$+5^h01^m$	$+6^h01^m$	$+7^h01^m$	$+8^h01^m$	$+9^h01^m$	$+10^h02^m$

Erläuterungen siehe auch Seite 13 unter „Sternzeit".
Die obige Tabelle gibt für jeden Tag des Jahres die Sternzeit um 20^h MEZ (= 21^h Sommerzeit) am Meridian 10° östlicher Länge an. Für den Ortsmeridian des Beobachters ist eine Korrektur entsprechend der geografischen Längendifferenz zu 10° östlicher Länge anzubringen. Pro Längengrad beträgt diese Korrektur vier Minuten. Für Orte westlich des Meridians ist die Korrektur abzuziehen, für Orte östlich hingegen zu addieren. Auf Seite 292 findet man in der Tabelle „Geografische Koordinaten größerer Städte" in der letzten Spalte die Zeitkorrektur vermerkt. Wer zu einer anderen Zeit als 20^h beobachtet, muss noch die Zeitkorrektur gemäß der obigen Tabelle anbringen. Beispiel: Wieviel Uhr Sternzeit ist es am 25. März um 23^h in München? Aus der Tabelle entnimmt man: Sternzeit am 25. März um 20^h = 7^h53^m. Dies gilt für 10° östlicher Länge. Die Zeitkorrektur für München beträgt laut Tabelle S. 292 sechs Minuten. Da München östlich vom 10°-Meridian liegt, sind diese sechs Minuten zu addieren, und man erhält 7^h59^m (Achtung: Das Vorzeichen in der Spalte Zeitkorrektur der rechten Tabelle gilt für die Korrektur der Kulminationszeiten! Für die Sternzeitberechnung kehren sich die Vorzeichen um!). Am 25. März ist es also um 20^h MEZ 7^h59^m Sternzeit. Für 23^h MEZ ist gemäß obiger Tabelle die Korrektur von 3^h00^m anzubringen; um 23^h MEZ ist es also am 25. März in München 10^h59^m Sternzeit.

EPHEMERIDEN DER GROSSEN PLANETEN JULI–DEZEMBER 2022

		MERKUR						VENUS					
Datum		Rektas. h m	Deklin. °	Kulmin. h m	Aufg. h m	Du. ″	bel. %	Rektas. h m	Deklin. °	Kulmin. h m	Aufg. h m	Du. ″	bel. %
Jul	1.	5 24	+22,1	11 11	3 09	6,0	73	4 31	+20,5	10 16	2 26	12,0	86
	5.	5 56	+23,2	11 28	3 19	5,6	83	4 51	+21,3	10 21	2 25	11,8	87
	10.	6 41	+23,8	11 53	3 40	5,3	94	5 17	+22,0	10 27	2 26	11,6	88
	15.	7 28	+23,3	12 20	4 11	5,1	99	5 42	+22,6	10 33	2 29	11,4	89
	20.	8 13	+21,7	12 46		5,0	99	6 09	+22,8	10 39	2 34	11,2	90
	25.	8 55	+19,2	13 08	Unterg.	5,1	94	6 35	+22,8	10 46	2 41	11,0	91
	31.	9 40	+15,6	13 29	20 47	5,3	88	7 06	+22,5	10 54	2 51	10,8	92
Aug	5.	10 13	+12,2	13 42	20 42	5,5	82	7 33	+21,9	11 00	3 02	10,7	93
	10.	10 43	+ 8,7	13 51	20 33	5,8	76	7 58	+21,0	11 07	3 13	10,6	94
	15.	11 09	+ 5,2	13 57	20 23	6,1	70	8 24	+19,9	11 12	3 26	10,5	95
	20.	11 32	+ 2,0	14 00	20 10	6,5	64	8 49	+18,5	11 18	3 40	10,4	96
	25.	11 52	− 1,1	14 00	19 55	7,0	57	9 14	+16,9	11 23	3 55	10,3	96
	31.	12 11	− 4,2	13 55	19 36	7,7	48	9 44	+14,8	11 29	4 12	10,2	97
Sep	5.	12 21	− 6,1	13 45	19 17	8,4	38	10 08	+12,8	11 33	4 27	10,1	98
	10.	12 25	− 7,1	13 28	18 56	9,2	26	10 32	+10,7	11 37	4 42	10,0	98
	15.	12 20	− 6,7	13 03		10,0	14	10 55	+ 8,4	11 41	4 57	10,0	98
	20.	12 07	− 4,7	12 29	Aufg.	10,4	3	11 18	+ 6,0	11 44	5 13	9,9	99
	25.	11 49	− 1,4	11 52	5 57	10,2	1	11 41	+ 3,6	11 47	5 28	9,9	99
	30.	11 38	+ 1,6	11 22	5 13	9,1	12	12 04	+ 1,1	11 51	5 43	9,9	99
Okt	5.	11 41	+ 2,9	11 07	4 50	7,9	34	12 27	− 1,4	11 54	5 58	9,8	100
	10.	11 57	+ 2,1	11 04	4 51	6,7	57	12 50	− 3,9	11 57	6 13	9,8	100
	15.	12 22	− 0,2	11 10	5 08	6,0	76	13 13	− 6,4	12 00	6 28	9,8	100
	20.	12 51	− 3,4	11 20	5 33	5,4	88	13 36	− 8,8	12 04	6 44	9,8	100
	25.	13 22	− 6,9	11 31	6 01	5,1	95	14 00	−11,1	12 08		9,8	100
	31.	14 00	−11,1	11 45	6 36	4,8	99	14 29	−13,8	12 13	Unterg.	9,8	100
Nov	5.	14 31	−14,3	11 56	7 04	4,7	100	14 53	−15,9	12 18	17 01	9,8	100
	10.	15 02	−17,3	12 08		4,7	100	15 18	−17,8	12 23	16 56	9,9	100
	15.	15 34	−19,8	12 20	Unterg.	4,7	100	15 44	−19,5	12 29	16 52	9,9	100
	20.	16 06	−22,0	12 33	16 41	4,7	98	16 10	−20,9	12 36	16 50	9,9	99
	25.	16 39	−23,7	12 46	16 43	4,8	97	16 36	−22,2	12 42	16 50	10,0	99
	30.	17 12	−24,9	13 00	16 49	4,9	95	17 03	−23,1	12 50	16 51	10,0	99
Dez	5.	17 46	−25,6	13 14	16 59	5,1	91	17 30	−23,8	12 57	16 55	10,1	98
	10.	18 19	−25,7	13 27	17 12	5,4	86	17 58	−24,2	13 05	17 00	10,1	98
	15.	18 50	−25,2	13 38	17 28	5,9	78	18 25	−24,2	13 13	17 08	10,2	98
	20.	19 18	−24,1	13 45	17 43	6,5	66	18 53	−24,0	13 20	17 18	10,3	97
	25.	19 38	−22,6	13 44	17 51	7,3	48	19 20	−23,4	13 28	17 30	10,3	97
	31.	19 42	−20,8	13 23	17 40	8,7	21	19 52	−22,3	13 37	17 45	10,4	96

		SATURN						RING				
Datum		Rektas. h m	Deklin. °	Kulmin. h m	Aufg. h m	Äqu. ″	Pol. ″	gr. A. ″	kl. A. ″	Öffn. °	hel. Ö. °	Leucht.
Jul	1.	21 48	−14,5	3 33	22 37	18,2	16,3	41,3	9,0	12,6	14,3	0,72
	15.	21 46	−14,8	2 35	21 41	18,5	16,6	41,9	9,4	12,9	14,2	0,75
	31.	21 42	−15,2	1 29	20 36	18,7	16,8	42,4	9,9	13,4	14,0	0,79
Aug	15.	21 37	−15,6	0 25		18,8	16,9	42,6	10,3	13,9	13,8	0,98
	31.	21 33	−15,9	23 14	Unterg.	18,7	16,8	42,4	10,6	14,4	13,6	0,79
Sep	15.	21 29	−16,3	22 11	2 57	18,5	16,6	41,9	10,7	14,8	13,4	0,77
	30.	21 26	−16,5	21 09	1 54	18,1	16,3	41,2	10,8	15,1	13,2	0,76
Okt	15.	21 25	−16,6	20 09	0 53	17,8	16,0	40,3	10,6	15,3	13,0	0,75
	31.	21 25	−16,6	19 06	23 47	17,3	15,6	39,3	10,3	15,3	12,8	0,73
Nov	15.	21 26	−16,4	18 08	22 50	16,9	15,2	38,3	10,0	15,1	12,6	0,72
	30.	21 29	−16,2	17 13	21 55	16,5	14,8	37,3	9,5	14,8	12,5	0,71
Dez	15.	21 33	−15,8	16 18	21 03	16,1	14,5	36,5	9,0	14,3	12,3	0,70
	31.	21 39	−15,4	15 21	20 08	15,8	14,2	35,8	8,5	13,7	12,1	0,70

MARS						JUPITER							
Rektas. h m	Deklin. °	Kulmin. h m	Aufg. h m	Du. ″	bel. %	Rektas. h m	Deklin. °	Kulmin. h m	Aufg. h m	Äqu. ″	Pol ″	Datum	
1 42	+ 8,6	7 26	0 41	7,2	86	0 28	+ 1,7	6 13	0 02	40,8	38,2	1.	Jul
1 52	+ 9,6	7 21	0 31	7,4	86	0 30	+ 1,8	5 58	23 43	41,4	38,7	5.	
2 05	+10,8	7 15	0 18	7,5	85	0 31	+ 1,9	5 40	23 24	42,0	39,3	10.	
2 19	+12,0	7 08	0 06	7,7	85	0 32	+ 2,0	5 21	23,05	42,7	40,0	15.	
2 32	+13,1	7 02	23 51	7,8	85	0 33	+ 2,0	5 02	22 46	43,4	40,6	20.	
2 45	+14,1	6 55	23 39	8,0	85	0 33	+ 2,0	4 43	22 26	44,1	41,3	25.	
3 00	+15,3	6 47	23 24	8,2	85	0 33	+ 2,0	4 19	22 03	44,9	42,0	31.	
3 13	+16,2	6 40	23 13	8,5	85	0 33	+ 2,0	3 59	21 43	45,6	42,7	5.	Aug
3 26	+17,1	6 33	23 01	8,7	85	0 32	+ 1,9	3 39	21 23	46,3	43,3	10.	
3 38	+17,9	6 26	22 49	8,9	85	0 32	+ 1,8	3 19	21 03	46,9	43,9	15.	
3 50	+18,6	6 18	22 37	9,1	85	0 30	+ 1,6	2 58	20 43	47,5	44,4	20.	
4 02	+19,2	6 10	22 26	9,4	85	0 29	+ 1,4	2 37	20 23	48,1	45,0	25.	
4 16	+19,9	6 00	22 12	9,7	85	0 27	+ 1,2	2 11	19 58	48,7	45,5	31.	
4 27	+20,5	5 52	22 00	10,0	85	0 25	+ 1,0	1 50	19 38	49,1	45,9	5.	Sep
4 38	+20,9	5 43	21 48	10,4	86	0 23	+ 0,7	1 28	19 17	49,4	46,2	10.	
4 48	+21,3	5 33	21 36	10,7	86	0 21	+ 0,5	1 06	18 57	49,7	46,4	15.	
4 57	+21,7	5 23	21 23	11,1	86	0 18	+ 0,2	0 44	18 36	49,8	46,6	20.	
5 06	+22,0	5 12	21 10	11,5	87	0 16	0,0	0 22	18 15	49,9	46,6	25.	
5 14	+22,3	5 00	20 56	11,9	87	0 13	– 0,3	23 55		49,9	46,6	30.	
5 21	+22,6	4 47	20 42	12,3	88	0 11	– 0,6	23 33	Unterg.	49,7	46,5	5.	Okt
5 27	+22,9	4 34	20 26	12,8	89	0 09	– 0,8	23 11	5 15	49,5	46,3	10.	
5 32	+23,1	4 19	20 10	13,3	90	0 06	– 1,1	22 50	4 52	49,2	46,0	15.	
5 36	+23,3	4 03	19 52	13,8	91	0 04	– 1,3	22 28	4 29	48,8	45,7	20.	
5 38	+23,5	3 46	19 33	14,4	92	0 02	– 1,5	22 06	4 07	48,4	45,2	25.	
5 39	+23,8	3 23	19 08	15,0	93	0 00	– 1,6	21 41	3 40	47,7	44,6	31.	
5 38	+24,0	3 02	18 46	15,6	95	23 59	– 1,8	21 20	3 19	47,1	44,1	5.	Nov
5 35	+24,3	2 40	18 22	16,1	96	23 58	– 1,9	20 59	2 58	46,5	43,5	10.	
5 31	+24,5	2 16	17 57	16,5	97	23 57	– 1,9	20 39	2 37	45,8	42,9	15.	
5 25	+24,7	1 51	17 30	16,9	98	23 57	– 1,9	20 19	2 17	45,1	42,2	20.	
5 19	+24,8	1 24	17 02	17,1	99	23 57	– 1,9	19 59	1 57	44,4	41,6	25.	
5 11	+24,9	0 57	16 34	17,2	100	23 57	– 1,9	19 40	1 38	43,7	40,9	30.	
5 02	+24,9	0 29	16 05	17,2	100	23 57	– 1,8	19 21	1 19	43,0	40,2	5.	Dez
4 54	+24,9	0 00		17,0	100	23 58	– 1,7	19 02	1 01	42,3	39,5	10.	
4 45	+24,9	23 27	Unterg.	16,6	100	23 59	– 1,6	18 43	0 43	41,6	38,9	15.	
4 38	+24,8	23 01	7 22	16,2	99	0 01	– 1,4	18 25	0 25	40,9	38,3	20.	
4 32	+24,7	22 35	6 56	15,6	98	0 02	– 1,2	18 07	0 08	40,2	37,6	25.	
4 26	+24,5	22 06	6 26	14,8	97	0 05	– 0,9	17 46	23 45	39,5	36,9	31.	

URANUS					NEPTUN					PLUTO			
Rektas. h m	Deklin. °	Kulmin. h m	Aufg. h m	Du. ″	Rektas. h m	Deklin. °	Kulmin. h m	Aufg. h m	Du. ″	Rektas. h m	Deklin. °	Datum	
3 00	+16,7	8 44	1 17	3,5	23 43	–3,1	5 28	23 36	2,3	19 59	–22,8	1.	Jul
3 02	+16,8	7 51	0 23	3,5	23 43	–3,2	4 33	22 40	2,3	19 57	–22,9	15.	
3 04	+16,9	6 50	23 18	3,5	23 42	–3,3	3 29	21 37	2,3	19 56	–23,0	31.	
3 05	+17,0	5 52	22 19	3,6	23 41	–3,4	2 29	20 38	2,3	19 54	–23,0	15.	Aug
3 05	+17,0	4 49	21 16	3,6	23 39	–3,6	1 25	19 34	2,4	19 53	–23,1	31.	
3 04	+16,9	3 49	20 17	3,7	23 38	–3,7	0 25	18 35	2,4	19 52	–23,2	15.	Sep
3 03	+16,9	2 49	19 17	3,7	23 36	–3,9	23 20		2,4	19 52	–23,2	30.	
3 01	+16,7	1 48	18 17	3,8	23 35	–4,0	22 20	Unterg.	2,4	19 52	–23,2	15.	Okt
2 58	+16,5	0 43	17 13	3,8	23 34	–4,2	21 16	3 03	2,3	19 52	–23,2	31.	
2 56	+16,4	23 37		3,8	23 33	–4,2	20 16	2 03	2,3	19 53	–23,2	15.	Nov
2 54	+16,2	22 36	Unterg.	3,8	23 33	–4,3	19 17	1 04	2,3	19 54	–23,1	30.	
2 52	+16,1	21 35	5 02	3,7	23 33	–4,3	18 18	0 05	2,3	19 56	–23,0	15.	Dez
2 50	+15,9	20 30	3 57	3,7	23 33	–4,2	17 15	22 59	2,3	19 58	–23,0	31.	

EPHEMERIDEN HELLERER KLEINPLANETEN 2022

CERES (1)				
Datum		Rektas. h m	Deklin. o	Kulmin. h m
Jan	**1.**	3 45	+17,7	21 21
	5.	3 43	+17,8	21 04
	10.	3 42	+18,1	20 43
	15.	3 41	+18,4	20 23
	20.	3 42	+18,7	20 04
	25.	3 42	+19,0	19 45
	31.	3 44	+19,5	19 23
Feb	**5.**	3 46	+19,8	19 06
	10.	3 49	+20,2	18 49
	15.	3 53	+20,6	18 33
	20.	3 56	+21,0	18 17
	25.	4 01	+21,5	18 02
	28.	4 04	+21,7	17 53
Mrz	5.	4 09	+22,1	17 39
	10.	4 15	+22,6	17 25
	15.	4 21	+23,0	17 11
	20.	4 27	+23,4	16 58
	25.	4 34	+23,8	16 45
Dez	1.	11 53	+11,4	7 36
	5.	11 59	+11,1	7 25
	10.	12 05	+10,7	7 12
	15.	12 11	+10,5	6 58
	20.	12 16	+10,2	6 44
	25.	12 22	+10,1	6 29
	31.	12 27	+ 9,9	6 12

PALLAS (2)				
Datum		Rektas. h m	Deklin. o	Kulmin. h m
Nov	1.	7 05	−22,5	4 46
	5.	7 08	−23,6	4 32
	10.	7 10	−24,9	4 15
	15.	7 12	−26,1	3 57
	20.	7 13	−27,3	3 39
	25.	7 14	−28,4	3 19
	30.	7 13	−29,4	2 59

JUNO (3)				
Datum		Rektas. h m	Deklin. o	Kulmin. h m
Aug	1.	23 17	+ 1,2	3 01
	5.	23 17	+ 0,9	2 45
	10.	23 16	+ 0,4	2 24
	15.	23 14	− 0,2	2 03
	20.	23 12	− 0,9	1 41
	25.	23 09	− 1,7	1 18
	31.	23 05	− 2,7	0 51
Sep	**5.**	23 01	− 3,7	0 27
	10.	22 58	− 4,7	0 04
	15.	22 54	− 5,7	23 36
	20.	22 50	− 6,7	23 13
	25.	22 47	− 7,6	22 50
	30.	22 44	− 8,6	22 28
Okt	**5.**	22 43	− 9,4	22 07
	10.	22 41	−10,1	21 46
	15.	22 40	−10,8	21 25
	20.	22 40	−11,3	21 05
	25.	22 41	−11,8	20 46
	31.	22 42	−12,2	20 25

IRIS (7)				
Datum		Rektas. h m	Deklin. o	Kulmin. h m
Jan	**1.**	7 50	+15,9	1 29
	5.	7 45	+15,8	1 09
	10.	7 40	+15,8	0 44
	15.	7 34	+15,7	0 19
	20.	7 29	+15,7	23 49
	25.	7 24	+15,8	23 24
	31.	7 18	+15,8	22 56
Feb	**5.**	7 15	+15,9	22 33
	10.	7 12	+15,9	22 10
	15.	7 10	+16,0	21 49
	20.	7 09	+16,1	21 29
	25.	7 09	+16,1	21 09
	28.	7 09	+16,2	20 58

VESTA (4)				
Datum		Rektas. h m	Deklin. o	Kulmin. h m
Jul	**1.**	22 39	−14,2	4 25
	5.	22 40	−14,4	4 11
	10.	22 41	−14,8	3 52
	15.	22 41	−15,3	3 32
	20.	22 40	−15,8	3 11
	25.	22 39	−16,4	2 50
	31.	22 36	−17,2	2 24
Aug	**5.**	22 33	−17,9	2 01
	10.	22 29	−18,6	1 38
	15.	22 25	−19,3	1 14
	20.	22 21	−20,0	0 50
	25.	22 16	−20,6	0 26
	31.	22 11	−21,3	23 52
Sep	**5.**	22 06	−21,8	23 28
	10.	22 02	−22,2	23 04
	15.	21 59	−22,5	22 41
	20.	21 56	−22,6	22 19
	25.	21 54	−22,7	21 57
	30.	21 52	−22,7	21 36
Okt	5.	21 51	−22,7	21 16
	10.	21 52	−22,5	20 57
	15.	21 52	−22,2	20 38
	20.	21 54	−21,9	20 20
	25.	21 56	−21,6	20 02
	31.	21 59	−21,0	19 42
Nov	5.	22 03	−20,6	19 26
	10.	22 07	−20,0	19 10
	15.	22 11	−19,4	18 55
	20.	22 16	−18,8	18 40
	25.	22 21	−18,2	18 26
	30.	22 27	−17,5	18 12
Dez	5.	22 33	−16,8	17 58
	10.	22 39	−16,0	17 45
	15.	22 45	−15,2	17 31
	20.	22 52	−14,4	17 18
	25.	22 59	−13,6	17 06
	31.	23 07	−12,6	16 50

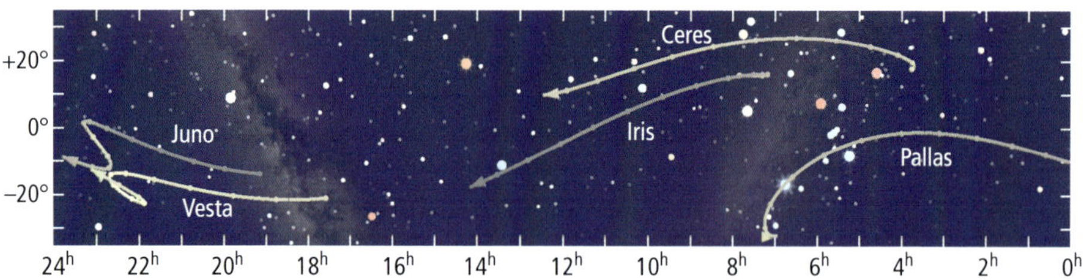

In den **halbfett** gedruckten Tagesintervallen sind die Kleinplaneten einfacher aufzufinden.
Spaltenüberschriften: Rektaszension und Deklination für 1^h MEZ – **Kulmination = Meridiandurchgang:** MEZ für 10° östliche Länge. – **Aufgang oder Untergang:** MEZ für 10° östliche Länge und 50° nördliche Breite.
Scheinbarer Durchmesser für 1^h MEZ, Äqu.: Äquatordurchmesser, Pol: Poldurchmesser.
Beleuchteter Teil des Planetenscheibchens für 1^h MEZ. – **Saturnring:** große und kleine Ringachse, Öffnung, heliozentrische Öffnung, Leuchtkraft relativ zur Leuchtkraft der Saturnkugel.

ZENTRALMERIDIANE MARS UND JUPITER 2022 (1^h MEZ = 2^h MESZ)

	MARS					JUPITER SYSTEM I								JUPITER SYSTEM II							
Datum	Aug	Sep	Okt	Nov	Dez	Jan	Jun	Jul	Aug	Sep	Okt	Nov	Dez	Jan	Jun	Jul	Aug	Sep	Okt	Nov	Dez
1.	288°	349°	64°	136°	228°	53°	104°	160°	16°	234°	295°	153°	209°	279°	258°	84°	64°	46°	238°	219°	46°
2.	279	339	54	127	220	211	262	318	174	32	93	311	6	69	8	234	214	196	28	9	196
3.	269	330	45	118	211	8	60	115	332	190	251	109	164	219	198	25	4	346	179	159	346
4.	259	320	35	109	202	166	218	273	130	348	49	266	322	9	348	175	155	137	329	310	136
5.	249	311	26	100	193	324	15	71	288	146	207	64	120	159	138	325	305	287	119	100	286
6.	240	301	17	91	184	121	173	229	86	304	5	222	277	309	289	116	95	78	270	250	76
7.	230	291	7	82	176	279	331	27	244	102	163	20	75	99	79	266	246	228	60	40	227
8.	220	282	358	73	167	76	129	185	42	260	321	178	233	249	229	56	36	18	211	191	17
9.	211	272	348	64	158	234	287	343	200	58	119	336	31	39	19	206	187	169	1	341	167
10.	201	263	339	55	149	32	85	141	358	216	277	134	189	189	169	357	337	319	151	131	317
11.	191	253	330	46	141	189	242	299	156	15	75	292	346	339	320	147	127	110	302	281	107
12.	182	244	320	37	132	347	40	97	314	173	233	90	144	129	110	297	278	260	92	72	257
13.	172	234	311	28	123	145	198	255	112	331	31	247	302	279	260	88	68	50	242	222	47
14.	162	225	302	19	114	302	356	53	270	129	189	45	100	69	50	238	218	201	33	12	198
15.	153	215	292	10	105	100	154	210	68	287	347	203	257	219	200	28	9	351	183	162	348
16.	143	206	283	1	97	258	312	8	226	85	145	1	55	9	351	178	159	142	333	313	138
17.	133	196	274	352	88	55	109	166′	24	243	303	159	213	159	141	329	310	292	124	103	288
18.	124	187	265	343	79	213	267	324	182	41	101	317	11	309	291	119	100	83	274	253	78
19.	114	177	255	334	70	10	65	122	340	199	259	115	168	99	81	269	250	233	65	43	228
20.	104	168	246	325	61	168	223	280	138	357	57	273	326	249	232	60	41	23	215	194	18
21.	95	158	237	317	52	326	21	78	296	155	215	70	124	39	22	210	191	174	5	344	168
22.	85	149	228	308	44	123	179	236	94	313	13	228	282	189	172	0	342	324	156	134	318
23.	75	139	218	299	35	281	337	34	252	111	171	26	79	339	322	151	132	115	306	284	109
24.	66	130	209	290	26	79	135	192	50	269	329	184	237	129	112	301	282	265	96	74	259
25.	56	120	200	281	17	236	292	350	208	67	127	342	35	279	263	91	73	55	247	225	49
26.	47	111	191	272	8	34	90	148	6	225	285	139	192	69	53	242	223	206	37	15	199
27.	37	101	182	264	359	192	248	306	164	23	83	297	350	219	203	32	13	356	187	165	349
28.	27	92	173	255	350	349	46	104	322	181	241	95	148	9	353	182	164	147	337	315	139
29.	18	82	163	246	341	147	204	262	120	339	39	253	306	159	144	333	314	297	128	105	289
30.	8	73	154	237	332	304	2	60	278	137	197	51	103	309	294	123	105	87	278	255	79
31.	358		145		323	102		218	76		355		261	99		273	255		68		229
D	−10	−3	1	−1	−7	0.8	2.3	2.5	2.6	2.6	2.5	2.3	2.2	D = Neigung der Planetenachse zur Erde							

Korrektur für MEZ	0^h	1^h	2^h	3^h	4^h	5^h	6^h	7^h	17^h	18^h	19^h	20^h	21^h	22^h	23^h	24^h	Änderung
Mars	−15°	0°	+15°	+29°	+ 44°	+ 58°	+ 73°	+ 88°	−126°	−111°	−97°	−82°	−68°	−53°	−38°	− 24°	+14,°6/Stunde
Jupiter System I	−37°	0°	+37°	+73°	+110°	+146°	+183°	+219°	−135°	− 98°	−62°	−25°	+12°	+48°	+85°	+121°	+36,°6/Stunde
Jupiter System II	−36°	0°	+36°	+73°	+109°	+145°	+181°	+218°	−140°	−104°	−67°	−31°	+ 5°	+41°	+78°	+114°	+36,°3/Stunde

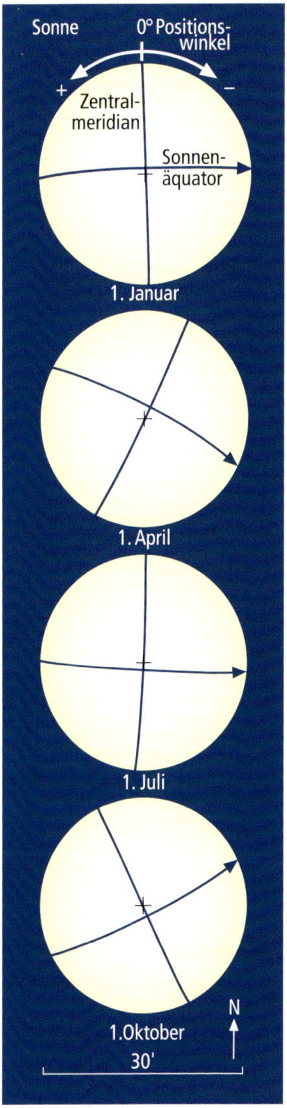

T.5 **Lage des Zentralmeridians und des Äquators der Sonne im Verlauf des Jahres relativ zum Beobachter auf der Erde.**

EPHEMERIDE DER SONNENSCHEIBE 2022 (1H MEZ)

Datum		Entferng. AE	Du. ′	Z.M. °	B_0 °	P °	Sternzeit h m
Jan	1.	0,983	32,5	142,6	–3,0	+ 2,2	6 43
	10.	0,983	32,5	24,0	–4,0	– 2,1	7 18
	20.	0,984	32,5	252,4	–5,0	– 6,8	7 57
	31.	0,985	32,5	107,5	–5,9	–11,6	8 41
Feb	10.	0,987	32,4	335,9	–6,6	–15,5	9 20
	20.	0,989	32,4	204,2	–7,0	–18,9	10 00
	28.	0,990	32,3	98,8	–7,2	–21,2	10 31
Mrz	10.	0,993	32,2	327,1	–7,2	–23,5	11 11
	20.	0,996	32,1	195,3	–7,0	–25,1	11 50
	31.	0,999	32,0	50,2	–6,6	–26,1	12 33
Apr	10.	1,002	31,9	278,3	–6,0	–26,3	13 13
	20.	1,005	31,8	146,2	–5,2	–25,7	13 52
	30.	1,007	31,8	14,1	–4,3	–24,4	14 32
Mai	10.	1,010	31,7	241,9	–3,3	–22,4	15 11
	20.	1,012	31,6	109,7	–2,1	–19,7	15 51
	31.	1,014	31,6	324,1	–0,8	–16,0	16 34
Jun	10.	1,015	31,5	191,8	+0,4	–12,1	17 13
	20.	1,016	31,5	59,4	+1,6	– 7,8	17 53
	30.	1,017	31,5	287,0	+2,7	– 3,3	18 32
Jul	10.	1,017	31,5	154,7	+3,8	+ 1,2	19 12
	20.	1,016	31,5	22,4	+4,8	+ 5,6	19 51
	31.	1,015	31,5	236,8	+5,7	+10,2	20 34
Aug	10.	1,014	31,6	104,6	+6,3	+14,1	21 14
	20.	1,012	31,6	332,4	+6,8	+17,5	21 53
	31.	1,010	31,7	187,1	+7,2	+20,7	22 37
Sep	10.	1,007	31,8	55,0	+7,2	+23,0	23 16
	20.	1,004	31,8	283,0	+7,1	+24,8	23 55
	30.	1,002	31,9	151,0	+6,8	+25,9	0 35
Okt	10.	0,999	32,0	19,0	+6,2	+26,3	1 14
	20.	0,996	32,1	247,1	+5,5	+26,0	1 54
	31.	0,993	32,2	102,1	+4,5	+24,7	2 37
Nov	10.	0,990	32,3	330,2	+3,5	+22,8	3 17
	20.	0,988	32,4	198,4	+2,3	+20,1	3 56
	30.	0,986	32,4	66,6	+1,1	+16,7	4 35
Dez	10.	0,985	32,5	294,8	–0,2	+12,6	5 15
	20.	0,984	32,5	163,0	–1,5	+ 8,1	5 54
	31.	0,983	32,5	18,2	–2,8	+ 2,8	6 38

Z.M. Zentralmeridian (Abnahme 13°,2/Tag), B_0 Neigung der Sonnenachse zur Erde, P Positionswinkel des Sonnen-Nordpols, Sternzeit Greenwich

BEGINN DER SYNODISCHEN SONNENROTATION NACH CARRINGTON 2022

Rot. Nr.	Datum	MEZ h m	Rot. Nr.	Datum	MEZ h m
2253	Jan 11.	20 49	2260	Jul 21.	17 34
2254	Feb 8.	5 01	2261	Aug 17.	22 54
2255	Mrz 7.	13 02	2262	Sep 14.	4 58
2256	Apr 3.	20 20	2263	Okt 11.	11 39
2257	Mai 1.	2 37	2264	Nov 7.	18 48
2258	Mai 28.	7 56	2265	Dez 5.	2 15
2259	Jun 24.	12 44			

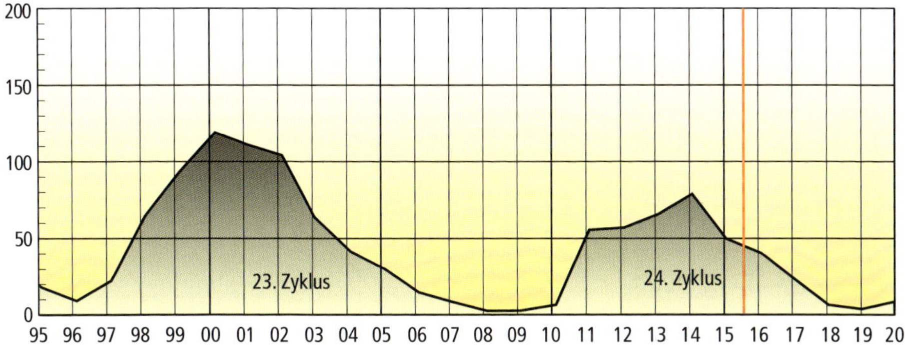

T.6 Jahresmittel der Sonnenfleckenrelativzahlen von 1995 bis 2020. Hinweis: Seit 1. Juli 2015 hat das internationale Sunspot Index Data Center (Brüssel) die Bestimmung der Relativzahlen neu festgelegt (rote Linie).

T.7 Monatsmittel der Sonnenfleckenrelativzahlen von Januar 2015 bis März 2021.

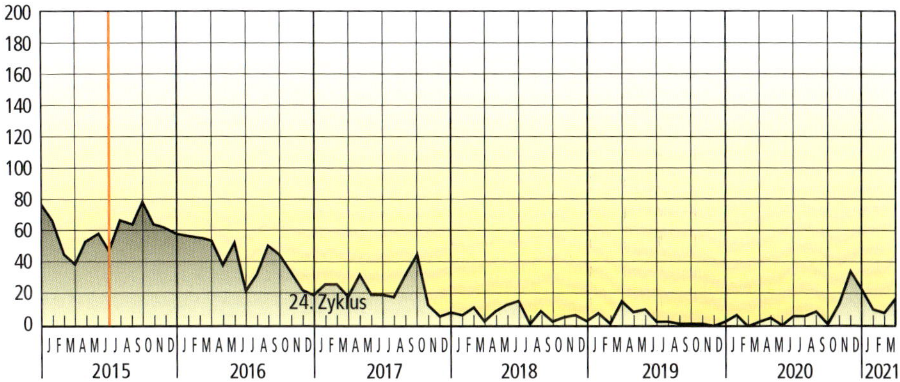

T.8 Stellung und relative Lage der zunehmenden Mondsichel zum Westhorizont jeweils am ersten Sichtbarkeitsabend nach Neumond eine halbe Stunde nach Sonnenuntergang im Jahre 2022.

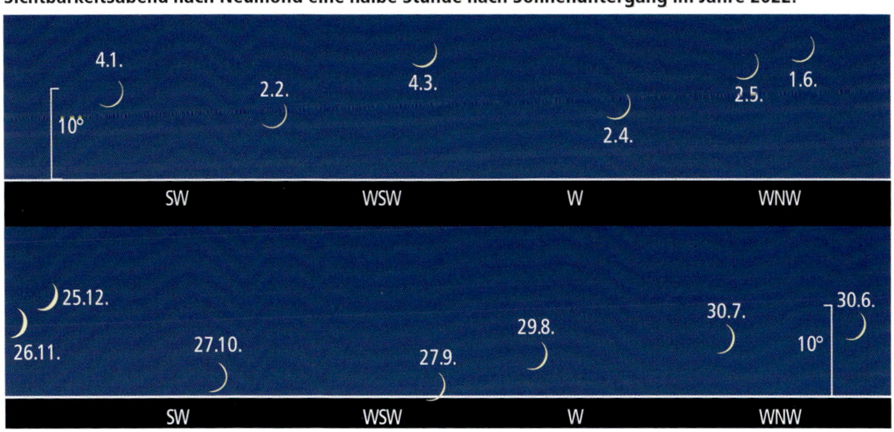

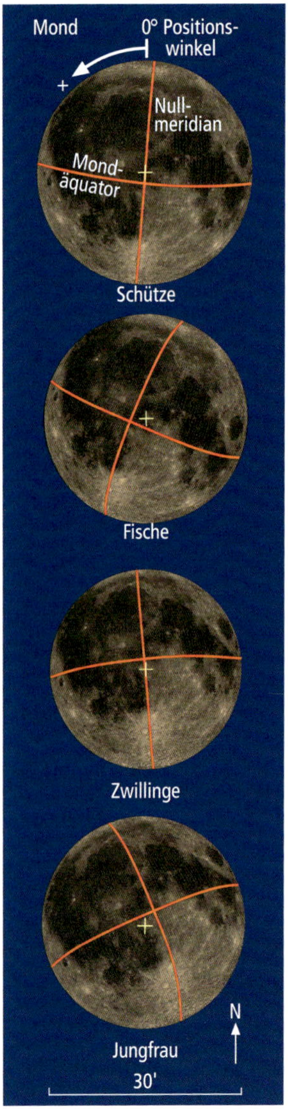

T.9 Lage des Nullmeridians und des Mondäquators relativ zum Beobachter auf der Erde in Abhängigkeit von der Position des Mondes im Tierkreis (siehe auch monatliche Rubrik „Der Mondlauf").

STERNBEDECKUNGEN DURCH DEN MOND 2022

Datum		MEZ h	m	Stern	Hell. m	bel. %	E/A	P °
Jan	6.	17	05	**τ Aqr**	4,0:	20	E	30
	6.	18	05	τ Aqr	4,0:	20	A	265
	13.	17	15	53 Tau	5,4	84	E	130
	13.	21	30	67 Tau	5,3:	85	E	15
	26.	6	50	α Lib	2,8:	42	E	120
	26.	7	55	8 Lib	5,2:	42	A	300
	26.	8	05	**α Lib**	2,8:	42	A	295
Feb	10.	19	50	99 Tau	5,8	70	E	60
	11.	1	55	103 Tau	5,5	72	E	55
	11.	18	20	HD 38524	6,5	78	E	55
	21.	5	20	82 Vir	5,0	79	A	315
	24.	5	05	ρ Oph	4,6:	47	A	330
Mrz	4.	18	55	15 Cet	6,6:	5	E	115
	9.	18	20	HR 1459	6,0	43	E	15
	9.	23	30	HR 1512	6,3	45	E	45
	10.	18	30	118 Tau	5,4:	53	E	120
	21.	5	55	λ Vir	4,5:	90	A	290
Apr	5.	22	10	**κ Tau**	4,2:	19	E	150
	5.	22	45	**υ Tau**	4,3:	20	E	15
	12.	23	55	46 Leo	5,5	83	E	75
Mai	9.	0	10	HD 81192	6,6	49	E	135
	9.	19	50	**η Leo**	3,5:	58	E	85
	9.	20	50	η Leo	3,5:	58	A	340
	11.	23	40	HD 102649	6,6	78	E	105
	13.	2	05	**Porrima**	2,8:	87	E	75
	14.	22	45	λ Vir	4,5:	98	E	140
Jun	7.	22	20	HD 99904	6,7	53	E	75
	15.	23	00	τ Sgr	3,3	97	A	270
Jul	5.	20	40	HD 103945	6,7	37	E	175
	5.	21	10	**7 Vir**	5,4	37	E	80
	6.	18	55	Porrima	2,8:	46	A	345
	10.	22	00	ο Sco	4,6	88	E	155
	17.	0	20	τ Aqr	4,0:	85	A	265
	23.	2	05	13 Tau	5,7:	26	A	275
	24.	4	15	HR 1459	6,0	18	A	280
	25.	4	25	118 Tau	5,4:	11	A	190
Aug	6.	22	50	**δ Sco**	2,0:	66	E	50
	22.	0	30	139 Tau	4,8	24	A	230
Sep	6.	23	00	ω Sgr	4,7	83	E	15
	14.	23	20	Uranus	5,7	77	A	255
	16.	4	10	**37** Tau	4,4	67	E	70
	16.	5	30	**37** Tau	4,4	67	A	245
	16.	5	40	39 Tau	5,9	66	A	215
	17.	23	40	125 Tau	5,0:	49	A	235
Okt	4.	18	50	HR 7842	6,4	69	E	45
	29.	18	05	**HR 6766**	4,6:	22	E	120
Nov	7.	3	45	ο Psc	4,3	98	E	30
	9.	21	40	37 Tau	4,4	98	A	265
	14.	0	10	76 Gem	5,3	73	A	255
	17.	6	05	42 Leo	6,2	43	A	265
	29.	20	35	HR 8394	6,3	40	E	5
	30.	16	05	τ Aqr	4,0:	50	E	70
Dez	5.	17	40	Uranus	5,6	94	E	20
	8.	6	05	**Mars**	–1,9	100	E	85
	8.	7	00	**Mars**	–1,9	100	A	270
	18.	6	55	ϑ Vir	4,4:	31	A	20

Hell. = Helligkeit („:" = Doppelstern), E/A = Eintritt/Austritt, bel. = beleuchteter Teil der Mondscheibe, P = Positionswinkel, **halbfett**: Ereignis bereits im Fernglas sichtbar

Sternbedeckungen

Datum		MEZ	Hamburg	Hannover	Berlin	Dresden	Leipzig	Düsseldorf	Frankfurt	Nürnberg	Stuttgart	München	Zürich	Wien
		h	m	m	m	m	m	m	m	m	m	m	m	m
Jan	6.	17	06,4	05,4	07,4	07,1	06,2	02,5	02,8	04,0	02,0	03,4	00,2	07,6
	6.	18	02,8	03,7	08,2	10,5	08,4	00,5	04,4	08,4	06,3	10,1	06,4	15,6
	13.	17	12,8	11,6	17,5	20,1	16,2	06,7	08,9	14,2	09,9	–	09,3	–
	13.	21	–	–	45,3	38,1	38,2	35,3	29,7	28,9	24,5	24,9	19,0	31,1
	26.	6	46,7	46,9	51,0	52,7	50,7	43,8	46,6	50,0	48,0	51,5	48,0	58,0
	26.	7	50,7	51,4	55,5	57,8	55,7	48,5	51,9	55,8	53,9	57,8	54,1	–
	26.	7/8	59,1	59,8	04,0	06,3	04,2	56,9	00,3	04,3	02,3	06,4	02,6	12,8
Feb	10.	19	54,4	52,0	56,9	56,3	54,4	45,9	47,0	49,9	46,0	49,4	43,3	57,8
	11.	1	51,0	51,6	53,0	54,1	53,4	51,2	52,8	54,3	54,1	55,5	55,2	56,7
	11.	18	24,7	21,6	24,5	22,2	21,4	16,4	15,3	15,9	12,7	13,8	09,1	19,5
	21.	5	14,2	15,4	18,7	21,4	19,5	13,7	17,2	20,8	19,5	23,2	20,6	28,2
	24.	5	05,7	05,9	07,8	08,9	07,9	04,4	05,9	07,8	06,6	08,7	06,5	12,3
Mrz	4.	18/19	46,3	48,7	50,4	54,1	52,6	49,6	53,8	57,5	58,7	03,1	04,9	05,4
	9.	18	–	–	35,2	26,6	26,6	22,5	17,2	16,7	12,1	12,8	–	19,6
	9.	23	27,5	27,2	29,6	30,1	29,1	25,3	26,9	28,6	27,7	29,3	28,0	31,8
	10.	18	24,3	24,8	30,9	34,3	31,0	20,3	25,4	31,6	28,9	36,1	31,2	46,3
	21.	5/6	51,9	53,4	56,4	59,2	57,5	52,3	55,8	59,2	58,4	01,8	59,9	–
Apr	5.	22	06,7	11,7	08,0	12,3	13,0	–	–	–	–	–	–	–
	5.	22	–	–	–	–	–	46,3	46,5	47,8	45,4	46,5	44,2	51,6
	12.	23/0	49,4	49,7	55,8	58,1	55,3	45,5	49,6	54,4	51,7	56,4	52,0	04,7
Mai	9.	0	03,1	05,5	04,8	07,3	07,1	08,5	10,3	11,2	13,0	13,7	16,1	12,1
	9.	19/20	47,7	46,9	53,8	55,2	52,2	41,1	44,8	49,7	46,2	51,1	45,5	00,8
	9.	20	42,7	45,8	46,8	50,8	49,6	47,3	51,1	54,2	54,8	57,9	57,7	59,5
	11.	23	32,0	33,5	36,9	39,8	37,9	32,3	36,0	39,6	38,7	42,3	40,3	46,8
	13.	2	00,4	02,0	04,1	06,6	05,3	01,7	04,6	07,3	07,1	09,5	08,7	11,9
	14.	22	39,7	39,9	43,2	44,8	43,2	38,1	40,4	43,1	41,9	44,6	42,5	49,5
Jun	7.	22	16,4	17,8	21,7	24,4	22,3	15,9	19,6	23,5	22,2	25.9	23,4	30,8
	15.	22/23	–	03,1	06,5	05,9	04,6	59,0	59,5	01,2	58,5	00,3	56,1	05,9
Jul	5.	20	–	–	–	36,8	36,0	–	–	40,6	42,6	44,1	46,8	44,0
	5.	21	03,9	05,4	08,8	11,6	09,7	04,0	07,6	11,2	10,3	13,7	11,7	17,9
	6.	18/19	47,3	49,4	50,7	53,8	52,7	49,8	53,0	55,7	55,8	58,6	57,9	00,9
	10.	21/22	53,5	54,2	57,5	59,6	57,8	52,5	55,2	58,3	57,2	00,4	58,4	05,7
	17.	0	21,3	19,4	22,9	21,8	20,6	15,0	15,2	16,7	13,8	15,4	11,2	20,9
	23.	2	10,5	08,7	09,2	07,2	07,4	06,7	05,2	04,4	03,3	02,6	01,3	03,3
	24.	4	21,0	19,3	21,8	20,5	19,8	15,6	15,5	16,2	14,0	14,7	11,7	18,2
	25.	4	–	30,2	–	–	–	28,9	23,7	17,4	17,7	–	–	–
Aug	6.	22	48,5	49,2	50,8	52,2	51,3	48,2	50,0	51,9	51,2	53,2	51,6	55,6
	22.	0	36,9	35,3	33,1	30,4	31,9	35,6	32,7	29,9	30,3	27,5	28,7	23,9
Sep	6.	22	59,8	58,8	58,8	58,4	58,2	58,1	57,0	57,0	56,0	56,4	54,8	58,5
	14.	23	26,8	24,6	26,2	24,2	24,0	21,3	20,3	20,1	18,1	18,0	15,4	20,3
	16.	4	10,8	08,9	13,5	13,4	11,4	03,3	04,6	07,5	03,8	07,2	01,3	15,6
	16.	5	30,1	29,4	34,6	35,4	33,2	24,4	26,8	30,1	26,6	30,0	24,3	37,6
	16.	5	45,9	44,1	48,6	47,7	46,2	38,5	39,2	41,1	37,2	38,7	32,8	45,2
	17.	23	48,0	46,0	44,7	41,8	42,9	45,2	42,4	40,0	39,7	37,3	37,5	35,1
Okt	4.	18	53,5	52,1	56,4	56,2	54,6	47,2	48,6	51,1	47,9	50,6	45,4	57,3
	29.	17/18	58,3	59,2	03,9	06,8	04,3	56,3	00,4	04,9	02,9	07,5	03,6	14,7
Nov	7.	3	47,5	46,0	47,5	46,7	46,3	43,7	43,9	44,7	43,5	44,5	42,8	46,5
	9.	21	44,2	42,3	45,4	44,0	43,1	38,0	38,0	39,0	36,3	37,4	33,6	41,6
	14.	0	16,7	14,5	16,3	14,0	13,8	11,0	09,7	09,3	07,1	06,6	03,8	08,8
	17.	5/6	05,7	04,9	10,7	11,9	09,3	58,7	01,3	05,7	01,0	05,7	57,3	16,2
	29.	20	38,1	35,6	34,0	32,3	32,9	35,4	32,4	31,1	30,5	29,8	29,0	30,3
	30.	15/16	06,7	04,8	08,6	07,8	06,4	59,9	00,4	02,3	59,1	01,2	56,3	07,6
Dez	5.	17	46,6	43,9	43,4	40,2	41,0	41,9	39,0	36,9	35,7	33,9	32,6	33,8
	8.	5/6	59,1	00,5	00,9	02,6	02,1	01,7	03,4	04,5	05,3	06,3	07,3	06,0
	8.	6/7	54,8	56,5	55,6	57,2	57,3	58,7	59,7	00,1	01,3	01,5	03,0	59,9
	18.	6/7	–	–	–	–	–	–	–	–	52,7	–	01,8	–

Unter jeder Stadt sind die Minuten und Zehntelminuten der Sternbedeckungszeit angegeben.

GEOGRAFISCHE KOORDINATEN GRÖSSERER STÄDTE MIT ZEITKORREKTUR

Stadt	östl. Länge	nördl. Breite	Zeitkorrektur gegen 10° östl. Länge	Stadt	östl. Länge	nördl. Breite	Zeitkorrektur gegen 10° östl. Länge
Aachen	6°,1	50°,8	+16^m	Kiel	10°,1	54°,3	− 1^m
Amsterdam	4°,9	52°,4	+20^m	Klagenfurt	14°,3	46°,6	−17^m
Antwerpen	4°,4	51°,2	+22^m	Koblenz	7°,6	50°,4	+10^m
Augsburg	10°,9	48°,4	− 4^m	Köln	7°,0	50°,9	+12^m
Baden-Baden	8°,2	48°,8	+ 7^m	Konstanz	9°,2	47°,7	+ 3^m
Basel	7°,6	47°,6	+ 9^m	Krefeld	6°,6	51°,3	+14^m
Berlin	13°,4	52°,5	− 14^m	Leipzig	12°,4	51°,3	−10^m
Bern	7°,4	46°,9	+10^m	Linz (Donau)	14°,3	48°,3	−17^m
Bielefeld	8°,5	52°,0	+ 6^m	Ludwigshafen (Rh.)	8°,4	49°,5	+ 6^m
Bochum	7°,2	51°,5	+11^m	Lübeck	10°,7	53°,9	− 3^m
Bonn	7°,1	50°,7	+12^m	Lüttich	5°,5	50°,6	+18^m
Bozen	11°,3	46°,5	− 5^m	Luxemburg	6°,1	49°,6	+15^m
Braunschweig	10°,5	52°,3	− 2^m	Magdeburg	11°,6	52°,1	− 7^m
Bregenz	9°,8	47°,5	+ 1^m	Mailand	9°,2	45°,5	+ 3^m
Bremen	8°,8	53°,1	+ 5^m	Mainz	8°,3	50°,0	+ 7^m
Brünn	16°,6	49°,2	−26^m	Mannheim	8°,5	49°,5	+ 6^m
Brüssel	4°,3	50°,8	+23^m	Mönchengladbach	6°,4	51°,2	+14^m
Chemnitz	12°,9	50°,8	−12^m	München	11°,6	48°,1	− 6^m
Coburg	11°,0	50°,3	− 4^m	Münster	7°,6	52°,0	+10^m
Darmstadt	8°,7	49°,9	+ 5^m	Nürnberg	11°,1	49°,5	− 4^m
Dortmund	7°,5	51°,5	+10^m	Osnabrück	8°,0	52°,3	+ 8^m
Dresden	13°,7	51°,1	−15^m	Potsdam	13°,1	52°,4	−12^m
Düsseldorf	6°,8	51°,2	+13^m	Prag	14°,4	50°,1	−18^m
Duisburg	6°,8	51°,4	+13^m	Regensburg	12°,1	49°,0	− 8^m
Eisenach	10°,3	51°,0	− 1^m	Reutlingen	9°,2	48°,5	+ 3^m
Emden	7°,2	53°,4	+11^m	Rostock	12°,1	54°,1	− 8^m
Erfurt	11°,0	51°,0	− 4^m	Rotterdam	4°,5	51°,9	+22^m
Essen	7°,0	51°,5	+12^m	Saarbrücken	7°,0	49°,2	+12^m
Frankfurt (Main)	8°,7	50°,1	+ 5^m	Salzburg	13°,1	47°,8	−12^m
Frankfurt (Oder)	14°,6	52°,3	−18^m	Schwerin	11°,4	53°,6	− 6^m
Freiburg (Breisgau)	7°,9	48°,0	+ 9^m	Stralsund	13°,1	54°,3	−12^m
Genf	6°,2	46°,2	+15^m	Straßburg	7°,7	48°,6	+ 9^m
Görlitz	15°,0	51°,2	−20^m	Stuttgart	9°,2	48°,8	+ 3^m
Graz	15°,5	47°,1	−22^m	Trier	6°,6	49°,8	+13^m
Halle	12°,0	51°,5	− 8^m	Tübingen	9°,1	48°,5	+ 4^m
Hamburg	10°,0	53°,6	0^m	Ulm	10°,0	48°,4	0^m
Hannover	9°,7	52°,4	+ 1^m	Wien	16°,4	48°,2	−25^m
Heidelberg	8°,7	49°,4	+ 5^m	Wiesbaden	8°,2	50°,1	+ 7^m
Heilbronn	9°,2	49°,1	+ 3^m	Wilhelmshaven	8°,1	53°,5	+ 8^m
Innsbruck	11°,4	47°,3	− 6^m	Worms	8°,4	49°,6	+ 7^m
Kaiserslautern	7°,8	49°,4	+ 9^m	Würzburg	9°,9	49°,8	0^m
Karlsruhe	8°,4	49°,0	+ 6^m	Wuppertal	7°,1	51°,3	+11^m
Kassel	9°,5	51°,3	+ 2^m	Zürich	8°,6	47°,4	+ 6^m

Erläuterungen siehe auch Seite 13 unter „Auf- und Untergangszeiten".
Die Tabelle enthält die geografischen Koordinaten einiger größerer Städte in Mitteleuropa. In der vierten Spalte ist der Zeitunterschied der Ortszeit zum Meridian 10° östlicher Länge in Minuten angegeben. Um diesen Betrag kulminieren die Gestirne in der jeweiligen Stadt früher (negativer Wert) oder später (positiver Wert). Beispiel: Für Stuttgart findet man +3^m, für München −6^m. In Stuttgart gehen die Gestirne jeweils drei Minuten später durch den Meridian als im Himmelsjahr angegeben, in München dagegen um sechs Minuten früher.
Die Auf- und Untergangszeiten sind außer von der geografischen Länge auch noch von der geografischen Breite abhängig. Um sie für einen bestimmten Ort zu korrigieren, benutze man die Tabelle auf Seite 293.

KORREKTUR FÜR AUF- UND UNTERGANGSZEITEN

Sonne: Datum:			Jan. 21.	Febr. 8.	Febr. 23.	März 8.	März 20.	April 2.	April 16.	Mai 1.	Mai 20.	Juni 21.
		Dez. 22.	Nov. 22.	Nov. 3.	Okt. 19.	Okt. 6.	Sept. 23.	Sept. 10.	Aug. 27.	Aug. 12.	Juli 24.	
Mond, Planet:												
Deklination		–25°	–20°	–15°	–10°	– 5°	0°	+ 5°	+10°	+15°	+20°	+25°
Hamburg	Aufgang	$+21^{m}$	$+15^{m}$	$+10^{m}$	$+6^{m}$	$+3^{m}$	$+1^{m}$	-4^{m}	-7^{m}	-11^{m}	-16^{m}	-22^{m}
	Unterg.	–21	–15	–10	– 6	– 3	+ 1	+ 4	+ 7	+11	+16	+22
Hannover	Aufgang	+14	+11	+ 8	+ 5	+ 3	+ 1	– 1	– 4	– 6	– 9	–13
	Unterg.	–12	– 9	– 6	– 3	– 1	+ 1	+ 3	+ 6	+ 8	+11	+15
Berlin	Aufgang	+ 1	– 3	– 6	– 9	–12	–14	–16	–19	–21	–25	–29
	Unterg.	–28	–24	–21	–18	–16	–14	–11	– 9	– 6	– 3	+ 1
Dresden	Aufgang	– 9	–11	–12	–13	–14	–15	–16	–17	–18	–19	–21
	Unterg.	–20	–19	–18	–17	–16	–15	–14	–13	–12	–11	– 9
Leipzig	Aufgang	– 2	– 4	– 6	– 7	– 8	–10	–11	–12	–13	–15	–17
	Unterg.	–17	–15	–13	–12	–11	–10	– 8	– 7	– 6	– 4	– 2
Düsseldorf	Aufgang	+19	+18	+16	+15	+14	+13	+12	+11	+10	+ 8	+ 6
	Unterg.	+ 7	+ 8	+10	+11	+12	+13	+14	+15	+16	+18	+20
Frankfurt	Aufgang	+ 6	+ 6	+ 6	+ 5	+ 5	+ 5	+ 5	+ 5	+ 5	+ 5	+ 4
	Unterg.	+ 4	+ 5	+ 5	+ 5	+ 5	+ 5	+ 5	+ 5	+ 6	+ 6	+ 6
Nürnberg	Aufgang	– 6	– 6	– 5	– 5	– 4	– 4	– 3	– 3	– 2	– 2	– 1
	Unterg.	– 1	– 2	– 2	– 3	– 3	– 4	– 4	– 5	– 5	– 6	– 6
Stuttgart	Aufgang	– 3	– 1	0	+ 1	+ 2	+ 3	+ 4	+ 5	+ 6	+ 7	+ 9
	Unterg.	+ 9	+ 7	+ 6	+ 5	+ 4	+ 3	+ 2	+ 1	0	– 1	– 3
München	Aufgang	–15	–13	–11	– 9	– 8	– 6	– 5	– 3	– 1	+ 1	+ 3
	Unterg.	+ 3	0	– 2	– 3	– 5	– 6	– 8	– 9	–11	–13	–16
Zürich	Aufgang	– 7	– 3	0	+ 2	+ 4	+ 6	+ 8	+11	+13	+16	+20
	Unterg.	+19	+15	+12	+10	+ 8	+ 6	+ 4	+ 1	– 1	–4	– 8
Wien	Aufgang	–34	–32	–30	–28	–27	–25	–24	–22	–21	–19	–16
	Unterg.	–17	–19	–21	–22	–24	–25	–27	–28	–30	–32	–35
Halber Tagbogen												
53° nördl. Breite		$3^{h}32^{m}$	$4^{h}09^{m}$	$4^{h}41^{m}$	$5^{h}10^{m}$	$5^{h}37^{m}$	$6^{h}04^{m}$	$6^{h}31^{m}$	$6^{h}58^{m}$	$7^{h}28^{m}$	$8^{h}00^{m}$	$8^{h}38^{m}$
50° nördl. Breite		3 50	4 21	4 50	5 15	5 40	6 04	6 28	6 52	7 19	7 47	8 20
47° nördl. Breite		4 04	4 32	4 57	5 20	5 42	6 03	6 25	6 47	7 11	7 36	8 04

\+ positiv: Korrektur addieren, Auf- oder Untergang findet später statt
– negativ: Korrektur subtrahieren, Auf- oder Untergang findet früher statt
Beispiel: Auf- und Untergang der Sonne am 20. März in Stuttgart.
Laut Tabelle „Sonnenlauf" auf Seite 78 lauten die Werte $6^{h}23^{m}$ und $18^{h}33^{m}$ für 50° Nord und 10° Ost.
Korrektur +3 und +3. Also geht die Sonne in Stuttgart um $6^{h}26^{m}$ auf und um $18^{h}36^{m}$ unter.
Für Daten und Deklinationen, die nicht in obiger Tabelle aufgeführt sind, nimmt man den nächstliegenden Wert, ohne einen großen Fehler zu begehen.

AMATEURASTRONOMISCHE VEREINIGUNGEN UND PRIVATSTERNWARTEN

Eberfing
Sternwarte Eberfing
Escherstr. 12
82390 Eberfing
www.sternwarte-eberfing.de

Erkrath
Sternwarte Neanderhöhe Hochdahl
und Planetarium
Sedentaler Str. 105
40699 Erkrath

Essen
Walter-Hohmann-Sternwarte Essen e.V.
Wallneyer Str. 159
45133 Essen
www.sternwarte-essen.de

Frankfurt/Main
Volkssternwarte des Phys. Vereins
Robert-Mayer-Straße 2–4
60054 Frankfurt/Main
www.physikalischer-verein.de

Astro-AG der Liebigschule
Frankfurt a. M.
Kollwitzstr. 3
60488 Frankfurt/Main
www.astro.junetz.de

Fulda
Hans-Nüchter-Sternwarte
Freiherr-von-Stein-Schule
Domänenweg 2
36037 Fulda
www.hans-nuechter-sternwarte.de

Planetarium im Vonderau-Museum
Jesuitenplatz 2
36037 Fulda
www.museum-fulda.de

Gilching
Sternwarte der vhs Gilching e. V.
Landsberger Str. 17 a
82205 Gilching

Gmunden
Sternwarte Gmunden
Kalvarienbergweg
A-4810 Gmunden
www.sternwarte-gmunden.at

Goch
Volkssternwarte Niederrhein e. V.
Scharsenweg
47574 Goch-Kessel
www.volkssternwarte-goch-kleve.org

Gondelsheim
Kraichgau-Sternwarte Gondelsheim e.V.
Lilienstraße 25
76669 Bad Schönborn
www.kraichgau-sternwarte-gondelsheim.de

Görlitz
Scultetus-Sternwarte Görlitz
An der Sternwarte 1
02827 Görlitz
www.goerlitzer-sternfreunde.de

Göttingen
Amateurastronomische Vereinigung
Göttingen e.V.
Schlesierring 8
37085 Göttingen
www.avgoe.de

Förderkreis Planetarium Göttingen e.V.
Nordhäuser Weg 18
37085 Göttingen
www.planetarium-goettingen.de

Grafschaft
Astronomische Vereinigung Vulkaneifel
am Hohen List e. V.
Franz-Wolf-Str. 14
53501 Grafschaft-Bölingen
www.hoher-list.de

Greifswald
Greifswalder Sternwarte e. V.
Altes Physikalisches Institut
Domstr. 10a
17489 Greifswald
www.sternwarte-greifswald.de

Halle
Astronomische Station Kanena e.V.
Schkeuditzer Str. 4 B
06116 Halle-Kanena
www.sternwarte-halle.de

Gesellschaft für astron. Bildung e.V.
Von-Seckendorff-Platz 3
06120 Halle/Saale
www.astroverein-halle.de

Hamburg
Gesellschaft für volkstümliche
Astronomie e.V.
Eiffestraße 426
20537 Hamburg
www.gva-hamburg.de

Handeloh
Arbeitskreis Astronomie in Handeloh und
Umgebung e. V.
Häschenstieg 16
21256 Handeloh
www.astronomie-handeloh.de

Hechingen
Astronomical Observatory Aurora
Friedrich-Wolf-Weg 23
72379 Hechingen
aoa@rdoelling.de

Heilbronn
Robert-Mayer-Volks- und Schulsternwarte
Bismarckstraße 10
74072 Heilbronn
www.sternwarte.org

Hermannsburg
Sternwarte Südheide e. V.
Alte Celler Heerstraße
20320 Hermannsburg
www.sternwarte-suedheide.de

Herzberg
Planetarium und Volkssternwarte
Lugstr. 3
04916 Herzberg
www.herzberger-sternfreunde-eV.de

Hofheim
Volkssternwarte
Ahornstr. 11
65719 Hofheim
www.sternwarte-hofheim.de

Ingolstadt
Sternwarte Ingolstadt AAI e.V.
Lilienthalstr. 137
85077 Manching
www.aai-Ingolstadt.de

Kiel
GvA Gruppe Kiel
Hofbrook 64
24119 Kronshagen
www.gva-kiel.de

Volkssternwarte Kronshagen
Suchsdorfer Weg 33
24119 Kronshagen

Klagenfurt
Sternwarte Klagenfurt
Villacher Str. 239
A-9020 Klagenfurt
www.avk.at

Köln
Planetarium
Blücherstr. 15 17
50733 Köln
www.koelner-planetarium.de

Köln (Forts.)
Volkssternwarte Köln
Nikolausstr. 55
50937 Köln
www.volkssternwarte-koeln.de

Königsdorf
Isartalsternwarte
Rothemühle 9
82549 Königsdorf
www.isartalsternwarte.de

Krefeld
Vereinigung Krefelder Sternfreunde e.V.
im Weiterbildungskolleg Krefeld
Danziger Platz 1
47809 Krefeld
www.vks-krefeld.de

Kreuzlingen
Planetarium und Sternwarte Kreuzlingen
Breitenrainstraße 21
CH-8280 Kreuzlingen
www.avk.ch

Leonberg
Sternwarte Höfingen
Uhlandstraße
71229 Leonberg
www.sternwarte-hoefingen.de

Lilienthal
Astronomische Vereinigung
Lilienthal e.V.
Ottersteiner Vorweide 10
28879 Grasberg
www.avl-lilienthal.de

Limburg
Sternwarte Limburg e. V.
Am Stefanshügel, Industriestr. 1
65549 Limburg a. d. Lahn
www.sternwarte-limburg.de

Linz
Johannes Kepler Sternwarte
Sternwarteweg 5
A-4020 Linz
www.sternwarte.at/wega.html

Luxembourg
Astronomes Amateurs du Luxembourg
16 B, Rue Emile Mayrisch
L 3522 Dudelange
www.aal.lu

Luzern
Sternwarte Hubelmatt
Zihlmattweg 4
CH-6005 Luzern
https://luzern.astronomie.ch

Magdeburg
Astronomische Gesellschaft
Magdeburg e. V.
Rötgertstr. 8
39104 Magdeburg
www.astronomie-magdeburg.de

Mainz
Paul-Baumann-Sternwarte
55270 Klein-Winternheim
www.astronomie-mainz.de

March
Sternwarte March
Am Hölgacker 1
79232 March
www.vhsmarch.de

Meckesheim
Volkssternwarte Meckesheim
Kettengasse 59
74909 Meckesheim
www.astropic.de

Meiningen
Sternwarte Henfling-Gymnasium
Röntgenstr. 12
98617 Meiningen

Merseburg
Sternfreunde Planetarium Merseburg e.V.
Teichstr. 2
06217 Merseburg
www.planetarium-merseburg.de

Münster
Sternfreunde Münster e.V.
Sentruper Straße 285
48161 Münster
www.sternfreunde-muenster.de

Neumarkt i.d. OPf.
Bayerische Volkssternwarte Neumarkt
Am Höhenberg 31
92318 Neumarkt i.d. OPf.
www.sternwarte-neumarkt.de

Neumünster
VHS-Sternwarte Neumünster
Hahnknüll 58
24537 Neumünster
www.sternwarte-nms.de

Neustadt/Weinstraße
siehe **Bad Dürkheim**

Neuzeug
Sternfreunde-Steyr
Hoheneckerstr. 4
A-4523 Neuzeug
www.sternfreunde-steyr.at

Nordenham
Planetarium
Bahnhofstraße 52
26954 Nordenham
www.sternfreunde.nordenham.de

Norderney
Astronomischer Arbeitskreis Norderney
„Wilhelm Dorenbusch Sternwarte"
Birkenweg 22
26548 Norderney
www.sternwarte-norderney.de

Nürnberg
Regiomontanus-Sternwarte
Nürnberger Astronomische
Arbeitsgemeinschaft e.V.
Regiomontanusweg 1
90491 Nürnberg
www.naa.net

Oberwallis
Astronomische Gesellschaft Oberwallis
Ebnetstr. 12
CH-3982 Bitsch

Osnabrück
Astronomische Arbeitsgemeinschaft/
Naturwissenschaftlicher Verein
Museum am Schölerberg
Am Schölerberg 8
49082 Osnabrück
www.naturwissenschaftlicher-
verein-os.de

Ottobeuren
Allgäuer Volkssternwarte Ottobeuren e. V
Wolferts 40
87724 Ottobeuren
www.avso.de

Paderborn
Volkssternwarte Paderborn e.V.
Im Schlosspark 13
33104 Paderborn
www.vspb.de

Papenburg
Astronomischer Verein der
Volkssternwarte Papenburg e.V.
Wilhelm-Leuschner-Str. 48
26871 Papenburg
www.astronomie-papenburg.de

Papenburger Sternwarte e.V.
Bethlehem rechts 51 b
26871 Papenburg
www.sternwarte-papenburg.de

AMATEURASTRONOMISCHE VEREINIGUNGEN UND PRIVATSTERNWARTEN

Passau
Volkssternwarte
Veste Oberhaus 125
94034 Passau
www.Sternwarte-Passau.de

Prince Albert, South Africa
Starfriends of Prince Albert for Celestial Enjoyment
Astro Tours
Klipstr. 17
6930 Prince Albert
South Africa
www.astrotours.co.za

Regensburg
Verein der Freunde der Volkssternwarte Regensburg
Ägidienplatz 2
93047 Regensburg
www.sternwarte-regensburg.de

Remscheid
Dr. Hans-Schäfer-Sternwarte
Schützenplatz 2
42853 Remscheid
www.sternwarte-remscheid.de

Riesa
Sternwarte Riesa e.V.
Greizer Str. 2
01587 Riesa
SternwarteRiesa@web.de

Rodewisch
Schulsternwarte und Planetarium „Sigmund Jähn"
Rützengrüner Str. 41 a
08228 Rodewisch (Vogtland)
www.sternwarte-rodewisch.de

Rostock
Astronomische Station „Tycho Brahe"
Astronomischer Verein Rostock e.V.
Nelkenweg 6
18057 Rostock
www.sternwarte-rostock.de

Rüsselsheim
Rüsselsheimer Sternfreunde e. V. 1975
Staudenweg 3
65428 Rüsselsheim
www.ruesselsheimer-sternfreunde.de

Saar
Verein der Amateurastronomen des Saarlandes e.V. (VAS)
Sternwarte Peterberg
66625 Nohfelden-Eiweiler
www.sternwarte-peterberg.de

Saarlouis
Verein der Astronomiefreunde Cassiopeia Saarlouis e.V.
Großstr. 37
66740 Saarlouis
www.cassiopeia-saarlouis.de

Salzburg
Salzburger Volkssternwarte
Auer von Welsbach-Str. 22
84489 Burghausen
www.hausdernatur.at/astronomie

Sankt Andreasberg
Sternwarte Sankt Andreasberg e.V.
Clausthaler Str. 11
37444 Sankt Andreasberg
www.sternwarte-sankt-andreasberg.de

Schwanden ob Sigriswil
Sternwarte Planetarium SIRIUS
CH-3657 Schwanden/Sigriswil
www.sternwarte-planetarium.ch

Seewalchen
Astronomischer Arbeitskreis Salzkammergut +
Sternwarte Gahberg
Sachsenstraße 2
A-4863 Seewalchen
www.astronomie.at

Sohland/Spree
Volks- und Schulsternwarte „Bruno H. Bürgel" Sohland e.V.
Schluckenauer Str. 8 a
02689 Sohland/Spree
www.sternwarte-sohland.de

Solingen
Galileum Solingen
Walter-Horn-Weg 1
42697 Solingen
www.galileum-solingen.de

Walter-Horn-Ges. e.V. Sternwarte
Sternstraße 5
42719 Solingen
www.sternwarte-solingen.de

Solms
Volkssternwarte Mittelhessen e. V.
Lindenstr. 11
35606 Solms
www.sternwarte-burgsolms.de

Stuttgart
Schwäbische Sternwarte
Zur Uhlandshöhe 41
70188 Stuttgart
www.sternwarte.de

Suhl
Volks- und Schulsternwarte
Auf dem Hoheloh 1
98527 Suhl
www.suhler-sternfreunde.de

Tirschenreuth
Gerhard Franz Volkssternwarte
Marienstraße 49
95643 Tirschenreuth
www.sternwarte-tirschenreuth.de

Tornesch
Regionale Volks- und Schulsternwarte Tornesch e.V.
Klaus Groth-Str. 11
25436 Tornesch
www.sternwarte-tornesch.de

Trebur
Michael Adrian Observatorium
Fichtenstr. 7
65468 Trebur
www.tlt-trebur.de

Trier
Verein Sternwarte Trier e.V.
Laurentius-Zeller-Str. 11
54294 Trier
www.sternwarte-trier.de

Überlingen
Sternwarte Überlingen e. V.
Obere St. Leonhardstr. 45
88662 Überlingen
www.sternwarte-ueberlingen.de

Uitikon
Stiftung Sternwarte Uitikon
Zürcherstr. 59
CH-8142 Uitikon
inderbitzin.a@bluewin.ch

Waghäusel
Astronomiefreunde Waghäusel e.V.
Kettelerstr. 19
68753 Waghäusel
www.afw2000.de.vu

Weikersheim
Astronomische Vereinigung Weikersheim e.V.
Sternwarte Am Karlsberg
97990 Weikersheim
www.sternwarte-weikersheim.de

Weil der Stadt
Johannes-Kepler-Sternwarte
Max-Caspar-Str. 47
71263 Weil der Stadt
www.kepler-sternwarte.de

Wertheim
Johann-Kern-Sternwarte Wertheim e.V.
Am Galgengraben
97877 Wertheim-Reicholzheim

Wien
Astronomischer Jugendclub
Richard Wagner-Platz 2/4
A-1160 Wien

Winterthur
Sternwarte Eschenberg
der AG Winterthur
Breitenstraße 2
CH-8542 Wiesendangen

Wuppertal siehe **Remscheid**

Zollern-Alb siehe **Brittheim**

Zweibrücken
Sternwarte des Naturwissensch. Vereins
FH Campus
Amerikastr. 1
66482 Zweibrücken
www.nawi-zw.de

Zwickau
Förderverein der Schulsternwarte Zwickau
Gartenanlage „Am Kreuzberg"
08064 Zwickau
www.sternwartezwickau.de

Überregionale astronomische Amateur-Vereinigungen

Arbeitskreis Meteore e.V.
Mehlbeerenweg 5
14469 Potsdam

Bundesdeutsche Arbeitsgemeinschaft für Veränderliche
Sterne e.V. (BAV)
Munsterdamm 90
12169 Berlin
www.bav-astro.de

Österreichischer
Astronomischer Verein
Baumgartenstraße 23/4
A-1140 Wien

Vereinigung der Sternfreunde e.V. (VdS)
Postfach 1169
64629 Heppenheim
www.sternfreunde.de

IMPRESSUM

Umschlaggestaltung von Büro Jorge Schmidt, München, unter Verwendung einer Illustration von Detlev van Ravenswaay (Science Photo Library) und einer Aufnahme von NASA/ESA/STScI/AURA.

Mit 54 Farb- und Schwarzweißfotos, 7 historischen Abbildungen, 219 Illustrationen, davon 215 von Gerhard Weiland sowie 12 Planetenlauf- und 12 Monatssternkarten von Wil Tirion.

Unser gesamtes Programm finden Sie unter **kosmos.de**.
Über Neuigkeiten informieren Sie regelmäßig unsere Newsletter, einfach anmelden unter **kosmos.de/newsletter**

Gedruckt auf chlorfrei gebleichtem Papier

MIX
Papier aus verantwortungsvollen Quellen
FSC® C110508
www.fsc.org

ISSN: 1438-3306
ISBN: 978-3-440-17083-0
Redaktion: Sven Melchert
Gestaltung und Satz: typopoint GbR, Ostfildern
Produktion: Ralf Paucke, Siegfried Fischer
Druck und Bindung: Westermann Druck Zwickau GmbH, Zwickau
Printed in Germany/Imprimé en Allemagne

Anschrift des Herausgebers:
Prof. Dr. Hans-Ulrich Keller
Planetarium Stuttgart
Willy-Brandt-Straße 25
D-70173 Stuttgart